余热回收的原理与设计

Theory and Design for Waste Heat Recovery

刘纪福 编著

哈尔滨工业大学出版社

内 容 简 介

本书重点讲述余热回收的原理与设计,包括多种余热回收系统和相关设备的设计计算方法。涉及的余热回收系统有锅炉的余热回收系统,余热发电系统,以及钢铁、石化、机械、化工、轻工、空调等行业的余热回收系统。在介绍余热回收原理的基础上,本书通过几十个设计例题较详细地讲述了余热回收设备的设计计算方法,包括多种类型的余热锅炉、省煤器、热管换热器、翅片管换热器的设计方法,本书为推广和实施余热回收工程提供了一定的理论和设计基础。

图书在版编目(CIP)数据

余热回收的原理与设计/刘纪福编著. —哈尔滨:
哈尔滨工业大学出版社,2016.6
ISBN 978－7－5603－5917－5

Ⅰ.①余⋯　Ⅱ.①刘⋯　Ⅲ.①余热回收–废热回收–系统设计　Ⅳ.①X706

中国版本图书馆 CIP 数据核字(2016)第 062160 号

策划编辑　王桂芝　张　荣
责任编辑　范业婷　高婉秋
出版发行　哈尔滨工业大学出版社
社　　址　哈尔滨市南岗区复华四道街 10 号　邮编 150006
传　　真　0451－86414749
网　　址　http://hitpress.hit.edu.cn
印　　刷　哈尔滨市工大节能印刷厂
开　　本　787mm×1092mm　1/16　印张 23.75　字数 549 千字
版　　次　2016 年 6 月第 1 版　2016 年 6 月第 1 次印刷
书　　号　ISBN 978－7－5603－5917－5
定　　价　98.00 元

前　言

余热，又称废热，是指在工艺过程完成后准备废弃或排放的能量。余热的排放温度有的很高，有的较低，在排放的余热中，有的夹杂着大量的粉尘和污染物。将余热排向大气和环境中，不但造成了能源的浪费，而且会对环境造成严重的污染。

热力学相关定律指出，在排放的余热中都含有一定的可用能。如何回收和利用这部分可利用的能量，提高能源的利用率，同时减轻对环境的污染，已成为节能和环保的重大课题。

本书的特点如下：

（1）在相关的参考文献中，对"余热回收"的叙述和讲解，绝大多数都集中在"技术方案"本身，即只给出系统图，指出由几个部件组成，基本上不讲解系统的设计计算，尤其是重要部件或设备的设计计算，这给余热回收设备的制造、推广和应用带来了困难。针对上述情况，本书重点讲述余热回收的原理和设计，而且以设计为主。作者认为，只有掌握了设计计算方法，能自行设计关键设备，才能真正地掌握技术本身，才能对余热回收系统进行改进和开发。为了使读者掌握设计计算方法，作者全面并概要地讲述了相关设计原理，推荐了几十个设计公式或试验关联式，列举了几十个设计计算例题和详细的设计步骤，并为设计计算提供了必要的参考数据和物性参数。

（2）本书作者曾长期从事能源领域的教学和工业服务，参与过众多工业部门余热回收项目的研究、开发和设计，本书中的设计方法和大多数例题都有工业应用的背景。在作者推荐的设计计算方法中，有下列创新和特点：

①对于余热回收中常用的翅片管换热器，作者推出了多种翅片管的翅片效率的计算方法，使读者不用查表和查图，可以直接进行余热回收换热器的计算和设计；

②利用"传热效率-换热单元数"概念和公式，提出了余热回收换热器的"变工况计算方法"，即在运行条件发生变化时，可以方便地推导出余热回收设备的运行参数和性能变化；

③对多种余热回收设备和换热器，提出了统一而有区别的传热热阻计算公式，其中对翅片热阻、污垢热阻、接触热阻等都提出了选择和计算方法，使设计结果更加合理和安全；

④本书扩展了余热回收的研究领域和思维空间：例如，液化天然气在汽化过程中的冷能发电，利用寒冷空气中的冷能加固冻土地带的工程基础；空调排气的余热回收；空冷器排气的余热回收等。

（3）将余热回收和环境保护紧密地结合在一起：

①余热回收本身提高了能源的利用效率，从而减少了"废热"向环境的排放和对环境的污染；本书中很多章节都涉及对工业废弃物的处理、除灰除尘和余热利用，对节能和环保提出了技术方案，将环境保护作为余热回收方案的重要考虑因素；

②为了防止大气污染和雾霾的产生,燃煤锅炉和工业生产排烟的脱硝脱硫日益受到重视。本书在相关章节简要介绍了脱硝脱硫的原理和工艺,并推荐了余热回收设备在脱硝脱硫环境保护工程中的应用方案。

考虑到余热回收的应用领域极其宽广,涉及的工业部门众多,新的技术和方案在不断涌现,本书所涉及的内容还有很多有待提高和完善之处。希望本书的出版能对余热回收事业提供一点微薄的助力。

哈尔滨工业大学能源学院　刘纪福

2016.1

目　　录

第1章 余热回收的基本概念和理论

1.1 余热回收的基本概念

1.1.1 余热和余热资源

余热,有时也称废热、排热(Waste Heat),是指从能量利用系统或设备中废除或排出的热量,包括排出的热载体中所释放的高于环境温度的热量和可燃性废弃物中含有的低发热值的热能。排放余热的载热体可以是气体、液体或固体,余热分布在多种能源消耗系统和设备中,例如:

① 锅炉排出的烟气及炉渣中未完全燃烧的固体颗粒所包含的余热;

② 以潜热形式存在于汽轮机排汽中的余热;

③ 冶金工业中的高炉热风炉排气,炼焦炉排气,转炉和电炉等炼钢炉的排气以及各种炉渣中所包含的余热;

④ 石化工业中炭黑尾气等可燃性废气所含有的余热;

⑤ 各种高温固态、液态产品(包括中间产品)所包含的余热;

⑥ 汽车发动机、各种内燃机做完功后所排出的余热等。

系统的余热资源量是以环境温度为下限进行计算的,原因在于:余热的载热体(气体、液体或固体)最后都要排向环境,排出余热的最后温度是环境温度,也就是说,环境和环境温度是所有载热体和余热资源的最后归宿。因而,选取环境温度作为计算余热资源的下限温度是合理的。例如,某锅炉的排烟温度为 220 ℃,当地环境温度为 20 ℃ 时,其余热资源对应的温差为 220 ~ 20 ℃。

虽然余热资源量是以环境温度为下限来定义和计算的,但在工程实践中以环境温度为下限的余热是不能被完全回收和利用的,只能回收高于环境温度的某一部分余热,称为可利用余热。可利用余热是指被考察体系排出的余热资源中,经技术经济分析(技术上可行,经济上合理)所确定的可利用的那部分余热,其数量仅仅为余热资源量的一部分。由于技术条件、经济性及现场利用条件等的限制,余热回收的下限温度是变化的,可利用的余热数量会有所不同。随着技术的进步,下限温度将逐渐下降,回收热量会逐步提高。例如,对于锅炉的排烟余热,若排烟温度为 220 ℃,考虑到露点腐蚀的影响,将余热回收的下限温度定于 150 ℃,则其可利用余热对应的温度范围为 220 ~ 150 ℃。若由于技术进步,采用了抗腐蚀的材料或采用合理的设计,余热回收的下限温度下降至120 ℃,使可利用余热大大提高,对应的温度范围为 220 ~ 120 ℃。

当废弃物为带有一定发热值的固体或气体可燃物时,其低位发热值的总量即可认为是余热资源量,因为其发热值的定义和测试都是以环境温度为基础进行的,其包含的余热资源在应用后,最终都会回归到环境和环境温度。

1.1.2　余热资源的分类

由于工业设备和系统千差万别,余热资源的数量、质量和形态各不相同,要对余热资源进行全面分类是很困难的。下面提出三种余热资源的划分方案。

1. 按余热载体的物理特性划分余热资源

(1)固态载热体余热资源。这是存在于固态载热体中的余热资源,包括各种固态产品和其中间产品的余热资源、排渣的余热资源和可燃性废料中的余热资源。例如,钢铁工业中炽热的焦炭、烧结矿、炉渣、连铸坯等固态物料所携带的余热,石油工业排放的油渣,各种炉窑排放的含灰量高的炉渣余热等都属于这类余热资源。这类余热资源一般含灰量大,对环境污染严重,在余热回收的同时必须考虑对环境的保护。此外,由于固态载热体流动性差、散热慢,需采用特殊的余热回收技术和设备。

(2)液态载热体余热资源。这是一种以液态形式存在的余热资源,包括液态产品及其中间产品的余热资源,冷凝水和冷却水的余热资源,以及可燃性废液包含的余热资源。在余热回收中要考虑这种载热体的流动性、腐蚀性、可燃性等各种特性的影响。

(3)气体载热体余热资源。这是一种最广泛、最普遍的余热资源,包括各种烟气的余热、各种设备排气的余热及各种可燃性废气的余热等。对气体的余热回收已积累了丰富经验,由于气体侧换热性能较低,需采用强化传热元件和热交换器,同时,还要重点考虑气体的积灰、磨损和腐蚀。

2. 按载热体温度水平划分余热资源

(1)高温余热资源,一般指载热体温度高于 600 ℃ 的余热资源。

(2)中温余热资源,一般指载热体温度在 300 ~ 600 ℃ 的余热资源。

(3)低温余热资源,一般指载热体温度低于 300 ℃ 的余热资源。

应当指出,上述高、中、低温余热资源的划分仅有参考意义,并不是固定不变的。例如,对于燃煤的普通锅炉,一般情况下的排烟温度在 150 ℃ 左右,当排烟温度为 200 ℃ 时,就认为是中等排烟温度了。对于燃烧天然气的锅炉,一般的排烟温度在 100 ℃ 以下,当排烟温度达到 200 ℃ 时,就认为是很高的排烟温度了,应属于中温余热资源。

3. 按工业部门和设备划分余热资源

考虑到工业部门众多,用热设备各具特点,产生的余热资源在形式和温度水平上各不相同,为了便于余热的回收和利用,有必要直接按工业部门和用能设备将余热资源进行划分,见表1.1。

应当指出,虽然对余热资源的特性做了上述分类,但仍难以全面考虑余热资源的其他特点,例如,有的余热资源是间断性的,有的余热资源是连续而稳定的;有的余热资源含有大量粉尘、颗粒或其他成分,有的则比较干净;有的余热资源有腐蚀性或对人体有害,有的则无毒无腐蚀。这些特点通常与特定的设备、特定的工艺、特定的运行方式及不同的燃料品种有关。因此,为了便于研究并制订合理的余热回收方案,有时需要针对具体的设备进行分析。

表 1.1　各工业部门的余热资源

工业部门	用能设备	余热种类	余热温度 /℃	载热体形态
钢铁工业	炼焦炉	焦炭显热	1 050	固态
	烧结炉	烧结矿显热	650	固态
	热风炉	排气余热	250 ~ 300	气态
	高炉冷却水	低温水余热	50 ~ 70	液态
	炼钢炉	排烟灰余热	600 ~ 1 000	气态
	炉渣冷却水	冷却水余热	50 ~ 70	液态
有色金属工业	自熔炉	烟气余热	1 200	气态
	自熔炉	炉渣余热	1 200	固态
化工工业	加热炉	排气余热	200 ~ 700	气态
	电石反应炉	炉渣余热	1 800	固态
工业锅炉	燃煤锅炉	烟气余热	150 ~ 200	气态
	燃气锅炉	烟气余热	100 ~ 150	气态
工业窑炉	玻璃窑炉	排气余热	900 ~ 1 500	气态
	水泥窑炉	排气余热	600 ~ 700	气态
	锻造加热炉	排气余热	600 ~ 700	气态
	热处理炉	排气余热	400 ~ 600	气态
	干燥炉,烘干炉	排气余热	200 ~ 400	气态
电力工业	电站锅炉	排烟余热	100 ~ 300	气态
	燃气轮机	排气余热	300 ~ 500	气态
	冷凝器	排水余热	30 ~ 50	液态
轻工业:食品、纺织、造纸	加热炉	排气余热	100 ~ 200	气态
	干燥炉,烘干炉	排气余热	80 ~ 120	气态

注:表中所列举的余热温度范围仅供参考,由于具体设备和运行条件的不同,余热温度会有所变化

1.1.3　余热回收的难题和对策

综上所述,余热回收工程或项目遇到的难题很多,解决这些难题的方法和策略也在不断发展和完善中,主要有:

(1) 低温排烟的露点腐蚀。当换热器的表面温度低于烟气中硫酸蒸气的露点时,硫酸蒸气就会在换热表面上凝结下来,从而造成对换热表面的硫酸腐蚀。通常所采取的措施有:改进设计使其壁面温度高于硫酸蒸气的露点,从而避开露点腐蚀;开发或选用抗露点腐蚀的材质,从而避免露点腐蚀。

(2) 粉尘、积灰和磨损。在气态或液态载热体中往往含有大量的灰分和粉尘,有时每立方米载热体中的粉尘含量高达 50 ~ 200 g,这给余热回收装置和换热设备的正常运行造成极大的威胁,是余热回收不得不面对的难题。通常可采取的措施有:在含灰量很大的载热体进入换热器之前,设置大容积的降尘室,以降低工质的流速,同时采用弯转的流道,依靠工质的重力和离心力使灰分沉降。对含灰量一般的烟气,在其流经换热表面时,

往往选取较大的质量流速,使其具有一定的自吹灰能力;或者采用不宜积灰的换热表面和放置形式等。此外,虽然在工质的出口都设置了除尘器,但在余热回收设备中,在工质流过的路径上,增设合适的除灰设备也是必要的。

(3)易燃、易爆介质。应采取的技术方案有:在余热回收的同时,严格防止易燃介质与助燃成分的混合和泄漏,例如,采用分离式换热设备将两种介质隔离开来;采用安全的中间介质在冷热流体之间进行换热;在换热器的合适部位设置防爆阀和排放阀等。

(4)高温固体颗粒的余热回收。这是最难回收的余热资源之一,当固体颗粒本身是可燃物或含有可燃物时(如焦炭),余热回收的同时应保护好可燃物包含的化学能,不要让它燃烧。所采用的方法有:利用不可燃的介质(如氮气)作为吸收余热的中间工质,然后再将其吸收的余热传递给做功的介质。目前,已开发出成熟的相关技术。在该技术领域,最不理想的方案是用水直接喷淋高温固体载热体,这种方案不但没有回收到余热,反而损失了大量的水分,造成严重的环境污染。

(5)降低投资和成本的技术方案。余热回收必须考虑投资和成本,因为投资和成本本身就代表着能量的消耗,余热回收是为了节约能量,但制造、运输、安装、运行、维修一台余热回收设备需要消耗资金,即消耗能源。设备的经济效益有很多评估方法,其中计算余热回收项目的投资回收期是必要的。如果投资回收期在一年之内,就说明从第二年开始就可以得到投资的净收益了。如果投资回收期过长,甚至超过设备的使用寿命,那就得不偿失了,需要重新选择和设计余热回收方案。

1.1.4 余热回收的理论和设计

为了合理地规划余热回收方案,正确地设计余热回收设备,需要了解并掌握余热回收的相关理论和设计计算方法,为此,本章包含了如下有关章节:

1. 余热回收和热力学第一定律

热力学第一定律是能源领域中的一个基本定律,它的核心是能量守恒,在能量的利用、转换、排放、回收、再利用等过程中,热力学第一定律从数值上确定了各部分能量之间的守恒关系。例如:

$$余热回收的热量 = 余热载体减少的热量$$
$$热载体放出的热量 = 做功消耗的热量 + 排放的热量$$

对热交换器: $$热流体放出的热量 = 冷流体吸收的热量$$

以热力学第一定律为基础,给出了在各种情况下热量的计算方法和热量的相关函数。

2. 余热回收和热力学第二定律

热力学第一定律从数量上指出了能量在传递和转换过程中的数值关系。而热力学第二定律则是从质量上评价能量的一条定律,说明在能量的转换、传递和不断使用过程中,虽然能量在数值上是守恒的,但能量的质量在下降,在贬值,而贬值后的能量不断地充斥在环境中。热力学第二定律不仅是一个学术规律,而且已成为一个重要的思想方法。在制订余热回收的整体方案时,正确地掌握和应用热力学第二定律是非常必要的。

3. 热交换器的基本理论和设计要领

余热回收离不开热交换器,热交换器从余热载体中吸收余热,同时将热量传给特定的介质,变为有用的能源。为了掌握热交换器的设计方法,需要了解传热学的基本原理。本书重点介绍了广泛用于余热回收的翅片管换热器、热管换热器和余热锅炉的设计计算方法。并在相关章节中,通过大量例题进一步说明设计方法的应用。

4.余热回收的经济评价

余热回收项目在收益和投资之间如何平衡,如何计算余热回收工程的收益和投资,也是余热回收中必须关注的问题。本节将从热力学第一定律和热力学第二定律的观点提出余热回收的经济评价方法。

1.2　余热回收和热力学第一定律

1.2.1　热力学第一定律的表述

热力学第一定律是能量守恒定律在热力学上的应用。能量守恒是自然界的基本规律之一。在处理和思考与能量、能源有关的问题时,热力学第一定律既是世界观,也是方法论。

热力学第一定律有各种表述,可以以宇宙、地球或某一个工程或工厂为背景进行表述,也可以从我们生活中与能源有关的方方面面来表述。余热回收与能量、能源有关,因而余热回收的任何一个环节都离不开热力学第一定律的制约。

热力学第一定律从宇宙角度的表述是:"宇宙的能量总和是个常数。我们既不能创造也不能消灭能量。宇宙中的能量总和一开始就是固定的,而且永远不会改变。"

从地球角度对热力学第一定律的表述是:"地球上的能量是固定的:一个是地球本身所储存的能量,另一个是太阳能。"

其他表达形式为:"我们每天都在消耗能量,但我们并没有消灭能量,而只是把它转换成了其他的能量形式。"

"热能可以转换为其他形式的能量,但总能量是守恒的。"

"热是能的一种,热可以变成功,功也可以变成热,一定量的热消失时,可产生一定量的功;消耗了一定量的功时,必出现与之对应的一定量的热。"

以一个发电厂为背景对能量守恒定律进行的表述是:"发电厂所消耗的能源总量(即燃烧的燃料中所包含的总能量和从环境空气中吸取的热量)等于发出的电力所消耗的热能,加上通过固态、液态、气态等载热体以各种形式向环境排放的热能。"

以一部汽车发动机为例,能量守恒定律体现的是:"发动机每燃烧一升燃料所产生的能量等于发动机产生一定的动力所消耗的能量加上发动机向外排气带出的能量和各部件的散热量。"

余热回收就是从内向外排出的"废热"中,吸收一部分热能,使其从"无用"变为"有用",提高能源的利用率。在余热回收系统中,处处离不开热力学第一定律的制约,例如:

载热体进入系统的热量 – 载热体排出系统的热量 = 余热回收的热量

又如,对一台换热器而言:热流体传入的热量 = 冷流体吸收的热量

热力学第一定律看起来简单,容易被人接受,但在执行和操作中却经常被忽略,甚至

出现错误,例如:

(1)某资料称,发明了一个传热元件,只要使用了它的工质,向元件中传出的热量就可以大于传入的热量。

(2)某锅炉的热效率为80%,有宣传称,采用了某种余热回收设备,就可以将能源利用率提到50%。

(3)在一台换热设备的设计中,用户随意地给出了冷、热两种流体的所有已知条件,但根据此条件计算出的热流体的放热量并不等于冷流体的吸热量。

1.2.2 计算热能的重要物性和参数

为了从数值上计算和分析系统中的各项热量,需要熟悉计算热量的相关参数。最常用的参数是两个与能量有关的物性:燃料的发热值和焓。下面分别对其进行说明。

1. 燃料的发热值

发热值又称发热量,是燃料的特性指标,表达了燃料品质的高低。只有掌握了燃料的发热值,才能对燃烧设备的燃料消耗量、热效率及余热回收系统的经济性做出评价。

燃料的发热值是指每千克(气体燃料为每 Nm^3)燃料完全燃烧时所放出的热量,单位是 kJ/kg,或 kJ/Nm^3。在煤炭或煤气燃料中都含有一定量的水分,所含有的水分在燃料的燃烧过程中变为水蒸气,燃烧所放出的热量有一部分转化为水蒸气的汽化潜热,这部分热量在锅炉中是不能被利用的。为此,把含有水蒸气汽化潜热的燃料燃烧放出的总热量称为高发热值,而把不包含水蒸气汽化潜热的值称为低发热值。在余热回收的热平衡计算中,都按燃料的低发热值计算,一般用 Q_{dw} 表示。

煤的发热量可用氧弹测热计直接测量,测热计的基本原理是:将一定量的煤样置于充满氧气的氧弹中,并在氧弹中完全燃烧,同时将氧弹沉没在盛满水的容器中,煤样燃烧后放出的热量被氧弹外的水吸收,测试水温的升高和水量,便可计算出煤的发热量。

发热值也可以根据燃料的元素分析及工业分析的结果进行计算,计算得出的数值与测试得出的数值应接近,并在一定的误差范围之内。

各种煤种的低发热值可以在相关文献中查找,常用的一组数据见表 1.2 和表 1.3。

表 1.2 各煤种的低发热值

煤种	级别	可燃基挥发分的质量分数 /V%	低发热值/ $(kJ \cdot kg^{-1})$
劣质煤	Ⅰ 类		6 500 ~ 11 500
	Ⅱ 类		> 11 500 ~ 14 100
烟煤	Ⅰ 类	≥ 20	> 14 400 ~ 17 700
	Ⅱ 类	≥ 20	> 17 700 ~ 21 000
	Ⅲ 类	≥ 20	> 21 000
贫煤		10 ~ 20	≥ 17 700
无烟煤	Ⅰ 类	5 ~ 10	< 21 000
	Ⅱ 类	< 5	≥ 21 000
	Ⅲ 类	5 ~ 10	≥ 21 000
褐煤			≥ 11 500

表 1.3　煤气的低发热值

种类	煤气平均成分的体积分数 /%								低发热值 /(kJ · Nm^{-3})
	CH$_4$	C$_m$H$_n$	H$_2$	CO	CO$_2$	H$_2$S	N$_2$	O$_2$	O$_2$
气田煤气	97.42	1.27	0.08		0.52	0.03	0.76		35 600
油田煤气	83.18	12.18			0.83		3.84		38 270
液化天然气	100								104 670
高炉煤气			2	27	11		60		3 678
发生炉煤气	1.8	0.4	8.1	30.4	2.2		56.4	0.2	5 650

2. 焓

焓是表征流体所含能量的一个状态参数,是计算流体热能的一个重要物性。由热力学可知,存在于流体中的能量有两种形式:一是流体的内能,它是流体内部分子、原子等微观粒子的热运动所具有的能量;二是流体本身可以移动做功的能量,因为流体具有一定的压力,当流体移动时就可以对外做功。因此,焓是 1 kg 工质(气体为每 Nm^3)所包含的内能和推动功的总能量,并以 0 ℃ 作为计算起点,常用 i 或 h 表示,其单位是 kJ/kg (气体为 kJ/Nm^3)。

对于饱和水和饱和水蒸气,其焓值随饱和温度和饱和压力而改变,可在附表 4、附表 5 中查取,例如,100 ℃ 下,饱和水的焓值 i_1 = 419.1 kJ/kg,饱和蒸汽的焓值 i_2 = 2 675.7 kJ/kg,将 1 kg、100 ℃ 的饱和水变成 100 ℃ 的饱和蒸汽需要加入的热量为:$r = i_2 - i_1 = 2\ 675.7 - 419.1 = 2\ 256.6$ kJ/kg,r 为在该温度下水的汽化潜热。

对于过热水蒸气和过冷水的焓值可在相关附表中查取,见附表 6。

当烟气和空气等气体在近似等压状态下换热时,其吸热量或放热量可以通过该气体在进出口温度下的焓差计算,也可以通过气体的平均比定压热容计算:

$$Q = m \times \Delta i = m \times c_p \times \Delta T$$

式中　Q——换热量,kJ/s,或 kW;

c_p——比定压热容,kJ/(kg · ℃);

ΔT——气体的进出口温差,℃;

m——气体的质量流量,kg/s。

比热容 c_p 也是一个常用的物性,主要用在单相流体的热力学计算中,它代表 1 kg 单相流体,其温度每变化 1 ℃ 所吸收或放出的热量,对于空气和烟气,c_p 值可在附表 2、附表 3 中查取。

若空气中含有较多的水蒸气,应当作"湿空气"处理,而且需要用焓计算,湿空气焓的计算式为

$$i = i_a + d \times i_w$$

式中　i——湿空气的焓,kJ/kg;

i_a——干空气的焓,kJ/kg;

i_w——水蒸气的焓,kJ/kg;

d——1 kg 干空气中水蒸气的含量,kJ/kg$_{干空气}$。

湿空气的焓可从湿空气的焓–湿图查取,也可由下式计算:

$$i = 1.01t + d(2\ 500 + 1.84t) \ \text{或} \ i = (1.01 + 1.84d)t + 2\ 500d$$

式中　t——湿空气的温度，℃。

下面通过几个例题，说明在余热回收工程中相关热量的计算。

例 1　某工业锅炉，每小时产生 100 t、180 ℃ 的饱和蒸汽，水的入口温度为 40 ℃，试计算该锅炉的供热负荷。

解　蒸汽流量：$m = 100$ t/h $= 27.778$ kg/s

水入口焓值：$i_1 = 167.5$ kJ/kg

蒸汽出口焓值：$i_2 = 2\ 777.7$ kJ/kg

锅炉热负荷：$Q = m \times (i_2 - i_1) = 72\ 506$ kW

例 2　例 1 中，该锅炉每小时平均燃烧 15.26 t Ⅱ 类烟煤，假定煤炭完全燃烧，计算该锅炉燃煤产生的热负荷。

解　煤炭燃烧量：$B = 15.26$ t/h $= 4.24$ kg/s

Ⅱ 类烟煤低热值：$Q_{dw} = 19\ 000$ kJ/kg（由表 1.2 选取）

燃煤产生热负荷：$Q_0 = Q_{dw} \times B = 19\ 000$ kJ/kg $\times 4.24$ kg/s $= 80\ 560$ kW

锅炉热效率：$\eta = \dfrac{Q}{Q_0} = \dfrac{72\ 506\ \text{kW}}{80\ 560\ \text{kW}} = 0.9$

例 3　在上述两例题中，已知烟气的排烟量为 180 000 kg/h，排烟温度为 $T_1 = 180$ ℃，为了回收排烟余热，安装一台余热回收设备用来加热给水，将排烟温度降至 $T_2 = 130$ ℃。给水的入口温度为 40 ℃，出口温度为 70 ℃，试计算回收热量和给水流量。

解　烟气流量：$G_1 = 180\ 000$ kg/h $= 50$ kg/s

烟气平均比热容：$c_p = 1.08$ kJ/(kg·℃)

烟气放热量：$Q_1 = G_1 c_p (T_1 - T_2) = 50$ kg/s $\times 1.08$ kJ/(kg·℃) $\times (180 - 130)$℃
$$= 2\ 700\ \text{kW}$$

由热力学第一定律，烟气放热量 = 水的吸热量

水的入口焓值：$i_1 = 167.5$ kJ/kg

水的出口焓值：$i_2 = 293.0$ kJ/kg

水的吸热量：$Q_1 = G_2(i_2 - i_1)$，水的流量为

$$G_2 = \frac{Q_1}{i_2 - i_1} = \frac{2\ 700\ \text{kW}}{293.0\ \text{kJ/kg} - 167.5\ \text{kJ/kg}} = 21.5\ \text{kg/s}$$

例 4　由以上 3 例题，分析余热回收的节能效果。

解　节约煤炭量：$B = \dfrac{Q_1}{\eta \times G_{dw}} = \dfrac{2\ 700\ \text{kW}}{0.9 \times 19\ 000\ \text{kJ/kg}} = 0.158$ kg/s $= 568.42$ kg/h

余热回收热效率：$\eta_1 = \dfrac{Q_1}{Q_0} = \dfrac{2\ 700\ \text{kW}}{80\ 560\ \text{kW}} = 0.033\ 5$

即由于余热回收，使原有锅炉的热效率提高了 3.35%。

1.2.3　余热回收中烟气流量的计算

余热回收中的烟气流量是余热锅炉设计中的关键参数。燃料燃烧时所需的空气量及燃烧后的烟量是通过复杂的计算确定的。在计算时，将空气和烟气中的组成气体都

看作理想气体,并以标准状态,即 0 ℃、0.101 3 MPa 大气压力下的立方米(Nm³)为单位计算。

燃料中各种可燃成分完全燃烧所需空气量之和称为理论空气量,用符号 V_0 表示,对每千克固体或液体燃料,其理论空气量的单位是:Nm³/kg;对每 Nm³ 气体燃料,其单位是 Nm³/Nm³ 气体。

燃料燃烧时实际供给的空气量与理论空气量之比称为过剩空气系数 α,过剩空气系数是锅炉运行的重要指标,α 过大则会增加排烟热损失,α 太小则不能保证燃料的完全燃烧。对于不同的燃料和不同的燃烧设备,α 应选取不同的数值,一般在 1.1 ~ 1.8 之间。

实际烟气量的计算可参考锅炉设计的相关文献。为了方便设计,下面给出一组烟气流量的简化计算表格,可作为余热锅炉设计的参考,表格中仅有 4 个变量:燃料燃烧所产生的烟气量 V_y,理论空气量 V_0,燃料的低发热值 Q_{dw} 和过剩空气系数 α,见表 1.4 ~ 1.6。

表 1.4 煤炭燃烧每千克所产生的烟气量(V_y)　　　　Nm³/kg

热值	kcal/kg	2 000	3 000	4 000	4 500	5 000	5 500	6 000
Q_{dw}	kJ/kg	8 374	12 560	16 747	18 841	20 934	23 027	25 121
V_0/(Nm³·kg⁻¹)		2.52	3.53	4.54	5.05	5.55	6.06	6.56
不同过剩空气系数 α 下的 V_y	1.20	3.93	5.08	6.12	6.66	7.21	7.77	8.31
	1.30	4.19	5.38	6.53	7.16	7.76	8.38	8.96
	1.40	4.44	5.75	7.02	7.66	8.32	8.97	9.61
	1.50	4.69	6.08	7.48	8.17	8.88	9.58	10.27
	1.60	4.94	6.44	7.93	8.67	9.43	10.18	10.93
	1.70	5.19	6.79	8.39	9.18	9.98	10.79	11.57
	1.80	5.44	7.14	8.84	9.69	10.54	11.39	12.23

注:① 工业锅炉常用煤炭热值 Q_{dw} 可参阅表 1.2,也可参考推荐数值:石煤(Ⅱ类),5 500 ~ 8 400 kJ/kg;煤矸石,6 300 ~ 11 000 kJ/kg;褐煤,8 400 ~ 15 000 kJ/kg;无烟煤(Ⅱ类),大于 21 000 kJ/kg;贫煤,不小于 18 800 kJ/kg;烟煤(Ⅱ类),15 500 ~ 19 700 kJ/kg

② 固体燃料燃烧的过剩空气系数 α 值约为 1.30 ~ 1.7;对于机械燃烧方式 α 值取低一些

表 1.5 燃烧每千克液体燃料所产生的烟气量(V_y)　　　　Nm³/kg

热值	kcal/kg	7 000	8 000	9 000	9 500	10 000
Q_{dw}	kJ/kg	29 308	33 494	37 681	39 775	41 868
V_0/(Nm³·kg⁻¹)		7.95	8.8	9.65	10.07	10.5
不同过剩空气系数 α 下的 V_y	1.05	8.17	9.32	10.47	11.05	11.63
	1.10	8.57	9.76	10.95	11.56	12.15
	1.15	8.96	10.20	11.44	12.06	12.68
	1.20	9.36	10.64	11.91	12.56	13.20
	1.25	9.76	11.08	12.40	13.07	13.72
	1.30	10.15	11.52	12.88	13.57	14.25
	1.40	10.95	12.40	13.85	14.58	15.30

注:① 液体燃料的热值:重油,39 000 ~ 41 000 kJ/kg;焦油,29 000 ~ 38 000 kJ/kg;原油,41 000 ~ 44 000 kJ/kg

② 液体燃料燃烧的过剩空气系数 α 值约为 1.10 ~ 1.30

表 1.6　气体燃料燃烧所产生的烟气量(V_y)　　　　　Nm³/Nm³ 气体

热值 Q_{dw}	kcal/Nm³	1 000	2 000	3 000	4 000	5 000	8 350	9 000	10 000
	kJ/Nm³	4 187·	8 374	12 560	16 747	20 934	34 960	37 681	41 868
V_0/(Nm³·Nm⁻³ 气体)		0.875	1.75	2.63	4.11	5.20	9.25	9.97	11.07
不同过剩空气系数 α 下的 V_y	1.02	1.743	2.49	3.23	4.89	6.05	10.45	11.19	12.32
	1.05	1.769	2.54	3.31	5.01	6.21	10.72	11.49	12.65
	1.10	1.813	2.63	3.44	5.22	6.47	11.18	11.98	13.21
	1.15	1.857	2.71	3.58	5.43	6.73	11.65	12.49	13.75
	1.20	1.900	2.80	3.71	5.63	6.99	12.11	12.99	14.32
	1.30	1.987	2.98	3.97	6.04	7.51	13.03	13.97	15.42

注:①气体燃料的热值:高炉煤气,约 4 100 kJ/Nm³;发生炉煤气,4 600 ~ 10 000 kJ/Nm³;混合煤气, 5 400 ~15 000 kJ/Nm³;炼焦煤气,约 16 700 kJ/Nm³;天然气,约 35 000 kJ/Nm³;油田伴生气,约 40 000 kJ/Nm³;液化天然气,约 42 000 kJ/Nm³

②气体燃料燃烧的过剩空气系数 α 值约为 1.02 ~ 1.20

例 5　某工业锅炉,每小时产生 100 t、180 ℃ 的饱和蒸汽,水的入口温度为 40 ℃,经计算,锅炉热负荷:$Q = 72\ 506$ kW。该锅炉燃烧 Ⅱ 类烟煤,其低热值:$Q_{dw} = 18\ 840$ kJ/kg。锅炉热效率:$\eta = 0.9$,设过剩空气系数为 1.3,试计算该锅炉的排烟量(kg/s 或 kg/h)。

解　锅炉耗煤量:$B = \dfrac{Q}{\eta \times Q_{dw}} = 4.276$ kg/s $= 15\ 394$ kg/h

由表 1.4,煤炭燃烧每千克所产生的烟气量 $V_y = 7.16$ Nm³/kg

总排烟质量:$M_y = 4.276$ kg/s $\times$ (7.16 Nm³/kg $\times$ 1.295 kg/Nm³) $= 39.65$ kg/s $= 142\ 740$ kg/h

其中,烟气在标准状况下的密度为 1.295 kg/Nm³。

由此可见,该锅炉每产生 1 t 蒸汽的排烟量约为 1 400 ~ 1 500 kg。对于更高的过剩空气系数和更低热值的燃料,则每产生 1 t 蒸汽的排烟量可达 1 600 ~ 1 800 kg。

例 6　在上述例题中,锅炉的热负荷及热效率不变,但锅炉的燃料由 Ⅱ 类烟煤改为天然气,天然气的低发热值为 $Q_{dw} = 35\ 000$ kJ/Nm³,锅炉的天然气耗量为 $B = \dfrac{Q}{\eta \times Q_{dw}} = 2.3$ Nm³/s,设过剩空气系数为 1.1,试计算该锅炉的排烟量(kg/s 或 kg/h)。

解　由表 1.6,每 Nm³ 天然气所产生的烟气量为 $V_y = 11.18$ Nm³/Nm³

总排烟量为 $M_y = 2.3$ Nm³/Nm³ $\times$ 11.18 Nm³/Nm³ $= 25.714$ Nm³/s $= 33.3$ kg/s

每小时排烟质量为 119 880 kg

由此可见,该锅炉每产生 1 t 蒸汽的排烟量约为 1 200 kg,当过剩空气系数较高时,每产生 1 t 蒸汽的排烟量可达 1 300 kg。

由以上两个例题可以看出,燃料的发热值越低,过剩空气系数越高,则排烟量就越多。总之,记住锅炉(燃烧设备)排气量的大致范围和确定方法,对余热回收的计算和设计是全关重要的。

1.2.4　能量平衡和能量流向图

为了有的放矢地开展余热回收,需要掌握系统或设备的能源利用状况,在热力学第一定律的基础上,查清各部分能量的来龙去脉,并绘制出能量流向图。下面通过几个实例对其进行说明。

1. 工业锅炉的能量流向图

如图 1.1 所示是一台工业锅炉的能量流向图。图中 1 是煤炭燃烧产生的热量,占输入热量的97.9%;2 是给水显热带入的热量,占输入热量的2.1%;7 是产生蒸汽具有的热量,占全部排出热量的 73.2%,是有效利用的能量。该锅炉的热效率为

$$\eta = 利用的能量 / 输入的能量$$
$$= 73.2\% / 97.9\% = 0.75$$

锅炉损失的能量由 4 部分组成:3 是炉渣热损失,4 是散热损失,5 是不完全燃烧热损失,6 是排烟热损失,它是最大的一项热损失,占输出能量的17.2%。因而,为了提高锅炉的热效率,应首先回收利用排烟的余热。

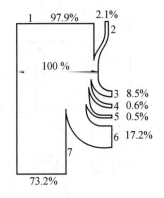

图 1.1　锅炉的能量流向图

2. 干燥机的能量流向图

在造纸等轻工业部门,广泛应用干燥机(烘干机)对物料进行烘干,所用的热源通常是锅炉提供的蒸汽。干燥机的能源流向如图 1.2 所示。

图中,E_2 代表进入干燥机的空气和物料带入的热量,E_1 代表蒸汽加入的热量。在干

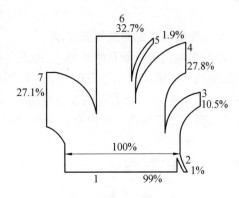

图 1.2　干燥机的能量流向图

燥机出口,E_6 为蒸发水分带走的热量,是有效利用的热量,但其利用率很低,仅占总供应能量的32.7%。在其他各项热损失中,5 是被干燥物料带走热,4 是凝结水带走热,7 是热空气带走热,3 是其他热损失。在各项热损失中,凝结水带走热量和热空气带走热量是最大两项热损失,各占总排出热量的 27% 左右,是余热回收的主要方向。

3. 纺纱厂的能量流向图

如图 1.3 所示是一家纺纱厂的能量流向图,该图是整个企业的能量平衡图。由图可见,该厂有一台蒸汽锅炉,产生的蒸汽分别输送到各个车间。图中 1 代表有效利用热,2 代表各车间的热损失,其中清炼车间的热损失较大,3 是凝结水回收热量,说明该厂的凝结水余热已得到回收,并通过回收管线返回锅炉中。但锅炉本身的排烟热损失还很大,是余热回收的重点。该图需进一步完善,以确定各部分能量的百分比。

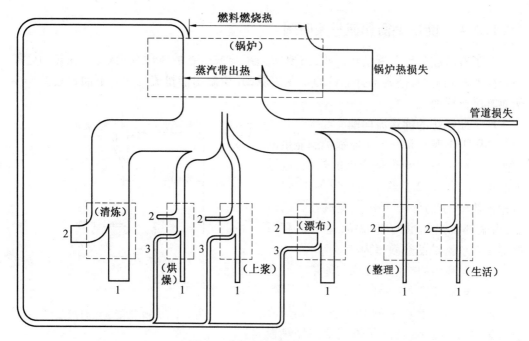

图 1.3　纺纱厂的能量流向图

4.汽轮发电机组的能量流向图

汽轮发电机组一般有两种形式,如图1.4所示。一种形式(图1.4(a))是凝汽式发电机组,蒸汽的能量纯粹为了发电,汽轮机的低温排汽需要靠大量的循环水冷凝下来;另一种形式(图1.4(b))是背压式发电机组,这是发电和供热两用的机组,将高压蒸汽用于发电,低压蒸汽用于供热。两种形式的热能利用情况和能流图有很大的区别,如图1.5所示。

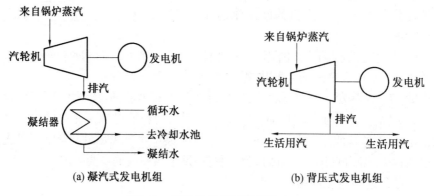

(a) 凝汽式发电机组　　　　　　　　(b) 背压式发电机组

图 1.4　汽轮发电机组示意图

图1.5(a)是凝汽式发电机组的能流图,图1.5(b)是背压式发电机组的能流图,图中各项能流的含义是:1为燃料燃烧提供的热能;2为锅炉损失;3为发电机损失;4为辅助设备热损失;5为循环冷却水带走的热量,凝汽式占55%,主要是低温排汽的凝结放热,背压式仅占2%;6为发生的电能;7对凝汽式为排汽热损失,对背压式为生产生活用汽;8为有效利用的能量(凝汽式仅占30%,背压式占85%,其中发电占17%),其余为供热。

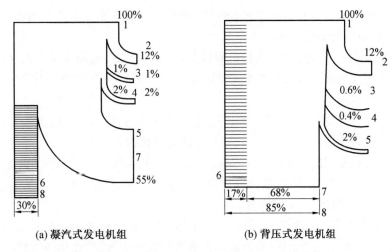

(a) 凝汽式发电机组　　　　　(b) 背压式发电机组

图 1.5　汽轮发电机组的能流图

由此可见,背压式发电机组是一种热电联产机组,能源利用效率远远高于纯发电机组。从余热回收角度来分析,只能在图中第 2 项 —— 锅炉的排烟损失上做文章了。对于凝汽式中的第 5,7 项,虽然热损失很大,但因为其排汽温度接近环境温度,已经没有余热回收的价值,只能通过空冷或水冷将冷凝下来的热量排向大气了。应当指出,以上仅仅从能源利用的数量上(基于热力学第一定律)对两种发电机组进行了比较,但若从所提供能量的质量上进行比较,凝汽式发电机组会占有较大的优势。下一节将说明能量的质量评价和相关定律。

1.3　余热回收和热力学第二定律

1.3.1　热力学第二定律的表述

热力学第一定律确定了能量在转移或传递过程中的能量守恒原则,只涉及能量的数值,并没有涉及能量的质量,没有对能量在转移和传递过程中发生的品质变化给予评价。热力学第二定律就回答了这一问题,其对能量品质的变化给出了评估方法和依据,并说明了任何能量在被应用或被转移的过程中必须经过的方向、路径和最后归宿。

热力学第二定律有各种不同的表述,而且涉及社会和人类生活的方方面面,与能量和余热回收有关的表述如下:

(1) 两个温度不同的物体进行热交换时,热量总是从高温物体传向低温物体,而不可能反向传递。

(2) 热量不能自发地、不付代价地从低温物体传向高温物体。例如,在制冷系统中,具有更低温度的制冷剂可以从低于环境温度的介质(如空气)中吸取热量,以达到制冷的目的。但它要付出的“代价”是:从低温环境中吸收了热量的制冷剂需要在一台压缩机中提高它的压力和温度,并使其温度高于环境温度,最后将吸收的热量传给环境中的大气。压缩机要消耗能量,这就是制冷机要付出的“代价”。

（3）只从一个高温热源中吸收热量，而不向低温热源排出热量的循环发动机是造不出来的，即不可能制造出第二类永恒发动机。

例如，在一个发电厂中，汽轮机吸收了锅炉产生的高温高压蒸汽的能量而发电，使高温热能转变为电能，与此同时，它必须将做完功的低温蒸汽的热量排向大气，只吸热而不排热的汽轮机是造不出来的。

（4）能量（热能）在被利用和传递过程中，只能沿着不可逆的方向转换：即从可利用的状态转化为不可利用的状态，从有效的状态转化为无效的状态。

正如人们常说的"长生不老""返老还童"不能实现一样，"能量"也是一样，从燃料被开采出来，并经过燃烧将能量释放出来后，"能量"就进入了从有用到无用、从有效到无效、从高温到低温的"不归途"中。

例如，汽车发动机所消耗的能量，无论是用于发动机做功，推动汽车运功，还是发动机的排气、散热带出的能量，最后全部都散失到大气中，成为无用的能量。

又例如，我们燃烧一块煤，用它产生的热量可以用来做功、取暖、烧水、做饭。无论经过了何种利用的途径，能量最后都以低温的形式排向环境中。虽然应用前后能量的数值不变，但再也不能将散失到环境中的热能回收起来重新应用了。

正如人们常说的"要发挥晚年的余热"一样，能量的余热回收就是在能量被利用的过程中，在向环境排放的路径中，截取一部分仍有应用价值的能量，并将其重复应用，提高能源的利用效率，减少一次能源的消耗。当然，回收的那部分能量，经过利用后，最后仍不可避免地回归环境，变为无用的能量，但它毕竟是充分利用后的排放，已经为节约能源做出了一定的贡献。

能量的质量是用其做功的本领（或潜在的本领）来衡量的。燃料中的热值是隐藏在燃料内部的能量，存在巨大的应用潜力，因而属于高质量的能量。

热能在应用中的质量是由其温度水平来衡量的，载热体的温度与环境温度差值越大，做功的潜力就越大，质量就越高。如果载热体的温度十分接近环境温度，数量再大也没有多少做功的本领，属于质量很低的能量。在余热回收工程中，一般认为，若排烟温度在 600 ℃ 以上，就属于高品质的余热资源，可以用来产生蒸汽、发电，实现高品质的余热利用，即所谓"高温高用"。若排烟温度在 200 ℃ 以下，可用来加热空气或加热给水，即所谓"低温低用"。根据热力学第二定律，应该将所有的热量都贴上质量的标签，不但从数量上，而且要从质量上实现能量的合理利用。例如，北方城市有很多采暖小锅炉，它把高质量燃料的热能，直接变为温度不到 100 ℃ 的低温的热水用于供暖，将能源的质量从最高峰突降到最低峰，虽然没有损失能量的数值，但从热力学第二定律的观点，供暖锅炉损失的是能量的质量。众所周知，目前采用的"热电联产"系统，它首先将燃料燃烧产生的高温热能用于发电，然后将较低温度的热能用于供暖，这样就很好地解决了这一难题。

1.3.2　热向何处去 —— 熵和熵增原理

热力学第二定律指出了热力过程的进行方向，为了判断热力过程的能量变化特性，需要引入一个重要的状态参数 —— 熵（Entropy）。

熵是在热力学朗肯循环的基础上推演出来的物性参数，因考虑的是工质的循环过

程,因而推出的物性熵是以微积分式的形式出现的,它的表述是:

工质在可逆过程中从外界吸收(或向外界放出)的微元热量 dq 除以传热时的绝对温度 T 所得的商值就是函数熵的增量 ds。

对于 1 kg 质量的介质

$$ds = \frac{dq}{T} \tag{1.1}$$

对于 m kg 质量的介质

$$dS = \frac{dQ}{T} \tag{1.2}$$

式中　　s—— 单位质量介质的熵,J/(kg·K);

　　　　S——m kg 介质的熵,J/K;

　　　　dq—— 在可逆过程中,1 kg 介质从外界加入(或向外界放出)的微元热量,J/kg;

　　　　dQ—— 在可逆过程中,m kg 介质从外界加入(或向外界放出)的微元热量,J;

　　　　T—— 传热时的绝对温度,K。

当一个热力过程从状态 1 进行到状态 2 时,介质熵的变化可写为

$$\Delta s = \int_1^2 \frac{dq}{T} \tag{1.3}$$

可以证明,这一数值与过程的特性无关,仅取决于初态和终态的参数,故可以确定熵本身就是一个状态参数。

所谓可逆过程,是指没有温差的传热过程,从状态 1 到状态 2,因为温度不变,由式(1.3)可知,$\Delta s = 0$,是一个等熵过程。对于实际的传热过程,冷热流体间必须存在温差,是不可逆热力过程。由于热流体温度高于冷流体温度,因而冷流体的熵必然大于热流体的熵,这是一个增熵过程。

余热回收中广泛应用换热器,在换热器内部发生着不可逆的传热过程,热量只能从热流体传给冷流体。在这一换热体系中,可以把热流体的进口和冷流体的出口看作过程的起点和终点,并计算熵值发生的变化。假定热流体的入口温度为 T_1,冷流体的出口温度为 T_2,热流体传出的热量为 Q,等于冷流体吸收的热量 Q,因为 $T_1 > T_2$,则 $\frac{Q}{T_1} < \frac{Q}{T_2}$,熵的变化为 $\Delta S = \left(\frac{Q}{T_2} - \frac{Q}{T_1} \right) > 0$。由此说明,换热器中的换热过程是一个增熵的过程。

在文献"熵:一种新的世界观"中,推广了对熵的理解,书中不太关心熵的计算式的形式,而更注重熵的含义:熵指出了能量的变化方向,同样数值的热量在使用及转换过程中,由于温度不断降低,熵值是不断增加的。

此外,该文献还指出,能量的消费和转换离不开时间这一变量,增熵这一过程是随着时间的延长而延续的。"熵增的过程实际上是在不断地改变着速度的",根据外界条件的变化,熵增有时会快一点,有时会慢一点。

为了将熵的概念用于热工计算,需要将定义式中介质的质量 m(kg)定义为 m(kg/s)或(kg/h)。由此加入了时间的因素,并将这一因素反映到熵增的计算中,这样,就和热负荷的计算有了统一的时间标准。

例7 有一台换热器,热流体为 100 ℃ 的饱和蒸汽,每小时供汽 1 000 kg,在换热器中凝结放热,变成 100 ℃ 的饱和水,计算热流体放出的热量。

解 热流体的流量:1 000 kg/3 600 s = 0.278 kg/s

换热量:$Q = 0.278$ kg/s × 2 256.6 kJ/kg = 627.3 kJ/s = 627 300 J/s

其中,2 256.6 kJ/kg 为水蒸气的汽化潜热,热流体的熵值为

$$S_1 = \frac{Q}{T_1} = \frac{627\ 300\ \text{J/s}}{(100 + 273)\ \text{K}} = 1\ 682\ \text{J/(s · K)}$$

如果换热器中的冷流体是空气,空气的出口温度为 $T_2 = 50$ ℃ + 273 ℃ = 323 K,冷流体空气的熵值为

$$S_2 = \frac{Q}{T_2} = \frac{627\ 300\ \text{J/s}}{(50 + 273)\ \text{K}} = 1\ 942\ \text{J/(s · K)}$$

$S_2 > S_1$,熵增为 $\Delta S = S_2 - S_1 = 1\ 942$ J/(s · K) − 1 682 J/(s · K) = 260 J/(s · K)

计算表明,换热器中的传热过程是一个"熵增"的过程,注意到单位 J/(s · K) 是每秒的熵增,说明在换热过程的每秒内熵值都在增加。

事实上,不仅是换热器,能源利用的所有过程都是不可逆的,能量在被消耗和使用的过程中,总是不可逆地从高温传向低温,虽然能量的数值不变,但温度在逐渐下降,因而熵值总是在增加的,总是处在"熵增"的过程当中。

如果要问,我们每天消耗的能量上哪儿去了? 热力学第二定律告诉我们:能量本身并没有消失,它是沿着"熵增"的渠道在地球上积累起来了,形成了对地球的熵的污染。如果把地球看作一个孤立体系 —— 地球村,地球人消耗的能量越多,"熵"积累的就越多。"熵增"实际上是能量废弃物的增加,它已经引起了人们的恐慌。气候变暖,大气污染都是"熵增"带来的恶果之一。如果将"熵增"理解为"伤增"并不过分,其表示对人类造成的伤害在增加。所以,目前"熵"已经成为人们观察世界的一种新的世界观和方法论。

从"熵"的世界观出发,"余热回收"可以做的事情是:合理利用余热资源,让"熵增"过程慢一点,再慢一点。例如,一个 800 ℃ 的余热资源,是用来产生 300 ℃ 的高温蒸汽发电好呢,还是用来提供 60 ℃ 的生活用水好呢? 显然,前者产生的"熵增"要比后者少得多。假定换热量 $Q = 10^6$ kJ/s,前者的熵增为

$$\Delta S_1 = 10^6\ \text{kJ/s} \left[\frac{1}{(273 + 300)\ \text{K}} - \frac{1}{(273 + 800)\ \text{K}} \right] = 813\ \text{kJ/(s · K)}$$

而后者的熵增为

$$\Delta S_2 = 10^6\ \text{kJ/s} \left(\frac{1}{(273 + 60)\ \text{K}} - \frac{1}{(273 + 800)\ \text{K}} \right) = 2\ 071\ \text{kJ/(s · K)}$$

两个方案的熵增之比为

$$\Delta S_2 / \Delta S_1 = 2\ 071\ \text{kJ/(s · K)} / 813\ \text{kJ/(s · K)} = 2.55$$

所以,根据热力学第二定律和熵增原理,余热回收的思路应该是"高温高用,低温低用",只有这样,才能尽可能地减慢熵增的步伐。

1.3.3 余热的质量评价 ——"㶲"

根据热力学第二定律,所有能量的最后归宿是环境,这意味着环境温度是热能使用

的最低温度。在余热回收中,只有环境温度以上的热能才有回收利用的可能,环境温度以下的热能是不能回收利用的。

如果某余热载体的温度高于环境温度得越多,则其做功能力就越大,回收的价值就越高,就可称为高品质的余热;如果某余热载体的温度很低,甚至接近环境温度,则说明其做功能力很低,就意味着该余热的品质较低,回收的价值较小。

为了评价余热的做功能力和可利用程度,需要引用一个新的状态参数——烟。烟的定义是:以给定的环境温度为基础,理论上能够最大限度地转换为有用能量的那部分能量,即为可有效利用的余热。

烟是工质的一个状态参数,也是工质的一个物性。对于温度为 T、质量为 1 kg 的工质,当比定压热容 c_p 为常数时,烟的计算式可以写为

$$e = c_p(T - T_0)\left(1 - \frac{T_0}{T - T_0}\ln\frac{T}{T_0}\right) \tag{1.4}$$

式中　　e——工质的烟,kJ/kg;

　　　　T——工质温度,K;

　　　　T_0——环境温度,K;

　　　　c_p——工质的比热容,kJ/(kg·K)。

对于 1 kg 质量的水和水蒸气工质,烟的简化计算式为

$$e = h - (T_0 \times s) \tag{1.5}$$

式中　　h——工质在温度 T 下的焓,kJ/kg;

　　　　T_0——环境温度,K;

　　　　s——工质在温度 T 下的熵,kJ/(kg·K)。

对于 m kg 质量的工质,进口温度下的烟值 E 只要在上述计算式的右侧乘以 m 即可。不过,在工程计算中,m 代表单位时间的质量流量,即 kg/s。

$$E = mc_p(T - T_0)\left(1 - \frac{T_0}{T - T_0}\ln\frac{T}{T_0}\right) \tag{1.6}$$

$$E = m[h - (T_0 \times s)] \tag{1.7}$$

应当注意的是,m 的单位是 kg/s,E 的单位是 kJ/s。

例 8　每小时 1 t 热水进入热力系统的温度为 100 ℃,已知环境温度为 0 ℃。试计算热水的烟值。

解　首先,由式(1.6)可知:

质量流量:$m = 1\,000$ kg/h = 0.278 kg/s

入口温度:$T = 273$ ℃ + 100 ℃ = 373 K

环境温度:$T_0 = 0$ ℃ + 273 ℃ = 273 K

取环境温度下的比热容:$c_p = 4.186\,8$ kJ/(kg·K) = 常数

$$E = mc_p(T - T_0)\left(1 - \frac{T_0}{T - T_0}\ln\frac{T}{T_0}\right)$$

$$= 0.278 \text{ kg/s} \times 4.186\,8 \text{ kJ/(kg·K)} \times$$

$$(373 \text{ K} - 273 \text{ K})\left(1 - \frac{273 \text{ K}}{373 \text{ K} - 273 \text{ K}}\ln\frac{373}{273}\right)$$

$$= 17.2 \text{ kJ/s}$$

然后,由式(1.7)计算,查取物性表可知:

工质在进口温度下的焓:$h = 417.51 \text{ kJ/kg}$

工质在进口温度下的熵:$s = 1.302\ 7 \text{ kJ/(kg · K)}$

则

$$E = m(h - T_0 s)$$
$$= 0.278 \text{ kg/s}[417.51 \text{ kJ/kg} - 273 \text{ K} \times 1.302\ 7 \text{ kJ/(kg · K)}]$$
$$= 17.2 \text{ kJ/s}$$

可见,式(1.6)和式(1.7)的计算结果是相同的。

例9 由例8,将环境温度改为20 ℃,其他条件不变,试计算其㶲值,并与例8的结果比较。

解 由式(1.7)计算,计算结果见表1.7。

表1.7 计算结果

方案	环境温度 T_0/K	入口温度 T/K	焓 h/(kJ · kg⁻¹)	熵 s/(kJ · kg⁻¹ · K⁻¹)	㶲 E/(kJ · s⁻¹)
1	273	373	417.51	1.3027	17.2
2	293	373	417.51	1.302 7	9.95

由此可见,随着环境温度的提高,可有效利用的能量将急剧减少。

对于只有冷热两种流体的传热过程,传热前后能量的可用性,即㶲值会发生什么变化,可由下面例题说明。

例10 有一台工业炉,排烟温度为600 ℃,烟气流量为$m = 1\ 000 \text{ kg/h} = 0.278 \text{ kg/s}$,烟气比热容$c_p = 1.1 \text{ kJ/(kg · K)}$,排烟温度从600 ℃降至200 ℃,为了回收烟气余热,有下列3种回收方案:

方案1:加热空气,将空气从20 ℃加热至400 ℃;

方案2:加热空气,将空气从20 ℃加热至200 ℃;

方案3:加热水,将水温从20 ℃加热至80 ℃。

设环境温度为20 ℃,即$T_0 = 20 ℃ + 273 ℃ = 293 \text{ K}$,首先,计算热流体烟气的㶲值和熵值,然后,分别计算3个方案中冷流体出口处的㶲值和熵值,并比较各方案㶲和熵的变化。应该指出的是,在传热计算中,流体的质量m总是和时间联系在一起的,m的单位取kg/s,因而㶲的单位也要相应地变换为kJ/s。

解 (1)热流体计算。

烟气入口温度:$T_1 = 273 ℃ + 600 ℃ = 873 \text{ K}$,由式(1.6),得

$$E_1 = m_1 c_{p1}(T_1 - T_0)\left(1 - \frac{T_0}{T_1 - T_0}\ln\frac{T_1}{T_0}\right)$$

$$= 0.278 \text{ kg/s} \times 1.1 \text{ kJ/(kg · K)} \times (873 \text{ K} - 293 \text{ K})\left(1 - \frac{293 \text{ K}}{873 \text{ K} - 293 \text{ K}}\ln\frac{873 \text{ K}}{293 \text{ K}}\right)$$

$$= 79.54 \text{ kJ/s}$$

烟气放热量:$Q = m_1 c_{p1}(T_1 - T_2)$

$$= 0.278 \ \text{kg/s} \times 1.1 \ \text{kJ/(kg} \cdot \text{K)} \times (873 \ \text{K} - 473 \ \text{K}) = 122.32 \ \text{kJ/s}$$

烟气入口的熵:$S_1 = \dfrac{Q}{T_1} = 122.32 \ (\text{kJ/s})/873 \ \text{K} = 140 \ \text{J/(s} \cdot \text{K)}$

(2) 冷流体计算方案 1。

由热力学第一定律可知,空气吸热量 = 烟气放热量

空气流量:$m_2 = Q/[c_{p2} \times (t_2 - t_1)]$

$$= 122.32 \ (\text{kJ/s})/[1.005 \ \text{kJ/(kg} \cdot \text{K)} \times (673 \ \text{K} - 293 \ \text{K})]$$

$$= 0.32 \ \text{kg/s}$$

空气出口㶲值:$E_2 = m_2 c_{p2} (T_2 - T_0) \left(1 - \dfrac{T_0}{T_2 - T_0} \ln \dfrac{T_2}{T_0} \right)$

$$= 0.32 \ \text{kg/s} \times 1.005 \ \text{kJ/(kg} \cdot \text{K)} \times (673 \ \text{K} - 293 \ \text{K})$$

$$\left(1 - \dfrac{293 \ \text{K}}{673 \ \text{K} - 293 \ \text{K}} \ln \dfrac{673 \ \text{K}}{293 \ \text{K}} \right)$$

$$= 43.8 \ \text{kJ/s}$$

出口的熵:$S_2 = \dfrac{Q}{T_2} = 122 \ 320 \ \text{kJ/s}/673 \ \text{K} = 182 \ \text{J/(s} \cdot \text{K)}$

(3) 冷流体计算方案 2。

由热平衡式,空气的流量为

$$m_2 = Q/[c_{p2} \times (t_2 - t_1)]$$

$$= 122.32 \ \text{kJ/s}/[1.005 \ \text{kJ/(kg} \cdot \text{K)} \times (473 \ \text{K} - 293 \ \text{K})] = 0.676 \ \text{kg/s}$$

空气的出口㶲值:$E_2 = m_2 c_{p2} (T_2 - T_0) \left(1 - \dfrac{T_0}{T_2 - T_0} \ln \dfrac{T_2}{T_0} \right)$

$$= 0.676 \ \text{kg/s} \times 1.005 \ \text{kJ/(kg} \cdot \text{K)} \times$$

$$(473 \ \text{K} - 293 \ \text{K}) \left(1 - \dfrac{293 \ \text{K}}{473 \ \text{K} - 293 \ \text{K}} \ln \dfrac{473 \ \text{K}}{293 \ \text{K}} \right)$$

$$= 26.95 \ \text{kJ/s}$$

冷流体出口的熵:$S_2 = \dfrac{Q}{T_2} = \dfrac{122 \ 320 \ \text{kJ/s}}{473 \ \text{K}} = 259 \ \text{J/(s} \cdot \text{K)}$

(4) 冷流体计算方案 3。

由热平衡式,水的流量为

$$m_2 = Q/[c_{p2} \times (t_2 - t_1)]$$

$$= 122.32 \ \text{kJ/s}/[4.174 \ \text{kJ/(kg} \cdot \text{K)} \times (353 \ \text{K} - 293 \ \text{K})] = 0.488 \ 4 \ \text{kg/s}$$

水的出口㶲值:$E_2 = m_2 c_{p2} (T_2 - T_0) \left(1 - \dfrac{T_0}{T_2 - T_0} \ln \dfrac{T_2}{T_0} \right)$

$$= 0.488 \ 4 \ \text{kg/s} \times 4.174 \ \text{kJ/(kg} \cdot \text{K)} \times (353 \ \text{K} - 293 \ \text{K})$$

$$\left(1 - \dfrac{293 \ \text{K}}{353 \ \text{K} - 293 \ \text{K}} \ln \dfrac{353 \ \text{K}}{293 \ \text{K}} \right) = 11.04 \ \text{kJ/s}$$

冷流体出口的熵:$S_2 = \dfrac{Q}{T_2} = \dfrac{122 \ 320 \ \text{kJ/s}}{353 \ \text{K}} = 347 \ \text{J/(s} \cdot \text{K)}$

以上计算结果见表 1.8。

表 1.8　计算结果

方案	流体	温度 /℃	流量 /(kg · s⁻¹)	传热量 /(kJ · s⁻¹)	㶲 /(kJ · s⁻¹)	㶲效率 η_X	熵 /(J · s⁻¹ · K⁻¹)
方案 1 ~ 3	热流体 烟气	600 ~ 200	0.278	122.32	79.54		140
方案 1	冷流体 空气	20 ~ 400	0.32	122.32	43.8	55%	182
方案 2	冷流体 空气	20 ~ 200	0.676	122.32	26.95	34%	259
方案 3	冷流体 水	20 ~ 80	0.488	122.32	11.04	14%	347

由计算结果可以看出：

（1）余热回收不可避免地会造成㶲值的下降和熵值的增加。

（2）方案 1 中，冷流体的出口温度最高，使得㶲值下降较小，说明可用能的利用较好。同时，熵值也较小，说明余热可得到较高质量的利用。

（3）方案 3 中，因冷流体的出口温度过低，使㶲损失大，熵增也最大，能量回收的质量很差。

表中的㶲效率 η_X 的定义为

$$\eta_X = 利用的㶲 / 输入体系的㶲$$

对于一台用于余热回收的换热器而言，利用的㶲就是冷流体得到的㶲，而输入体系的㶲就是热流体的㶲。例如，对方案 1，㶲效率 $\eta_X = 43.8/79.54 = 0.55$，这说明，当热量从热流体传给冷流体以后，总要造成做功能力的损失，冷流体的出口温度越低，造成的损失就越大。

总之，在制订余热回收的总体方案时，回收后做功能力的损失和熵值的增加都是应给予重点考虑的热力学课题。

1.4　余热回收的传热学基础

在余热回收系统中，需要回收的是热载体携带的余热，而不是热载体本身，热载体所携带的热量需要在热交换器中将热量传给设定的某种介质。所以，热交换器（简称换热器）是余热回收的关键设备。由于载热体的种类众多，接受余热的介质各不相同，因而热交换器的形式和结构也是多种多样的，在换热器的大家族中挑选余热回收所需要的品种，并掌握该换热器的设计计算方法，对开展余热回收工程是至关重要的。

因换热器的设计涉及传热学的某些基本理论和概念，因而本节将首先介绍传热学的一些基本概念。

1.4.1　定义和概念

1. 传热和传热系数

传热学中的"传热"是一个专用名词，传热是指热量从热流体经过固体间壁传给冷流

体的过程。传热的路径是:热流体 →
间壁 → 冷流体,由 3 部分组成,如图 1.6 所
示。

（1）传热温差:是指热流体和冷流体之
间的温度差。

（2）传热系数:单位传热面积、单位传热
温差、单位时间内从热流体向冷流体的传热
量,即

$$U_0 = \frac{Q}{A_0 \times \Delta T} \qquad (1.8)$$

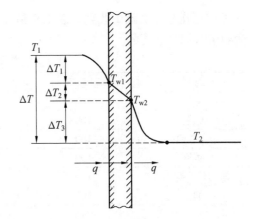

图 1.6 传热过程

式中　　U_0——传热系数,W/(m² · ℃);

　　　　Q——传热量,W;

　　　　ΔT——传热温差,℃;

　　　　A_0——传热面积,m²。

应当指出,传热面积 A_0 的角标指明所选取的是何处的面积,对圆管,是圆管的内表面
积还是外表面积,与此同时,传热系数 U_0 也应有同样的角标。

2. 导热和导热系数

导热是指依靠分子、原子或自由电子等微观粒子而产生的热量转移。在固体内部
（如管壁内）的热量转移完全依靠导热,对于流动的流体,除了导热之外,主要依靠流体的
流动,统称为对流换热。

在一个一维的导热系统中,即温度只沿一个方向变化时,导热量的计算式为

$$Q = -\lambda A \frac{dT}{dx} \qquad (1.9)$$

式中　　Q——导热量,W;

　　　　A——导热面积,m²;

　　　　$\dfrac{dT}{dx}$——温度 T 在 x 方向上的变化率,式中的负号表示热量传递的方向与温度升高

　　　　　　的方向相反;

　　　　λ——导热系数,其单位由式（1.9）导出,为 W/(m · ℃)。

由上式,对于厚度为 δ 的平板,两外表面的温度为 T_{w1},T_{w2},且 $T_{w1} > T_{w2}$,则通过平板
的单位面积上的导热量为

$$q = \frac{\lambda(T_{w1} - T_{w2})}{\delta} = \frac{\lambda}{\delta}\Delta T \qquad (1.10)$$

式中　　q——热流密度,W/m²。

对于通过圆管壁面的导热:设圆管的外径为 D_o,内径为 D_i,对应的表面温度分别为 T_o
和 T_i,以圆管外表面积为基准的热流密度为

$$q = \frac{Q}{\pi D_o L} = -\lambda \frac{dT}{dr} = \frac{2\lambda}{D_o}\frac{(T_o - T_i)}{\ln(D_o/D_i)} \qquad (1.11)$$

导热系数 λ 是一个重要的物性,不同的材料相差很大,而且随温度而变化,各种材料

的 λ 值可在相关文献中找到。表 1.9 是几种常用材料和流体的导热系数,记住它们大致的数值范围是必要的。

表 1.9 常用材料的导热系数

材料	温度 /℃	$\lambda/(\text{W} \cdot \text{m}^{-1} \cdot \text{℃}^{-1})$	备注
纯铜	100	393	
纯铝	100	240	
合金铝	100	173	87AL – 13Si
碳钢	100	36.6	$w(\text{C}) \approx 1.5\%$
不锈钢	100	16.6	18 – 20Cr – 16Ni
烟气	100	0.031 3	$p = 1.05 \times 10^5 \text{ Pa}$
空气	20	0.025 9	$p = 1.05 \times 10^5 \text{ Pa}$
饱和水	20	0.599	

3. 换热和换热系数

在传热学中,换热和换热系数均是专有名词。"换热"的定义是流体与壁面之间的热量交换,这意味着,在一个"传热"过程的两侧分别存在两个"换热"过程:热流体和一侧壁面之间的换热,以及冷流体和另一侧壁面之间的换热。如图 1.6 所示。

换热系数 h 是描写换热过程强弱的物理量,"换热系数"的定义是:单位时间内,单位温差、单位面积上的换热量。其中的温差是指流体温度与壁面之间的温差,即

$$h = \frac{Q}{A \times \Delta T} \text{ W/(m}^2 \cdot \text{℃)} \tag{1.12}$$

式中　h——换热系数,W/(m^2 · ℃);

　　　Q——换热量,W;

　　　A——换热面积,m^2;

　　　ΔT——流体温度 T_f 和壁面温度 T_w 之差,$\Delta T = T_f - T_w$ 或 $\Delta T = T_w - T_f$,℃。

换热系数的大小取决于很多因素:流体的物理性质、流速、层流或紊流、壁面的形状等。由于影响因素很多,主要通过试验研究确定。目前,在传热学和换热器文献中,已推荐了若干广泛认可的实验关联式。

1.4.2　计算换热系数常用的关联式

在余热回收设备的设计中,如何计算热流体侧和冷流体侧的换热系数是至关重要的。因为换热系数的影响因素很多,有关换热系数的计算式,只有极个别可以从理论上推导出来,绝大多数都是通过实验研究,从大量的实验数据中总结出来的。由实验得出来的计算式又称为实验关联式。下面推荐一组设计中常用并已得到广泛认可的实验关联式。

1. 管内层流换热关联式

管内流体的流动状态和换热系数与管内雷诺数 Re 有关,Re 是一个无因次数,其定义式为

$$Re = \frac{D_i \times G_m}{\mu} \tag{1.13}$$

式中 G_m—— 管内流体的质量流速,$G_m = \rho \times v$,$kg/(m^2 \cdot s)$,其中,ρ 为流体密度,

kg/m^3;v 为流体流速,m/s;

D_i—— 管子内径,m;

μ—— 流体的动力黏度,$kg/(m \cdot s)$。

试验表明,当管内 $Re < 2\,300$ 时,流动状态为层流;当管内 $Re > 10\,000$ 时,流动状态为紊流;Re 在 $2\,300 \sim 10\,000$ 时,处于层流和紊流的过渡区。对不同的流动状态,要选用不同的实验关联式计算换热系数。实验表明,紊流状态的换热系数要远远大于层流状态下的换热系数。文献推荐用下述 Sieder – Tate 关联式计算管内层流换热参数:

$$h_i = 1.86 \left(\frac{\lambda_f}{D_i}\right) (Re \cdot Pr)^{1/3} \left(\frac{D_i}{L}\right)^{1/3} \left(\frac{\mu_f}{\mu_w}\right)^{0.14} \tag{1.14}$$

式中 h_i—— 管内换热系数;

D_i—— 管内径;

Pr—— 流体的普朗特数;

L—— 管内流体的流动长度。

在各项物性中角标 f 代表流体,角标 w 代表壁面,除黏度 μ_w 按壁面温度取值之外,其他物性均按流体的平均温度取值。

式(1.14) 的应用范围:$Re < 2\,300$,$0.6 < Pr < 6\,700$,$Re \times Pr \times \dfrac{L}{D_i} > 100$。

对于光管,在层流、等壁温条件下,管内换热系数的理论分析式为

$$Nu = \frac{h_i D_i}{\lambda} = 3.66, \quad h_i = 3.66 \frac{\lambda}{D_i} \tag{1.15}$$

应当指出,上述实验关联式和理论分析式虽然形式上差别很大,但其计算结果是相近的。

2. 管内紊流换热关联式

当管内 $Re \geqslant 10^4$ 时,管内流动为紊流,广泛认可的实验关联式为

$$h_i = 0.023 \left(\frac{\lambda}{D_i}\right) \left(\frac{D_i G_m}{\mu}\right)^{0.8} (Pr)^n \tag{1.16}$$

式中 h_i—— 管内对流换热系数,$W/(m^2 \cdot ℃)$;

D_i—— 管内径,m;

G_m—— 管内流体的质量流速,$kg/(m^2 \cdot s)$;

λ, μ, Pr—— 分别为管内流体的导热系数,$W/(m \cdot ℃)$;黏度系数,$kg/(m \cdot s)$ 和普朗特数。

当管内流体被加热时,$n = 0.4$;流体被冷却时,$n = 0.3$;该关联式的适用范围为

$$Re = 10^4 \sim 1.2 \times 10^5, \quad Pr = 0.7 \sim 120, \quad L/D_i \geqslant 60$$

其中,L 为管子长度。

例 11 在由管外烟气加热管内给水的省煤器中,基管直径为 $\phi 38 \times 3.5$,内径 $D_i = 31$ mm,管内水平均温度为 $100\ ℃$,试计算管内水在不同流速下的换热系数。管内平均流速分别为 $v = 0.2$ m/s,0.5 m/s,1.0 m/s,1.2 m/s,1.5 m/s。

解　水在 100 ℃ 下的相关物性值可由附表选取：

$$\rho = 958.4 \ \text{kg/m}^3 \qquad \mu = 282.5 \times 10^{-6} \ \text{kg/(m·s)}$$
$$Pr = 1.75 \qquad \lambda = 0.683 \ \text{W/(m·℃)}$$

首先，以 $v = 1.0 \ \text{m/s}$ 为例进行计算，由式(1.13)

$$Re = \frac{D_i \rho v}{\mu} = \frac{0.031 \ \text{m} \times 958.4 \ \text{kg/m}^3 \times 1.0 \ \text{m/s}}{282.5 \times 10^{-6} \ \text{kg/(m·s)}} = 105\ 169 > 10^4$$

$$h_i = 0.023 \left(\frac{0.683}{0.031}\right)(105\ 169)^{0.8}(1.75)^{0.4} = 6\ 595 \ \text{W/(m}^2 \cdot \text{℃)}$$

其他计算结果见表 1.10。

表 1.10　管内换热系数计算表

管内流速 v/(m·s^{-1})	0.2	0.5	1.0	1.2	1.5
管内 Re 数	21 033	52 584	105 169	126 203	157 754
h_i/(W·m^{-2}·℃$^{-1}$)	1 820	3 788	6 595	7 630	9 122

由上表中的计算结果可知，为了保证管内有足够高的换热系数，管内水的流速最好大于 0.5 m/s，不小于 0.2 m/s。

3. 气体绕流光管管束时的管外换热系数

由于光管管束的几何特征比较简单，并在多种换热设备中得到广泛应用，在常用的 Re 范围，即 $Re = 10^3 \sim 2 \times 10^5$ 内，实验关联式的具体形式为

对顺排管束：

$$h = 0.27 \left(\frac{\lambda}{D_0}\right) Re^{0.63} Pr^{0.36} \tag{1.17a}$$

对叉排管束：

$$h = 0.35 \left(\frac{\lambda}{D_0}\right)\left(\frac{S_t}{S_l}\right)^{0.2} Re^{0.6} Pr^{0.36} \tag{1.17b}$$

式中　S_t——横向管间距；

S_l——纵向管间距。

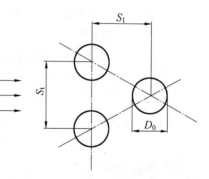

叉排管束的尺寸标识如图 1.7 所示。

对于常用的等边三角形排列，$S_l = 0.866 S_t$，$(S_t/S_l)^{0.2} = 1.029$。

式(1.17b) 变为

$$h = 0.36 \left(\frac{\lambda}{D_0}\right) Re^{0.6} Pr^{0.36} \tag{1.18}$$

应当指出，上述各式中的 Re 的表达式为

$$Re = \frac{D_0 G_m}{\mu}$$

图 1.7　叉排管束的尺寸标识

式中　G_m——流体流经最窄截面处的质量流速，kg/(m^2·s)。

由图 1.7 可知,最窄截面积与迎风面积之比为 $(S_t - D_o)/S_t$。

4. 管内流动阻力关联式

管内紊流 $(Re \geqslant 10^4)$ 时的流动阻力计算式为

$$\Delta p = f \cdot \frac{L}{D_i} \cdot \frac{\rho v^2}{2} \tag{1.19}$$

式中　Δp—— 压力降,Pa;

　　　L, D_i—— 分别为流程长度和管内径,m;

　　　ρ—— 流体密度,kg/m^3;

　　　v—— 管内流体的平均流速,m/s;

　　　f—— 摩擦阻力系数,由如下实验关联式确定:

$$f = 0.316 \, Re^{-\frac{1}{4}}$$

上式的适用范围:$Re = 10^4 \sim 2 \times 10^5$。由上述两式可得

$$\Delta p = 0.316 \times \frac{L}{D_i} \times \frac{\rho v^2}{2} \times Re^{-0.25} \tag{1.20}$$

式中　Re—— 管内雷诺数,$Re = \dfrac{D_i \cdot \rho \cdot v}{\mu}$。

管内层流 $(Re \leqslant 2\,300)$ 时的流动阻力可由理论分析式计算:

$$\Delta p = 32 \times \frac{L \cdot \mu \cdot v}{D_i^2} \tag{1.21}$$

式中　Δp—— 流动阻力,Pa;

　　　L—— 流程长度,m;

　　　μ—— 介质黏度,$kg/(m \cdot s)$;

　　　v—— 介质平均流速,m/s;

　　　D_i—— 内径,m。

例 12　按例 11 列出的条件,计算当省煤器总管长 $L = 50$ m 时的管内水的流动阻力。

解　首先以 $v = 1.0$ m/s 为例进行计算:

$$Re = 105\,169 > 10^4$$

$$f = 0.316 \, Re^{-\frac{1}{4}} = 0.316(105\,169)^{-\frac{1}{4}} = 0.017\,547$$

$$\Delta p = f \cdot \frac{L}{D_i} \cdot \frac{\rho v^2}{2} = 0.017\,547 \times \frac{50 \text{ m}}{0.031 \text{ m}} \times \frac{958.4 \text{ kg/m}^3 \times (1 \text{ m/s})^2}{2} = 13\,562 \text{ Pa}$$

其他计算结果见表 1.11。

表 1.11　管内流动阻力计算结果

管内流速 $v/(m \cdot s^{-1})$	0.2	0.5	1.0	1.2	1.5
管内 Re	21 033	52 584	105 169	126 203	157 754
摩擦阻力系数 f	0.026 24	0.020 87	0.017 55	0.016 77	0.015 86
管内阻力 $\Delta p/Pa$	811	4 033	13 562	18 665	27 582

式(1.20)表明,管内紊流阻力 Δp 与管内流速的 1.75 次方成正比,说明管内阻力会随管内流速的增大而急剧增加,所以在选择管内流速时,不应只考虑换热系数的提高,同时还要考虑管内阻力的大小和可以承受的能力。

5. 立式放置的管内凝结换热

研究表明,当管内壁上的凝结液膜厚度远远小于管子内径时,可以采用竖平壁上的凝结和竖管外部凝结的研究结果来计算立放圆管内部的凝结换热系数。竖壁上的凝结换热,其基础是努谢尔特的膜层凝结理论。该理论假定:在竖壁外表面有一层不断增厚的凝结液膜,该膜层呈层流状态,蒸汽凝结放出的汽化潜热全部通过液膜的导热传给壁面。在上述条件下,推出了理论分析结果,经过适当的修正后,有下述几种表达形式:

(1)

$$h_i = 1.13 \left[\frac{\lambda_1^{\,3} \cdot \rho_1^{\,2} \cdot r \cdot g}{\mu_1 L(T_s - T_w)} \right]^{\frac{1}{4}} \tag{1.22}$$

式中　h_i——凝结换热系数,$W/(m^2 \cdot ℃)$;

　　　λ_1——液膜的导热系数,$W/(m \cdot ℃)$;

　　　ρ_1——液膜的密度,kg/m^3;

　　　r——汽化潜热,J/kg;

　　　g——重力加速度,m/s^2;

　　　μ_1——液膜的黏度,$kg/(m \cdot s)$;

　　　$T_s - T_w$——饱和温度与壁面温度之差,$℃$;

　　　L——竖管(竖面)的高度,m。

(2)将式(1.22)中的温差$(T_s - T_w)$用式$(T_s - T_w) = \dfrac{q}{h_i}$替代,其中,$q$为热流密度,$W/m^2$,上式可转化为

$$h_i = 1.11 \left(\frac{\lambda_1^{\,3} \cdot \rho_1^{\,2} \cdot r \cdot g}{\mu_1 \cdot L \cdot q} \right)^{\frac{1}{3}} \tag{1.23}$$

(3)在上述两式的基础上,可对$(T_s - T_w)$做进一步转换:

$$T_s - T_w = \frac{Q}{A \cdot h_i} = \frac{Q}{(L \cdot \pi \cdot D_i) \cdot h_i} = \frac{m \cdot r}{L \cdot \pi \cdot D_i \cdot h_i} = \frac{4\Gamma}{\mu_1} \cdot \frac{\mu_1 r}{4 h_i L}$$

式中　Γ——单位时间、单位宽度上的凝结量,$\Gamma = \dfrac{m}{\pi D_i}$,$kg/(m \cdot s)$。

对于立放单管的管内冷凝:

$$Q = m \cdot r$$

其中,Q为单管传热量,W;m为单管的凝结液量,kg/s;A为单管内部的传热面积,$A = \pi D_i L$。

引入新的$T_s - T_w$表达式后,式(1.23)可转化为

$$h_i = 1.88 \left(\frac{4\Gamma}{\mu_1} \right)^{-\frac{1}{3}} \left(\frac{\lambda_1^3 \rho_1^2 g}{\mu_1^2} \right)^{\frac{1}{3}} \tag{1.24}$$

其中,$\dfrac{4\Gamma}{\mu_l}$为无因次量,称为液膜Re数。

上式的应用范围是$Re = \dfrac{4\Gamma}{\mu_l} < 1\,800$。

(4)对于水蒸气的管内凝结,液膜物性值都是饱和温度T_v的函数,因此,式(1.22) ~

（1.24）又可以简化为

$$h_i = (245\,623 + 3\,403 \times T_v - 9.677 \times T_v^2)\left(\frac{Q_0}{D_i \times n}\right)^{-\frac{1}{3}} \quad (1.25)$$

式中　　T_v——管内蒸汽温度；

　　　　Q_0——换热器总换热量，W；

　　　　n——管子根数。

6. 水平放置的管内凝结换热

在管式换热器的大多数应用领域，如制冷、空调、空冷系统中，蒸汽是在水平管内凝结的。水平管内的凝结与水平管外部凝结相比，冷凝液不能流出，保存在管内，形成逐渐增厚的液体层，两相流的形态不断变化，理论分析十分困难。

工程上广泛应用由 Chato 提出的经验关系式：

$$h_i = 0.555\left[\frac{\rho_1(\rho_1 - \rho_v)\,g \cdot \lambda_1^3 \cdot r'}{\mu_1 \cdot D_i \cdot (T_s - T_w)}\right]^{\frac{1}{4}}$$

$$= 0.456\left[\frac{\rho_1(\rho_1 - \rho_v)\,g \cdot \lambda_1^3 \cdot r'}{\mu_1 \cdot D_i \cdot q}\right]^{\frac{1}{3}} \quad (1.26)$$

其简化式为
$$h_i = 0.456\left[\frac{\rho_1^2 g \cdot \lambda_1^3 \cdot r}{\mu_1 \cdot D_i \cdot q}\right]^{\frac{1}{3}}$$

式中　　r——汽化潜热；

　　　　r'——修正后的汽化潜热。

$$r' = r + 0.375c_{p1}(T_v - T_s)$$

其中，c_{p1} 为液膜比热容；T_v 为蒸汽温度；T_s 为蒸汽饱和温度；D_i 为管子内径；q 为热流密度；ρ_v 为蒸汽密度。ρ_v、r 按蒸汽饱和温度 T_s 取值，其他物性按液膜的平均温度 $\frac{1}{2}(T_s + T_w)$ 取值。

7. 水平放置的管外凝结换热

水平管外的凝结，假定纵向排列有 N 排管，由于下部圆管的液膜厚度增大，凝结换热系数逐渐下降，文献推荐的经验关系式为

$$h_o = 0.729\left[\frac{g\rho_1(\rho_1 - \rho_v)r'\lambda_1^3}{\mu_1(T_s - T_w)ND_o}\right]^{0.25} \quad (1.27)$$

近似式为

$$h_o = 0.729\left[\frac{g\rho_1^2 r\lambda_1^3}{\mu_1(T_s - T_w)ND_o}\right]^{0.25} \quad (1.28)$$

式中　　r'——修正后的汽化潜热，$r' = r + 0.375c_{p1}(T_v - T_s)$；

　　　　r——汽化潜热；

　　　　N——纵向管排数。

其中，T_v 为蒸汽温度；T_s 为蒸汽饱和温度；T_w 为壁面温度；D_o 为管子外径；ρ_1 为凝液密度；ρ_v 为蒸汽密度；μ_1、λ_1 分别为液体的黏度和导热系数。ρ_v 按蒸汽饱和温度 T_s 取值，其他物

性按液膜的平均温度 $\frac{1}{2}(T_s + T_w)$ 取值。

在应用上式计算时,应先假定 N 值和温差 $(T_s - T_w)$,待设计完毕后再加以修正。

8. 泡态沸腾的实验关联式

由于影响沸腾的因素很多,给理论和实验研究带来很多困难。目前尚没有纯理论的沸腾换热系数的计算公式,多数是实验关联式或半经验公式,且精度都不理想。下面,推荐两个大容积泡态沸腾的实验关联式:

(1)罗斯诺(Rohsenow)式。

$$\frac{c_1 \Delta T}{r Pr_1^s} = C_{wl} \left[\frac{q}{\mu_1 r} \sqrt{\frac{\sigma}{g(\rho_1 - \rho_v)}} \right]^{0.33} \tag{1.29}$$

式中　　ΔT——壁面温度和饱和温度之差,$\Delta T = T_w - T_s$;

　　　　q——热流密度,W/m^2;

　　　　c_1——饱和液体的比定压热容,$J/(kg \cdot ℃)$;

　　　　r——汽化潜热,J/kg;

　　　　g——重力加速度,m/s^2;

　　　　Pr_1——饱和液体的普朗特数;

　　　　μ_1——饱和液体的动力黏度,$kg/(m \cdot s)$;

　　　　ρ_1, ρ_v——分别是饱和液体和饱和蒸汽的密度,kg/m^3;

　　　　σ——液体/蒸汽界面的表面张力,N/m;

　　　　C_{wl}——取决于加热表面/液体组合情况的经验系数,对于液体为水,加热面为碳钢、不锈钢和铜:$C_{wl} = 0.013$;

　　　　当液体为水时,$s = 1$;对其他流体:$s = 1.7$。

为了使式(1.29)应用起来更方便,将式中的 ΔT 转换为

$$\Delta T = q/h$$

其中,h 为沸腾换热系数。

当沸腾液体为水时,式(1.29)可转换为

$$h = C \cdot q^{\frac{2}{3}} \tag{1.30}$$

其中

$$C = 76.9 \frac{c_{p1} \mu_1^{\frac{1}{3}}}{r^{\frac{2}{3}} Pr_1} \times \left[\frac{g(\rho_1 - \rho_v)}{\sigma} \right]^{\frac{1}{6}} \tag{1.31}$$

将上式中的各物理量的单位代入,可以确认 h 的单位为 $W/(m^2 \cdot ℃)$。

考虑到式(1.31)中的物理性质都是饱和温度 T_s 的函数,对水的沸腾,式(1.31)可写为 T_s 的函数:

$$C = 0.067(T_s)^{0.941} \tag{1.32}$$

当 T_s 在 $100 \sim 280$ ℃ 范围内时,式(1.32)与式(1.31)的计算误差在 $\pm 2\%$ 以内。这样,对水的沸腾,通用关联式可简化为

$$h = 0.067 T_s^{0.941} q^{\frac{2}{3}} \tag{1.33}$$

（2）引入对比压力的实验关联式。

在综合大量实验数据的基础上,莫斯廷斯基(Mostinsk)推出了计算沸腾换热系数的关联式:

$$h = 0.106p_c^{0.69}(1.8R^{0.17} + 4R^{1.2} + 10R^{10}) \times q^{0.7} \tag{1.34}$$

式中　p_c——液体的热力学临界压力,bar,(1 bar = 10^5 Pa);

R——对比压力,即沸腾液体的饱和压力与临界压力之比,$R = \dfrac{p}{p_c}$;

q——加热面的热流密度,W/m²。

介质的临界压力可查相关介质的物性表。所谓临界压力是指能产生汽/液相变的最高压力。几种常用介质的临界压力见表1.12。

表1.12　几种常用介质的临界压力

介质名称	临界压力 p_c/bar	介质名称	临界压力 p_c/bar
水	221.6	甲烷	45.99
氨	109.3	乙烷	48.74
甲醇	79.7	苯	49.7
乙醇	63.1	制冷剂12	41.31
丙酮	47.6	制冷剂134a	40.56

上述关联式形式简单,应用方便,当引入了对比压力 R 之后,关联式中没有再出现沸腾液体的物性,这是因为沸腾液的一些重要物性(如表面张力、汽化潜热等)都是对比压力的函数。式(1.34)是实验关联式,关联的介质包括:水、氨、CCl₄、甲醇、异丙醇、异丁醇、CH₄Cl₂、丙酮、甲苯、乙醇、苯。90% 的数据偏差在 ±30% 以内。

事实上,式(1.34)与式(1.33)有共同之处,两式中,h 分别与 $q^{0.7}$ 和 $q^{\frac{2}{3}}$ 成正比,二者指数相近;式(1.33)中的系数 C 对应式(1.34)中的与 p_c、R 有关的表达式。

在应用式(1.33)或式(1.34)计算沸腾换热系数时,热流密度 q 是未知的,为此,需要先假定一个 q 值,然后,根据设计结果再加以修正。

此外,临界热流密度是泡态沸腾的上限,也是上述关联式应用的上限,超出这一上限,泡态沸腾将转换为膜态沸腾,会导致壁温急剧升高,影响设备的安全运行。临界热流密度推荐按下面的关联式计算:

$$q_c = 3.8 \times 10^4 p_c \cdot R^{0.35}(1 - R)^{0.9} \tag{1.35}$$

式中　q_c——加热面上的临界热流密度,W/m²。

其他各量的意义和单位与式(1.34)相同。

应当指出,上面所推荐的关联式适用于大空间自然对流沸腾。对于管内沸腾,沸腾时在加热面上所产生的气泡和蒸汽与单相液体一起流动,从而形成了管内两相流。随着蒸汽含量的逐渐增多,会形成两相流的不同流动形态。当蒸汽含量较小时,蒸汽以气泡的形态混合在液体中流动,称"泡状流";当蒸汽含量增多时,蒸汽会集聚在管子的中心,从而形成"柱状流";当蒸汽含量进一步增加时,中心的汽柱会将液体排挤在管壁周围,形成"环状流"等。

管内两相流沸腾换热十分复杂,有研究提出,可以将管内两相流沸腾看作大容积沸

腾和液体强制对流的叠加,即

$$q_{总} = q_{沸腾} + q_{对流} \qquad (1.36)$$

式中　$q_{总}$——管内沸腾的热流密度,W/m^2;

　　　$q_{沸腾}$——按大容积沸腾计算出来的热流密度,W/m^2;

　　　$q_{对流}$——按管内强制对流计算出来的热流密度,W/m^2。

不过,式(1.16)中的系数0.023要替换为0.019。

由于式(1.36)中的各项热流密度对应相同的温差 $\Delta T = T_w - T_s$ 和相同的管内换热面积,所以又可写为

$$h_{总} = h_{沸腾} + h_{对流} \qquad (1.37)$$

式中　$h_{总}$——管内沸腾的换热系数;

　　　$h_{沸腾}$——按大容积沸腾计算出来的换热系数;

　　　$h_{对流}$——按管内强制对流计算出来的换热系数。

对于余热回收用换热器的管内沸腾,建议仍按大容积沸腾的关联式计算,这样,不但简化了计算,而且由于求出的换热系数偏低,可使设计偏于安全。

例13　有一台小型的烟管余热锅炉,设计热负荷 $Q = 200$ kW,由60支长度为1.2 m的光管组成,管外径为 $D_o = 32$ mm,内径为 $D_i = 25$ mm。管内走烟气,管外为饱和水的沸腾。此余热锅炉提供压力 $p = 0.2$ MPa(2.0 bar),温度 $T_s = 120$ ℃ 的饱和蒸汽,试计算管外沸腾换热系数。

解　首先,由式(1.33)计算:

热流密度 $q = \dfrac{Q}{60 \times \pi D_o \times 1.2 \text{ m}} = \dfrac{200\ 000 \text{ W}}{60 \times \pi \times 0.032 \text{ m} \times 1.2 \text{ m}} = 27\ 631 \text{ W/m}^2$

$$h = 0.067 \times T_s^{0.941} \times q^{\frac{2}{3}}$$

$$= 0.067 \times (120)^{0.941} \times (27\ 631)^{\frac{2}{3}} = 5\ 542 \text{ W/(m}^2 \cdot ℃)$$

然后,由式(1.34)计算:

由表1.12,水的临界压力 $p_c = 221.6$ bar

对比压力 $R = \dfrac{p}{p_c} = \dfrac{2.0 \text{ bar}}{221.6 \text{ bar}} = 0.009$

$$h = 0.106\ p_c^{0.69}(1.8R^{0.17} + 4R^{1.2} + 10R^{10}) \times q^{0.7}$$

$$= 0.106 \times (221.6)^{0.69} \times (27631)^{0.7} \times [1.8 \times (0.009)^{0.17} +$$

$$4 \times (0.009)^{1.2} + 10 \times (0.009)^{10}]$$

$$= 4\ 653 \text{ W/(m}^2 \cdot ℃)$$

两个计算结果相差17%,在关联式的误差范围之内。

最后,应当指出,由于沸腾换热系数与热流密度的约0.7次方成正比,一般来说,对于水的沸腾,其沸腾换热系数为5 000 ~ 8 000 W/(m²·℃)之间。但是,在热流密度 q 较低的换热条件下,或对于水以外的制冷介质,其沸腾换热系数会远远低于上述数值。

由此可见,计算换热系数的关联式很多,根据不同的换热情况正确地选用实验关联式是换热器设计的重要环节。由于影响换热系数的因素很多,不同换热情况下的数值差别很大,下面给出一组常用情况下的 h 的数值范围:

水蒸气的凝结：$h = 10\ 000 \sim 20\ 000\ \mathrm{W/(m^2 \cdot ℃)}$

水的沸腾：$h = 5\ 000 \sim 8\ 000\ \mathrm{W/(m^2 \cdot ℃)}$

水的强制对流换热：$h = 2\ 000 \sim 5\ 000\ \mathrm{W/(m^2 \cdot ℃)}$

空气或烟气的强制对流：$h = 30 \sim 100\ \mathrm{W/(m^2 \cdot ℃)}$

空气或烟气的自然对流：$h = 3 \sim 10\ \mathrm{W/(m^2 \cdot ℃)}$

应当指出，在换热器的设计中，记住并理解换热系数的大致数值范围将有助于换热器的选型和设计。

1.4.3　传热热阻

根据传热的定义：热量从热流体经过固体间壁传给冷流体的过程称为传热过程。传热过程由 3 个过程组成：热流体侧的对流换热过程，固体壁面的导热过程及冷流体侧的对流换热过程。如图 1.6 所示，每个单独过程都对应各自的温差：热流体侧的对流换热温差为 ΔT_1；间壁导热过程的温差为 ΔT_2；冷流体侧的对流换热温差为 ΔT_3；而整个传热过程的温差为 ΔT，即热流体和冷流体之间的温差，显然：

$$\Delta T = \Delta T_1 + \Delta T_2 + \Delta T_3 \tag{1.38}$$

从式(1.8) ~ (1.12)中，求出相对应的温差 $\Delta T, \Delta T_1, \Delta T_2, \Delta T_3$，从而可求解出传热系数。

对通过平板的传热：

$$\frac{1}{U} = \frac{1}{h_1} + \frac{\delta}{\lambda} + \frac{1}{h_2} \tag{1.39}$$

式中　　h_1, h_2——平板两侧的换热系数；

　　　　δ——平板厚度；

　　　　λ——平板的导热系数。

对通过圆管壁面的传热：

$$\frac{1}{U_o} = \frac{1}{h_o} + \frac{D_o}{2\lambda}\ln\frac{D_o}{D_i} + \frac{D_o}{D_i}\frac{1}{h_i} \tag{1.40}$$

式中　　U_o——以圆管外表面为基准的传热系数；

　　　　h_o——以圆管外表面为基准的管外换热系数；

　　　　h_i——以圆管内表面为基准的管内换热系数；

　　　　D_o, D_i——圆管的外径和内径，m。

式(1.40)可以写成热阻的形式：

$$R = R_o + R_w + R_i \tag{1.41}$$

其中　　R——传热过程的总热阻，$R = \dfrac{1}{U_o}$；

　　　　R_o——圆管外部换热热阻，$R_o = \dfrac{1}{h_o}$；

　　　　R_w——圆管壁面导热热阻，$R_w = \dfrac{D_o}{2\lambda} \times \ln\dfrac{D_o}{D_i}$；

R_i—— 管内换热热阻，$R_i = \dfrac{D_o}{D_i} \times \dfrac{1}{h_i}$；

其中，热阻的单位是$(m^2 \cdot ℃)/W$。

为了说明各局部热传递过程对整个传热过程的影响大小，在传热学中引入了"热阻R"的概念。热阻R的定义是传递单位热量所需要的温差，即

$$R = \frac{\Delta T}{Q}, ℃/W \quad \text{或} \quad R = \frac{\Delta T \times A}{Q}, (m^2 \cdot ℃)/W$$

事实上，传热学上的热阻与电工学中的电阻是类似的，根据电工学中的欧姆定律，电阻等于传递单位电流所需要的电压差，所需的电压差越大，说明电阻越大。同理，传递单位热量所需要的温差越大，则说明热阻越大。

应当指出的是，在实际的换热器设计中，尤其是用于余热回收的换热器设计中，只考虑管内外3项热阻是不够的，还应考虑管内和管外的污垢热阻，因为无论管内或管外，流过的工质都会在壁面上沉积或附着上污垢，形成一层污垢热阻。这时，式(1.41)就应改写为

$$\frac{1}{U_o} = \frac{1}{h_o} + \frac{D_o}{2\lambda}\ln\frac{D_o}{D_i} + \frac{D_o}{D_i}\frac{1}{h_i} + R_{fo} + R_{fi} \tag{1.42}$$

式中，R_{fo}，R_{fi}—— 外表面和内表面的污垢热阻。

遗憾的是，目前还没有污垢热阻的计算公式，只能根据大量的现场试验和测试结果给出某些推荐数据，一组常用的数据见表1.13 ~ 1.15。

表1.13　水的污垢系数　　　　　　　　　　　　　　　　$10^{-4}(m^2 \cdot K)/W$

加热介质的温度 /℃		< 115 ℃		115 ~ 205 ℃	
水的温度 /℃		52 ℃ 或 < 52 ℃		> 52 ℃	
水的流速 /(m·s⁻¹)		1 或 < 1	> 1	1 或 < 1	> 1
水的类型	海水	0.88	0.88	1.76	1.76
	含盐水	3.52	1.76	5.28	3.52
	净化水	1.76	1.76	3.52	3.52
	未净化水	5.28	5.28	8.8	7.04
	自来水或井水	1.76	1.76	3.52	3.52
	河水平均值	5.28	3.52	7.04	5.28
	混浊或带有泥质的水	5.28	3.52	7.04	5.28
	硬水(> 256.8 mg/L)	5.28	5.28	8.8	8.8
	发动机水套水	1.76	1.76	1.76	1.76
	蒸馏水或封闭循环	0.88	0.88	0.88	0.88
	冷凝液	1.76	0.88	1.76	1.76
	净化的锅炉给水	1.76	0.88	1.76	1.76
	锅炉排水	3.52	3.52	3.52	3.52

表 1.14　管外烟气侧的污垢热阻 r_f　　　　　　　　　　　　$(m^2 \cdot K)/W$

烟气温度 /℃	< 160		160 ~ 300	
烟气在最窄 截面处的流速 $/(m \cdot s^{-1})$	< 8	> 8	< 8	> 8
燃烧烟煤的排烟	0.003 52	0.002 64	0.001 76	0.000 88
燃烧无烟煤的排烟	0.002 81	0.002 11	0.001 41	0.000 71
燃烧重油的排烟	0.004 22	0.003 17	0.002 11	0.001 06
燃烧天然气的排烟	0.000 4	0.000 3	0.000 2	0.000 14
回转窑炉的排烟	0.006 3	0.005 06	0.004 22	0.002 95

注:① 当烟气流速大于 8 m/s 时,则具有一定的自吹灰能力,因此污垢层较薄,污垢热阻下降
　　② 当烟气温度低于 160 ℃,换热表面容易产生露点腐蚀,会加速污垢层的沉积
　　③ 回转窑炉的排烟和燃烧重油的排烟造成的污垢热阻最大

表 1.15　流动空气的污垢热阻推荐值

	污垢热阻 $/(m^2 \cdot K \cdot W^{-1})$	应用场合
最干净的空气	0.000 086 (对应 11 627 W/$(m^2 \cdot K)$ 换热系数)	取自大气的不含粉尘的空气
较干净的空气	0.000 172 (对应 5 814 W/$(m^2 \cdot K)$ 换热系数)	取自车间含少量粉尘的空气
不干净的空气	0.000 344 (对应 2 900 W/$(m^2 \cdot K)$ 换热系数)	来自含粉尘大气或车间的空气
含水雾的空气	0.000 50 (对应 2 000 W/$(m^2 \cdot K)$ 换热系数)	水雾中容易携带含粉尘的空气, 如湿式空冷器

1.4.4　传热温差

式(1.8)是换热器设计的基本公式:

$$U_o = \frac{Q}{A_o \times \Delta T} \quad 或 \quad A_o = \frac{Q}{U_o \Delta T}$$

式中的传热系数 U_o 可通过上面推导的公式逐项计算出来,式中的 ΔT 称为传热温差,是指热流体和冷流体之间的温差。上式表明,当传热系数和传热温差计算出来之后,就可以根据传热量 Q 的要求,计算出所需的传热面积了。

虽然传热温差是指冷流体和热流体之间的温差,但在换热器中,冷热流体的温度并不是固定不变的,而是沿流动方向逐渐变化,按冷热流体的流动方向划分,主要有顺流(冷热流体沿同一方向流动)、逆流(冷热流体沿相反的方向流动)、交叉流动 3 种情况。

对于顺流和逆流,其传热温差按对数平均温差计算。设 T_1、T_2 代表热流体的进出口温度,t_1、t_2 代表冷流体的进出口温度,则对数平均温差 ΔT_{ln} 可由冷热流体的端部温差计算。

当冷热流体为顺流时:

$$\Delta T = \Delta T_{ln} = \frac{(T_1 - t_1) - (T_2 - t_2)}{\ln \dfrac{T_1 - t_1}{T_2 - t_2}} \tag{1.43}$$

当冷热流体为逆流时：

$$\Delta T = \Delta T_{\ln} = \frac{(T_1 - t_2) - (T_2 - t_1)}{\ln \dfrac{T_1 - t_2}{T_2 - t_1}} \qquad (1.44)$$

对于交叉流动,尤其是逆向交叉流是换热器应用最广泛的形式之一,如图1.8所示。其流动特点是:从整体看,冷热流体呈逆向流动,但就任何一排管子而言,冷热流体是交叉流动。

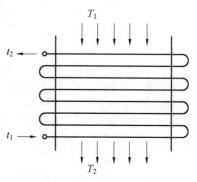

图1.8　逆向交叉流

交叉流动传热温差的计算式为

$$\Delta T = \Delta T_{\ln} \cdot F \qquad (1.45)$$

其中,$\Delta T_{\ln}$ 按逆流对数平均温差式(1.44)计算。F 为温差修正系数,可由相关图表查取或计算。在大多数情况下,F 值都在 $0.9 \sim 0.96$ 之间,为了简化设计,可选取 $F = 0.9$,使设计偏于安全。

例14　已知换热器的热流体进出口温度:$T_1 = 80\ ℃$,$T_2 = 50\ ℃$,冷流体进出口温度:$t_1 = 20\ ℃$,$t_2 = 40\ ℃$,试计算逆流和顺流时的对数平均温差。

解　逆流时：

$$\Delta T_{\ln} = \frac{(T_1 - t_2) - (T_2 - t_1)}{\ln \dfrac{T_1 - t_2}{T_2 - t_1}} = \frac{40\ ℃ - 30\ ℃}{\ln \dfrac{40\ ℃}{30\ ℃}} = 34.8\ ℃$$

顺流时：

$$\Delta T_{\ln} = \frac{(T_1 - t_1) - (T_2 - t_2)}{\ln \dfrac{T_1 - t_1}{T_2 - t_2}} = \frac{60\ ℃ - 10\ ℃}{\ln \dfrac{60\ ℃}{10\ ℃}} = 27.9\ ℃$$

计算表明:在同样的进出口温度下,逆流时的对数平均温差总大于顺流时的温差。温差越大,所需传热面积就越小,经济性提高。所以,在换热器设计中,应尽量使冷热流体逆向流动。

此外,冷热流体逆流时,在传热面的任意位置上传热温差比较均匀,这意味着单位面积上的传热量也比较均匀,可使传热面积得到更均衡的利用。

冷热流体逆流传热的另一个优点是:冷流体的出口温度可以超过热流体的出口温度,实现冷热流体间更充分的换热。

1.5　余热回收用翅片管换热器

1.5.1　为什么要用翅片管

翅片管,又称鳍片管(Fin – Tube),肋片管(Finned Tube),也称扩展表面管(Extended Surface Tube)。顾名思义,翅片管就是在原有的管子表面上加工上翅片,使原有的表面得到扩展,从而形成一种独特的传热元件。

为什么要采用翅片管?在原有表面上增加翅片能起到什么作用?这需要从传热学的基本原理加以说明。

由传热分析可知,传热系数取决于传热过程的各项热阻,其中,管壁的热阻很小,传热热阻主要由两侧的对流换热热阻决定。例如,如果管外是气体(烟气)的换热,换热系数只有 30 ~ 50 W/(m² · ℃),而管内是液体(水)的对流换热,其换热系数可高达 3 000 ~ 5 000 W/(m² · ℃),二者相差 100 倍。由于热阻与换热系数成反比,换热系数越大,其热阻值就越小,反之,换热系数越小,其热阻值就越大。在上例中,烟气侧的换热系数远远小于水侧的换热系数,因而烟气侧的热阻远远大于水侧的热阻,成为影响传热的主要热阻,使得烟气侧成为传热过程的"瓶颈",限制了传热系数的提高。

为了减小气体侧热阻,克服气体侧的"瓶颈"效应,在换热器设计中,可采取多种措施,其中,最有效的选择就是在气体侧外表面加装翅片,即采用翅片管。加装翅片使原有的换热面积得到了扩展,弥补了气体侧换热系数低的缺点,使传热系数、传热量 Q 或热流密度 q 大大提高,如图1.9所示,其中图1.9(a)为加翅片之前的传热情况,图1.9(b)为加翅片之后的传热情况。

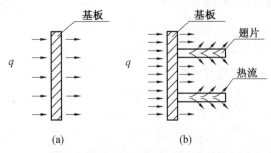

图 1.9　加翅片前后热流密度的变化

翅片管的有效应用场合是:传热过程中,两侧流体的换热热阻不对称,一侧热阻大,一侧热阻小,在热阻大的一侧应采用翅片。在余热回收换热器中,翅片应加在烟气侧或空气侧,例如:

(1)锅炉省煤器,管内走水,管外流烟气,烟气侧应采用翅片。

(2)蒸汽发生器,管内是水的沸腾,管外走烟气,翅片应加在烟气侧。应注意,在设计时,应尽量将换热系数小的一侧放在管外,以便于加装翅片。

翅片管的结构形式很多,在余热回收工程中主要应用的有环形翅片管、H 型翅片管、齿形翅片管和钉头翅片管等,如图 1.10 所示。

(a) 环形翅片管

(b) H 型翅片管

(c) 齿形翅片管

(d) 钉头翅片管

图 1.10　各种结构形式的翅片管

1.5.2　翅片的传热和翅片效率

以环形翅片为例,翅片管的基本结构如图 1.11 所示。

如图 1.9 和图 1.11 所示,热量在沿翅片高度传递过程中,由于和周围流体的换热,翅片温度与流体温度之差随着翅片高度的增加而减小,这意味着翅片与流体之间的对流换热量在逐渐减小。在翅片根部,因为有最大的温差,所以单位面积上的换热量最大,随着翅片高度的增加,由于温差的减小,单位面积上的换热量逐渐减小。也就是说,增加一倍的翅片面积,并不能增加一倍的换热量,需要打一个"折扣",为了定量描述翅片的这一传热特性,需要引入"翅片效率"的概念。翅片效率 η_f 的定义是:

图 1.11　翅片管的基本结构

$$\eta_f = Q_f / Q_o$$
$$= \frac{翅片的实际换热量}{假定翅片各处温度都等于翅根温度时的换热量} \qquad (1.46)$$

假定翅片各处温度都等于翅根温度时的换热量为

$$Q_o = h \cdot A_f \cdot \theta_o$$

其中，
$$\theta_o = T_o - T_f$$

式中　　T_o—— 翅根温度；

　　　　T_f—— 翅片外流体温度；

　　　　A_f—— 翅片本身的换热面积；

　　　　h—— 翅片管与外部流体之间的换热系数。

翅片本身的实际换热量为
$$Q_f = \eta_f \cdot Q_o = \eta_f \cdot h \cdot A_f \cdot \theta_o$$

此外，通过翅片之间的裸管面积 A_b 的换热量为
$$Q_b = h \cdot A_b \cdot \theta_o$$

通过翅片管的总换热量为
$$Q = Q_f + Q_b = h \cdot \theta_o \cdot (\eta_f \cdot A_f + A_b)$$

以基管外表面为基准的管外换热系数为 h_o，对应的基管外表面积为 A_o，其换热量可写为
$$Q = h_o \cdot A_o \cdot \theta_o$$

由上述两式相等，可得
$$h_o = h \times \frac{\eta_f \cdot A_f + A_b}{A_o} \tag{1.47}$$

因为 $(\eta_f \cdot A_f + A_b) > A_o$，故 $h_o > h$，这说明，增加翅片之后，可使以基管外表面为基准的管外换热系数大大提高，这正是我们采用翅片的目的所在。

式（1.47）又可写为
$$\frac{h_o}{h} = \frac{\eta_f \cdot A_f + A_b}{A_o}$$

比值（h_o/h）代表翅片管传热的有效性，说明由于在基管外增加了翅片，使管外换热系数增加的倍数。

当 $A_f \gg A_b$ 时，式（1.47）可近似写为
$$h_o = h \times \eta_f \times \beta \tag{1.48}$$
$$\beta = (A_f + A_b)/A_o \tag{1.49}$$

其中，β 称为翅化比，表示增加翅片后，换热面积扩展的倍数。

式（1.47），（1.48）指出，为了求出以基管外表面为基准的换热系数 h_o，必须先计算出翅片管与外部流体之间的换热系数 h 和翅片效率 η_f。下面，首先给出翅片效率的计算方法。

1. 直翅片的翅片效率

直翅片的横截面积和散热面积沿翅片高度是不变的，就像一块平板直立在基管或基板之上。其翅片效率的计算方法是：

（1）先计算影响翅片散热的组合变量 mL：
$$mL = L \times \sqrt{\frac{2h}{\lambda t}} \tag{1.50}$$

式中　　L—— 翅片高度，m；

h——翅片管与外部流体之间的换热系数，$W/(m^2 \cdot ℃)$；

λ——翅片材质的导热系数，$W/(m \cdot ℃)$；

t——翅片厚度，m。

（2）计算函数 $\tanh(mL)$。

$$\tanh(mL) = \frac{e^{mL} - e^{-mL}}{e^{mL} + e^{-mL}}$$

（3）翅片效率。

$$\eta_f = \frac{Q}{Q_0} = \frac{\tanh(mL)}{mL} \tag{1.51}$$

2. 环形翅片的翅片效率

环形翅片由于其换热面积随着翅片高度的增加而增加，使翅片效率的计算变得十分复杂，不得不借助图形来选择。为此，作者推出了环形翅片效率的简化计算方法，见参考文献[1]，该方法与直翅片效率的计算方法和步骤接近，只是其组合变量 mL 的计算式有所不同：

$$mL = L_c \times \sqrt{\frac{2h}{\lambda t}} \times \sqrt{1 + \frac{L}{D_o}} \tag{1.52}$$

式中　　L——翅片高度；

L_c——翅片高度加翅片厚度的一半，$L_c = L + \dfrac{t}{2}$；

D_o——基管的外径，即翅片的根径，当 L/D_0 趋向于零时，则 mL 回归到直翅片的计算式。

对于其他形式的翅片，其翅片效率的计算方法各不相同，见参考文献[1]。

例15　试计算钉头翅片管上的圆柱状钉头翅片的翅片效率。已知钉头翅片的高度 $L = 60$ mm，翅片直径 $d = 20$ mm，换热系数 $h = 60$ $W/(m^2 \cdot ℃)$，翅片的导热系数 $\lambda = 40$ $W/(m \cdot ℃)$（碳钢）。

解　首先，钉头翅片属于等截面直翅片，可由式（1.50）～（1.51）进行计算。由于该圆柱状翅片的形状与矩形翅片不同，因而其 mL 值应有所变化：

$$mL = L_c \times \sqrt{4h/\lambda d}$$

$$L_c = L + \frac{\pi}{4}d^2 / \pi d = L + \frac{d}{4}$$

$$mL = (L + d/4) \sqrt{4h/\lambda d}$$

$$= (0.06 \text{ m} + 0.02/4 \text{ m}) \sqrt{4 \times 60 \text{ W}/(m^2 \cdot ℃)/(40 \text{ W}/(m^2 \cdot ℃) \times 0.02 \text{ m})} = 1.125\,8$$

$$e^{mL} = 3.08, \quad e^{-mL} = 0.324$$

$$\tanh(mL) = (3.08 - 0.324)/(3.08 + 0.324) = 0.809\,6$$

$$\eta_f = \tanh(mL)/mL = 0.809\,6/1.125\,8 = 0.719$$

例16　锅炉水冷壁是在两根直立的传热管之间焊上一定厚度的钢板而形成纵向翅片管。钢板前面是高温烟气，主要依靠辐射换热吸收炉膛热量。翅片后面是炉墙，可不考虑翅片与炉墙之间的换热。其结构特点如图1.12所示。

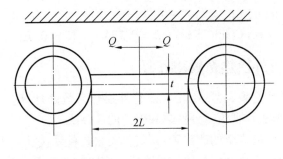

图 1.12　水冷壁翅片

设炉膛与水冷壁之间的辐射换热强度为 $q = 80\ kW/m^2$,烟气温度与水冷壁之间的平均温差 $\Delta T = 1\ 000\ ℃$,这样,烟气与水冷壁表面之间的相当换热系数 $h = q/\Delta T = 80\ W/(m^2 \cdot ℃)$,假定水冷壁翅片的总宽度 $2L = 100\ mm$,厚度 $t = 4\ mm$,导热系数 $\lambda = 40\ W/(m \cdot ℃)$。试计算其翅片效率。

分析　(1) 水冷壁板宽度为 $2\ L$,可看作由 2 个高度为 L 的翅片组成,在中点处热流密度为零,可直接按直翅片计算;

(2) 换热表面仅为一个侧面,因而翅片周边长度仅为典型的直翅片的一半。

$$mL = L\sqrt{\frac{h}{\lambda t}} = 0.05\ m\sqrt{\frac{80\ W/(m^2 \cdot ℃)}{40\ W/(m \cdot ℃) \times 0.004\ m}} = 1.118$$

$$e^{mL} = 3.059, \quad e^{-mL} = 0.327, \quad \tanh(mL) = 0.807$$

$$\eta_f = \tanh(mL)/mL = 0.807/1.118 = 0.72$$

讨论　由于其翅片效率较低,建议适当缩短宽度 L。

若取 $2L = 80\ mm$, $L = 40\ mm$,则

$$mL = 0.04\ m \times \sqrt{80\ W/(m^2 \cdot ℃)/[40\ W/(m \cdot ℃) \times 0.004\ m]} = 0.894\ 4$$

$$e^{mL} = 2.446, \quad e^{-mL} = 0.408\ 8, \quad \tanh(mL) = 0.713\ 6$$

$$\eta_f = \tanh(mL)/mL = 0.713\ 6/0.894\ 4 = 0.8$$

水冷壁翅片向两侧水冷壁管的传热量计算:

假定水冷壁翅片的纵向高度 $Z = 2\ m$,宽度 $2L = 0.08\ m$,换热面积 $A_f = 0.16\ m^2$,则换热量为

$$Q = A_f \times \eta_f \times h \times \Delta T$$

$$= 0.16\ m^2 \times 0.8 \times 80\ W/(m^2 \cdot ℃) \times 1\ 000\ ℃ = 10\ 240\ W = 10.24\ kW$$

例 17　某环形翅片的内径 $r_1 = 19\ mm$,翅片高度为 $L = 15\ mm$,翅片厚度为 1 mm,换热系数 $h = 50\ W/(m^2 \cdot ℃)$,翅片材质为碳钢,导热系数 $\lambda = 40\ W/(m \cdot ℃)$。试计算其翅片效率。

解　首先,计算 mL 值:

$$mL = L_c\sqrt{2h/\lambda t} \cdot \sqrt{(1 + L/2r_1)} = 0.915$$

式中

$$L_c = L + t/2 = 15.5\ mm$$

$$e^{mL} = 2.497, \quad e^{-mL} = 0.400$$

$$\tanh(mL) = (\mathrm{e}^{mL} - \mathrm{e}^{-mL})/(\mathrm{e}^{mL} + \mathrm{e}^{-mL}) = 0.724$$
$$\eta_{\mathrm{f}} = \tanh(mL)/mL = 0.724/0.915 = 0.79$$

1.5.3 翅片管外换热系数和阻力

对不同规格的翅片管束,要选用相应的管外换热系数的计算公式,一般都是实验关联式,下面仅介绍环形翅片管束管外换热和阻力的计算式。

环形翅片管是应用最广泛的翅片管,其实验关联式备受关注。下面推荐的实验关联式是目前应用最广的计算翅片管换热的关联式。实验的管束都是按叉排排列,等边三角形布置,如图 1.13 所示 。

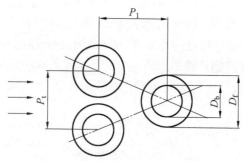

图 1.13   环形翅片管束的尺寸标准

实验研究了气流雷诺数及翅片管各几何因素对管外换热系数的影响。实验数据的整理结果如下:

对于高翅片管束,$D_{\mathrm{f}}/D_{\mathrm{b}} = 1.7 \sim 2.4$,$D_{\mathrm{b}} = 12 \sim 41$ mm

$$h = 0.137\,8(\lambda/D_{\mathrm{b}})(D_{\mathrm{b}}G_{\mathrm{m}}/\mu)^{0.718}(Pr)^{1/3}(Y/H)^{0.296} \tag{1.53}$$

式中　　h—— 翅片管外表面的换热系数,W/(m²·℃);

D_{f}, D_{b}—— 分别是翅片外径和翅片根径,m;

Y, H, t—— 分别为翅片间隙,翅片高度和翅片厚度,m;

其中,翅片间隙 Y =(翅片节距) –(翅片厚度)

λ, μ—— 分别为气体的导热系数 W/(m·℃)和黏度系数 kg/(m·s);

Pr—— 气体的普朗特数;

G_{m}—— 最窄流通截面处的气体质量流速,kg/(m²·s)。

其中,($D_{\mathrm{b}}G_{\mathrm{m}}/\mu$) $= Re$,是气体的雷诺数,Re 数的适用范围是:2 000 ~ 10 000,决定物性值的定性温度取气流的进出口平均温度。

例 18   平均温度为 80 ℃ 的空气在不同的质量流速下,绕流不同尺寸的环形翅片管束,试依据关联式(1.53)计算各翅片管束的管外换热系数。

解   在 80 ℃ 下的空气物性值为:$\lambda = 0.029\,53$ W/(m·℃),$\mu = 2.096 \times 10^{-5}$ kg/(m·s),$Pr = 0.715\,4$ 。计算结果见表 1.16。

表 1.16　翅片管外换热系数 h 的计算

换热系数		$h/\text{W} \cdot (\text{m}^2 \cdot ℃)^{-1}$						
$G_\text{m}/(\text{kg} \cdot \text{m}^{-2} \cdot \text{s}^{-1})$		4	5	6	7	8	9	10
$D_\text{b} = 38$ mm	$Y = 5$ mm	40.9	48.0	54.7	61.1	67.3	73.2	79.0
$H = 15$ mm $t = 1$ mm	$Y = 7$ mm	45.2	53.0	60.4	67.5	74.4	80.9	87.3
$D_\text{b} = 32$ mm	$Y = 4$ mm	40.2	47.1	53.7	60.1	66.1	72.0	77.6
$H = 15$ mm $t = 1$ mm	$Y = 5$ mm	42.9	50.3	57.4	64.1	70.6	76.9	82.9
$D_\text{b} = 25$ mm	$Y = 2.5$ mm	40.0	46.9	53.5	59.7	65.8	71.6	77.2
$H = 12$ mm $t = 0.5$ mm	$Y = 3.5$ mm	44.2	51.9	59.1	66.0	72.7	79.1	85.3

　　环形翅片管束的阻力也是设计中备受关注的问题。对于多种叉排环形翅片管束的实验结果,其无因次关系式的适用范围是:

$$Re = (D_\text{b} G_\text{m}/\mu) = 2\ 000 \sim 50\ 000$$

横向管间距与翅片根部直径之比:$(P_\text{t}/D_\text{b}) = 1.8 \sim 4.6$

翅片外径与翅根直径之比:$D_\text{f}/D_\text{b} = 1.7 \sim 2.4, D_\text{b} = 12 \sim 41$ mm

压力降的一般表示式为

$$\Delta p = f \cdot \frac{N G_\text{m}^2}{2\rho} \tag{1.54}$$

式中　　Δp—— 流动阻力,Pa;

　　　　N—— 流动方向上的管排数;

　　　　ρ—— 气体密度,kg/m^3;

　　　　f—— 阻力系数,为一无因次数,其实验关联式如下:

当管束按等边三角形排列时:

$$f = 37.86 (G_\text{m} D_\text{b}/\mu)^{-0.316} (P_\text{t}/D_\text{b})^{-0.927} \tag{1.55}$$

当管束按等腰三角形排列时:

$$f = 37.86 (G_\text{m} D_\text{b}/\mu)^{-0.316} (P_\text{t}/D_\text{b})^{-0.927} (P_\text{t}/P_\text{l})^{0.515} \tag{1.56}$$

　　由式(1.54) ~ (1.56)可以得出,流动阻力 Δp 与最窄截面处的质量流速 G_m 的 1.684 次方成正比。所以,为了使翅片管换热器的流动阻力不超过设计要求,应选择合适的质量流速。此外,流动阻力还与纵向管排数 N 成正比。关联式中物性值按气流流经管束的平均温度选取。

1.5.4　翅片管换热器的设计要点和设计步骤

　　如图 1.11 所示,翅片管有 3 个传热面积可供设计选择:基管内表面积,基管外表面积和翅片管外表面积。为了设计方便,推荐基管外表面积作为设计的基准面积,因为基管外表面积比较直观,容易测量,而且是购置管材的主要尺寸。在此基准面积下,翅片管换热器的基本传热公式为

$$A_\text{o} = \frac{Q}{U_\text{o} \Delta T} \tag{1.57}$$

$$\frac{1}{U_o} = \frac{1}{h_o} + \frac{D_o}{D_i}\frac{1}{h_i} + \frac{D_o}{2\lambda}\ln\frac{D_o}{D_i} + R_c + R_{fo} + R_{fi} \tag{1.58}$$

式中　　Q——传热量,W;

　　　　A_o——以基管外表面积为基准的传热面积,m^2;

　　　　U_o——以基管外表面积为基准的传热系数,$W/(m^2 \cdot ℃)$;

　　　　ΔT——管内外流体之间的传热平均温度,℃;

　　　　h_o——以基管外表面为基准的管外换热系数,$W/(m^2 \cdot ℃)$,由式(1.47)计算;

　　　　h_i——管内流体与内壁之间的对流换热系数,$W/(m^2 \cdot ℃)$;

　　　　λ——基管管壁的导热系数,$W/(m \cdot ℃)$;

　　　　D_o, D_i——基管外径和内径,m;

　　　　R_c——翅片和基管之间的接触热阻,$(m^2 \cdot ℃)/W$,对非整体翅片管或非焊接翅片管应考虑该项热阻;

　　　　R_{fo}——以基管外表面为基准的管外污垢热阻,$(m^2 \cdot ℃)/W$。

$$R_{fo} = \frac{r_f}{\eta_f \cdot \beta}$$

其中,r_f 是由推荐的表格(1.14)或(1.15)查取的污垢热阻,而 η_f,β 分别是翅片效率和翅化比。

　　　　R_{fi} 为以基管外表面为基准的管内污垢热阻,$(m^2 \cdot ℃)/W$。

$$R_{fi} = r_f \times \frac{D_o}{D_i}$$

式中　　r_f——由表(1.13)选取的管内污垢热阻;

　　　　D_o, D_i——分别为基管的外径和内径。

　　式(1.58)可以用热阻的形式来表示:

$$R = R_o + R_i + R_w + R_c + R_{fo} + R_{fi} \tag{1.59}$$

式中　　R——传热过程的总热阻,$R = \dfrac{1}{U_o}$;

　　　　R_o——基管外部热阻,$R_o = 1/h_o$;

　　　　R_i——基管内部热阻,$R_i = \dfrac{D_o}{D_i} \times \dfrac{1}{h_i}$;

　　　　R_w——基管导热热阻,$R_w = \dfrac{D_o}{2\lambda} \times \ln\dfrac{D_o}{D_i}$;

　　　　R_c, R_{fo}, R_{fi} 如上所述。

翅片管换热器的设计步骤如下:

(1)梳理用户给出的条件和要求。

用户应给出的条件为下列6项中的5项:

①热流体流量 M,kg/h 或 Nm^3/h;

②热流体入口温度 T_1,℃;

③热流体出口温度 T_2,℃;

④冷流体流量 m,kg/h 或 Nm^3/h;

⑤冷流体入口温度 t_1,℃;

⑥冷流体出口温度 t_2,℃;

用户给出的其他条件:

①翅片侧和管内流体的允许阻力降 Δp,Pa;

②积灰状况:含灰量,g/m³,灰分组成;

③燃料品种及成分;

④腐蚀和磨损的潜在可能性。

(2)计算热负荷 Q,并确定其余未知条件。

对于单相流体,热流体放热量:

$$Q = M \times c_h \times (T_1 - T_2)$$

冷流体吸热量:

$$Q = m \times c_c \times (t_2 - t_1)$$

在不考虑散热损失的情况下,热平衡为

$$Q = Mc_h(T_1 - T_2) = mc_c(t_2 - t_1)$$

式中　c_h, c_c——分别为热流体和冷流体的比定压热容。

从上面两式,解出热负荷(传热量)及待定的温度或流量。

对于相变过程,热流体或冷流体的传热量为

$$Q = M(i_1 - i_2)_h \quad 或 \quad Q = m(i_2 - i_1)_c$$

式中　$(i_1 - i_2)_h, (i_2 - i_1)_c$——分别为热流体的焓降和冷流体的焓升。

当热流体为相变流体,冷流体为单相时,热平衡式为

$$Q = M(i_1 - i_2)_h = mc_c(t_2 - t_1)$$

当冷流体为相变流体,热流体为单相时,热平衡式为

$$Q = m(i_2 - i_1)_c = Mc_h(T_1 - T_2)$$

给出的进出口温度和流量,必须满足上述相关热平衡式的要求。

(3)选择迎风面质量流速并计算迎风面积。

所谓迎风面积是指气体(烟气或空气等)在流入翅片管束之前的面积,即面对翅片管束的面积。该面积的大小决定了迎风面质量流速的大小。所谓迎风面质量流速是指在单位迎风面积上,单位时间所流过的气体质量,即

$$V_m = m/F$$

式中　V_m——迎风面质量流速;

　　　m——气体质量流量;

　　　F——迎风面积。

若给出的是气体的体积流量 V,应将其换算成质量流量:

$$m = V \times \rho$$

式中　ρ——气体的密度,由对应的气体温度查取。

在翅片管换热器设计的初期阶段,气体的迎风面质量流速 V_m 是需要选定的,选择质量流速时,要考虑如下因素:

(1)质量流速 V_m 大,管外换热系数大。翅片管外换热系数 h 与质量流速的约 0.7 次

方成正比。

（2）随着质量流速 V_m 增大，管外流动阻力会大幅增加。流体绕流翅片管时的流动阻力 Δp 与管外流速的 $1.6 \sim 1.8$ 次方成正比。

（3）管外流速的大小，会直接影响翅片管外表面的积灰和磨损状况。

所以，需综合考虑上述传热、阻力、积灰等因素来选择合适的质量流速。

如果对气体侧的阻力没有严格要求，建议选择较大的质量流速，$V_m = 4 \sim 5 \ \text{kg/（m}^2 \cdot \text{s）}$；如果气体侧的允许阻力较低，建议选取较小的质量流速，$V_m = 3 \sim 4 \ \text{kg/（m}^2 \cdot \text{s）}$。

对于含灰量大的流体，为了防止积灰，应选用较高的流速。经验证明，当最窄截面处的风速 v 在 $8 \sim 10 \ \text{m/s}$，就具备了一定的自吹灰能力。此外，为了避免积灰和磨损，在翅片管的结构和形式上需做进一步的改进。

当迎风面质量流速 V_m 选定后，迎风面积 F 就可以由式 $F = m/V_m$ 确定。

迎风面的形状，一般设定为矩形，即 $F = L \times W$，L 为矩形的长边，一般，作为翅片管的有效长度，W 为迎风面的宽度。

（4）选定翅片管尺寸规格，在迎风面上的管间距、管子数目和长度。

① 根据翅片管的应用条件和应用经验，推荐翅片管规格和尺寸如下：

例如，对于回收烟气余热的翅片管，可选择如下规格的高频焊环状翅片管：基管直径为 $\phi 38 \times 3.5 \ \text{mm}$，翅片高度为 $15 \ \text{mm}$，翅片厚度为 $1 \ \text{mm}$，翅片节距为 $6 \sim 8 \ \text{mm}$，横向管间距为 $P_t = 80 \ \text{mm}$ 左右，等边三角形排列等。

此外，根据积灰的可能性及严重程度，可选定不同的翅片结构和排列形式。

② 确定迎风面上的横向管排数。$N_1 = W/P_t$，取圆整值。其中，P_t 为翅片管束的横向管间距。这样，迎风面上的翅片管布置就确定了。

③ 计算迎风面上的基管传热面积 A_1。

$$A_1 = \pi D_o \times L \times N_1$$

（5）计算气体绕流翅片管的换热系数。

① 计算最窄流通截面处质量流速为

$$G_m = 迎风面质量流量 / 最窄流通面积$$

最窄流通面积是指翅片管中间的流通面积。

② 由气体侧的平均温度查取相应物性值：

密度：ρ，kg/ m^3；

比热容：c_p，$\text{kJ/（kg} \cdot \text{℃）}$；

导热系数：λ，$\text{W/（m} \cdot \text{℃）}$；

黏度系数：μ，$\text{kg/（m} \cdot \text{s）}$；

普朗特数：Pr。

③ 翅片管外换热系数 h 应选择合适的公式计算。

例如，对环形翅片管，可由式（1.53）计算：

$$h = 0.1378（\lambda/D_o）（D_o \cdot G_m/\mu）^{0.718}（Pr）^{\frac{1}{3}}（Y/H）^{0.296}$$

（6）计算翅片效率和基管外换热系数。

① 翅片效率 η_f 需根据翅片结构选择合适的公式计算。对于环形翅片，采用简化计算

式(1.51),(1.52)计算。

② 以基管外表面为基准的换热系数 h_o 由式(1.47)或(1.48)计算:

$$h_o = h \frac{A_f \times \eta_f + A_1}{A_o} \quad 或 \quad h_o = h \times \beta \times \eta_f$$

(7) 选择单管程的管排数,计算管内换热系数 h_i。

① 确定单管程管排数及管内流通面积。

为了保证管内流体具有较高的流速和换热系数,同时具有合适的流动阻力,每个管程可以由横向1排管,2排管或更多排管组成,如图1.14所示。

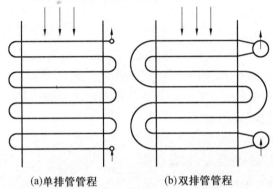

(a)单排管管程　　　　(b)双排管管程

图1.14　管程中的管排数选择

例如,对于单相水工质,希望管内的流动速度在 $0.5 \sim 1.0$ m/s 之间,为此,就要靠调节每一管程中的管排数目来实现。

② 计算管内流体的质量流速:

$$G_m = 管内流体总流量 / 单管程管内流通面积$$

计算管内换热系数:

对于单相流体的管内对流换热,选用1.4节中的式(1.13)~(1.15)计算;

对于相变流体的管内换热,选用1.4节中的相关公式计算。

(8) 计算翅片管换热器的传热热阻和传热系数。

按式(1.58)~(1.59)计算或选取各项热阻。

(9) 计算翅片管换热器的传热温差 ΔT。

按第1.4节中的相关公式计算。

(10) 传热面积,翅片管总数和纵向管排数的确定。

① 传热面积和安全系数。

传热面积由式(1.57)计算,计算出的传热面积是以基管(光管)外表面为基准的传热面积,是传热面积的计算值,实际选取的传热面积应在上述计算值的基础上乘以 $1.1 \sim 1.2$ 的安全系数。

安全系数的选取考虑是:各计算式不够精确,会造成一定误差;积灰,污垢等因素很难精确估计,故选取一定的安全系数来保证设计的安全性。在运行参数变化大的场合,可选用更大的安全系数。

② 翅片管总根数。

$$N = 总传热面积／单管传热面积$$

即 $N = \dfrac{A_o}{\pi D_o L_1}$，取圆整值。

③ 纵向管排数 N_2。

$$N_2 = 总根数／横向管排数 = N/N_1，圆整并取大值。$$

④ 管束纵向尺寸。

选定纵向管间距 P_1，在等边三角形排列时：$P_1 = \dfrac{\sqrt{3}}{2} P_t$

管束的纵向尺寸为 $P_1 \times N_2$

（11）计算流动阻力 Δp。

① 按式（1.55），（1.56）计算管外气体的流动阻力 Δp，应满足 $\Delta p_{计算值} < \Delta p_{要求值}$，若不能满足设计要求，需修改相关参数，如选用较小的迎风面质量流速，并重复上述各步骤的计算。

② 如有必要，按相关公式计算管内流体的流动阻力并确认是否满足设计要求。

（12）计算翅片管换热器的总重。

① 翅片管元件的单重和总重。

② 管箱及其他结构件的重量，设备总重。

（13）设备造价和经济性分析。

1.6　余热回收用热管换热器

1.6.1　热管的工作原理和结构

热管，按其精确的定义，称为"封闭两相传热系统"，是在一个封闭体系内，依靠流体的相态变化（液相变为汽相和汽相变为液相）传递热量的装置。

热管的结构如图 1.15 所示。一个圆筒状的容器，内表面衬以多孔的材料，将容器内部抽成某种程度的真空，然后注入一定量的液体（工质）并将容器密封起来。这样，一支热管就做成了。

如果在热管的一端加热，另一端冷却，中间一段用某种材料绝热起来，这时，热管内部将开始两相传热过程。加热段（蒸发段）的工质产生沸腾或蒸发，吸收汽化潜热，由液体变为蒸汽。

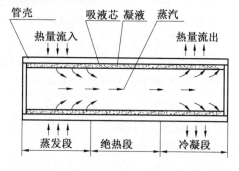

图 1.15　热管工作原理

产生的蒸汽在管内一定压差的作用下，流动到冷却段（凝结段），蒸汽遇到冷的壁面会凝结成液体，同时放出汽化潜热，通过管壁传给外面的冷源。冷凝下来的液体依靠管内壁的多孔材料所产生的毛细管力或重力回流到蒸发段，重新开始蒸发吸热过程。这样，通过管内工质的连续相变，完成了热量的连续转移。

热管的结构按轴向可分为 3 个区域：蒸发段（加热段）、绝热段和凝结段（冷却段）。

当热管在地面上应用时,可以让重力来帮助凝液回流,这时,只要将热管倾斜放置或垂直放置,加热段在下,冷却段在上就可以了,这样的热管称为重力辅助热管或重力热管。这种热管结构简单,无须管内的吸液芯,制造容易,成本低廉,因而广泛地应用于余热回收和节能工程中。

由热管元件组成的换热设备称为热管换热器。热管换热器与传统的换热设备比较,有下列几方面优点:

(1) 传热系数高。尤其是气体和气体换热的气－气型热管换热器,热管外部可以很方便地采用扩展表面,使传热显著增强。例如,气－气型热管换热的传热系数比列管式换热器可高出 5 ～ 10 倍。

(2) 传热温差大。因为热管换热器可以实现纯粹的逆流换热,因而具有较大的传热温差。

(3) 由于上述优点,在传递相同热量的情况下,热管换热器需要较小的传热面积,因而具有良好的紧凑性,使占地面积和金属消耗量减少。

(4) 热管元件具有良好的可拆换性,便于维护和检修。因为热管元件彼此是独立的,是按一定的排列"架"在一起的,不像一般换热器那样,管子之间和管箱是互相连在一起的,是一个整体,因而不便于拆卸。有的热管换热器甚至在工作状况下,不用停机就能进行热管元件的更换和检修。

(5) 热管换热器加热段和冷却段的面积可以人为地调节,管壁温度也可相应地得到调节,因而具有较强的抗露点腐蚀能力。此外,即使一支或几支热管腐蚀漏了,也不会造成冷热两种流体的掺混。

(6) 冷热两流体的换热,全部为热管外部换热,表面上的积灰比较容易清洗。

但是,在热管的制造和使用中也有一定的难点需要关注。

(1) 管材和工质的选择,要保证二者的相容性,即二者之间不能起化学反应。目前广泛使用的碳钢－水热管,有一定的不相容性,要经过一定的表面处理并在工质中加入某种缓蚀剂才可使用。不同工质和管材的选择是通过试验得到的,见表 1.17。

表 1.17　管材的选择

工质	推荐的管壳材料	不推荐的管壳材料
氨	铝、不锈钢、镍、碳钢	铜
丙酮	铜、二氧化硅	
甲醇	铜、不锈钢、二氧化硅	
水	铜、碳钢*	铝、不锈钢、镍、碳钢、二氧化硅
萘	不锈钢	
钾	不锈钢、镍、因康镍合金**	钛
钠	不锈钢、因康镍合金	钛

注:① * 碳钢-水热管需要采用特殊的复合工质

② ** 因康镍合金(Ni 80%, Cr 14%, Fe 6%)

(2) 热管内部工质的工作温度受管外冷热介质温度和换热条件的影响,要根据管壁可以承受的能力,使选择的介质处于合适的温度和压力之下。例如,对于碳钢-水热管,其合适的管内工作温度在50 ～250 ℃ 之间,对应的最高压力约为 4.0 MPa。

就热管换热器的应用来说,其可能的温度范围很宽,大约从 - 30 ~ - 50 ℃ 到 1 000 ~ 1 200 ℃,对不同的温度区间,热管所适合的工质见表1.18。

表1.18　热管工质和适用温度

分类	工质	一个大气压下的沸点 /℃	(凝固点)熔点 /℃	临界点 /℃	合适的工作温度范围 /℃	对应的压力范围 /bar
低温热管 - 30 ~ 100 ℃	氨	- 33	- 78	132.3	- 40 ~ + 60	0.76 ~ 29.8
	丙酮	57	- 98	235.5	20 ~ 120	0.27 ~ 6.70
	甲醇	64	- 98	240.0	30 ~ 130	0.25 ~ 7.86
中温热管 100 ~ 350 ℃	水	100	0	374.2	50 ~ 250	0.12 ~ 39.8
	萘	219.9	80.6	497.0	250 ~ 350	0.25 ~ 5.55
高温热管 350 ~ 1 200 ℃	钾	774	62		550 ~ 850	0.10 ~ 2.34
	钠	892	98		600 ~ 1 200	0.04 ~ 9.59

1.6.2　热管换热器的应用形式

在余热回收的应用领域,热管换热器主要有气 - 气型、气 - 液型、气 - 汽型3种应用形式。

1. 气 - 气型热管换热器

气 - 气型热管换热器为应用于气体与气体之间的换热,结构特点为:由若干支热管组成一个管束,中间用隔板分开,一侧走高温气体(如烟气、排气),为加热段,另一侧走低温气体(如空气等),为冷却段,冷热两流体的流动方向一般采用逆流的方案。此外,对于气 - 气型热管换热器,热管蒸发段和凝结段的外表面一般都采用翅片管,这是翅片管的典型应用形式之一。气 - 气型热管换热器的典型结构形式如图1.16所示,图中,温度较高的气体(烟气)流过下部的加热段,温度较低的气体(空气或煤气)逆向流过上部的冷却段。该换热器由3组立放的翅片管束组成。

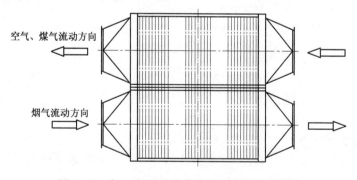

图1.16　气 - 气型热管换热器的典型结构形式

2. 气 – 液型热管换热器

在气 – 液型热管换热器中,参加换热的流体一侧是液体,另一侧是气体,例如从烟气中吸收余热用来加热锅炉给水的热管式省煤器。热管的加热段与烟气换热,需采用翅片管;冷却段与水换热,采用光管,加热段与冷却段中间应有良好的密封。

结构形式是:当水侧压力低,在常压下运行时,可采用水箱式结构,热管立式放置,如图 1.17 所示;当水的压力较高,水侧应采用压力容器或用套管式结构,如图 1.18 所示。

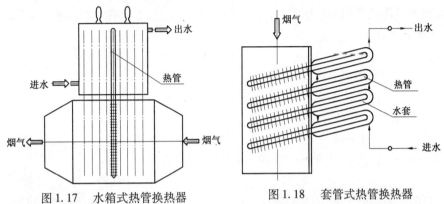

图 1.17　水箱式热管换热器　　　　图 1.18　套管式热管换热器

3. 气 – 汽型热管换热器

参加换热的流体,一侧是气体,另一侧是介质的相变过程 —— 液体的沸腾或蒸汽的凝结。前者的应用实例是:从烟气中吸热,使水沸腾产生蒸汽的热管式余热锅炉;后者的应用实例是热管式蒸汽冷凝器,用冷空气来冷凝蒸汽。

热管余热锅炉也有两种结构形式,一种是汽包式热管余热锅炉,热管的冷却段深入汽包中,如图 1.19 所示,热管倾斜放置,热管在加热段从烟气中吸收的热量,传至冷却段使汽包中的水沸腾并产生蒸汽。

另一种应用形式是套管内余热锅炉,如图 1.20 所示。图中,热管管束是倾斜放置的,热管的加热段插入烟道中,采用翅片管,冷却段采用光管,深入套管中,在套管中产生的蒸汽集中在上部的汽包中并排出。

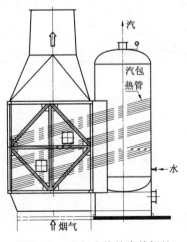
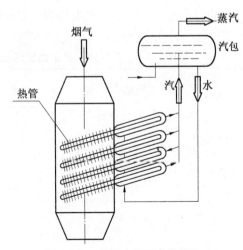

图 1.19　汽包式热管余热锅炉　　　　图 1.20　套管内热管余热锅炉

1.6.3　热管换热器的传热分析和设计要点

热管从热源吸收热量传给冷源的过程是一个传热过程。设热源的温度为 T_h,冷源的温度为 T_c,$\Delta T = T_h - T_c$ 构成了传热过程的温差。传热量 Q 由传热基本公式计算:

$$Q = U \cdot A \cdot \Delta T \tag{1.60}$$

式中　U,A——分别为传热系数和传热面积。对于热管,传热面积的选取可有两种方案:选取蒸发段传热面积,或选取凝结段传热面积。一般,选取蒸发段基管外表面积作为计算的基准面积,即

$$A_o = \pi d_o l_e$$

式中　d_o——基管外径;

　　l_e——蒸发段长度。

这时,式(1.60)可写为

$$Q = U_o \cdot A_o \cdot \Delta T \tag{1.61}$$

式中　U_o——以蒸发段基管外表面积为基准的传热系数。

式(1.61)的热阻形式表达式为

$$R = \frac{1}{U_o} = \frac{A_o \cdot \Delta T}{Q} \quad (\text{m}^2 \cdot ℃)/\text{W} \tag{1.62}$$

式中　R——传热过程的总热阻。

由上式可知,当传热面积和传热量为定值时,ΔT 越大,则 R 值也越大,反之亦然。热阻 R 是与温差 ΔT 相对应的,某一局部温降对应某一局部热阻,全部温降对应全部热阻。虽然在 1.5 节中已列出了翅片管换热器的各项热阻及其表达式,但热管的传热过程有其不同的特点,下面以重力热管为例,说明其传热过程及其热阻。值得注意的是,对于稳定运行的热管,热量 Q 为一常数。重力热管的各局部热阻及对应的温降见表 1.19,其中的符号定义表示如图 1.21 所示。应指出,式中的各项热阻均以蒸发段基管外表面积为基准。

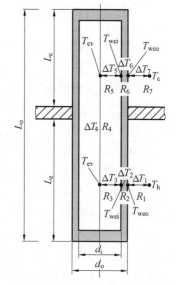

图 1.21　重力热管的传热

表 1.19　重力热管的各项热阻及对应温差

热阻	热阻名称	热量计算式	热阻计算式	对应温差 /℃	注
R_1	从热源到蒸发段外表面热阻	$Q = A_o \cdot h_{eo} \cdot \Delta T_1$	$R_1 = \dfrac{A_o \cdot \Delta T_1}{Q} = \dfrac{1}{h_{eo}}$	$\Delta T_1 = T_h - T_{weo}$	h_{eo} 蒸发段管外换热系数

续表 1.19

热阻	热阻名称	热量计算式	热阻计算式	对应温差 /℃	注
R_2	蒸发段管壁的导热热阻	$Q = \dfrac{2\pi\lambda_w L_e}{\ln(d_o/d_i)} \cdot \Delta T_2$	$R_2 = \dfrac{A_o \cdot \Delta T_2}{Q}$ $= \dfrac{d_o}{2\lambda_w}\ln\dfrac{d_o}{d_i}$	$\Delta T_2 = T_{ewo} - T_{ewi}$	λ_w 管壁导热系数
R_3	蒸发段管内蒸发热阻	$Q = \pi d_i L_e \cdot h_e \cdot \Delta T_3$	$R_3 = \dfrac{A_o \cdot \Delta T_3}{Q} = \dfrac{d_o}{d_i}\dfrac{1}{h_e}$	$\Delta T_3 = T_{ewi} - T_{ev}$	h_e 管内蒸发换热系数
R_4	管内蒸汽流动热阻	$Q = \dfrac{\pi\rho_v^2 d_v^4 r^2}{128\mu_v L_{eff} T_v}\Delta T_4$	$R_4 = \dfrac{128\mu_v L_{eff} T_v}{\pi\rho_v^2 d_v^4 r^2} \times A_o$	$\Delta T_4 = T_{ev} - T_{cv}$	L_{eff} 蒸汽流动有效长度
R_5	凝结段管内凝结热阻	$Q = \pi d_i L_c \cdot h_c \cdot \Delta T_5$	$R_5 = \dfrac{A_o \Delta T_5}{Q} = \dfrac{d_o L_e}{d_i L_c}\dfrac{1}{h_c}$	$\Delta T_5 = T_{cv} - T_{wci}$	h_c 管内凝结换热系数
R_6	凝结段管壁热阻	$Q = \dfrac{2\pi\lambda_w L_c}{\ln(d_o/d_i)} \cdot \Delta T_6$	$R_6 = \dfrac{A_o \Delta T_6}{Q}$ $= \dfrac{d_o L_e}{2\lambda_w L_c}\ln\dfrac{d_o}{d_i}$	$\Delta T_6 = T_{wci} - T_{wco}$	λ_w 管壁导热系数
R_7	凝结段外表面到冷源的热阻	$Q = \pi d_o L_c \cdot h_{co} \cdot \Delta T_7$	$R_7 = \dfrac{A_o \Delta T_7}{Q} = \dfrac{L_e}{L_c}\dfrac{1}{h_{co}}$	$\Delta T_7 = T_{wco} - T_c$	h_{co} 凝结段管外换热系数

总热阻为：$R = R_1 + R_2 + R_3 + R_4 + R_5 + R_6 + R_7$。

在上述各项热阻中，热管本身对应的热阻是从 R_2 至 R_6 的 5 项热阻，即

$$R_{hp} = R_2 + R_3 + R_4 + R_5 + R_6$$

R_{hp} 对应的温差：$\Delta T_{hp} = T_{weo} - T_{wco}$。

热管从热源至冷源的传热量 Q 可写为

$$Q = \frac{A_o \Delta T}{R} = \frac{T_h - T_c}{R_1 + R_{hp} + R_7} \times A_o$$

为了保证热管的良好导热特性，热管本身的热阻 R_{hp} 应该最小化，即应该使 $R_{hp} \ll R_1$，及 $R_{hp} \ll R_7$。应当指出，R_{hp} 中的管内蒸汽流动热阻 R_4 是根据管内气体的流动阻力计算出来的，式中的有效长度 $L_{eff} = \dfrac{1}{2}(L_e + L_c)$，在一般的热管长度范围内，该项热阻很小，可以忽略不计。

下面通过一个实例,计算热管传热过程中各项热阻的概略值。

某应用于烟气与空气之间的热管换热器,热管尺寸 $\phi 32 \times 3.5$ mm,总长 $L_o = 4$ m,加热段长度 $L_e = 2$ m,冷却段长度 $L_c = 2$ m;介质为水。管材为碳钢,$\lambda_w = 40$ W/(m·℃)。

加热段外侧是烟气的横向冲刷,是翅片管,经计算,以基管外表面为基准的管外换热系数 $h_{eo} = 240$ W/(m²·℃),烟气温度 $T_h = 220$ ℃;冷却段外侧是空气的对流换热,也采用翅片管,经计算,以基管外表面为基准的管外换热系数 $h_{co} = 384$ W/(m²·℃),此外,管内换热系数 $h_e = 5\,000$ W/(m²·℃),$h_c = 8\,000$ W/(m²·℃)。空气温度 $T_c = 80$ ℃。

在上述条件下,各项热阻的计算式见表 1.19。

由各项热阻的计算数值可以算出总热阻,即各项热阻之和为

$$R = R_1 + R_2 + R_3 + R_4 + R_5 + R_6 + R_7 = 0.007\,387 \text{ (m}^2 \cdot \text{℃)/W}$$

热管本身的热阻为

$$R_{hp} = R_2 + R_3 + R_4 + R_5 + R_6 = 0.000\,613 \text{ (m}^2 \cdot \text{℃)/W}$$

热管本身的热阻 R_{hp} 占总热阻 R 的比值为

$$\frac{R_{hp}}{R} = \frac{0.000\,613}{0.007\,387} = 0.083$$

计算表明,热管本身的热阻占总热阻的 8% 左右。92% 左右的热阻集中在热管的外侧:从热源到热管加热段外表面及从冷却段外表面至冷源的传热。上述计算表明,热管本身的热阻很小,这是由热管内部介质的相变机理所决定的。

一般,$R_1 + R_7$ 可占总热阻的 90%,甚至更多,因此在一些粗略的设计中,有时可以认为 $R \approx 1.1 \times (R_1 + R_7)$。在气 - 液或气 - 汽型热管换热器中,气体侧的热阻是控制热阻,而液体侧或相变侧的热阻有可能与管内热阻 R_3 或 R_5 相当。但是,热管的外部热阻仍然占总热阻的主要部分。总之,在热管换热器的设计中,正确地分析和计算各项热阻非常重要。

应该指出的是,在具体设计中,除了上述各项热阻之外,还应该加上加热段和冷却段外表面的污垢热阻。

3 种形式热管换热器的设计步骤大体相同,将在以后的相关章节中通过应用实例加以说明。下面,仅对气 - 气型热管换热器的设计步骤说明如下:

(1)已知条件:给出冷热两流体的流量,进出口温度,并计算出热负荷;

(2)热管工质和管材的选择;

(3)选择冷热流体的质量流速并确定冷热流体的迎风面积和加热段、冷却段的长度;

(4)选择翅片管型号和参数;

(5)加热段、冷却段管外换热系数的计算;

(6)各项热阻的选择或计算;

(7)传热系数 U_o 的计算;

(8)传热温差的计算;

(9)计算总传热面积、热管数目及管排数;

(10)阻力计算,包括热流体侧阻力计算和冷流体侧阻力计算。

1.6.4　热管换热器的系列化和选型设计

上述所讲的是热管换热器较完善的设计计算方法,设计步骤比较复杂,设计结果在尺寸和规格上会各不相同。为了简化设计和方便换热器的推广,在设计实践和应用经验的基础上,对常用的气 – 气型和气 – 液型热管换热器提出一套系列化标准和选型方法,详见文献[1]。该标准和方法应遵循下列各项原则:

(1)制造厂所提供的系列产品与用户所使用的选型方法必须基于相同的设计计算方法。

(2)系列产品必须充分考虑应用经验,与已采用的产品及热管元件尽量靠拢。

(3)选型方法必须尽量简单,既要考虑一定的准确性,又要容易掌握和接受。

系列产品的制定和选型方法的要点是如下。

(1)首先制定标准系列。考虑到余热回收的需要,将其分为 3 个系列。

GG1:燃煤烟气与空气之间的换热系列;

GG2:燃气烟气与空气之间的换热系列;

GL1:烟气与水之间的换热系列。

(2)在每个系列中,主要根据冷热流体的流量范围选择合适的系列产品。在选择时,系列产品的流量与所需流量要接近和吻合。

(3)在每个型号中,仅仅固定了冷热流体的流量,而冷热流体的进口温度是可以任意选择的,这将大大扩展每一型号的使用范围。

(4)利用"传热单元数 – 换热效率"方法,根据选择的冷热流体的进口温度,通过简单计算,就可确定冷热流体的出口温度和换热量。

对上述各要点的详细说明如下。

(1)系列中的每一型号仅适用于某固定范围的特定流体流量。

热流体:$M_1 = 2\,000$ kg/h,$4\,000$ kg/h,$\cdots$,$20\,000$ kg/h。

冷流体:M_2 kg/h,在 GG1,GG2 系列中,选取为 M_1 的 80%。

(2)系列中的每一型号选取固定的气体迎风面质量流速:$V_m = 3.5$ kg/$(m^2 \cdot s)$,在这一质量流速下,每一型号对应的气体迎风面积为:加热段,$F_1 = \dfrac{M_1}{V_m}$;冷却段,$F_2 = \dfrac{M_2}{V_m}$。

(3)系列中的每一型号有固定的长度比,即加热段长度 L_1 与冷却段长度 L_2 之比:在 GG1 和 GG2 系列中,$L_1/L_2 = 1/0.8$;在 GL1 系列中,$L_1/L_2 = 3/1$。

(4)系列中的每一型号有固定的翅片管结构,包括:

翅片节距 $Y = 6$ mm,8 mm;翅片高度 $H = 15$ mm;翅片厚度 $t = 1.0$ mm;内径 / 外径 $d_i/d_o = 27$ mm/32 mm 或 32 mm/38 mm。

材质和工艺:碳钢管 / 碳钢翅片,高频焊接;碳钢管 / 铝翅片,复合轧制。

横向管排数为 n_1,纵向管排数为 n_2,热管总数为 $n = n_1 \times n_2$。

横向管间距为 P_t,迎风面横向宽度为 $W = n_1 \times P_t + P_t/2$。

(5)系列中的每一型号都标志出流动阻力和单管质量。

在系列型号表中,还分别标出了 3 个相关参数值:热容比 C,传热单元数 N 和传热效率 ε。这 3 个参数的定义和计算方法如下。

（1）热容比 C。

$$C = \frac{(mc)_{\min}}{(mc)_{\max}}$$

式中　　m——流体流量，kg/s；

　　　　c——流体比热容，J/(kg·℃)。

热流体的热容为 $(mc)_1$，冷流体热容为 $(mc)_2$，单位为 W/℃。式中标注的热容分别代表热流体热容和冷流体热容中的最小值和最大值。

（2）传热单元数 N。

$$N = \frac{A_o U_o}{(mc)_{\min}}$$

式中　　A_o——加热段外表面积，$A_o = \pi d_o L_1$；

　　　　U_o——以 A_o 为基准的传热系数，按近似式计算：$U_o = \dfrac{1}{\dfrac{1}{h_1} + \dfrac{1}{h_2}\dfrac{L_1}{L_2}} \times 0.9$。

式中的 h_1，h_2 分别为加热段和冷却段的管外换热系数，可根据所选型号的换热条件和相关公式计算出来。

（3）传热效率，其定义式为

ε = 最小热容流体的实际传热量／最小热容流体的最大传热量

传热效率的计算式为

气-气型和气-液型热管换热器，可看作冷热流体之间的逆流换热，对 GG1，GG2 和 GL1 系列有

$$\varepsilon = \frac{1 - \exp[-N(1-C)]}{1 - C \times \exp[-N(1-C)]}$$

以上计算结果均已标注在所选型号中，无须选用者计算。根据型号中标注的上述计算结果，在选型后，根据冷热流体的进口温度，可以很容易地计算出冷热流体的出口温度和传热量，计算方法如下。

设 T_1，T_2 为热流体的进出口温度，t_1，t_2 为冷流体的进出口温度。

若热流体为 $(mc)_{\min}$ 流体，则

$$\varepsilon = \frac{T_1 - T_2}{T_1 - t_1}, \quad T_2 = T_1 - \varepsilon(T_1 - t_1)$$

$$Q = (mc)_1 \times (T_1 - T_2), \quad t_2 = t_1 + \frac{Q}{(mc)_2}$$

若冷流体为 $(mc)_{\min}$ 流体，则

$$\varepsilon = \frac{t_2 - t_1}{T_1 - t_1}, \quad t_2 = t_1 + \varepsilon(T_1 - t_1)$$

$$Q = (mc)_2 \times (t_2 - t_1), \quad T_2 = T_1 - \frac{Q}{(mc)_1}$$

各系列说明及其应用例题如下。

1. GG1 系列说明及举例

该系列中的各型号见表 1.20。该系列适用于燃煤烟气和空气之间换热的热管空气预热器。当烟气流量超出系列范围时，可选用两个同一型号的产品，横向叠加。

表 1.20　气-气(燃煤烟气-空气)型热管换热器的选型

型号 GG1	烟气流量 M_1 kg·h⁻¹	空气流量 M_2 kg·h⁻¹	热管直径 d_i/d_o mm	翅距 Y mm	翅高 H mm	翅厚 t mm	热段长度 L_1 m	冷段长度 L_2 m	热管总长 L m	横向管距 P_t mm	横向宽度 W mm	横向排数 n_1	纵向排数 n_2	热管总数 n	传热面积 A_o m²	传热系数 U_o W/(m²·℃)	热容比 C $(mc)_2/(mc)_1$	传热单元 N	传热效率 ε	压降 Δp Pa	单管质量 G_1 千克/支	材质 注
1-2	2 000	1 600	27/32	8	15	1	0.5	0.40	1.0	74	333	4	6	24	1.21	150	0.75	0.405	0.30	112	4.5	钢管/钢翅
1-4	4 000	3 200	27/32	8	15	1	0.6	0.48	1.2	74	555	7	6	42	2.53	150	0.75	0.423	0.31	112	5.4	钢管/钢翅
1-6	6 000	4 800	27/32	8	15	1	0.8	0.64	1.6	74	629	8	6	48	3.86	150	0.75	0.432	0.31	112	7.3	钢管/钢翅
1-8	8 000	6 400	27/32	8	15	1	1.0	0.80	1.9	74	629	8	6	48	4.83	150	0.75	0.405	0.30	112	8.9	钢管/钢翅
1-10	10 000	8 000	27/32	8	15	1	1.1	0.88	2.1	74	703	9	6	54	5.97	150	0.75	0.401	0.30	112	9.8	钢管/钢翅
1-12	12 000	9 600	32/38	8	15	1	1.2	0.96	2.3	80	840	10	6	60	8.60	140	0.75	0.449	0.32	137	13.4	钢管/钢翅
1-14	14 000	11 200	32/38	8	15	1	1.3	1.04	2.5	80	840	10	6	60	9.31	140	0.75	0.417	0.31	137	14.5	钢管/钢翅
1-16	16 000	12 800	32/38	8	15	1	1.4	1.12	2.7	80	920	11	6	66	11.03	140	0.75	0.432	0.31	137	15.7	钢管/钢翅
1-18	18 000	14 400	32/38	8	15	1	1.5	1.20	2.8	80	920	11	6	66	11.82	140	0.75	0.412	0.30	137	16.6	钢管/钢翅
1-20	20 000	16 000	32/38	8	15	1	1.6	1.28	3.0	80	1 000	12	6	72	13.75	140	0.75	0.431	0.31	137	17.7	钢管/钢翅

注:材质全部为碳钢管/碳钢翅片

例19 试为某燃烧烟煤的小型锅炉选型一台热管式空气预热器。已知锅炉的烟气流量为 12 500 kg/h = 3.472 kg/s，入口温度 $T_1 = 200$ ℃；空气流量为 10 000 kg/h = 2.778 kg/s，入口温度 $t_1 = 20$ ℃。

解 选型：由表1.20，选 GG1 - 12，$\varepsilon = 0.32$

烟气：$(mc)_1 = 3.472 \text{ kg/s} \times 1\,068 \text{ J/(kg} \cdot \text{℃)} = 3\,708 \text{ W/℃}$

其中，100 ℃下的烟气比热容为 1 068 J/(kg·℃)。

空气：$(mc)_2 = 2.778 \times 1\,005 = 2\,792 \text{ W/℃}$

其中，50 ℃下的空气比热容为 1 008 J/(kg·℃)。

空气侧为 $(mc)_{\min}$，

$$t_2 = t_1 + \varepsilon(T_1 - t_1) = 20 \text{ ℃} + 0.32 \times (200 \text{ ℃} - 20 \text{ ℃}) = 78 \text{ ℃}$$

$$Q = (mc)_2(t_2 - t_1) = 2\,792 \text{ W/℃} \times (78 \text{ ℃} - 20 \text{ ℃}) = 161\,936 \text{ W} = 162 \text{ kW}$$

$$T_2 = T_1 - \frac{Q}{(mc)_1} = 200 \text{ ℃} - \frac{162\,000 \text{ W}}{3\,708 \text{ W/℃}} = 156.3 \text{ ℃}$$

例20 为 20 t/h 烟煤锅炉选型一台热管式空气预热器。已知锅炉的烟气流量为 36 000 kg/h，入口温度 $T_1 = 180$ ℃；空气流量为 28 800 kg/h，入口温度 $t_1 = 20$ ℃。

解 查表1.20，该烟气和空气的流量过大，没有合适的单一型号可直接选用，为此，将此流量分为两份，即 $M_1 = (18\,000 \times 2)$ kg/h，$M_2 = (14\,400 \times 2)$ kg/h，则可选用 GG1 - 18 型设备，两件并列安装。

由 GG1 - 18，$\varepsilon = 0.30$

$$(mc)_1 = [(18\,000 \text{ kg/h})/(3\,600 \text{ s/h})] \times 1\,068 \text{ J/(kg} \cdot \text{℃)} = 5\,340 \text{ W/℃}$$

$$(mc)_2 = [(14\,400 \text{ kg/h})/(3\,600 \text{ s/h})] \times 1\,005 \text{ J/(kg} \cdot \text{℃)} = 4\,020 \text{ W/℃}$$

$$t_2 = t_1 + \varepsilon(T_1 - t_1) = 20 \text{ ℃} + 0.30 \times (180 \text{ ℃} - 20 \text{ ℃}) = 68 \text{ ℃}$$

$$Q = (mc)_2(t_2 - t_1) = 4\,020 \text{ W/℃} \times (68 \text{ ℃} - 20 \text{ ℃}) = 192\,960 \text{ W} = 193 \text{ kW}$$

$$T_2 = T_1 - \frac{Q}{(mc)_1} = 180 \text{ ℃} - \frac{192\,960 \text{ W}}{5\,340 \text{ W/℃}} = 144 \text{ ℃}$$

对全部流量而言，两台并列设备的总传热量为 $Q = 2 \times 193 \text{ kW} = 386 \text{ kW}$

2. GG2 系列说明及举例

该系列中的各型号见表1.21。该系列适用于燃气烟气和空气之间换热的热管式空气预热器。与 GG1 系列的区别在于翅片节距较小，为 6 mm，这是考虑到燃烧天然气的锅炉烟气比较干净，不易积灰。其他条件与 GG1 系列相同。

表1.21 气一气（燃气烟气-空气）型热管换热器选型

型号 GG2	烟气流量 M_1 kg·h⁻¹	空气流量 M_2 kg·h⁻¹	热管直径 d_i/d_o mm	翅距 Y mm	翅高 H mm	翅厚 t mm	热段长度 L_1 m	冷段长度 L_2 m	热管总长 L m	横向管距 P_t mm	横向宽度 W mm	横向排数 n_1 /	纵向排数 n_2 /	热管总数 n /	传热面积 A_o m²	传热系数 U_o $\frac{W}{m^2 \cdot ℃}$	热容比 C $\frac{(mc)_2}{(mc)_1}$	传热单元 N /	传热效率 ε /	压降 Δp Pa	单管质量 G_1 千克/支	注 材质
2-2	2 000	1 600	27/32	6	15	1	0.5	0.40	1.0	74	333	4	6	24	1.21	190	0.75	0.513	0.353	120	5.4	钢管/钢翅
2-4	4 000	3 200	27/32	6	15	1	0.6	0.48	1.2	74	555	7	6	42	2.53	190	0.75	0.538	0.365	120	6.5	钢管/钢翅
2-6	6 000	4 800	27/32	6	15	1	0.8	0.64	1.6	74	629	8	6	48	3.86	190	0.75	0.547	0.370	120	8.6	钢管/钢翅
2-8	8 000	6 400	27/32	6	15	1	1.0	0.80	1.9	74	629	8	6	48	4.83	190	0.75	0.514	0.354	120	10.6	钢管/钢翅
2-10	10 000	8 000	27/32	6	15	1	1.1	0.88	2.1	74	703	9	6	54	5.97	190	0.75	0.508	0.351	120	11.7	钢管/钢翅
2-12	12 000	9 600	32/38	6	15	1	1.2	0.96	2.3	80	840	10	6	60	8.60	180	0.75	0.576	0.383	140	15.7	钢管/钢翅
2-14	14 000	11 200	32/38	6	15	1	1.3	1.04	2.5	80	840	10	6	60	9.31	180	0.75	0.536	0.365	140	17.1	钢管/钢翅
2-16	16 000	12 300	32/38	6	15	1	1.4	1.12	2.7	80	920	11	6	66	11.03	180	0.75	0.556	0.374	140	18.4	钢管/钢翅
2-18	18 000	14 400	32/38	6	15	1	1.5	1.20	2.8	80	920	11	6	66	11.82	180	0.75	0.529	0.361	140	19.4	钢管/钢翅
2-20	20 000	16 000	32/38	6	15	1	1.6	1.28	3.0	80	1 000	12	6	72	13.75	180	0.75	0.554	0.373	140	20.9	钢管/钢翅

注：材质全部为碳钢管/碳钢翅片

表1.22 气-液（烟气-水）型热管换热器的选型

型号 GL1	烟气流量 M_1 (kg·h⁻¹)	水流量 M_2 (kg·h⁻¹)	热管直径 d_i/d_o (mm)	翅距 Y (mm)	翅高 H (mm)	翅厚 t (mm)	热段长度 L_1 (m)	冷段长度 L_2 (m)	热管总长 L (m)	横向管距 P_t (mm)	横向宽度 W (mm)	横向排数 n_1	纵向排数 n_2	热管总数 n	传热面积 A_o (m²)	传热系数 U_o (W/m²·℃)	热容比 C $\frac{(mc)_1}{(mc)_2}$	传热单元 N	传热效率 ε	压降 Δp (Pa)	单管质量 G_1 (kg/支)	材质 注
1-2	2 000	1 000	27/32	8	15	1	0.5	0.2	0.8	74	333	4	8	32	1.61	230	0.509	0.624	0.422	148	3.0	钢管/钢翅
1-4	4 000	2 000	27/32	8	15	1	0.6	0.2	0.9	74	555	7	8	56	3.38	230	0.509	0.655	0.436	148	3.5	钢管/钢翅
1-6	6 000	3 000	27/32	8	15	1	0.8	0.3	1.2	74	629	8	8	64	5.15	230	0.509	0.665	0.440	148	4.7	钢管/钢翅
1-8	8 000	4 000	27/32	8	15	1	1.0	0.3	1.4	74	629	8	8	64	6.43	230	0.509	0.623	0.425	148	5.6	钢管/钢翅
1-10	10 000	5 000	27/32	8	15	1	1.1	0.4	1.6	74	703	9	8	72	7.96	230	0.509	0.617	0.419	148	6.4	钢管/钢翅
1-12	12 000	6 000	32/38	8	15	1	1.2	0.4	1.7	80	840	10	8	80	9.65	230	0.509	0.623	0.432	182	8.9	钢管/钢翅
1-14	14 000	7 000	32/38	8	15	1	1.3	0.4	1.8	80	840	10	8	80	10.46	230	0.509	0.579	0.401	182	9.3	钢管/钢翅
1-16	16 000	8 000	32/38	8	15	1	1.4	0.5	2.0	80	920	11	8	88	12.39	230	0.509	0.600	0.411	182	10.2	钢管/钢翅
1-18	18 000	9 000	32/38	8	15	1	1.5	0.5	2.1	80	920	11	8	88	13.27	230	0.509	0.572	0.398	182	10.8	钢管/钢翅
1-20	20 000	10 000	32/38	8	15	1	1.6	0.5	2.2	80	1 000	12	8	96	15.44	230	0.509	0.599	0.411	182	11.4	钢管/钢翅

注：材质全部为碳钢管/碳钢翅片

例21　为一台燃烧天然气的锅炉选型设计热管式空气预热器。已知烟气流量为 16 000 kg/h,空气流量为 13 000 kg/h。烟气入口温度 $T_1 = 180$ ℃,空气入口温度 $t_1 = 20$ ℃。

解　查表 1.21,选用 2 - 16 型号比较合适。

$$\varepsilon = 0.374$$

$$(mc)_1 = [(16\ 000\ \text{kg/h})/(3\ 600\ \text{s/h})] \times 1\ 068\ \text{J/(kg} \cdot \text{℃)} = 4\ 747\ \text{W/℃}$$

$$(mc)_2 = [(13\ 000\ \text{kg/h})/(3\ 600\ \text{s/h})] \times 1\ 005\ \text{J/(kg} \cdot \text{℃)} = 3\ 629\ \text{W/℃}$$

$$t_2 = t_1 + \varepsilon(T_1 - t_1) = 20\ \text{℃} + 0.374(180\ \text{℃} - 20\ \text{℃}) = 80\ \text{℃}$$

$$Q = (mc)_2(t_2 - t_1) = 3\ 629\ \text{W/℃} \times (80\ \text{℃} - 20\ \text{℃}) = 217\ 740\ \text{W}$$

$$T_2 = T_1 - \frac{Q}{(mc)_1} = 180\ \text{℃} - \frac{217\ 740\ \text{W}}{4\ 747\ \text{W/℃}} = 134\ \text{℃}$$

3. GL1 系列说明及举例

该系列特点:M_1 为烟气流量,M_2 为水流量;$(mc)_1 < (mc)_2$,即烟气侧为 $(mc)_{min}$;长度比 $L_1/L_2 = 3/1$（大约）;烟气侧为翅片管,水侧为光管。该系列各型号见表 1.22,表中的冷热流体的流量基本对应某些型号燃煤锅炉省煤器的情况。

例22　选型设计一台燃煤锅炉热管式省煤器。已知烟气流量 $M_1 = 9\ 500$ kg/h,水流量 $M_2 = 5\ 000$ kg/h,烟气入口温度 $T_1 = 280$ ℃,水入口温度 $t_1 = 50$ ℃。

解　选型 GL1 - 10,$\varepsilon = 0.419$

$$T_2 = T_1 - \varepsilon(T_1 - t_1) = 280\ \text{℃} - 0.419 \times (280\ \text{℃} - 50\ \text{℃}) = 183.6\ \text{℃}$$

$$(mc)_1 = 2\ 818\ \text{W/℃}, \quad (mc)_2 = 5\ 826\ \text{W/℃};$$

$$Q = (mc)_1(T_1 - T_2) = 2\ 818\ \text{W/℃} \times (280\ \text{℃} - 183.6\ \text{℃}) = 271\ 655\ \text{W}$$

$$t_2 = t_1 + \frac{Q}{(mc)_2} = 50\ \text{℃} + \frac{271\ 655\ \text{W}}{5\ 826\ \text{W}} = 96.6\ \text{℃}$$

1.7　余热锅炉的结构和设计

1.7.1　余热锅炉的结构形式和类型

余热锅炉又称废热锅炉,是吸收工业设备或工艺流程所排放的余热产生蒸汽的设备。余热锅炉主要有 3 种用途:一是产生的蒸汽直接用于生产工艺,即仅提供生产用蒸汽;二是用于发电,将蒸汽的热能转换为电能;三是实现热电联产,即部分发电,部分供热。余热锅炉所产蒸汽属于高品质、多用途的能源,所以余热锅炉是将余热资源转化为高品质可利用能源的设备。

余热锅炉和普通的锅炉不同。普通锅炉是燃烧燃料产生蒸汽的设备,其工作过程是由燃烧过程和换热过程组成的,锅炉设备也主要由两部分组成:燃烧设备和换热设备。而余热锅炉没有燃烧过程和燃烧设备,仅仅由换热过程和换热设备所组成。

余热锅炉和普通锅炉的不同之处还在于,锅炉的燃烧设备可以向受热面提供稳定的燃烧产物 —— 高温烟气;而余热锅炉则没有这样的换热条件,它面对的是各种各样的余热载体:固体、气体和含尘的气/固混合流体,温度水平也各不相同,从300~1 000 ℃,大部分是500~600 ℃的余热。此外,热载体的温度和供应数量经常是周期性的,而且随时间而变化。余热锅炉和普通锅炉的不同之处还在于:余热载体(烟气)的流动方向和管道设施是随用能设备而变化的,导致余热锅炉的总体结构形式也要随之变化,所有这一切都给余热锅炉的设计和运行带来了很大的困难和很多需要考虑的因素。

根据不同的余热资源和不同的换热条件,余热锅炉有多种结构形式,可主要分为4种:水管式、烟管式、热管式和中间介质式,前3种主要应用于气态载热体的余热回收,第四种主要应用于颗粒状固态载热体的余热回收。下面分别对其进行介绍。

1. 水管式余热锅炉

在水管式余热锅炉中,水在管内流动,水的加热和蒸发都在管内进行。水管锅炉可以很方便地根据烟气的流动状况和流动方向布置受热面,具有多种结构形式,可满足不同用途的需求,是余热回收中应用最广的一种余热锅炉。水管式余热锅炉按管内介质的循环方式可分为自然循环余热锅炉、强制循环余热锅炉和复合循环余热锅炉,根据烟道的流向,又可分为水平烟道余热锅炉和垂直烟道余热锅炉。

对于发电用的余热锅炉,其受热面由3部分组成:省煤器、蒸发器和过热器。根据烟气的流动方向,余热锅炉的受热面可采取不同的放置形式。在水平烟道中的受热面布置如图1.22,1.23所示。

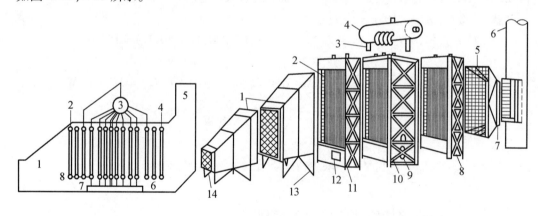

(a) 流程图

1— 烟气;2— 过热器出口;3— 汽包;
4— 给水进口;5— 烟囱;6— 省煤器;
7— 蒸发器;8— 过热器

(b) 模块式结构图

1— 进口烟道;2— 受热面;3— 下降管;4— 汽包;
5— 出口烟道;6— 烟囱;7— 膨胀节;8— 省煤器段;
9— 下降管;10— 蒸发器;11— 过热器;12— 人孔;
13— 结构件;14— 膨胀节

图1.22 水平烟道余热锅炉

图1.22(a)是卧式自然循环余热锅炉的流程图,1.22(b)是该锅炉的模块式结构图。图1.23是一台复合循环余热锅炉,其中,在省煤器中为强制循环,在蒸发器中为自然循环。由图可见,顺着烟气流通方向,顺序布置过热器、蒸发器和省煤器。省煤器安装在排气的尾部,用于吸收低温排气的余热。蒸发器是最主要的换热设备,用于产生饱和蒸汽。图中,蒸发器的下降管排和上升管排与上汽包和下联箱相连接,属于自然循环系

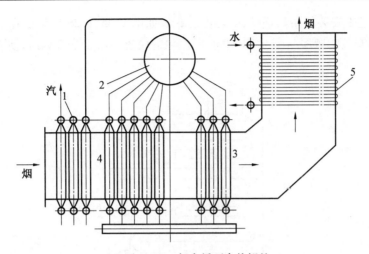

图 1.23　复合循环余热锅炉

1— 过热器;2— 汽包;3— 蒸发器下降管排;4— 蒸发器上升管排;5— 省煤器

统。为了提高蒸汽的焓值,使每千克蒸汽产出更多的电力,需要将饱和蒸汽在过热器中继续加热,生成温度较高的过热蒸汽。

如图 1.24 所示是一种单汽包下联箱式余热锅炉,与图 1.23 相同,也属于复合循环余热锅炉,蒸发器管束上部与汽包相连,下部与联箱管相连,采用自然循环方式换热。烟气由图中的右侧烟道进入,经过过热器、蒸发器后从左侧烟道流出,其中,过热器由 4 个管程的蛇形管组成,烟气出口处的省煤器采用强制循环换热。由图可见,在过热器、蒸发器和省煤器的下面,都预留了足够的积灰空间。

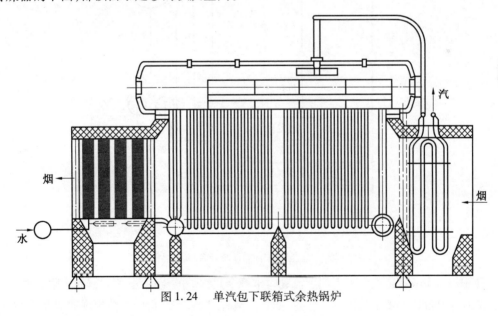

图 1.24　单汽包下联箱式余热锅炉

在垂直烟道中安装的余热锅炉,受热面的布置如图 1.25,1.26 所示。在烟气流动方向上,各受热面安装的顺序与图 1.22 相同,但汽包的位置独立于垂直烟道,便于各种管道的连接。

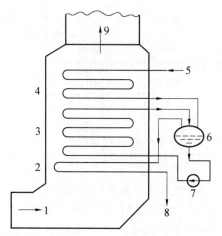

图 1.25　垂直烟道上的水管余热锅炉
1— 入口烟气;2— 过热器;3— 蒸发器;4— 省煤器;5— 给水进口;
6— 汽包;7— 循环泵;8— 过热蒸汽出口;9— 出口烟气

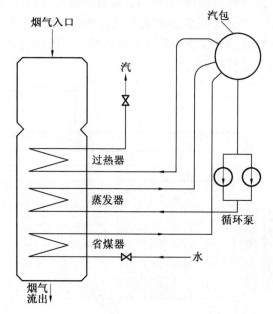

图 1.26　垂直烟道中带有循环泵的余热锅炉

如图 1.25 所示是烟气自下向上流动时水管余热锅炉的流程图,蒸发器属于强制循环系统,在烟道中布置了多个管排。应注意,如管内流程过长,在运行中可能出现的问题是,由管内沸腾产生的汽/液两相流动可能会影响传热和蒸汽的排出。而在图 1.22 所示的蒸发器中,蒸发过程在下降管和上升管中进行,就不会出现这样的问题。此外,在垂直烟道中,受热面的承重和布置方式、热膨胀和积灰的处理等都应在设计中给予特殊的考虑。

如图 1.26 所示是在烟气自上而下流动的垂直烟道中余热锅炉受热面的布置图。3 组受热面顺序安装在从上至下的烟气流道中,中间的蒸发器和循环泵一起形成强制循环系统。烟气的流动方向一般是由现场运行条件决定的,但烟气从上向下流动的优点是便于除灰。

在垂直烟道中,蒸发器和过热器管束都是水平布置的,考虑到管内换热的特点和表面除灰的要求,最好与水平方向保持一定的倾斜角度。

此外,管内介质的管程数不宜过多,蒸发器最好采用单管程,即饱和水从一侧管箱流进,产生的蒸汽从另一管箱流出;对于过热器,管程数也应尽量减少,最好采用两管程,一般应不超过 4 个管程。

由上述诸图可见,过热器都要安装在烟道的入口段,因在入口段具有较高的烟气温度;省煤器均安装在烟气的出口段,用于回收低温烟气的余热;蒸发器安装在受热面的中间位置。此外,应该指出,余热锅炉中的过热器是最容易受到"伤害"的换热部件,因其属于高温烟气和过热蒸汽之间的换热,当入口烟气在 800 ℃ 以上时,应采取相应的措施,保证过热器的安全运行。

如果所产蒸汽仅仅是为了满足工艺设备的用汽要求,且仅需要提供饱和蒸汽,则余热锅炉一般不设置过热器,只有蒸发器和省煤器,有时甚至不设置省煤器,如图 1.27 所示。图中,上、下汽包之间设置多排下降管和上升管,靠介质的自然循环实现水的加热和汽化过程。

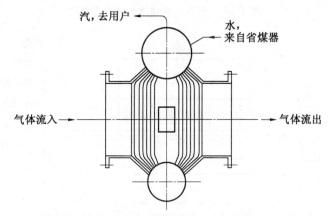

图 1.27　仅供饱和蒸汽的自然循环余热锅炉

2.烟管式余热锅炉

烟管式余热锅炉的载热气体在圆管内部流动,被加热的水和蒸汽在管外的压力容器(汽包)中换热,如图 1.28 所示。

图中,下部的压力容器是蒸发器,是余热锅炉的主要传热部件,其中,烟气在一组传热管中流过,将管外的水加热并沸腾。产生的蒸汽通过上升管输入至上部的汽包中。给水进口位于汽包的下部,通过隔离区和下降管流入蒸发器(也可以将给水直接注入蒸发器中)。实际上,蒸发器本身就是一个特殊形式的汽包,和一般汽包的不同在于,它内部具有换热面,具有产生蒸汽的功能。

如图 1.29 所示是带有内部旁通烟道的烟管锅炉,旁通烟道设置在烟管的中间,用以调节进入蒸发器的烟气流量,以保证余热锅炉在稳定的参数下运行。产生的蒸汽通过一组上升管输送到上部的压力容器——汽包中。该汽包的主要作用是汽-水分离,减少向外输出蒸汽中的水分含量。

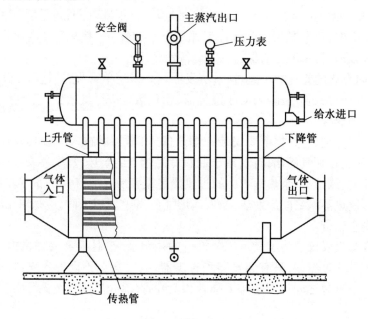

图 1.28　烟管式余热锅炉的典型结构

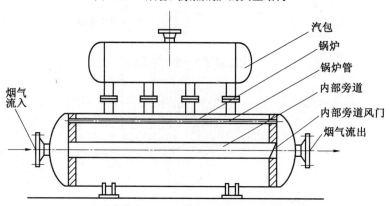

图 1.29　带有内部旁通风道的烟管锅炉

如图 1.30 所示是一台双管程的烟管锅炉。当烟气的流量较小而温度较高时宜采用双管程结构。该余热锅炉的特点是在烟气的转弯处可以设置吹灰口,便于清除烟道内的积灰。在蒸发器的上部并没有设置专用的汽包,而是设置一台小型的汽-液分离器,紧贴在蒸发器上部。用液位控制器来控制蒸发器中的液面高度。

烟管式余热锅炉的管内是热介质的管内对流换热,管外可看作水的大容积沸腾。烟管式结构的主要问题是管内的积灰和结垢不易清除,积灰和结垢往往成为影响锅炉正常运行的主要障碍。此外,在设计中,要保持烟管具有足够的可伸缩性以适应烟气温度的急剧变化。

上述烟管余热锅炉的结构虽然简单,但仅仅能提供饱和蒸汽,不能用于发电。为了使烟管锅炉产生过热蒸汽,可以在烟管蒸发器外面,在烟气进口处增设水管式过热器,如图 1.31 所示。也可以在出口烟道上设置水管式省煤器,以提高给水温度。

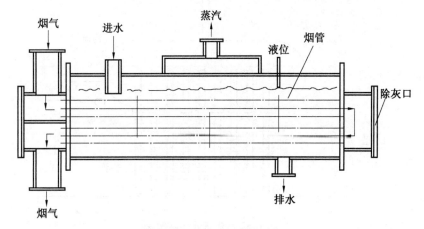

图 1.30　双管程的烟管锅炉

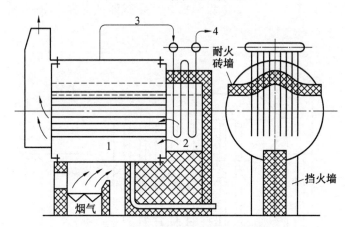

图 1.31　带有过热器的烟管余热锅炉
1— 烟管锅炉本体;2— 水管式过热器;3— 饱和蒸汽;4— 过热蒸汽

3. 热管式余热锅炉

典型的热管式余热锅炉的结构特点如图 1.32 所示。热管的加热段一般为翅片管,排列的烟道中,热管的冷却段为光管,插入到位于上部的汽包中,并使汽包中的水沸腾。由给水系统向汽包供给水,所产生的蒸汽由汽包上部排出。这种结构的优点是热管的加热段和冷却段可以自由地膨胀和收缩,没有任何上下管箱的限制。需要关注的问题是热管与汽包的连接。有两种连接方式:一种是焊接;另一种是可拆卸连接。为此,要解决好连接件的密封和强度。

此外,在热管工质的选择上要特别注意,因为热管的工质温度介于烟气温度和沸腾水的饱和温度之间,如果采用以水为工质的热管,其管内最高温度不宜超过 250 ℃,所以,热管式余热锅炉只能应用于较低的排烟温度和较低的饱和蒸汽温度下。

如图 1.32 所示热管式余热锅炉实际上是一台热管式蒸发器,仅能提供饱和蒸汽。为了提供过热蒸汽,需要在蒸发器前面加装过热器,为了进一步回收低温余热,需要在蒸发

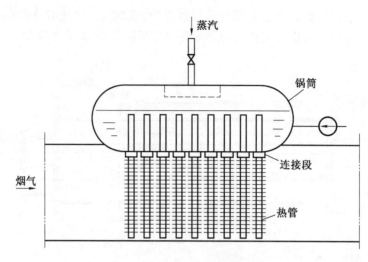

图 1.32　热管式余热锅炉

器后面加装省煤器,如图 1.33 所示。过热器和省煤器都是水管式结构,蒸汽和水在管内流动。

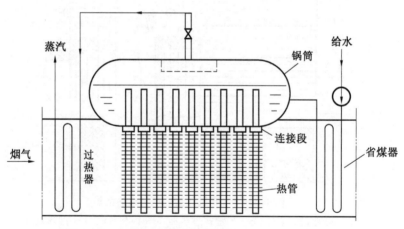

图 1.33　带有过热器和省煤器的热管式余热锅炉

如图 1.34 所示介绍了一台小型热管余热锅炉在尾部烟道上的安装系统。该余热锅炉的特点是,热管向下倾斜,加热管深入尾部烟道中,在热管蒸发器后面安装有省煤器,在蒸发器入口前设置有旁通烟道,用以调节进入余热锅炉的烟气流量。该小型余热锅炉仅能提供饱和蒸汽。

4. 中间介质式余热锅炉

这种形式的余热锅炉面对的热载体是各种工业设备的高温排渣,如炼焦炉产出的赤热焦炭,炼钢厂烧结炉产出的烧结矿等。为了吸收这类高温固体的余热用来产生蒸汽必须借助于某种中间介质,例如氮气或空气,让中间介质先与固态载热体换热,中间介质升温后再到传统形式的余热锅炉中将热量传给水,产生蒸汽。

如图 1.35 所示是焦炭干式冷却装置的示意图。

在该系统中采用的中间介质是氮气,赤热焦炭自上部输入,堆放在冷却箱中,氮气从

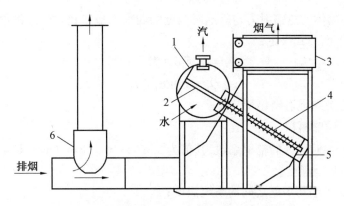

图 1.34　安装在烟道中的小型热管余热锅炉

1— 压力容器;2— 热管凝结段;3— 省煤器;

4— 热管蒸发段;5— 管箱;6— 旁通烟道

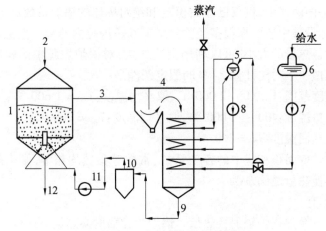

图 1.35　赤热焦炭干式冷却装置

1— 焦炭冷却器;2— 焦炭入口;3— 余热锅炉的氮气入口;

4— 氮气余热锅炉(含有除尘器、过热器、蒸发器、省煤器);

5— 汽包;6— 除氧器;7— 锅炉给水泵;8— 锅炉循环泵;9— 氮气出口;

10— 旋风除尘器;11— 氮气鼓风机;12— 冷却焦炭出口

下部进入冷却箱,流经填充层吸收焦炭的显热后从上部流出,经过除尘后进入余热锅炉中,从余热锅炉出来的氮气经过除尘和加压后再进入焦炭冷却器循环使用。一般,赤热焦炭进入冷却箱的温度为 800 ℃ 左右,氮气吸热后进入锅炉的温度为 500 ℃ 左右,在余热锅炉中可以产生 300 ℃ 左右的过热蒸汽。初步估算,1 t 赤热焦炭可以产生 0.5 t 蒸汽。

1.7.2　余热锅炉的传热分析

1. 余热锅炉的辐射换热分析

在一般锅炉内,燃烧室周围的大部分受热面称为水冷壁。水冷壁受热面的换热主要是辐射换热,对流换热所占比例不足 5%,因而不予考虑。炉内辐射换热遵循斯蒂芬－玻

耳兹曼定律,即物体的热辐射力与其绝对温度的四次方成正比。炉膛内的辐射换热量在理论上可以按下面两式决定:

$$Q_f = \alpha_{xt} F_1 \sigma_0 (T_{hy}^4 - T_b^4) \tag{1.63}$$

$$Q_f = F_1 \Psi \alpha_1 \sigma_0 T_{hy}^4 \tag{1.64}$$

式中　　Q_f——炉膛辐射换热量,kW;

　　　　F_1——炉壁面积,m^2;

　　　　σ_0——绝对黑体的辐射系数,其值为 5.67×10^{-11} kW/($m^2 \cdot K^4$);

　　　　α_1——炉膛黑度;

　　　　α_{xt}——火焰与炉壁之间的系统黑度;

　　　　Ψ——辐射换热的有效系数;

　　　　T_{hy}——燃气的平均绝对温度,K;

　　　　T_b——炉壁的绝对温度,K。

事实上,在上面两式中,仅仅已知面积 F_1 和绝对黑体的辐射系数 σ_0,其他参数都是未知的,因而在实际设计中还要靠很多经验数据来确定炉膛内的辐射换热量。为了评价在余热锅炉中辐射换热量的大小,可以利用上述二式,对锅炉炉膛中的辐射换热和余热锅炉中的辐射换热做一下对比计算,计算的假定条件是:

锅炉炉膛温度范围:1 200 ~ 2 000 ℃,取平均温度:$T_{hy} = 1\ 600$ ℃;

余热烟气入口温度:400 ~ 1 000 ℃,取平均温度:$T_{hy} = 700$ ℃;

水冷壁或吸热面温度:$T_b = 300$ ℃。

假定二者的炉壁面积和式中的各项系数、常数等参数均相等,则余热锅炉和普通锅炉炉膛中的辐射换热量之比 φ 为

由式(1.63)有

　　　　φ = 余热锅炉辐射换热量 / 锅炉炉膛辐射换热量 = 0.064 6

由式(1.64)有

　　　　φ = 余热锅炉辐射换热量 / 锅炉炉膛辐射换热量 = 0.072 8

粗略地比较计算表明,由于余热锅炉的热载体温度远远低于普通锅炉的炉膛温度,因而在一般情况下余热锅炉中的辐射换热量很小,可以不考虑辐射换热的因素。余热锅炉中的换热面可以按对流换热进行设计和计算。不考虑余热锅炉中的辐射换热,不但简化了设计,而且可使设计结果更安全。

2. 烟气侧的换热计算

在烟管式、水管式、热管式余热锅炉的传热计算中,烟气侧的换热可以根据相关的气体换热的关联式进行计算。

(1) 对于烟管式锅炉,烟气在管内流动,应用单相流体管内对流换热系数计算式(1.16)计算:

$$h_i = 0.023 \left(\frac{\lambda}{D_i}\right) \left(\frac{D_i G_m}{\mu}\right)^{0.8} Pr^n$$

(2) 对于水管式和热管式锅炉,烟气在管束外流动,其管外换热系数与管束的排列方式有关。

对于光管管束,由式(1.17a)及式(1.17b)计算:

对顺排管束:
$$h = 0.27\left(\frac{\lambda}{D_o}\right) Re^{0.63} Pr^{0.36}$$

对叉排管束:
$$h = 0.35\left(\frac{\lambda}{D_o}\right)\left(\frac{S_t}{S_1}\right)^{0.2} Re^{0.6} Pr^{0.36}$$

对于翅片管束,由式1.53计算:
$$h = 0.137\,8(\lambda/D_b)(D_b G_m/\mu)^{0.718} Pr^{1/3}(Y/H)^{0.296}$$

有关上述计算式的详细说明,可参阅相关章节。

3. 水 / 汽沸腾侧的换热计算

(1)对于烟管锅炉或热管锅炉,管外属于水的大容积沸腾,可按式(1.33)计算
$$h = 0.067 T_s^{0.941} q^{\frac{2}{3}}$$

(2)对于水管锅炉,在蒸发器内,属于管内两相流动的沸腾,为了简化计算,建议仍按大容积沸腾的关联式(1.33)计算,这样,不但简化了计算,而且由于求出的换热系数偏低,可使设计偏于安全。应当指出,由于管外烟气侧的热阻为传热过程的控制热阻,管内沸腾侧的热阻仅占传热总热阻的5%左右,因而沸腾换热系数的计算误差不会影响设计的精确性。

对于过热器中的蒸汽加热过程和省煤器中的水的加热过程,都属于单相流体的管内对流,应按式(1.16)计算。

1.7.3　余热锅炉的设计

1. 蒸汽参数的选择

余热锅炉是吸收余热产生蒸汽的换热设备,余热锅炉所产生蒸汽的温度和压力是一个重要的设计参数,它直接影响余热锅炉的经济性和可行性,需要做出合理的选择。首先要考虑的是经济因素,因产汽的温度和压力对锅炉的经济型有直接的影响。

以某工业锅炉的设计参数为例:一台 SHL20 - 13 - A 型锅炉的部分设计参数为:

蒸发量,20 t/h;工作压力,13 MPa;蒸汽温度,饱和,331 ℃;给水温度,60 ~ 105 ℃。

假定炉膛温度为 1 600 ℃,该温度与蒸汽温度保持了足够大的温差,因而节省了传热面积,使受热面的热流密度增大,设备的经济性很高。出于同样的原因,考虑到余热锅炉的载热体进口温度比锅炉炉膛温度要低得多,因而选取的蒸汽温度也不应过高,既要满足用汽设备的要求,又要考虑余热锅炉的经济性,要选取一个合适的数值。一般,对于非发电的用汽需求,余热锅炉提供饱和蒸汽的温度和压力的推荐值见表1.23。

表 1.23　推荐的饱和蒸汽温度和压力

余热载体入口温度 /℃	800 ~ 700	700 ~ 600	600 ~ 500	500 ~ 400
饱和蒸汽温度 /℃	~ 250	~ 200	~ 180	~ 150
饱和蒸汽压力 /MPa	3.98	1.55	1.0	0.476

对于发电用余热锅炉,为了使提供的蒸汽具有较高的焓值,从而提高蒸汽的可用能和发电机组的效率,必须采用过热蒸汽。在保持饱和蒸汽温度的条件下,合理地选择过热度也是重要的,在表1.23的基础上,推荐的过热度的数值见表1.24。

表 1.24　推荐的发电用余热锅炉的过热度

余热载体入口温度 /℃	800 ~ 700	700 ~ 600	600 ~ 500	500 ~ 400
饱和蒸汽温度/℃	~ 250	~ 200	~ 180	~ 150
饱和蒸汽压力 /MPa	3.98	1.55	1.0	0.476
饱和蒸汽的焓值/(kJ·kg⁻¹)	2 800	2 790	2 776	2 745
推荐的蒸汽过热度/℃	120	80	60	40
推荐的过热汽温度/℃	370	280	240	190
过热蒸汽的焓值/(kJ·kg⁻¹)	3 144	2 992	2 921	2 834
过热汽焓 / 饱和汽焓	1.12	1.07	1.05	1.03

当过热度选择过大时,过热器的出口温度较高,换热量增大,因过热器是蒸汽和烟气之间的传热,传热系数较小,这就需要较大的过热器换热面积,对余热锅炉的经济性是不利的。

由表中数据可见,对于温度为 500 ℃ 以下的余热资源,最好选择提供饱和蒸汽的余热锅炉,以满足工艺用汽要求;对于温度在 500 ℃ 以上的余热资源,可优先选择生产过热蒸汽用于发电的余热锅炉。

2. 余热锅炉的传热温差

余热锅炉由过热器、蒸发器、省煤器 3 部分组成,每一部分的传热机理不同:过热器属于烟气／蒸汽之间的传热,蒸发器属于烟气和沸腾水中间的传热,而省煤器是烟气和单相水之间的传热。除此之外,各部分的传热温差也有很大的区别,需要分别计算。

当省煤器的出口温度等于饱和温度时,各段的传热温差如图 1.36 所示。图中,$T_3 = T_4 + \dfrac{Q_1}{G \times c_p}$,其中,$Q_1$ 是省煤器的传热量,T_7 是水的饱和温度,T_3 是和饱和温度对应的烟气温度。

在大部分应用条件下,省煤器的出口温度低于饱和温度,以过冷水的状态直接进入汽包中,其传热温差如图 1.37 所示。图中,T_9 是从省煤器进入汽包时的水温。经过汽包,进入的过冷水继续在蒸发器中吸收热量,直至达到饱和温度 T_8,T_8 对应的烟气温度为 T_3。在各部分传热温差的计算中,唯有蒸发器传热温差的计算变得复杂一些,需要分两部分进行计算。当($T_8 - T_9$)之间的水的加热负荷与蒸发器的总热负荷相比,所占比例很小时,就可以不考虑($T_8 - T_9$)之间的水加热负荷的存在,认为蒸发器整体上处于水的饱和状态,这将简化传热温差的计算。这时,热流体的温降取($T_2 - T_4$),冷流体的温度为常数($T_7 - T_8$)。这样计算出来的传热温差要小于实际的传热温差,使设计偏于安全。

应当指出,绘制上述两图的主要目的不仅仅是为了计算换热器的传热温差,而是为了合理地选择余热锅炉的蒸汽参数。为了选择满意的蒸汽参数,需要选取多个蒸汽参数进行比较。每选定一组蒸汽参数,就要画出如上所示的传热温差图。下面,举例对其进行说明。

在图 1.36 中,已知热流体烟气流量 G,烟气的进口温度 T_1 和出口温度 T_4,则总热负荷:$Q = GC_p(T_1 - T_4)$。

然后,选择蒸汽的饱和温度、饱和压力,以及过热器出口温度 T_5,过冷水入口温度 T_8,

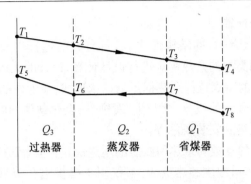

图 1.36 省煤器出口温度等于饱和温度时的传热温差

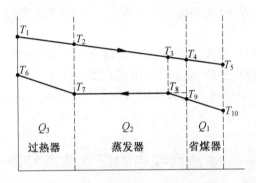

图 1.37 省煤器出口温度低于饱和温度时的传热温差

锅炉的蒸汽产量就可以算出:$M = \dfrac{Q}{i_5 - i_8}$,其中,i_5 和 i_8 分别为过热蒸汽和入口水的焓值。

在此基础上,可进而计算出各段的热负荷:

省煤器热负荷为

$$Q_1 = M(i_7 - i_8)$$

式中 i_7, i_8——水在相应温度下的焓值,kJ/kg。

蒸发器热负荷为

$$Q_2 = M(i_6 - i_7)$$

式中 i_6——饱和蒸汽的焓值;

i_7——饱和水的焓值。

过热器热负荷为

$$Q_3 = M(i_5 - i_6)$$

式中 i_5——过热蒸汽的出口焓值。

根据各段的烟气和水/汽之间的热平衡,就可以计算出烟气侧的各中间温度。例如,对于图 1.36 中的省煤器:

$$T_3 = T_4 + \dfrac{Q_1}{G \times c_p}$$

式中 G——烟气的质量流量,kg/s;

c_p——烟气的平均比热容,kJ/(kg·℃)。

根据上述计算结果,就可以判别、分析所选的蒸汽参数是否合理,是否经济了。

3. 余热锅炉的设计计算

根据本节介绍的余热锅炉的结构形式、运行参数的选择以及传热计算中的应用公式,可对不同结构、不同类型的余热锅炉进行设计计算,设计的大体步骤如下:

(1)根据余热载体的特点选择余热锅炉的结构形式,应考虑的因素有:余热载体是固体,液体还是气体;余热载体的成分,含灰量,腐蚀性;余热载体的温度,流量及波动性;余热载体的流动方向及现场的安装条件等。

(2)根据余热资源的参数和余热回收后的用途决定余热锅炉中受热面的组成,并选择、计算各受热面的进出口温度和热负荷:若仅用于提供饱和蒸汽,可设置蒸发器,或蒸发器 + 省煤器;若用于提供过热蒸汽,需设置过热器 + 蒸发器 + 省煤器。

(3)分别对各换热设备(受热面)进行热工计算,求出所需传热面积、管束排列和尺寸、流动阻力等参数。

(4)整体结构的布置、防腐蚀、防积灰的措施及除灰器的选择。

(5)余热锅炉的重量、造价、成本及投资回收期的计算。

在下面的相关章节中将通过具体的设计例题,说明余热锅炉的设计特点和设计步骤。

1.8　余热回收中的烟气除灰和净化

在余热载体的排气和尾气中都含有一定量的粉尘和灰分,在这些粉尘和灰分中,除了燃料燃烧所产生的灰分和未完全燃尽的炭粒之外,还含有余热载体从工艺过程中带来的产品微粒,如水泥、金属氧化物等;气体成分中也不仅仅是一般燃煤所产生的硫化物,如 SO_2、SO_3 等,还含有在工艺过程中产生的其他化学气体。这些粉尘和气体从烟囱排向大气中会造成严重的环境污染。对余热回收而言,余热载体中含有的粉尘和化学成分会对余热回收系统及换热设备的正常运行造成严重的影响,主要体现在:

(1)造成换热表面的积灰,形成污垢热阻,大大降低受热面的换热能力。

(2)造成换热表面的腐蚀,会大大降低受热面的强度和寿命。

(3)增加换热系统的流动阻力,影响系统的正常运行。

为了防止积灰,在传统的锅炉系统中,已广泛采用了各种形式的除灰器:主要有干式除尘器、湿式除尘器、静电除尘器 3 大类。其中,干式除尘器有:

(1)依靠重力和惯性力作用的除尘器,如沉降室、惰性除尘器等。

(2)依靠离心力作用的除尘器,如各种旋风除尘器,如图 1.38 所示。

(3)依靠过滤作用的除尘器,如袋式除尘器,如图1.39 所示。

如图 1.38 所示是一种简易型的圆锥形旋风式除尘器。烟气以很高的速度沿切线方向进入旋风式除尘器,在除尘器内靠离心力使灰粒经过两次分离。第一次是在离心力作用下,使灰粒紧贴着壁面并沉落到下部的圆锥形部分,第二次是当烟气向上转弯180°时,灰粒从烟气流中分离出来,并最终落入下部的排灰管中。这种除尘器的效率决定于灰粒的大小和烟气的流速。一般烟气出口的流速为 12 ~ 15 m/s,在煤粉炉中的除灰效率为40% ~ 50%。

　　如图 1.39 所示的除尘器是属于过滤作用的简易袋式除尘器,是干式除尘器中最简单、效率最高、应用最广泛的一种。对 1 ~ 5 μm 的细灰尘也可以达到98% ~ 99% 的除灰效率。这种除尘器一般作为二级除尘的最后一级。袋式除尘器需要经常清灰,用机械振打除灰时,每平方米布袋每小时可以处理的烟气量约为 120 Nm³/(m² · h)。应当注意的是,当烟气中含有水滴或产生水蒸气的凝结时,是不能应用袋式除尘器除尘的,一般,进入袋式除尘器之前的烟气温度要高于 100 ℃。

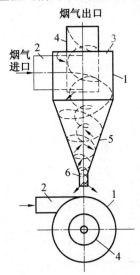

图 1.38　旋风式除尘器

1— 旋风子圆筒部分;2— 进气短管;

3— 顶盖;4— 排气管;

5— 旋风子圆锥部分;6— 排灰管

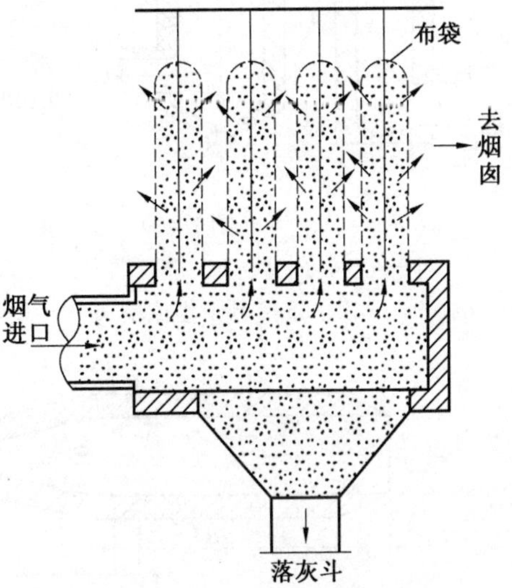

图 1.39　简易袋式除尘器

　　湿式除尘器的工作原理与上述几种干式除尘器不同,它不仅能够利用惯性力的作用,而且能利用水的吸收和润滑作用将飞灰中的颗粒从烟气中分离出来,并用水冲入除灰系统。更重要的是,这种除灰器不仅可以除去烟气中的粉尘,还可以通过化学反应,除去烟气中的部分硫化物,减少 SO_2 等有害气体对大气的污染。

　　湿式除尘器一般安装在排烟的末端,烟气经过湿式除尘器之后,温度降至 30 ~ 40 ℃,由引风机排出。湿式除尘器的除尘效率很高,可达90% ~ 95%。湿式除尘器的主要问题是:要消耗一定的水量,除灰器本身易被腐蚀,飞灰的清理、搬运和综合利用比较困难,因而运行成本较高。

　　湿式除尘器的种类很多。常用的有:麻石水膜除尘器、离心式水膜除尘器、"文丘里"水膜式除尘器、玻璃管水膜除尘器等。其中,"文丘里"水膜式除尘器如图 1.40,1.41 所示。在水平烟道上设置"文丘里",它的出水从切向进入除尘器,烟气中的粉尘被"文丘里"喷出的雾气增湿后,在离心力的作用下,大部分都冲击到周围的水膜上,并与水膜混在一起而流向除尘口。除尘后的烟气经过空间分离段和下行管道,在离心力的作用下继续分离出残留的水滴,然后由出口烟道排出。

　　如图 1.41 所示的"文丘里"除尘器的喷嘴是除尘器的关键构件之一,它对水流雾化的好坏、水膜均匀性和充满度以及除尘效果都起决定性影响。水从"文丘里"管喷出后,再经过离喷口约 40 mm 处的溅锥进一步雾化,一般水压为 0.2 MPa ,喷雾范围为 1.5 ~ 2.0 m。

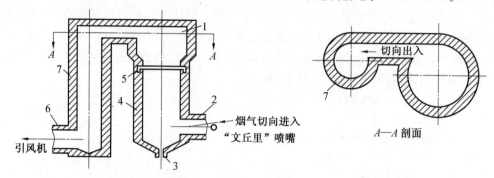

图 1.40 "文丘里"水膜式除尘器

1— 空间分离段;2— 进口烟道;3— 除尘水排出口;4— 除尘器本体;
5— 环形溢流槽;6— 出口烟道;7— 下行烟道

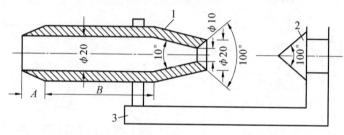

图 1.41 "文丘里"管雾化喷嘴

1— 喷嘴;2— 溅锥;3— 支架

如图 1.42 所示是一种玻璃管立柱式水膜除尘器,由一组垂直错列布置的玻璃管组成。除尘器上部设置水箱,水经调节阀送入水箱,再由水箱注入敞口的玻璃管中,水从玻璃管上部溢出而形成水膜。烟气流经水膜时,固体灰粒冲入水膜而变湿,被水膜带到除灰器下面的积灰池中。这种除灰器的除灰效率随玻璃管排列的行数而定,一般可达90% ~ 95%。为避免水膜被破坏,烟气流速一般不应超过 5 m/s。

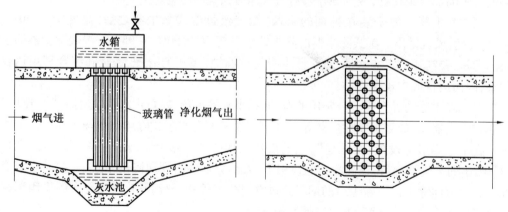

图 1.42 玻璃管水膜除尘器

对于余热回收,它面对的余热载体已不仅仅是锅炉排出的低温烟气,更多的是各种工业设备和各种工艺过程的排气,其成分和性能要复杂得多。选择除尘器时应考虑的因素是:

(1) 所含粉尘的物理、化学性质,如化学成分、爆炸性、腐蚀性、黏结性、荷电性、分散度、密度、温度、含湿量、浓度等。

(2) 净化后的粉尘允许排放量以及对粉尘回收的要求。

(3) 安装现场的方位和具体条件。

虽然在余热回收设备的设计计算中,已用污垢热阻的形式考虑了表面积灰对换热性能的影响,但其中有很大的不确定性和不准确性。在设计中仍需采取相应的应对措施,尽量减少污垢和积灰在受热面上的沉积,减少污垢和积灰的影响。例如:

(1) 合理选择烟气流入受热面时的迎面风速。经验证明,当迎面风速达到 10 m/s 时,烟气就有了一定的自吹灰能力,可在一定程度上防止灰尘在受热面上的积聚。同时应当注意,流动阻力与烟气流速的近 2 次方成正比,因而要根据设计要求合理选择烟气流速。

(2) 对于有腐蚀性的排气,要选用抗腐蚀的受热面材料,对于易燃易爆的气体,在合适的部位要留有防爆孔和排气口等。

(3) 根据现场应用条件和粉尘状况,选择合适的除灰方案。所选择的方案往往并不是某种固定形式的除灰器,而是因地制宜,与换热设备紧紧结合在一起的除灰系统。根据相关文献,可总结为下述 4 种降尘和除灰措施。

1. 大空间降尘室

这一方法的要点是给多尘气体留有足够大的空间,减低其流速,使粉尘沉降下来,一般,降尘室内的烟气流速控制在 0.5 ~ 0.8 m/s 之间。如图 1.43 所示,烟气入口处是一个巨大的降尘室,在降尘室中,只在其顶部和侧壁上布置水冷壁式的受热面。这一方法的要点是让受热面设法"躲开"含灰的气体。从降尘室出口后,烟气流速可适当提高,烟气流道上可安装其他对流受热面。由图可见,在出口后的烟气流道底部仍留有足够的降尘空间。

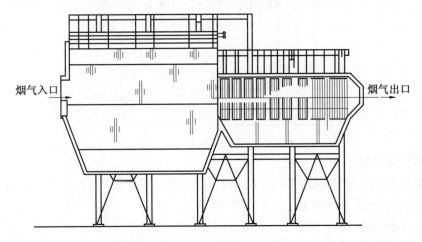

图 1.43　烟气入口处的大空间降尘室

如图 1.44 所示是降尘室的另一种形式,除了设置入口降尘室之外,在每组受热面下面,都分别设有专用降尘室。

2. 离心力降尘

在多尘气体经过的流道中,在管束之间设置挡风板,形成多个弯道,依靠烟气转弯时产生的离心力,迫使尘埃沉降下来,如图 1.45 所示。

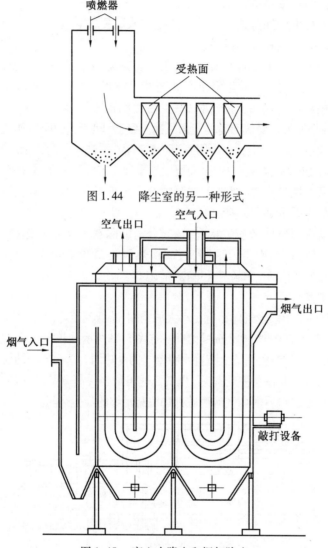

图 1.44　降尘室的另一种形式

图 1.45　离心力降尘和振打除尘

3. 振打器降尘

在图 1.45 中,在蛇形受热管的下部设置振打器,通过控制机构,可以定时振打传热管,将沉积在受热面上的粉尘振打下来。

4. 吹灰器降尘

这是管式热交换器常用的一种吹灰设备,有各种各样的结构形式,一般采用压缩空气或高压蒸汽通过吹灰管向受热面直接吹灰,吹灰管要安装在管束或管屏之间,吹灰管可以在管束中间伸缩或旋转,以增大吹灰面积,增强吹灰效果。

1.9　燃煤烟气的脱硫脱硝

大量的燃煤锅炉和工业设备所排放的烟气中会含有一定量的污染气体:氮氧化物(NO_x)和硫化物(SO_2、SO_3),这种有害的气体成分排入大气中,会对环境造成严重的污染,是形成雾霾的主要因素之一。因而,对燃煤烟气进行脱硝和脱硫成为日益受到重视的一个环保课题。

在已开发出的脱硝和脱硫系统中,紧紧地与余热回收设备结合在一起,并对相关的余热回收和利用设备提出了一系列新的要求,为此,大致了解并掌握燃煤烟气脱硝脱硫系统的工作原理和设备组成是必要的。

因为脱硝和脱硫是两个不同的化学反应过程,而且发生在不同的烟气部位:脱硝在前、脱硫在后,所以,本节将按脱硝、脱硫的次序分别简述这两个工艺过程的原理和设备。

1. 选择性催化还原法(SCR)脱硝系统

在煤炭的燃烧过程中,由于燃料中含有一定的氮气成分,更重要的是燃烧过程中需要大量的空气,而空气中含有约79%的氮气,在燃烧所产生的高温下,经过复杂的化学反应,氮原子会和空气中的氧原子结合生成氮的氧化物:NO、NO_2等,通称为硝(NO_x),燃烧室中产生的硝,随着锅炉烟气,经过一系列换热设备后,最终排向大气。

硝(NO_x)是一种极其有害的气体,排到大气中,会造成对大气环境的严重污染,是造成雾霾的主要因素之一。因此,为了保护大气环境,对烟气进行脱硝处理日益受到重视,已成为势在必行的任务。

燃煤锅炉的脱硝方法主要分两类:

(1)在燃烧过程中脱硝。

① 采用低NO_x燃烧技术:即在燃烧过程中减少NO_x的生成。为此,有两种燃烧法:一是将空气分级输入;二是将燃料分级燃烧。

② 低NO_x炉膛设计:即改进炉膛的设计,包括燃烧室大型化、分割燃烧室和切向燃烧室等。

(2)在烟气排放中脱硝。

从排放的烟气中脱硝,是广泛采用的主要脱硝方式,又有两种类型:

① 选择性催化还原工艺(SCR):以NH_3为还原剂,在催化剂作用下,在反应温度为300 ~ 400 ℃条件下,将NO_x还原成N_2和H_2O。在锅炉烟道上,催化剂反应器一般安装在省煤器和空预器之间。

② 选择性非催化还原工艺(SNCR):以NH_3或尿素为还原剂,不用催化剂,在900 ~ 1 100 ℃温度下,将NO_x还原成N_2。一般安装在锅炉燃烧室和屏式受热面之间。

选择性催化还原工艺是应用最广的脱硝工艺:利用还原剂氨(NH_3)和NO_x的还原反应,在催化剂的作用下,将NO_x还原为对大气没有多大影响的N_2和H_2O。"选择性"的意思是指氨有选择地进行还原反应。在这里,它只选择NO_x进行还原反应。

催化剂由$V_2O_5 - TiO_2$组成。氨和烟气中的NO_x在通过由催化剂填充的床层时,在

300 ~ 400 ℃ 的温度下,主要进行如下的还原反应:

$$4NO + 4NH_3 + O_2 \longrightarrow 4N_2 + 6H_2O \tag{1}$$

$$6NO + 4NH_3 \longrightarrow 5N_2 + 6H_2O \tag{2}$$

$$6NO_2 + 8NH_3 \longrightarrow 7N_2 + 12H_2O \tag{3}$$

$$2NO_2 + 4NH_3 + O_2 \longrightarrow 3N_2 + 6H_2O \tag{4}$$

催化还原反应过程可以形象地用图 1.46 表示。

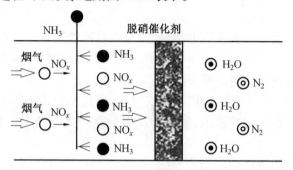

图 1.46　催化还原反应过程

将 SCR 反应器置于省煤器和空预器之间是目前最常用的布置方式,其应用条件是省煤器出口烟气温度正好在催化剂的适宜温度范围之内。SCR 的设计系统主要由两部分组成:氨气制备系统和 SCR 反应系统。如图 1.47 所示。

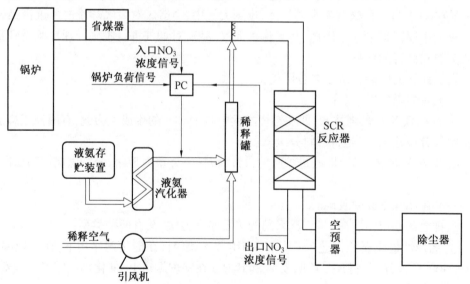

图 1.47　SCR 系统

氨气制备系统主要由下列 3 部分组成:

(1)氨的储运。

SCR 使用的氨可以是氨水,也可以是液氨。氨水一般是 19% ~ 29.4% 的水溶液;液氨则是接近 100% 的纯液态氨。

通常,氨水或液氨用罐车运至现场,再用泵打入卧式储槽。氨水储槽是能承受少许压力的密封容器,而液氨储槽必须能承受至少 1 700 kPa 的压力。液氨储槽的装载量约为总容积的 85%,要留有适当的汽化空间。所有储槽都要装设液位计、温度计等辅助设备。

大型锅炉通常使用 1 ~ 5 个 40 ~ 80 m³ 的储槽,保证 1 ~ 3 周的氨用量。

(2) 氨液汽化。

参加 SCR 反应器的是气态氨,故液氨或氨水均需在蒸发器中加热汽化。离开汽化器的氨与来自引风机的稀释空气进行混合,混合后的气体温度约 150 ℃。因为氨水中的水分也被蒸发,所以使用氨水时消耗的能量要比使用氨液时多得多。

应当注意的是,氨在空气中的体积浓度达到 16% ~ 25% 时,会形成 Ⅱ 类可燃爆炸性混合物,有安全风险。为了保证注入烟道的氨与空气混合物的安全,除控制混合器内氨的浓度远低于其爆炸下限外,还应保证氨在混合器内均匀分布。喷入反应器入口烟道的氨气,在空气稀释后变为含 5% 左右氨气的混合气体,即稀释空气与氨的混合比为 20∶1。高混合比是为了保证空气和氨的均匀混合和运行安全。所选择的风机应满足这一混合比最大值的要求,并留有一定的余量。

(3) 喷氨混合。

混合后的氨气通过格栅式管网喷射到烟气中,实现与烟气的均匀混合。喷氨混合装置如图 1.48 所示。

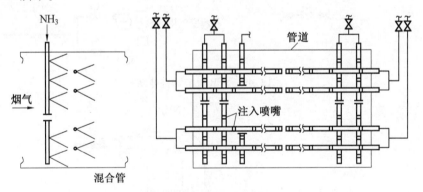

图 1.48　喷氨混合装置

氨气喷射管网由管道、平行支管及其上面的小孔和喷嘴组成,支管呈网状沿烟道截面的纵向和横向布置。喷射器要能适应高温和烟气的冲刷和磨损,应可修复和更换。

在喷射格栅每一区域的入口管道上设有手动流量调节阀,以调节每个区域氨气的喷射分配。

氨喷射管网的另一重要部分是喷射控制系统。当锅炉负荷、入口 NO_x 浓度和烟气温度发生变化时,要自动调节喷射参数。

SCR 反应器系统:烟气与氨气均匀混合后垂直向下流经 SCR 反应器,反应器的整体结构如图 1.49 所示。在反应器的垂直方向上,顺序布置气流均布装置,预留催化剂层,第一层催化剂和第二层催化剂,在每层催化剂的上方设置吹灰器排管,定期用高压蒸汽吹灰。

催化剂层具体结构如图 1.50 所示。每一层催化剂由紧密排列在迎风面上的若干个

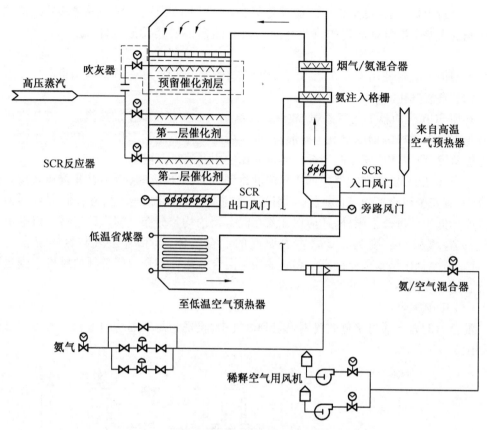

图 1.49　SCR 反应器整体结构

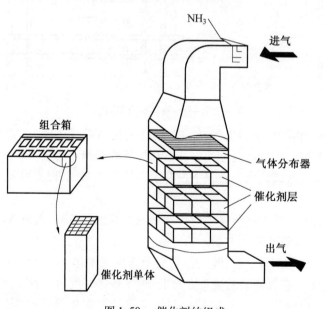

图 1.50　催化剂的组成

组合箱构成,而每个组合箱由数量众多的催化剂单体组成,催化剂单体主要由两种结构形式: 蜂窝状结构和板状结构,如图 1.51 所示。

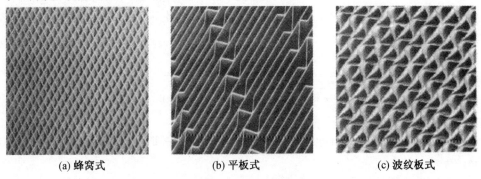

(a) 蜂窝式　　　　　　(b) 平板式　　　　　　(c) 波纹板式

图 1.51　蜂窝状催化剂和板状催化剂

在锅炉烟气的脱硝系统中,经常应用的是蜂窝状催化剂,因为蜂窝状催化剂与板状催化剂相比,有更多的催化接触面积和更高的脱硝率。蜂窝状催化剂单体的结构如图 1.52 所示。图中所示,该蜂窝状催化剂单体由 20 × 20 = 400 个蜂窝状小孔组成。在蜂窝状小孔内表面烧烤上催化剂,烟气和氨气的混合流体流过蜂窝状小孔并在催化剂的作用下发生脱硝的还原反应。

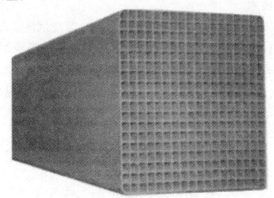

图 1.52　蜂窝状催化剂单体

在一台脱硝反应器中,一组应用数据如下:

催化剂层面的烟气迎风面积:6 m × 7.5 m = 45 m^2

每个组合箱的横截面积:1.5 m × 1.5 m = 2.25 m^2

每一催化剂层上组合箱数目:45/2.25 = 20 个

每一组合箱上的催化剂单体数:100

每一单体上的蜂窝孔数: 20 × 20 = 400 孔

每一催化剂层的蜂窝孔数:400 × 20 × 100 = 800 000 孔

每一蜂窝孔的流通面积:0.006 m × 0.006 m = 0.000 036 m^2

每一催化剂层的流通面积:800 000 × 0.000 036 = 28.8 m^2

烟气迎风面积／催化剂层的流通面积 = 45 m^2/28.8 m^2 = 1.56

催化剂层内流速／烟气迎风面流速 = 1.56

即烟气在进入蜂窝孔后,流速增至 1.56 倍。

假定烟气在催化剂层之前的迎风面流速为 5 m/s,则进入催化剂层之后的流速为 1.56×5 m/s $=7.8$ m/s,为了完成还原反应,需要接触时间为 0.5 s,模块的纵向长度应为:7.8 m/s $\times 0.5 = 3.9$ m。

若纵向布置两层催化剂,则每层的高度需要 2.0 m。

可以推出,烟气在进入反应器之前的流量为

$$5 \text{ m/s} \times 45 \text{ m}^2 = 225 \text{ m}^3/\text{s} = 810\ 000 \text{ m}^3/\text{h}。$$

由上述实例可见:

①SCR 反应器需要较大的纵向安装空间,对于大型锅炉,其安装总高度大约为 10 ~ 20 m;

②SCR 反应器的催化剂层由数量巨大的蜂窝孔(或板孔)组成,加工制造难度很大,材料成本高,要由专业厂家生产;

③ 由于 SCR 反应器的造价高,应采取有效措施延长其使用寿命(一般催化剂层的工作寿命为 3 年)。主要措施包括:确保运行温度在 300 ~ 400 ℃ 范围之内,合理设计或调节前置省煤器的热负荷;要确保烟气和还原剂氨气的混合均匀,同时也要保证烟气流速和流量的均匀;要在每层催化剂上面安装除灰系统,定期用高压蒸汽进行除灰。

2. 湿法烟气脱硫技术

烟气脱硫技术和工艺有很多种,其中石灰石／石膏湿法烟气脱硫工艺是应用最广泛、脱硫效果最好的烟气脱硫工艺。该工艺采用石灰石作为脱硫吸收剂,通过向吸收塔内喷入吸收剂浆液,使之与烟气充分接触、混合,并对烟气进行洗涤。烟气从吸收塔下侧进入,与吸收塔液逆向接触,烟气中的 SO_2 与石灰石 $CaCO_3$ 发生化学反应,得到脱硫副产品二水石膏,从而达到脱除 SO_2 的目的。在吸收塔中主要的化学反应如下:

$$SO_2 + \frac{1}{2}O_2 + 2H_2O + CaCO_3 \longrightarrow CaSO_4 \cdot 2H_2O + CO_2$$

湿法烟气脱硫工艺如图 1.53 所示。

如图 1.53 所示,增压风机首先将需要脱硫的烟气鼓入气－气换热器(GGH),降温

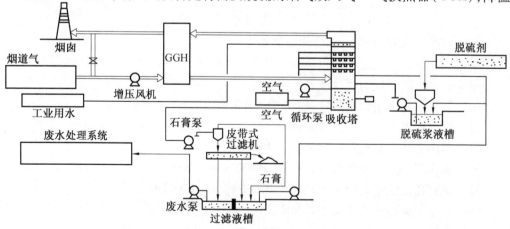

图 1.53　湿法脱硫工艺流程

后,烟气进入吸收塔。在喷淋式吸收塔中,利用含有石灰石的喷淋液同时完成冷却、除尘和脱硫的过程。然后清洁烟气通过吸收塔顶部的除雾器去除烟气中的水滴,经气－气换热器(GGH)加热升温后排入烟囱。落入吸收塔底部的浆液经过氧化、结晶、浓缩和脱水后即可得到副产品石膏(浓度为95%)。

其中,吸收塔是烟气脱硫的关键设备,吸收塔的内部结构大同小异,其中常用的一种双循环湿法脱硫吸收塔如图1.54所示。烟气从下部进入吸收塔后,转向90°朝上流动,经过下循环喷淋和上循环喷淋与脱硫浆液接触。下循环喷淋是将流入吸收塔底部的浆液进行循环喷淋,上循环喷淋是新鲜的石灰石浆液的循环,该循环将浆液喷洒在吸收塔的较高位置上。烟气中SO₂被浆液洗涤并与浆液中的CaCO₃发生反应。反应生成的亚硫酸钙在吸收塔底部的循环浆池内被氧气风机鼓入的空气强制氧化,最终生成石膏,石膏浆液由石膏排出泵排出,进入石膏处理系统。

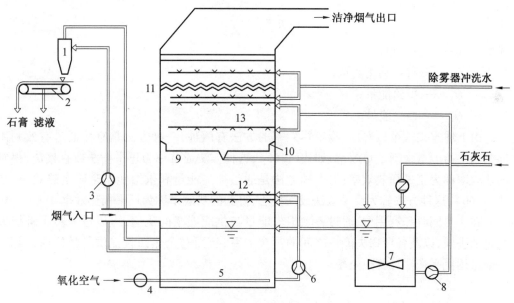

图 1.54　喷淋吸收塔的结构

1— 水力旋流器;2— 真空布带过滤机;3— 吸收塔出浆泵;4— 氧化鼓风机;
5— 下回路反应罐;6— 下回路循环泵;7— 上回路加料槽;8— 上回路循环泵;
9— 集液斗;10— 导流叶片;11— 除雾器;12— 下循环喷淋;13— 上循环喷淋

脱硫后的烟气在从吸收塔的上部流出之前,需要流经除雾器,由冲洗水除雾后从上部烟管排出。

在图1.53所示的脱硫装置的工艺流程中,气－气式换热器的选型和设计也是至关重要的。一般,脱硫后的净烟气温度在45 ～ 50 ℃ 之间,为湿饱和状态,如将其直接排向大气,由于扩散能力低,容易在烟囱附近形成水雾,造成对环境的污染。因此,在烟气脱硫系统中,通常需要在脱硫塔后设置烟气加热器,利用具有较高温度的原烟气加热较低温度的净烟气,即实现原烟气与净烟气之间的气－气换热。在2.9节中将简述这一气－气换热器的选型和设计。

1.10　余热回收效率和经济评价

1.10.1　热效率

基于热力学第一定律,对于使用燃料或使用其他能源的工业设备,在消耗的能量或从外部供给的能量中,只有一部分被有效利用,另一部分能量被损失或被排放掉。为了评价工业设备对能源有效利用的程度,引入热效率的概念。

热效率的定义是:有效利用的能量占供给能量的百分比。即

$$\eta = \frac{Q_y}{Q_g} \tag{1.65}$$

或

$$\eta = 1 - \frac{Q_s}{Q_g} \tag{1.66}$$

式中　η——热效率;

Q_y——有效利用能量;

Q_g——供给能量;

Q_s——损失能量。

由上述定义式可以看出,确定热效率的方法有两种:一种方法是直接通过有效利用能量和供给能量来确定热效率,如式(1.65),这种方法通常称为正平衡法或直接法,得到的热效率称为正平衡热效率;另一种方法是通过损失能量和供给能量来确定热效率,如式(1.66),这种方法称为反平衡法或间接法,得到的热效率称为反平衡热效率。

在余热回收和利用中,通过各项损失能量与供应能量的比值,可以进一步了解损失能量的去向,以及各项损失能量之间的主次关系,从而对余热回收提供科学依据,因此,一般采用反平衡法计算热效率。

(1)锅炉的热效率。

锅炉的正平衡热效率:由式(1.65),得

$$\eta = \frac{Q_y}{Q_g}$$

其中,锅炉供给能量,除了外供水和外供空气带来的热量之外,主要是燃料燃烧产生的热量,取 $Q_g = B \times Q_{dw}$,其中,B 为燃料消耗量,kg/s;Q_{dw} 为燃料的低发热值,kJ/kg。

有效利用能量 Q_y 是指锅炉提供的有效热能,可按锅炉提供的饱和蒸汽或过热蒸汽的焓值与给水的焓值之差计算:$Q_y = D_w(i_v - i_w)$,式中,D_w 为供汽量;i_v,i_w 分别是蒸汽的焓和给水的焓。

锅炉的反平衡热效率:式(1.66),可转换为

$$\eta = 100 - (q_2 + q_3 + q_4 + q_5 + q_6) \tag{1.67}$$

式中　$q_2 \sim q_6$——分别为锅炉的排烟热损失、化学未完全燃烧热损失、机械未完全燃烧热损失、锅炉散热损失、锅炉灰渣物理热的热损失。

上述各项热损失是指实际损失量与锅炉供给能量之比的百分数。

（2）发电厂的热效率。

对一座蒸汽发电厂,应分别计算蒸汽锅炉的热效率和发电机组的热效率。如上所述,蒸汽锅炉的供给能量除了外供水和外供空气带来的热量之外,主要是燃料燃烧所产生的热量,有效利用的能量就是用于发电的蒸汽所吸收的热量,可按式（1.65）～（1.67）计算。一般,发电厂燃煤蒸汽锅炉的热效率在90%左右。

对发电机组来说,供给的热量是由蒸汽锅炉产生的蒸汽带入的热量,可由入口蒸汽的流量和焓值计算出来。有效利用的热能因发电机组的不同用途而有不同的定义。对于单纯用于发电的凝汽式发电机组,当供给的高温高压的蒸汽在发电机组中做功转化为电能之后,排出的是不再利用的低温低压的蒸汽,排出蒸汽所带出的热量是凝汽式发电机组的主要热损失,此外,还有发电机组的运行损失和散热损失等。一般情况下,发电机组的热效率在40%左右。这样,发电厂的热效率应同时考虑锅炉热效率和发电机组热效率,即

发电厂的热效率 = 锅炉热效率 × 发电机组热效率

假定锅炉热效率 = 0.9,发电机组热效率 = 0.4

则　　　　　　　　　　发电厂的热效率 = 0.9 × 0.4 = 0.36

即发电厂的热效率为36%。

（3）工艺过程或设备的热效率。

为了计算某种特定的工艺过程,如加热、蒸发、干燥、熔化等过程的热效率,同样需要确定该工艺过程的供给能量和有效利用的能量（或损失能量）。通常,有效利用能量的定义是:为了达到工艺要求必须消费的能量。例如:

① 在一般的加热过程中,被加热介质或物体从入口状态加热到出口状态所需要的热量。

② 在干燥、蒸发等工艺中,水分蒸发所吸收的热量。

损失能量大致可分为以下几种:

① 排烟热损失。以烟气作为载热体向系统提供热能时,必然要从系统中排出烟气,从而造成了能量损失。

② 排水热损失。以蒸汽、热水作为载热体向系统供应热量,它们从系统中排出的水所带走的热量。

③ 排气热损失。以热气体作为载热体,从系统排出的气体所带出的热量。

④ 散热损失和其他损失。

（4）余热回收热效率。

将热效率的定义式（1.65）式（1.66）应用于余热回收中,可称为"余热回收热效率",它表示在余热回收系统中,有效回收的余热占供给余热的比例。

$$\eta_1 = \frac{Q_{y1}}{Q_{g1}} = 回收的余热／供给余热 \tag{1.70}$$

式中　　η_1——余热回收热效率;

　　　　Q_{g1}——供给余热;

　　　　Q_{y1}——回收的余热。

① 在用蒸汽加热空气的余热回收系统中:

供给余热:$Q_{g1} = M \times i_1$,其中,M, i_1分别为蒸汽流量和入口焓值;

回收的余热:$Q_{y1} = mc_p(t_2 - t_1)$,其中,m, c_p, t_1, t_2分别为空气的流量、比热容、进出口温度,也可以通过蒸汽的进出口焓差来计算。

② 在锅炉省煤器的余热回收系统中:

供给余热:$Q_{g1} = M \times i_1$,其中,M, i_1分别为烟气流量和进口焓值;

回收的余热:$Q_{y1} = mc_p(t_2 - t_1)$,其中,m, c_p, t_1, t_2分别为水的流量、比热容、进出口温度,也可以用水的进出口焓差来计算。

③ 在1.7节中,图1.35所示的赤热焦炭的余热回收系统中:

供给余热:$Q_{g1} = M \times c_{p1} \times t_1$,其中,$M, c_{p1}, t_1$分别为赤热焦炭的流量、比热容和入口温度。

回收的余热:$Q_{y1} = m(i_2 - i_1)$,其中,m, i_2, i_1分别为蒸汽流量、蒸汽出口和水入口处的焓值。

通过余热回收热效率的计算可以了解到回收了多少余热资源,以及回收的余热占总余热量的百分比,进而可以分析原因并提出改进方案。

1.10.2 余热回收的经济分析

对余热回收项目或工程,人们关心的不仅仅是该项目的技术指标,更关心的是该项目的经济效益。

余热回收的目的是为了节约能源,提高设备运行的经济效益。但增加一台余热回收设备需要经济投入,因而如何计算余热回收的经济效益成为立项和推广的关键问题。此外,从能源的观点分析,一个余热回收系统的成本和投入的经费,本身就代表了对能源和资源的消耗,增设一个余热回收设备是为了节约能源,而项目本身就要消耗能源,因为所有的支出都可看作是由能源转换而来的。如何在消耗的能源和节约的能源之间取得平衡,如何真正做到节约能源,为此,对余热回收进行经济分析是必要的。

和其他工业项目一样,余热回收项目的经济分析一般要回答如下3个问题:

(1) 余热回收项目或设备要投入多少费用?

(2) 如何将余热回收项目的节能效果换算成经济效益?

(3) 投资回收期是多长,即需要多长时间才可以收回投资?

下面,分别就上述问题进行讨论和分析。

(1) 余热回收项目或设备要投入多少费用?

这是企业的管理人员都可以回答和计算出来的问题,和其他工程项目一样,一般可分为一次投资和二次投资,一次投资是指设备在投入使用之前发生的所有费用,包括:设备材料费、制造费、运输费、系统改造费、安装费用、设计费、制造厂的利润、税费和不可预见费用等;二次投资是指设备在应用阶段用户需要按时间支付的运行费用、维护费用等。

一般情况下,在一次投资中,设备成本约占全部费用的50%,其中,材料费用又会占设备成本的50% ~ 60%。例如,为避免受热面遭到烟气的露点腐蚀,需要采用特殊的钢材,因而会使成本和造价有所提高。

（2）如何将余热回收项目的节能效果换算成经济效益？

① 为计算锅炉排烟的余热回收效果,需要计算节煤量：

每秒节煤量（kg/s）：
$$B = \frac{Q_{y1}}{\eta \times Q_{dw}} \tag{1.69}$$

每小时节煤量（kg/h）：
$$B = \frac{3\ 600 \times Q_{y1}}{\eta \times Q_{dw}} \tag{1.70}$$

式中　Q_{y1}——余热回收热量,kJ/s；

　　　Q_{dw}——燃料的低位发热值,kJ/kg；

　　　η——锅炉热效率,按式（1.65）~（1.67）计算。

假定燃料价格：R（元/千克）,每小时经济收益：F（元/小时）,由式（1.70）有
$$F = B \times R$$

② 发电厂的节能分析。发电厂往往希望将节能效果体现在每度电的能耗降低上。对于燃煤发电厂,希望知道由于增设了余热回收设备,每度电节约了多少克煤。

每小时可节约的煤炭,若按"克"计算,由式（1.70）
$$B = \frac{3\ 600 \times Q_{y1}}{\eta \times Q_{dw}^{y}} \times 1\ 000 \tag{1.71}$$

已知电厂的发电功率为 D kW,在 1 个小时内的供电量为 D（kW·h）,则每供 1 度电节约的煤炭量为（B/D）克。

③ 如果余热回收的热量用于产生蒸汽,每吨蒸汽的市场价为 G 元/吨,每小时的蒸汽产量为 M t,可由蒸汽产量计算经济收益。由热平衡式
$$Q_{y1} = m \times i_1$$

其中　Q_{y1}——为回收的余热 kJ/s；

　　　m——为产汽量 kg/s；

　　　i_1——为蒸汽的焓值 kJ/kg。

求出 m 值后,可计算出蒸汽总产量：

$M = （3.6 \times m）$ t/h,从而可计算出每小时的经济收益为
$$（G - \Delta G） \times M$$

其中　G——每吨蒸汽的售价,元/吨；

　　　ΔG——每吨蒸汽所需要的生产费用和运行成本,元/吨。

（3）投资回收期。

如果不考虑在投资回收期内初投资（一次投资）的增值或贬值,则投资回收期：
$$\tau = \frac{P}{A} \tag{1.72}$$

式中　τ——投资回收期,年；

　　　P——初投资总费用,元；

　　　A——每年净收益,元/年。

其中,每年净收益 = 每年回收余热收益 - 每年的运行费用。现场经验表明,大部分余热

回收项目的投资回收期都在 1 年左右,因而按上述简单方法计算是可行的。

式(1.72)中,没有考虑资金随时间的增值因素,是一个静态的投资效益分析。若采用动态的效果分析,设资金的年利率为 i,则动态的投资回收年限为

$$\tau = \lg \frac{\dfrac{A}{A - iP}}{1 + i} \qquad (1.73)$$

例 23 一台余热锅炉安装在某工业炉的排烟烟道上,工业炉的排烟量为 10 000 Nm³/h(相当于 3.597 kg/s),余热锅炉的入口烟气温度为 820 ℃,出口温度为 230 ℃,相应回收热量 $Q_{y1} = 2\,515$ kJ/s。设余热锅炉的热效率 $\eta = 0.8$,该余热锅炉每年运行 7 000 h,工业炉的燃料为重油,其热值 $Q_{dw} = 40\,600$ kJ/kg。

解 每小时可节约的重油,由式(1.70)计算:

$$B = \frac{3\,600 \times Q_{y1}}{\eta \times Q_{dw}} = \frac{3\,600 \times 2515 \text{ kJ/kg}}{0.8 \times 40\,600 \text{ kJ/kg}} = 278.7 \text{ kg/h}$$

每年 7 000 h 节约重油:1 951 吨/年

设每吨重油的价格为 1 200 元/吨

则每年的效益:1 951 吨/年 × 1 200 元/吨 = 2 341 200 元/年 = 234.12 万元/年

设每年的运行管理费:10 万元/年

每年的净收益:A = 234.12 万元/年 − 10 万元/年 = 224.12 万元/年

设余热锅炉的一次投资:P = 280 万元

由式(1.72),投资回收期:

$$\tau = \frac{P}{A} = 280 \text{ 万元}/(224.12 \text{ 万元/年}) = 1.25 \text{ 年}$$

按式(1.73),设资金的年利率为 $i = 0.08$

投资回收期:$\tau = \lg \dfrac{\dfrac{A}{A - iP}}{1 + i} = 1.37$ 年

第 2 章　锅炉的余热回收

2.1　概　述

锅炉是一种将煤炭、石油或天然气等能源燃料所储藏的化学能转化为水或蒸汽的热能的重要设备,是生产和生活中应用最广泛的能源设备之一。从锅炉的用途来分,主要可分为电站锅炉和工业锅炉。

发电用的锅炉称为电站锅炉,主要提供发电用的蒸汽。随着锅炉工业的发展,电站锅炉的蒸汽参数不断提高,蒸汽的压力从中压、高压、超高压发展到亚临界和超临界压力,蒸汽温度可高达 650 ℃,蒸汽产量已达到 2 000 t/h。电站锅炉的热效率已提高到 90% 以上,其排烟温度已降至 150 ℃ 以下。由于大型电站锅炉的耗煤量巨大,锅炉热效率每提高 1% ~ 2%,就会节省大量的燃料和能源,取得可观的节能效果。

工业锅炉直接用于工农业生产,向用户提供不同参数的热水或蒸汽。工业锅炉的单台容量差别很大,以蒸汽产量计算,已从每小时 10 ~ 20 t 蒸汽提高到每小时几十吨甚至上百吨蒸汽。由于结构和用途的不同,工业锅炉的热效率一般在 80% 左右,工业锅炉的排烟温度为 150 ~ 200 ℃,具有较大的余热回收潜力。

无论电站锅炉还是工业锅炉,其排烟热损失是最主要的一项热损失,约占全部供给能量的 8% ~ 15%。因而回收锅炉的排烟余热是锅炉设备余热回收的重点。

对于燃烧煤气或天然气的锅炉,因少有露点腐蚀的风险,或者其露点温度很低,设计或运行的排烟温度应该更低一些,若其排烟温度超过 100 ℃,就具有余热回收的价值。

为了回收锅炉的排烟余热,所采取的主要措施是在尾部烟道上加装省煤器和空气预热器。本章对锅炉用的省煤器和空气预热器的设计和选型做了较详细的论述。

2.1.1　关于锅炉用省煤器

事实上,省煤器是锅炉的基本受热面之一,广泛应用于排烟温度在 150 ~ 400 ℃ 之间的余热回收,用以加热进入锅炉系统的给水。考虑到省煤器(Economizer)本身就是"燃料节约器"的意思,因而,在较高烟气温度下应用的省煤器也被当作余热回收设备加以讨论。

因为省煤器的传热机理是烟气和水之间的换热,因而在烟气侧需要加装翅片,即采用翅片管。根据采用翅片的不同,常用的省煤器大致可分为 H 型翅片管省煤器和环形翅片管省煤器,在本章中将分别对其讲述。

H 型翅片管省煤器由于具有抗磨损、耐腐蚀的特点,已成为大型电站锅炉的首选省煤器,应用于 400 ℃ 左右的烟气环境中,顺排排列,烟气从上向下冲刷。由于结构和应用条件的特殊性,虽然已广为应用,但设计计算方法尚不够完善。在本章的 2.2 节中,结合一个实际工程项目,对 H 型翅片管省煤器进行了较详细的设计计算,并对某些设计要点进行了探讨。

环形翅片管省煤器是在工业锅炉和电站锅炉中应用最广的省煤器。在 2.3 节中分别对两种环形翅片管省煤器:螺旋翅片管省煤器和开齿形翅片管省煤器的应用特点和设计计算方法进行讲解和说明。

在大型电站锅炉低温排气的余热回收中,尾部烟道上安装低温省煤器是主要的技术方案。在 2.5 节中,按几个招标文件中提出的参数和要求,对相应的低温省煤器进行了设计计算和经济分析,并根据现场的安装条件提出了分体式翅片管省煤器的结构方案。

2.1.2　关于锅炉用空气预热器

对于回收排烟余热的空气预热器,涉及烟气和空气之间的换热,由于管内难以采用翅片管结构,传统的设计多采用光管换热。为了提高空气预热器的换热效果,推荐采用热管空气预热器,因此,在 2.4 节中讲述了热管式空气预热器的设计方法并列举了应用实例。

2.1.3　关于防露点腐蚀的技术和方案

为了回收锅炉的排烟余热,进一步降低排烟温度,遇到的最大障碍是烟气的硫酸露点腐蚀。为了防止露点腐蚀,换热器的表面温度应高于硫酸气的露点温度,为此,需要在设计和材质的选取上做出相应的变动。在 2.6 节中,介绍了防露点腐蚀的材质 ND 钢及其应用。同时,推荐了防露点腐蚀的设计方案:采用相变中间介质的省煤器和相变介质空预器,并通过例题说明这两种相变换热器的设计和应用。

2.2　H 型翅片管省煤器

H 型翅片管,亦称 H 型肋片管,它是将两片中间有圆弧的钢片对称地与基管焊接在一起而形成的翅片管,正面形状颇像字母"H",故称为 H 型翅片管,如图 2.1 所示。H 型翅片管采用闪光电阻焊工艺,焊缝熔合率高,抗拉强度大,具有良好的热传导性能。H 型翅片管一般制造成含有双排管的"双 H"型翅片管,该结构刚性好,可以应用于管排较长的场合。H 型翅片管的应用特点是:各排管一对一地立式顺排布置,烟气从上向下冲刷,在两翅片之间形成气流的直接通道。由于 H 型翅片管的这种特殊结构,使其具有良好的抗积灰,抗磨损特点,因而被广泛应用于大型燃煤高压锅炉的省煤器中。

H 型翅片管的结构尺寸范围如下:

基管外径:38 ~ 45 mm,基管厚度:4 ~ 8 mm, 翅片节距:20 ~ 30 mm,翅片厚度:2 ~ 3 mm,翅化比:5 ~ 7。

两幅装配待发的 H 型翅片管束如图 2.2 所示,注意到,在该换热器中,4 排管为 1 管程。

由于 H 型翅片管结构的特殊性,在传热设计中遇到的技术难题是管外换热系数的计算和翅片效率的确定。目前还没有 H 型翅片管管外换热系数的实验关联式,在锅炉行业中,不得不借用若干年前推出的经过修改的顺排方形翅片的实验关联式:

图 2.1　H 型翅片管

图 2.2　H 型翅片管束的装配件

$$h = 0.095\ 7 \times \left(\frac{\lambda}{s}\right) \times \left(\frac{d}{s}\right)^{-0.54} \times \left(\frac{H}{s}\right)^{-0.14} \times \left(\frac{w \times s}{\nu}\right)^{0.72} \tag{2.1}$$

式中　　d——基管外径；

　　　　s——翅片节距；

　　　　H——翅片高度；

W, ν, λ——分别是烟气的流速,运动黏度和导热系数,m/s,m²/s,W/(m·℃)。

至于翅片效率的确定,虽然有为数不多的数值模拟结果,但设计应用十分不便,目前还是凭经验选取。在文献[1]中,作者推出了 H 型翅片效率的简化计算方法,该方法是将H 型翅片转化为与基管有相同接触面积的环形翅片,然后按环形翅片效率的计算方法计算。该方法与相关的数值模拟结果进行了比较,证明是可靠而精确的。

H 型翅片管省煤器的整体设计思路与典型的翅片管换热器的设计方法相同,下面将通过一个实际工程课题进行设计计算,以便了解其设计过程和计算特点。

例 1　本例题是某锅炉厂的一个实际工程项目:煤矸石自备电厂 2 × 480 t/h 循环流化床锅炉 H 型翅片管省煤器的设计。现根据该项目提供的设计条件进行设计,并将设计结果与原工程项目的设计结果进行比较。

(1)需方提供的设计数据。

净烟气量:G_g = 183.7 kg/s(不含灰)

石灰石流量:2.6 kg/s

省煤器水流量:G_w = 127.2 kg/s

水入口温度:T_{w1} = 248.1 ℃

水入口压力:153.5 大气压(表压)

省煤器烟气进口温度:T_{g1} = 408 ℃

省煤器烟气出口温度:T_{g2} = 286 ℃

烟气侧阻力降:0.25 kPa

最大烟速:10.1 m/s(此处给出的最大烟速为最小流通截面处的流速)

(2)热负荷计算。

烟气侧热负荷:

$$\begin{aligned}
Q_g &= c_{pg} \times G_g \times (T_{g1} - T_{g2}) \\
&= 1.135 \text{ kJ/(kg} \cdot \text{℃)} \times 183.7 \text{ kg/s} \times (408 - 286)\text{℃} \\
&= 25\,431.56 \text{ kW}
\end{aligned}$$

其中 c_{pg} = 1.135 kJ/(kg · ℃) 为烟气在平均温度 344.5 ℃ 下的比热容。

水出口温度:

$$T_{w2} = T_{w1} + \frac{Q}{c_{pw}G_w} = 248.1 \text{ ℃} + \frac{25\,431.56 \text{ kW}}{4.844 \text{ kJ/(kg} \cdot \text{℃)} \times 127.2 \text{ kg/s}} = 289.4 \text{ ℃}$$

其中 c_{pw} = 4.844 kJ/(kg · ℃) 为水在入口温度下的比热容。

(3)H 型翅片管选型,如图 2.3 所示。

基管直径:$\phi42 \times 5.5$ mm

基管材质:20 G

翅片节距:25 mm

翅片中缝距离:15 mm

翅片外形尺寸:3 mm(厚) × 90 mm(宽) × 195 mm(高),双管型

横向管间距:104 mm

纵向管间距:100 mm

翅片与基管之间的融合角:120°

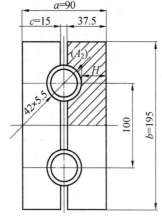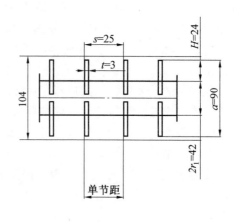

图 2.3　H 型翅片管的尺寸选择

（4）迎风面积和迎面风速。

一个翅片节距内迎风面积：25 mm × 104 mm = 2 600 mm²

一个节距内最窄流通面积：25 mm × 104 mm – (90 mm – 42 mm) × 3 mm – 42 mm × 25 mm

$$= 1\ 406\ mm^2$$

最窄流通面上的烟气流速：10.1 m/s（给定条件）

最窄流通面上的质量流速：10.1 m/s × 0.571 kg/m³ = 5.767 kg/(m²·s)

其中，0.571 kg/m³ 为平均温度下的烟气密度。

迎风面上的烟气质量流速：$\dfrac{5.767\ kg/(m^2 \cdot s)}{\dfrac{2\ 600\ mm^2}{1\ 406\ mm^2}}$ = 3.12 kg/(m²·s)

迎风面上的烟气流速：3.12 kg/(m²·s)/0.571 kg/m³ = 5.464 m/s

所需迎风面积：(183.7 kg/s)/(3.12 kg/(m²·s)) = 58.9 m²

选取管束长度：L = 12.53 m = 12 530 mm

所需管束宽度：58.9/12.53 = 4.7 m，实取 4.72 m（翅片管长度）

横向管排数：12 530/104 = 120（排）

迎风面布置如图 2.4 所示（此迎风面尺寸与管束布置方案与原工程设计完全相同）。

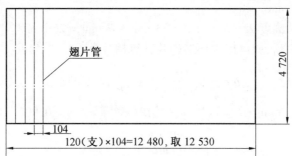

图 2.4　迎风面的布置

（5）管外换热系数计算。

由于目前还没有顺排 H 型翅片管束管外换热的实验关联式，可借助顺排方形翅片管束的实验关联式进行计算，修正后的顺排方形翅片管束的管外换热系数为

$$h = 0.095\ 68 \times \left(\frac{\lambda}{s}\right) \times \left(\frac{d}{s}\right)^{-0.54} \times \left(\frac{H}{s}\right)^{-0.14} \times \left(\frac{W \times s}{v}\right)^{0.72} \tag{2.2}$$

式中　　d——基管外径，d = 42 mm；

　　　　s——翅片节距，s = 25 mm；

　　　　H——翅片高度，H = (90 mm – 42 mm)/2 = 24 mm；

　　　　W——最窄截面上的烟气流速，W = 10.1 m/s；

　　　　v——烟气在平均温度下的运动黏度，v = 52.3 × 10⁻⁶ m²/s；

　　　　λ——烟气在平均温度下的导热系数，λ = 0.052 W/(m·℃)。

由式（2.2）得

$$h = 0.095\ 68 \times \frac{0.052}{0.025} \times \left(\frac{0.042}{0.025}\right)^{-0.54} \times \left(\frac{0.024}{0.025}\right)^{-0.14} \times \left(\frac{10.1 \times 0.025}{52.3 \times 10^{-6}}\right)^{0.72}\ \text{W/(m}^2 \cdot \text{℃)}$$

$$= 67.9\ \text{W/(m}^2 \cdot \text{℃)}$$

（6）翅片效率 η_f 的计算。

为了计算 H 型翅片效率，按文献[1]提出的方法：首先，将图 2.3 所示的一侧 H 型翅片的单面面积转化为面积相等的环状面积，该环形翅片的基管边长等于融合角的边长，该环形翅片的基管半径为

$$R_1 = \frac{r_1}{2}\ \frac{\varphi}{180°} = \frac{21\ \text{mm}}{2} \times \frac{120°}{180°} = 7\ \text{mm}$$

式中　　φ——H 型翅片与基管之间的融合角；

　　　　r_1——H 型翅片的基管半径。

此外，该环形翅片的外径为

$$R_2 = \sqrt{\frac{A}{\pi} + R_1^2}$$

其中　　A——一侧 H 型翅片的单面面积。由图 2.3 有

$$A = \frac{b}{2} \times \frac{a-c}{2} - \left(\frac{\pi}{2}r_1^2 - 2r_1 \times c\right) = 3\ 278.5\ \text{mm}^2$$

由此求得 $R_2 = 33.0\ \text{mm}$。

环形翅片的翅片高度 $L = R_2 - R_1 = 33\ \text{mm} - 7\ \text{mm} = 26\ \text{mm}$。

经过上述转化之后，就可以按环形翅片计算翅片效率。

$$mL = L\sqrt{\frac{2h}{\lambda t}}\sqrt{1 + \frac{L}{2R_1}} = 1.478$$

$$\tanh mL = (\text{e}^{mL} - \text{e}^{-mL})/(\text{e}^{mL} + \text{e}^{-mL}) = 0.901$$

$$\eta_f = \frac{\tanh mL}{mL} = 0.61$$

式中　　λ——翅片材料的导热系数，$\lambda = 40\ \text{W/(m} \cdot \text{℃)}$；

　　　　L——翅片高度，$L = 0.026\ \text{m}$；

　　　　t——翅片厚度，$t = 0.003\ \text{m}$；

　　　　h——对流换热系数，$h = 67.9\ \text{W/(m}^2 \cdot \text{℃)}$。

由此可见，由于融合长度较小，翅片的相当高度较高，H 型翅片的翅片效率是比较小的。

（7）以基管外表面为基准的管外换热系数 h_o。

$$h_o = h \times \frac{A_f \times \eta_f + A_1}{A_0}$$

按图 2.3 的标注，在 1 个节距范围内：

$A_f = 4\ \text{mm} \times 3\ 278.5\ \text{mm} = 13\ 114\ \text{mm}^2$，为一个节距内的翅片面积，在一个节距内的裸管面积：

$$A_1 = \pi d \times (s - t) + 2c \times t = \pi \times 42\ \text{mm} \times (25 - 3)\text{mm} + 2 \times 15\ \text{mm} \times 3\ \text{mm} = 2\ 992.8\ \text{mm}^2$$

$A_0 = \pi d \times s = 3\ 298.68\ \text{mm}^2$，为一个节距内的光管面积

代入上式

$$h_o = 67.9 \times \frac{13\,114 \times 0.61 + 2\,992.8}{3\,298.68}\ \mathrm{W/(m^2 \cdot \text{℃})} = 226.3\ \mathrm{W/(m^2 \cdot \text{℃})}$$

翅化比

$$\beta = \frac{A_f + A_1}{A_0} = 4.88$$

由此可见,该 H 型翅片的翅化比是比较小的。

(8) 管内换热系数的计算。

$$h_i = 0.023 \frac{\lambda}{D_l} \left(\frac{D_i \times G_m}{\mu} \right)^{0.8} (Pr)^{0.4} \tag{2.3}$$

管内水的平均温度:$\frac{1}{2}(T_{w1} + T_{w2}) = \frac{1}{2}(248.1 + 289.4)\text{℃} = 268.8\ \text{℃}$

水压力为 153.5 大气压(表压),通过计算证明,对于高压水的物性,可以按饱和水的物性查取,其误差可以忽略。在平均温度下的饱和水的物性为

水的导热系数:$\lambda = 0.59\ \mathrm{W/(m^2 \cdot \text{℃})}$

水的黏度:$\mu = 10.2 \times 10^{-5}\ \mathrm{kg/(m \cdot s)}$

水的 Pr 数:$Pr = 0.88$

管子内径:$D_i = 0.031\ \mathrm{m}$

水在管内的质量流速:$G_m = \dfrac{G_w}{n \times \dfrac{\pi}{4} D_i^2}\ \mathrm{kg/(m^2 \cdot s)}$

其中,水的质量流量:$G_w = 127.2\ \mathrm{kg/s}$(给定),$n$ 为每管程中管子的数量,由图2.4,如取单排管为 1 管程:$n = 120$ 支,由此求得:

管内质量流速:$G_m = 1\,405.1\ \mathrm{kg/(m^2 \cdot s)}$

管内平均流速:$V = \dfrac{G_m}{\rho} = 1.827\ \mathrm{m/s}$

若取双排管为 1 管程:$n = 120$ 支 $\times 2 = 240$ 支,$G_m = 702.55\ \mathrm{kg/(m^2 \cdot s)}$,$V = 0.913\,6\ \mathrm{m/s}$,比较表明,为了减小管内流动阻力,采用由双排管构成的管程,管内流速比较合适,因此本设计选用由双排管组成的管程。由此:

$$h_i = 0.023 \left(\frac{0.59}{0.031} \right) \left(\frac{0.031 \times 702.55}{10.2 \times 10^{-5}} \right)^{0.8} \times 0.88^{0.4}\ \mathrm{W/(m^2 \cdot \text{℃})} = 7\,631\ \mathrm{W/(m^2 \cdot \text{℃})}$$

注:推荐管内流速为 0.5 ~ 1.0 m/s。

(9) 计算传热热阻和传热系数 U_o(以基管外表面为基准)。

$$\frac{1}{U_o} - \frac{1}{h_o} + \frac{D_o}{D_i} \frac{1}{h_i} + \frac{D_o}{2\lambda_w} \ln \frac{D_o}{D_i} + R_g + R_{f1} + R_{fn} \tag{2.4}$$

式中各项热阻的计算如下:

$$\frac{1}{h_o} = \frac{1}{226.3\ \mathrm{W/(m^2 \cdot \text{℃})}} = 0.004\,419\ \mathrm{(m^2 \cdot \text{℃})/W}$$

$$\frac{1}{h_i} \frac{D_o}{D_i} = \frac{1}{7\,631\ \mathrm{W/(m^2 \cdot \text{℃})}} \times \frac{0.042\ \mathrm{m}}{0.031\ \mathrm{m}} = 0.000\,177\,5\ \mathrm{(m^2 \cdot \text{℃})/W}$$

$$\frac{D_o}{2\lambda_w}\ln\frac{D_o}{D_i} = \frac{0.042\ \text{m}}{2 \times 40\ \text{W}/(\text{m} \cdot \text{℃})}\ln\frac{0.042\ \text{m}}{0.031\ \text{m}} = 0.000\ 159\ 4\ (\text{m}^2 \cdot \text{℃})/\text{W}$$

接触热阻：$R_c = 0$

管内污垢热阻：其中，r_{fi} 由 1.4 节表 1.13 查取。

$$R_{fi} = r_{fi} \times \frac{D_o}{D_i} = 0.000\ 176\ (\text{m}^2 \cdot \text{℃})/\text{W} \times \frac{0.042\ \text{m}}{0.031\ \text{m}} = 0.000\ 238\ 4\ (\text{m}^2 \cdot \text{℃})/\text{W}$$

管外污垢热阻：其中，r_{f0} 燃煤烟气污垢热阻，由 1.4 节相关表格查取。

$$R_{f0} = \frac{r_{f0}}{\eta_f \times \beta} = \frac{0.001\ 76\ (\text{m}^2 \cdot \text{℃})/\text{W}}{0.61 \times 4.88} = 0.000\ 591\ 2\ (\text{m}^2 \cdot \text{℃})/\text{W}$$

总热阻：$\sum R = 0.005\ 585\ 5\ (\text{m}^2 \cdot \text{℃})/\text{W}$

传热系数为

$$U_o = \frac{1}{0.005\ 585\ 5\ (\text{m}^2 \cdot \text{℃})/\text{W}} = 179\ \text{W}/(\text{m}^2 \cdot \text{℃})$$

（10）传热温差 ΔT。

$$\Delta T = F\Delta T_{ln}$$

其中，对数平均温差

$$\Delta T_{ln} = \frac{(408\ \text{℃} - 289.4\ \text{℃}) - (286\ \text{℃} - 248.1\ \text{℃})}{\ln\dfrac{408\ \text{℃} - 289.4\ \text{℃}}{286\ \text{℃} - 248.1\ \text{℃}}} = 70.7\ \text{℃}$$

温差修正系数：$F = 0.9$（选取值）。

注：温差修正系数的计算值与选取值相同：

$$R = \frac{408 - 286}{289.4 - 248.1} = 2.954, \quad P = \frac{289.4 - 248.1}{408 - 248.1} = 0.258$$

由相关图查得：$F = 0.9$

传热温差 $\qquad \Delta T = F\Delta T_{ln} = 0.9 \times 70.7 = 63.6\ \text{℃}$

所以，对于逆向交叉流动，可直接选取 $F = 0.9$。

（11）传热面积的计算（以基管外表面为基准）。

$$A_o = \frac{Q}{U_o\Delta T} = \frac{25\ 431.56 \times 10^3}{179 \times 63.6}\text{m}^2 = 2\ 233.9\ \text{m}^2$$

选取设计安全系数为 1.1，则实取传热面积为

$$A_o = 2\ 233.9\ \text{m} \times 1.1\ \text{m} = 2\ 457.3\ \text{m}^2$$

由图 2.4，单管有效长度为 4.72 m，管外径为 0.042 m。

单支翅片管的传热面积：$A_1 = \pi D_o L = \pi \times 0.042\ \text{m} \times 4.72\ \text{m} = 0.622\ 8\ \text{m}^2$

每排（120 支）管的传热面积：120 m × 0.622 8 m = 74.7 m²

换热器的翅片管总数：$n = \dfrac{A_o}{A_1} = 2\ 457.3/0.622\ 8 = 3\ 946$ 支

纵向管排数：$N = 3\ 946/120 = 33$ 排（取整）

实取翅片管总数 $n = 33 \times 120 = 3\ 960$ 支

实取传热面积：$A_o = 3\ 960\ \text{m} \times 0.622\ 8\ \text{m} = 2\ 466.3\ \text{m}^2$

（12）烟气侧阻力降计算。

因为没有专门适用于 H 型翅片管的阻力计算式，作为参考，采用正方形排列的顺排环形翅片管的阻力计算式计算：

$$\Delta p = f \cdot \frac{N G_m^2}{2\rho} \qquad (2.5)$$

$$f = 3.68 \left(\frac{D_o \cdot G_m}{\mu} \right)^{-0.12} \left(\frac{B}{H} \right)^{-0.196} \left(\frac{P_t}{D_0} \right)^{-0.823}$$

式中，$D_o = 0.042$ m，翅片节距 $B = 0.025$ m，翅片管纵向排数 $N = 33$，翅片高度 $H = 0.026$ m，横向管间距 $P_t = 0.104$ m，最窄截面质量流速 $G_m = 5.767$ kg/(m$^2 \cdot$ s)，350 ℃ 下的烟气密度和黏度 $\rho = 0.571$ kg/m^3，$\mu = 29.9 \times 10^{-6}$ kg/(m $\cdot$ s)。

代入式(2.5)有

$$f = 3.68 \left(\frac{0.042 \times 5.767}{29.9 \times 10^{-6}} \right)^{-0.12} \left(\frac{0.025}{0.026} \right)^{-0.196} \left(\frac{0.104}{0.042} \right)^{-0.823} = 0.597$$

$$\Delta p = 0.597 \times \frac{33 \times 5.767^2}{2 \times 0.571} = 574 \text{ Pa}$$

每排管的压降为 590/33 = 17.4 Pa。

表 2.1　原设计和本设计的结果比较

序号	比较参数	原设计	本设计	说明
1	设计条件	相同	相同	见设计步骤
2	翅片管结构和尺寸	相同	相同	见图 2.3
3	迎风面积和管束布置	相同	相同	见图 2.4
4	总传热面积	2 167 m^2	2 466.3 m^2	
5	翅片管总数	3 480 支	3 960 支	
6	纵向管排数	29	33	
7	设计安全系数	未知	1.1	

注：当设计安全系数为 1.0 时，则原设计与本设计面积接近

原设计与本设计在总传热面积上的差别主要源于管外换热系数和翅片效率的取值或计算有所差别，这说明，对相关课题应做进一步研究。

结构说明

在原设计中，所有 H 型翅片管都悬挂在悬挂板上，形成一个完整的管屏，所有悬挂板都吊装在省煤器上部的管箱上。悬挂板采用 16 mm 厚钢板制成，这种独特的吊装方式不但使安装、拆卸方便，而且允许管屏受热后产生膨胀和变形。悬挂板的结构如图 2.5 所示。

原设计的纵向管束结构如图 2.6 所示，此图表明，将纵向的 29 排翅片管分为两组，下面一组有 16 排，组成了 8 个管程，上面一组为纵向 13 排管，其中 12 排管组成了 6 个管程，而最上部一排为单管翅片，便于管内工质在出口处被分流到两个对称管箱上。

应当指出，H 型翅片管省煤器主要应用于高温或中温烟道上，H 型翅片的中缝向上布置，烟气向下冲刷。对于水平放置的低温烟道，不宜采用 H 型翅片，推荐采用环形翅片管省煤器。

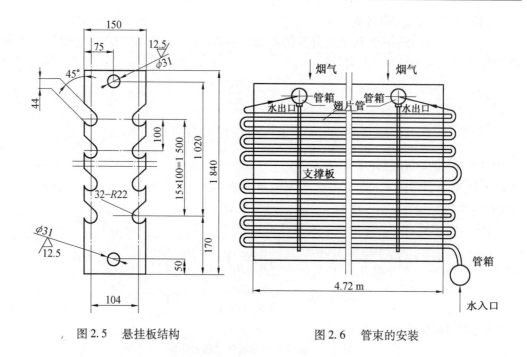

图 2.5　悬挂板结构　　　　　　　图 2.6　管束的安装

2.3　环形翅片管省煤器

环形翅片管包括螺旋环形翅片管,它是在锅炉省煤器中应用最广泛的翅片管。环形翅片管是在圆管外表面缠绕或加工上环形翅片而形成的翅片管。环形翅片管由于材质和制造工艺的不同,有单金属整体轧制翅片管、双金属轧制翅片管、张力缠绕翅片管、L型翅片管和高频焊螺旋翅片管等。

双金属复合轧制翅片管和 L 型翅片管如图 2.7 和图 2.8 所示。

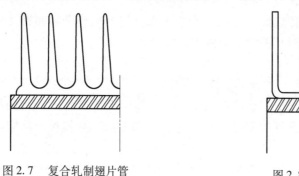

图 2.7　复合轧制翅片管　　　　　　图 2.8　L 型翅片管

高频焊螺旋翅片管是采用高频焊工艺将基管和带状翅片焊接在一起而形成的环形翅片管。由于其生产效率高,传热性能好而被广泛采用,是锅炉省煤器采用的主要翅片管之一,其结构特点如图 2.9 所示。

省煤器是利用锅炉尾部烟气的热量加热给水的换热设备,属于烟气与水之间的换

图 2.9　高频焊螺旋翅片管

热。由于管外烟气侧的换热系数远远小于管内水侧的换热系数,因而在烟气侧需要加翅片,即采用翅片管,用以强化烟气侧的换热。环形翅片管省煤器的标准结构形式如图 2.10 所示,烟气与水的流动方向为逆向交叉流,翅片管一般为错列布置。

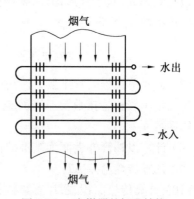

图 2.10　省煤器的标准结构

因为翅片管外部与锅炉的低温烟气换热,对于燃煤烟气,极易出现烟气的露点腐蚀和表面的积灰,给翅片管省煤器的设计和应用带来很大的困难和不确定性。一般采取的技术措施是:

(1) 选择合适的迎风面质量流速,使烟气在最窄流通截面处的流速大于 8 ~ 10 m/s,使其具有一定的自吹灰能力。

(2) 合理地选择冷热流体的进出口参数和翅片节距等结构参数,将壁面温度控制在露点温度以上。也可以直接采用抗露点腐蚀的管材,如 ND 钢。

环形翅片管省煤器属于典型的翅片管换热器,其设计要点可参阅 1.5 节,主要的设计步骤如下:

(1) 用户给出的条件和要求。

用户应给出的参数为下列 6 项中的 5 项:

烟气流量,烟气入口温度,烟气出口温度;

水流量,水的进出口温度;

用户给出的其他条件:

翅片侧和管内流体的允许阻力降;

引起腐蚀的露点温度;

应用环境:烟道走向,允许标高,安装空间等。

(2) 计算热负荷,并确定其余未知条件。

(3) 选择烟气侧迎风面质量流速,并计算迎风面积。

(4) 选定翅片管尺寸和规格:翅片及基管的材质;翅片管的加工方式,基管的内径、外径;翅片的内径、外径;翅片的厚度和节距;管间距,确定迎风面上的横向管排数。

(5)计算气体绕流翅片管的换热系数。

①计算最窄流通截面处质量流速:

$$G_m = 迎风面质量流量 / 最窄流通面积$$

式中,G_m 的单位是 $kg/(m^2 \cdot s)$,最窄流通面积是指翅片管中间的流通面积。

②由烟气的平均温度查取相关物性值;

③计算翅片管外换热系数 h:对环形翅片管,由 1.5 节中式(1.53),计算:

$$h = 0.137\,8(\lambda/D_o)(D_o \cdot G_m/\mu)^{0.718}(Pr)^{1/3}(Y/H)^{0.296}$$

(6)计算翅片效率和基管外换热系数。

翅片效率 η_f,对于环形翅片,采用简化计算式计算,见 1.5 节;计算以基管外表面为基准的换热系数 h_o 及翅化比 β:

$$h_o = h \times \frac{\eta_f \cdot A_f + A_b}{A_o}, \quad \beta = \frac{A_f + A_b}{A_o}$$

(7)选择单管程的管排数,计算管内换热系数 h_i。

先确定单管程管排数及流通面积,以保证管内流体水具有合适的流速,然后计算管内换热系数 h_i。

(8)计算以基管外表面为基准的传热热阻和传热系数。

(9)计算传热温差 ΔT。

(10)计算传热面积、翅片管总数和纵向管排数。

(11)计算烟气流动阻力 Δp。

(12)计算翅片管换热器的重量。

1. 设计例题

试为某油田 23 t/h 燃油锅炉设计一台翅片管式省煤器,该省煤器采用高频焊环形翅片管。设计要求烟气侧阻力 Δp 不超过 300 Pa。相关设计参数、设计步骤和计算结果见表 2.2。

表 2.2　省煤器的设计步骤和计算结果

	物理量	计算式或给出条件	计算结果	说明
(1)已知参数及传热量计算	烟气进出口温度	300 ℃/120 ℃		
	烟气流量	21 000 Nm³/h = 7.554 kg/s		烟气密度 = 1.295 kg/Nm³
	水入口温度	20 ℃		
	水流量	23 t/h = 6.389 kg/s		
	传热量	$Q = (7.554 \times 1.1) \times (300 - 120)$	1 495 kW	烟气比热容 $c_p = 1.1$ kJ/(kg·℃)
	水出口温度	$t_2 = 20 + \dfrac{1\,495}{6.389 \times 4.2}$	75.7 ℃	

续表2.2

	物理量	计算式或给出条件	计算结果	说明
(2) 迎风面积	烟气迎面质量流速	$V_m = 3.0$ kg/(m² · s)		选取,为降低阻力
	烟气迎风面积	$F = (7.544$ kg/s$)/(3.0$ kg/m² · s$)$	2.518 m²	
	迎风面尺寸	1.8 m(宽) × 1.4 m(高)	面积2.52 m²	立式放置
(3) 翅片管选型和排列	材质和工艺	碳钢高频焊环形翅片管		
	基管尺寸/翅高	$\phi 38 \times 3.5/15$ mm		
	翅片节距/厚度	6 mm/1 mm		
	翅化比	$\beta = \{2 \times \dfrac{\pi}{4}(68^2 - 38^2) + \pi \times 68 \times 1 + \pi \times 38 \times 5\}/\pi \times 38 \times 6$	8.1	
	翅片管横向管间距	$P_t = 90$ mm		选取
	横向管排数	$N_1 = 1\,400/90 = 15$ 排		取整
	翅片管长度	1 800 mm		换热有效长度
	翅片管放置	水平放置,等边三角形排列		
	单支管传热面积	$A_1 = \pi \times 0.038 \times 1.8$	0.214 9 m²	以基管外表面为基准
(4) 管外换热系数	最窄流通截面	$6(90 - 38) - 2(15 \times 1)$	282 mm²	6 mm节距内计算
	对应迎风面	6×90	540 mm²	6 mm节距内计算
	最窄截面质量流速	$G_m = 3.0 \times \dfrac{540}{282}$	5.745 kg/m² · s	
	烟气的黏度	$\mu = 24.9 \times 10^{-6}$ kg/(m · s)		按平均温度210 ℃查表
	烟气的导热系数	$\lambda = 0.041$ W/(m · ℃)		按平均温度210 ℃查表
	烟气的 Pr 数	$Pr = 0.67$		按平均温度210 ℃查表
	烟气 Re 数	$Re = \dfrac{G_m D_o}{\mu} = \dfrac{5.745 \times 0.038}{24.9 \times 10^{-6}}$	8 767	

续表 2.2

物理量		计算式或给出条件	计算结果	说明
（4）管外换热系数	换热系数	$h = 0.137\ 8\left(\dfrac{0.041}{0.036}\right) \times 8\ 767^{0.718} \times$ $0.67^{\frac{1}{3}}\left(\dfrac{5}{15}\right)^{0.296}$	63.7 $W/(m^2 \cdot ℃)$	按式（1.53）计算
	函数 ML	$mL = L_c \times \sqrt{\dfrac{2h}{\lambda_t}} \times \sqrt{1 + \dfrac{L}{D_o}}$	1.05	按式（1.52），$\lambda = 40\ W/(m \cdot K)$
	翅片效率 η_f	$\eta_f = \dfrac{\tanh mL}{mL} = \dfrac{0.781\ 8}{1.05}$	0.745	
	基管外表面换热系数	$h_o = h \times \dfrac{\eta_f \cdot A_f + A_b}{A_o}$	384.4 $W/(m^2 \cdot ℃)$	
（5）管内换热系数	管程流通面积	$\dfrac{\pi}{4}D_i^2 N_1 = \dfrac{\pi}{4}(0.031)^2 \cdot 15$	$0.011\ 3\ m^2$	每排 15 支管为 1 管程
	管内质量流速	$G_m = (6.389\ kg/s)/(0.0113\ m^2)$	564.6 $kg/(m^2 \cdot s)$	
	水导热系数	$\lambda = 0.648\ W/(m \cdot ℃)$		平均温度 48 ℃ 下
	水的黏度	$\mu = 549.4 \times 10^{-6}\ kg/(m \cdot s)$		平均温度下
	水的 Pr 数	$Pr = 3.54$		平均温度下
	管内 Re 数	$Re = \dfrac{D_i G_m}{\mu} = \dfrac{0.031 \times 564.6}{549.4 \times 10^{-6}}$	$31\ 858$	大于 10^4
	管内换热系数	$h_i = 0.023\left(\dfrac{\lambda}{D_i}\right)(Re)^{0.8}(Pr)^{0.4}$ $= 0.023\left(\dfrac{0.648}{0.031}\right)(31\ 858)^{0.8}(3.54)^{0.4}$	$3\ 192$ $W/(m^2 \cdot ℃)$	由 1.4 节相关式

续表 2.2

	物理量	计算式或给出条件	计算结果	说明
（6）传热热阻和传热系数	管外换热热阻	$R_o = \dfrac{1}{h_o} = \dfrac{1}{384.4}$	0.002 601 $(m^2 \cdot ℃)/W$	由 1.5 节
	管内换热热阻	$R_i = \dfrac{D_o}{D_i} \dfrac{1}{h_i} = \dfrac{38}{31} \dfrac{1}{3\ 192}$	0.000 384 $(m^2 \cdot ℃)/W$	1.5 节
	管壁热阻	$R_w = \dfrac{D_0}{2\lambda_w} \ln \dfrac{D_o}{D_i} = \dfrac{0.038}{2 \times 40} \ln \dfrac{38}{31}$	0.000 096 7 $(m^2 \cdot ℃)/W$	1.5 节
	管内污垢热阻	$R_{fi} = 0.000\ 176 \times \dfrac{D_o}{D_i}$	0.000 216 $(m^2 \cdot ℃)/W$	由 1.5 节
	管外污垢热阻	$R_{fo} = 0.000\ 29/(\eta_f \times \beta)$	0.000 048 $(m^2 \cdot ℃)/W$	由 1.5 节
	总传热热阻	$R = R_o + R_i + R_w + R_{fi} + R_{fo}$	0.003 345 7 $(m^2 \cdot ℃)/W$	
	传热系数	$U_o = \dfrac{1}{R}$	299 $W/(m^2 \cdot ℃)$	
（7）传热温差	最大端部温差	$\Delta T_{max} = 300\ ℃ - 75.7\ ℃$	224.3 ℃	
	最小端部温差	$\Delta T_{min} = 120\ ℃ - 20\ ℃$	100 ℃	
	对数平均温差	$\Delta T_{ln} = [224.3 - 100] / [\ln(224.3/100)]$	153.87 ℃	
	温差修正系数	$F = 0.96$		选取
	传热温差	$\Delta T = \Delta T_{ln} \times F = 153.87 \times 0.96$	147.7 ℃	

续表 2.2

	物理量	计算式或给出条件	计算结果	说明
（8）传热面积及管数	传热面积	$A_o = \dfrac{Q}{U_o \Delta T} = \dfrac{1\ 495\ 000}{299 \times 147.7}$	33.9 m²	
	安全系数	1.2		选取
	实取传热面积	$A_o = 33.9 \times 1.2$	40.68 m²	
	翅片管总数	$N = \dfrac{A_o}{\pi D_o L} = \dfrac{40.68}{\pi \times 0.038 \times 1.8}$	189 支	
	纵向管排数	$N_2 = N/N_1 = 189/15 = 12.6$	取 13 排	
	实取管子数	$N = N_1 \times N_2 = 15 \times 13$	195 支	
	实取传热面积	$A_0 = \pi \times 0.038 \times 1.8 \times 195$	41.9 m²	
（9）烟气侧阻力	阻力系数	$f = 37.86\ (8\ 767)^{-0.316} \left(\dfrac{90}{38}\right)^{-0.927}$	0.9663	由第 1.4 节
	阻力降	$\Delta P = f \dfrac{N_2 G_m^2}{2\rho}$	277 Pa	$\rho = 0.748$ kg/m³ $N_2 = 13$ 排
（10）外形尺寸	迎风面净面积	1 800 mm（宽）× 1 400 mm（高）		
	迎风面外形尺寸	2 200 mm（宽）× 1 600 mm（高）		大约值
	烟气流动方向净尺寸	$\dfrac{\sqrt{3}}{2} \times 90 \times 13 = 1\ 013$ mm		
	烟气流动方向外形长度	1 300 mm		不含进/出风筒
（11）设备质量	单翅片管质量	12.35 2 kg/支		
	翅片管总质量	12.352 × 195 = 2 408.6 kg		
	设备总质量	2 408.6 × 1.6 = 3 850 kg/台	3.85 吨/台	大约

2. 环形翅片管的另一种形式 —— 开齿形翅片管及省煤器

开齿形翅片又称锯齿形翅片,是在环状翅片的外缘开口形成的翅片。开齿形翅片的优点是通过增加气流的扰动,从而提高换热系数。此外,由于开口的存在,可减轻翅片间的积灰。相关研究表明,开齿形翅片管束的换热系数可比非开齿的环形翅片管束的换热系数提高 15% ~ 20%。同时,开齿形翅片管的管外流动阻力也比非开齿环形翅片管束增加 20% 左右。

　　开齿型翅片管的结构特点如图 2.11 所示。它是由环形翅片改造而成的,改造后的翅片内径为 r_1,外径为 r_2,齿形宽度为 B,开口宽度为 δ,开口深度为 s。

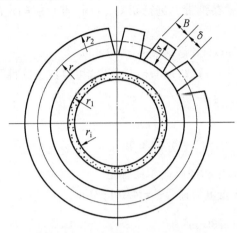

图 2.11　开齿型翅片管的结构

　　开齿形翅片管省煤器的设计与非开齿环形翅片管省煤器的设计方法是基本相同的,二者的主要区别在于:

　　(1) 管外换热系数和流动阻力的计算。因为到目前为止,还没有可靠的开齿形翅片管管外换热和阻力的实验关联式,因而需要按环形翅片管的实验关联式计算,然后再乘以相关文献推荐的修正系数加以修正,其中,换热系数的修正系数取 1.15,流动阻力的修正系数取 1.2。

　　(2) 翅片效率的计算。需要将开齿形翅片换算成传热面积相等的环形翅片,然后按环形翅片的简化计算方法计算其翅片效率。

　　下面,结合一个实际例题,逐项说明开齿形翅片管省煤器的设计计算方法。

　　① 已知条件和热平衡计算。

　　烟气流量:$G_1 = 20\ 000$ kg/h $= 5.556$ kg/s

　　烟气入口温度:$T_1 = 250$ ℃

　　烟气出口温度:$T_2 = 150$ ℃

　　水流量:$G_2 = 10\ 000$ kg/h $= 2.78$ kg/s

　　水入口温度:$t_1 = 40$ ℃

　　热负荷:$Q = G_1 \times c_{p1} \times (T_1 - T_2) = 606.6$ kW

　　水出口温度:$t_2 = t_1 + \dfrac{Q}{c_{p2} \times G_2} = 92.4$ ℃

其中　　c_{p1}—— 烟气比热容,$c_{p1} = 1.09$ kJ/kg·℃;

　　　　c_{p2}—— 水比热容,$c_{p2} = 4.17$ kJ/kg·℃。

　　② 开齿形翅片管的尺寸选择。

　　基管内径:$r_i = 21.5$ mm,$D_i = 43$ mm

基管外径:$r_1 = 25.5$ mm,即翅片内径

翅片外径:$r_2 = 43.5$ mm

翅片高度:$L = 18$ mm,翅片厚度:$t = 1$ mm

翅片节距:8 mm

在绕焊翅片之前,需要在钢带上进行切割,这时,唯一能确定的是齿形宽度和开齿深度,二者取值为

齿形宽度:$B = 12.3$ mm, 开齿深度:$s = 10$ mm

这样,在一个圆周内的开口数目和开口宽度就可以按下式计算出来:

开口数目:$n = \dfrac{2\pi r_1}{B} = 13$

开口宽度:$\delta = \dfrac{2\pi r_2 - n \times B}{n} = 8.72$ mm

③迎面质量流速的选择和迎风面积的确定。

选取在迎风面上烟气质量流速:$V_m = 4.0$ kg/$(m^2 \cdot s)$

迎风面积:$F = \dfrac{G_1}{V_m} = 1.389$ m^2

选取迎风面长度:$L_1 = 1.5$ m

迎风面宽度:$L_2 = \dfrac{1.389}{1.5} = 0.928$ m

选取翅片管横向管间距:$P_t = 105$ mm

横向管排数:$N_1 = \dfrac{L_2}{P_t} = 928/105 = 8.8$,取 $N_1 = 9$ 排

实取迎风面宽度:$L_2 = 9 \times 105$ mm $= 945$ mm

实取迎风面积:$F = 1.5$ m $\times 0.945$ m $= 1.42$ m^2

实取迎风面质量流速:$V_m = 5.556/1.42 = 3.9$ kg/$m^2 \cdot s$

④翅片管换热系数。

一个翅片节距内迎风面积:8 mm $\times 105$ mm $= 840$ mm^2

一个翅片节距内最窄流动面积:

8 mm $\times 105$ mm $- 18$ mm $\times 1$ mm $\times 2 - 51$ mm $\times 8$ mm $= 396$ mm^2

最窄截面质量流速:$G_m = V_m \times \dfrac{840 \text{ mm}^2}{396 \text{ mm}^2} = 8.28$ kg/$(m^2 \cdot s)$

环形翅片管的换热系数按式(1.53)计算:

$$h = 0.137\,8(\lambda/D_b)(D_b G_m/\mu)^{0.718}(Pr)^{1/3}(Y/H)^{0.296}$$

式中　　h——翅片管外表面的换热系数,W/$(m^2 \cdot ℃)$;

　　　　D_b——翅片基管外径,$D_b = 0.051$ m;

　　　　Y,H,t——分别为翅片间隙,翅片高度和翅片厚度,其值分别为 0.007 m,

　　　　　　　　0.018 m,0.001 m;

　　　　λ,μ——气体的导热系数和黏度系数;

　　　　Pr——气体的普朗特数。

按平均温度 200 ℃ 查表有

$$\lambda = 0.040\ 1\ W/(m \cdot ℃)$$

$$\mu = 24.5 \times 10^{-6}\ kg/(m \cdot s)$$

$$Pr = 0.67$$

式中　G_m——最窄流通截面处的气体质量流速,值为 8.28 kg/(m² · s)。

代入上式计算,得

$$h = 78.84\ W/(m^2 \cdot ℃)$$

考虑开齿形翅片的修正系数,则齿形翅片管的换热系数为

$$h = 1.15 \times 78.84 = 90.7\ W/(m^2 \cdot ℃)$$

⑤ 翅片效率的计算。

开齿形翅片的实际传热面积为 πr^2(单面),

$$r = \sqrt{r_2^2 - \frac{1}{2\pi}s\delta n} = 41.37\ mm$$

对应环形翅片的翅片高度:

$$L = r - r_1 = 41.37\ mm - 25.5\ mm = 15.87\ mm$$

$$L_c = L + t/2 = 15.87\ mm + 0.5\ mm = 16.37\ mm$$

$$mL = L_c \sqrt{\frac{2h}{\lambda t}} \sqrt{1 + \frac{L}{2r_1}} = 1.26$$

其中　λ——翅片材料的导热系数,对于碳钢,$\lambda = 40\ W/(m \cdot ℃)$。

$$e^{mL} = 3.525, e^{-mL} = 0.283\ 6$$

$$\tanh mL = \frac{e^{mL} - e^{-mL}}{e^{mL} + e^{-mL}} = 0.85$$

翅片效率:$\eta_f = \frac{\tanh mL}{mL} = 0.67$

⑥ 基管外表面换热系数 h_o。

$$h_o = h \times \frac{\eta_f \cdot A_f + A_b}{A_o}$$

其中　A_f——翅片外表面积,$A_f = [\pi(r^2 - r_1^2) \times 2] + 2\pi rt = 6\ 931\ mm^2$;

A_b——裸管面积,$A_b = 2\pi r_1 \times Y = 2\pi \times 25.5\ mm \times (8 - 1)mm = 1\ 122\ mm^2$;

A_o——基管面积,$A_o = 2\pi r_1 \times 8 = 1\ 282\ mm^2$。

代入上式,$h_o = 408\ W/(m^2 \cdot ℃)$

翅化比:$\beta = \frac{A_f + A_b}{A_o} = 6.3$

⑦ 管内换热系数 h_i 的计算。

选择每管程的管子数目:$N_1 = 9$,即每一排管为 1 个管程。

管内流动总面积:

$$F = \frac{\pi}{4}D_i^2 \times 9 = \frac{\pi}{4}(0.043)^2\ m^2 \times 9 = 0.013\ 07\ m^2$$

管内水质量流速:

$$G_m = G_2/F = 212.5 \text{ kg/(m}^2 \cdot \text{s)}$$

管内水流速：212.5 kg/(cm² · s)/978 kg/m³ = 0.213 m/s

式中,978 kg/m³ 为水在平均温度下的密度。

管内 Re 数：$Re = \dfrac{D_i G_m}{\mu_f} = \dfrac{0.043 \times 212.5}{406 \times 10^{-6}} = 22\ 506$

管内换热系数：

$$h_i = 0.023 \frac{\lambda_f}{D_i} Re^{0.8} Pr^{0.4} = 1\ 576 \text{ W/(m}^2 \cdot \text{℃)}$$

式中,水的导热系数 $\lambda_f = 0.668$ W/(m · ℃)。

水的 Pr 数等于 2.55。

⑧ 传热热阻和传热系数。

以基管外表面积为基准的各项热阻的计算如下：

基管外部热阻：

$$\frac{1}{h_o} = \frac{1}{408} = 0.002\ 450\ 9 \ (\text{m}^2 \cdot \text{℃})/\text{W}$$

基管内部热阻：

$$\frac{D_o}{D_i} \frac{1}{h_i} = \frac{0.051 \text{ m}}{0.043 \text{ m}} \frac{1}{1\ 576 \text{ W/(m}^2 \cdot \text{℃)}} = 0.000\ 752\ 5 \ (\text{m}^2 \cdot \text{℃})/\text{W}$$

管壁导热热阻：

$$\frac{D_o}{2\lambda} \ln \frac{D_o}{D_i} = \frac{0.051 \text{ m}}{2 \times 40 \text{ W/(m} \cdot \text{℃)}} \ln \frac{0.051 \text{ m}}{0.043 \text{ m}} = 0.000\ 108\ 7 \ (\text{m}^2 \cdot \text{℃})/\text{W}$$

基管和翅片之间的接触热阻：$R_c = 0$,因为二者焊接。

管外污垢热阻：

$$R_{fo} = \frac{r_f}{\eta_i \beta} = \frac{0.001\ 76 \ (\text{m}^2 \cdot \text{℃})/\text{W}}{0.67 \times 6.3} = 0.000\ 416\ 9 \ (\text{m}^2 \cdot \text{℃})/\text{W}$$

对燃煤烟气,选取 $r_f = 0.001\ 76$ (m² · ℃)/W。

管内污垢热阻：

$$R_{fi} = r_f \times \frac{D_o}{D_i} = 0.000\ 176 \ (\text{m}^2 \cdot \text{℃})/\text{W} \times \frac{0.051 \text{ m}}{0.043 \text{ m}} = 0.000\ 208\ 7 \ (\text{m}^2 \cdot \text{℃})/\text{W}$$

对于水,选取 $r_f = 0.000\ 176$ (m² · ℃)/W。

热阻之和：

$$\sum R = 0.003\ 937\ 7 \ (\text{m}^2 \cdot \text{℃})/\text{W}$$

传热系数：

$$U_o = \frac{1}{\sum R} = 254 \text{ W/(m}^2 \cdot \text{℃)}$$

⑨ 传热温差。

当冷热流体为逆流时：

$$\Delta T_{ln} = \frac{(T_1 - t_2) - (T_2 - t_1)}{\ln \dfrac{T_1 - t_2}{T_2 - t_1}} = 132.4 \ ℃$$

逆向交叉流的温差修正系数 $F = 0.9$。

传热温差：

$$\Delta T = F \times \Delta T_{ln} = 119.2 \ ℃$$

⑩ 传热面积(基管外表面)。

$$A = \frac{Q}{U_o \times \Delta T} = \frac{606.6 \times 1000}{254 \times 119.2} \text{m}^2 = 20.0 \ \text{m}^2$$

取设计安全系数为 1.2,则所需传热面积：

$$A = 1.2 \ \text{m} \times 20.0 \ \text{m} = 24 \ \text{m}^2$$

单管传热面积：

$$A_1 = \pi D_0 L_1 = \pi \times 0.051 \ \text{m} \times 1.5 \ \text{m} = 0.24 \ \text{m}^2$$

管子根数: $N = \dfrac{A}{A_1} = \dfrac{24}{0.24} = 100$ 支

纵向管排数：

$$N_2 = \frac{N}{N_1} = 100/9 = 11 \ \text{排}$$

实取管子总根数: $N = 9$ 支 $\times 11 = 99$ 支。

实取传热面积：

$$A = A_1 \times N = 0.24 \ \text{m} \times 99 \ \text{m} = 23.76 \ \text{m}^2$$

⑪ 烟气流动阻力。

对环形叉排翅片管束：

$$\Delta p = f \cdot \frac{N_2 \times G_m^2}{2\rho}$$

$$f = 37.86 (G_m D_b / \mu)^{-0.316} (s_1 / D_b)^{-0.927}$$

式中　G_m——最窄截面质量流速, $G_m = 8.27 \ \text{kg}/(\text{m}^2 \cdot \text{s})$；

　　　N_2——纵向管排数, $N_2 = 11$；

　　　D_b——基管外径, $D_b = 0.051 \ \text{m}$；

　　　s_1——横向管间距, $s_1 = 0.105 \ \text{m}$；

　　　μ——烟气黏度, $\mu = 24.5 \times 10^{-6} \ \text{kg}/(\text{m} \cdot \text{s})$；

　　　ρ——烟气密度, $\rho = 0.748 \ \text{kg/m}^3$。

计算结果为

$$f = 0.889$$

$$\Delta p = 447 \ \text{Pa}$$

选取开齿形翅片流动阻力的修正系数为 1.2,则烟气流动阻力为

$$\Delta p = 1.2 \times 447 \ \text{Pa} = 536 \ \text{Pa}$$

每排管的流动阻力为:536 Pa/11 = 48.8 Pa。

⑫ 设备质量。

单管翅片质量：

$$g_1 = [\pi(r^2 - r_1^2) \times t \times L_1/y] \times 7\,850$$
$$= [\pi(0.041\,37^2 - 0.025\,5^2)\,m^2 \times 0.001\,m \times 1.5\,m/0.008\,m] \times$$
$$7\,850\,kg/m^3 = 4.91\,kg$$

式中，[ ] 内为翅片体积，$7\,850\,kg/m^3$ 为钢材比重。

单管基管质量：

$$g_2 = \pi(r_1^2 - r_i^2) \times L \times 7\,850$$
$$= \pi(0.025\,5^2 - 0.021\,5^2)\,m^2 \times 1.5\,m \times 7\,850\,kg/m^3 = 6.75\,kg$$

单支翅片管质量：

$$g = g_1 + g_2 = 4.91\,kg + 6.75\,kg = 11.66\,kg$$

翅片管总质量 $= g \times N = 11.66\,kg \times 99 = 1\,154\,kg$

设备总质量（约）$= 1\,154\,kg \times (1.6) = 1\,847\,kg$

⑬ 设备参考图（图2.12）。

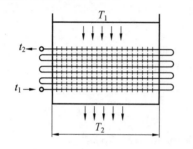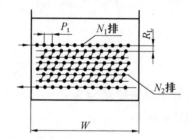

图2.12　设备参考图

注：图中的纵向8排管应为本设计中的11排管。

2.4　热管式空气预热器

热管式空气预热器的热流体和冷流体都是气体，又称为气－气型热管换热器。在锅炉中的应用实例是吸收锅炉的低温排烟余热加热助燃空气的热管空气预热器。气－气型热管换热器因两侧都是气体换热，通常都要应用翅片管来增强传热，使传热系数大大高于传统的光管式空预器。此外，如1.6节所述，热管式空预器的热管原件是互相独立的，加热管和冷却段的长度比可以改变，给换热器的制造、安装和运行带来很大方便。

热管式空气预热器一般都安装在尾部烟道上，以用来预热来自鼓风机或送风机的冷空气，又称为前置式热管空气预热器，如图2.13所示。

热管换热器与一般换热器的不同在于：① 热管换热器有加热段和冷却段两个传热段，热量从加热段的外表面传向冷却段的外表面，而一般的翅片管或光管换热器，热量是从管子内表面传向外表面，或相反。② 热管的传热过程要依靠管内介质的相变来实现，而一般的翅片管或光管换热器，热量从内表面传向外表面，只靠管壁的导热来实现。

气－气型热管换热器的设计程序与一般翅片管换热器的设计基本相同，主要区别是前者增加了热管工质的选择和长度比的选择，在有露点腐蚀风险的情况下，翅片节距和

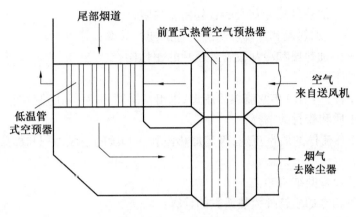

图 2.13　前置式热管空气预热器

长度比的选择显得尤为重要,甚至影响着整个传热计算。此外,采用以加热段基管外表面积作为基准传热面积,以此面积为基准计算各项热阻和传热系数。

如 1.6 节所述,在设计中,要逐项计算热管空气预热器的各项热阻,最后计算出传热系数。传热热阻由 8 项分热阻组成。以烟气加热空气为例,以加热段基管外表面积为基准的各项热阻的表达式如下:

烟气侧管外对流换热热阻:$R_1 = \dfrac{1}{h_1}$

烟气侧壁面导热热阻:$R_2 = \dfrac{d_o}{2\lambda_w}\ln\dfrac{d_o}{d_i}$

热管管内蒸发热阻:$R_3 = \dfrac{1}{h_e}\dfrac{d_o}{d_i}$

热管管内凝结热阻:$R_4 = \dfrac{1}{h_c}\dfrac{d_o}{d_i}\dfrac{L_1}{L_2}$

空气侧管壁导热热阻:$R_5 = \dfrac{d_0}{2\lambda_w}\ln\dfrac{d_o}{d_i}\times\dfrac{L_1}{L_2}$

空气侧管外对流换热热阻:$R_6 = \dfrac{1}{h_2}\dfrac{L_1}{L_2}$

烟气侧管外污垢热阻:$R_7 = \dfrac{r_{f1}}{\eta_{f1}\times\beta_1}$

空气侧管外污垢热阻:$R_8 = \dfrac{r_{f2}}{\eta_{f2}\times\beta_2}$

总传热热阻:

$$\frac{1}{U_o} = R_1 + R_2 + R_3 + R_4 + R_5 + R_6 + R_7 + R_8$$

式中　　d_o, d_i——基管的外径和内径;

　　　　L_1, L_2——热管加热段和冷却管的长度;

　　　　h_1, h_2——加热段和冷却段以基管为基准的管外换热系数;

　　　　h_e, h_c——加热段和冷却段的管内换热系数;

r_{f1}, r_{f2} —— 加热段和冷却段的管外污垢热阻;

η_{f1}, η_{f2} —— 加热段和冷却段管外翅片的翅片效率;

β_1, β_2 —— 加热段和冷却段管外翅片的翅化比。

设计步骤如下:

(1) 已知条件:给出冷热两流体的流量、进出口温度,并计算出热负荷;

(2) 热管工质和管材的选择;

(3) 选择冷热流体的质量流速,确定加热段和冷却段的迎风面积和加热段、冷却段的长度比;

(4) 选择翅片管的结构参数;

(5) 加热段和冷却段管外换热系数的计算;

(6) 传热系数 U_o 的计算,包括各项热阻的计算;

(7) 传热温差的计算;

(8) 计算总传热面积、热管数目及管排数;

(9) 阻力计算,包括热流体侧阻力计算和冷流体侧阻力计算。

例1 试为一台 20 t/h 采暖锅炉设计热管空气预热器:

锅炉型号和功率:DZL14 - 1.25/95/70 - AII,14 MW;

锅炉燃煤:二类烟煤,热值 17 600 kJ/kg(4 200 kcal/kg);

该锅炉排烟的硫酸露点温度:100 ℃;

空气预热器的烟气进出口温度:200 ℃ → 150 ℃;

实际排烟量:32 000 Nm³/h = 11.5 kg/s;

空气预热器的空气进口温度:20 ℃;

空预器的空气流量:28 000 Nm³/h = 10.06 kg/s;

冷热流体最低平均温度:$\frac{1}{2}(150\ ℃ + 20\ ℃) = 85\ ℃$,该温度低于露点 100 ℃,说明烟气侧有露点腐蚀的风险,因而 50% 的热管应选用抗露点腐蚀的 ND 钢。

设计步骤如下:

(1) 热负荷计算。

烟气侧热负荷:

$$Q = M_1 \times c_{p1} \times (T_1 - T_2) = 11.5\ \text{kg/s} \times 1.09\ \text{kJ/(kg·℃)} \times (200 - 150)℃ = 626.8\ \text{kW}$$

空气出口温度:

$$t_2 = t_1 + \frac{Q}{c_{p2} \times M_2} = 20\ ℃ + \frac{626.8\ \text{kW}}{1.005\ \text{kJ/(kg·℃)} \times 10.06\ \text{kg/s}} = 82\ ℃$$

式中 c_{p1}, c_{p2} —— 分别为烟气和空气的比热。

(2) 热管工质的选择。

烟气温度: 200 ℃, 空气出口温度:82 ℃,烟气入口处的管内蒸汽温度为

$$T_v \approx \frac{1}{2}(200\ ℃ + 82\ ℃) = 141\ ℃$$

烟气出口处:烟气温度,150 ℃;空气入口温度,20 ℃;管内蒸汽温度 $T_v \approx \frac{1}{2}(150\ ℃ +$

20 ℃) = 85 ℃

根据管内温度的计算结果,选用水作为热管工质是合适的,水的适用温度范围为: 50 ~250 ℃。

(3) 迎风面质量流速和迎风面积。

选取烟气侧质量流速:V_g = 4.5 kg/(m^2 · s);

烟气侧迎风面积:F_g = 11.5 kg/s/4.5 kg/(m^2 · s) = 2.56 m^2 = 1.6 m × 1.6 m;

取加热段长度:L_1 = 1.6 m,管束宽度为 1.6 m;

选取空气侧质量流速:V_a = 4.2 kg/(m^2 · s);

空气侧迎风面积:F_a = 10.06 kg/s/4.2 kg/(m^2 · s) = 2.4 m^2 = 1.5 m × 1.6 m;

注:两段的宽度必需相等。

取冷却段长度 L_2 = 1.5 m,管束宽度为 1.6 m;

加热段和冷却段的长度比:1.6 m/1.5 m;

热管总长:L = 1.6 m + 1.5 m = 3.1 m。

(4) 翅片管选型。

翅片管种类:高频焊碳钢螺旋翅片管;

基管直径:ϕ = 32 × 3.5 mm,翅片外径:d_f = 62 mm,翅片高度:15 mm;

翅片厚度:δ = 1 mm;

翅片节距:烟气侧节距,8 mm;空气侧节距,6 mm;

翅片管横向管间距:80 mm,纵向排列方式:等边三角形排列;

横向热管排数:1 600/80 = 20(排)。

(5) 管外换热系数的计算。

最窄流通截面上的质量流速:

烟气侧:一个翅片节距内迎风面积为 8 mm × 80 mm = 640 mm^2

一个翅片节距内最窄流动面积为 8 mm × 80 mm – 15 mm × 1.0 mm × 2 – 32 mm × 8 mm = 354 mm^2

最窄截面烟气的质量流速:G_m = 4.5 × $\dfrac{640}{354}$ kg/(m^2 · s) = 8.14 kg/(m^2 · s)

空气侧:一个翅片节距内迎风面积为 6 mm × 80 mm = 480 mm^2

一个翅片节距内最窄流动面积为 6 mm × 80 mm – 15 mm × 1.0 mm × 2 – 32 mm × 6 mm = 258 mm^2

最窄截面空气的质量流速:G_m = 4.2 × $\dfrac{480}{258}$ kg/(m^2 · s) = 7.81 kg/(m^2 · s)

烟气和空气在平均温度下的物性值见表 2.3。

表 2.3　烟气和空气在平均温度下的物性值

介质	平均温度 /℃	密度 /(kg · m^{-3})	导热系数 λ /[W · (m · ℃)$^{-1}$]	比热 c_p /[kJ · (kg · ℃)$^{-1}$]	动力黏度 μ/ [10^{-6} kg · (m · s)$^{-1}$]	普朗特数 Pr
烟气	175	0.80	0.037 9	1.09	23.5	0.675
空气	51	1.003	0.028 3	1.005	19.6	0.698

烟气和空气侧的翅片管外换热系数按下式计算:

$$h = 0.137\,8\left(\frac{\lambda}{D_o}\right)\left(\frac{D_o G_m}{\mu}\right)^{0.718}(Pr)^{1/3}\left(\frac{Y}{H}\right)^{0.296}$$

式中　　h——翅片管外表面的换热系数,$W/(m^2 \cdot ℃)$;

　　　　D_b——翅片基管外径,为 0.032 m;

　　　　Y——翅片间隙,其值分别为 0.007 m(烟气)、0.005 m(空气);

　　　　H——翅片高度,为 0.015 m;

代入上式计算有

烟气侧:

$$h = 91.6\ W/(m^2 \cdot ℃)$$

空气侧:

$$h = 69.3\ W/(m^2 \cdot ℃)$$

(6) 翅片效率的计算。

环形翅片的翅片高度:

$$L = 0.015\ m$$

$$L_c = L + \frac{t}{2} = 0.015\ m + 0.000\,5\ m = 0.015\,5\ m$$

烟气侧:

$$mL = L_c\sqrt{\frac{2h}{\lambda t}}\sqrt{1 + \frac{L}{2r_1}} = 1.271$$

其中　　λ——为翅片材料的导热系数,对于碳钢,$\lambda = 40\ W/(m \cdot ℃)$。

翅片厚度 $t = 0.001\ m$,$2r_1 = D_0 = 0.032\ m$

$$e^{mL} = 3.564,\quad e^{-mL} = 0.281$$

$$\tanh mL = \frac{e^{mL} - e^{-mL}}{e^{mL} + e^{-mL}} = 0.854$$

翅片效率:$\eta_f = \dfrac{\tanh mL}{mL} = \dfrac{0.854}{1.271} = 0.672$

空气侧:

$$mL = L_c\sqrt{\frac{2h}{\lambda t}}\sqrt{1 + \frac{L}{2r_1}} = 1.106$$

$$e^{mL} = 3.02,\quad e^{-mL} = 0.331$$

$$\tanh mL = \frac{e^{mL} - e^{-mL}}{e^{mL} + e^{-mL}} = 0.802$$

翅片效率:$\eta_f = \dfrac{\tanh mL}{mL} = \dfrac{0.802}{1.106} = 0.725$

(7) 基管外表面换热系数 h_o。

$$h_o = h \times \frac{\eta_f \cdot A_f + A_b}{A_o}$$

其中　　A_f——翅片外表面积。

烟气侧：

$$A_f = [\pi(r_2^2 - r_1^2) \times 2] + 2\pi r_2 \times t = \pi(31^2 - 16^2)\,mm^2 \times 2 + 2\pi \times 31\,mm \times 1.0\,mm$$
$$= 4\,624.4\,mm^2$$

A_b 为裸管面积，$A_b = 2\pi r_1 \times Y = 2\pi \times 16\,mm \times (8-1)\,mm = 703.7\,mm^2$

A_o 为基管面积，$A_o = 2\pi r_1 \times y = 2\pi \times 16\,mm \times 8\,mm = 804.2\,mm^2$

其中　r_1, r_2—— 分别为翅片的内径和外径。

代入上式，$h_0 = 434.1\,W/(m^2 \cdot ℃)$

翅化比：$\beta = \dfrac{A_f + A_b}{A_0} = 6.63$

空气侧：

$$A_f = [\pi(r_2^2 - r_1^2) \times 2] + 2\pi r_2 \times t = \pi(31^2 - 16^2)\,mm^2 \times 2 + 2\pi \times 31\,mm^2 \times 1.0$$
$$= 4\,624.4\,mm^2$$

裸管面积：$A_b = 2\pi r_1 \times Y = 2\pi \times 16\,mm \times (6-1)\,mm = 502.66\,mm^2$

基管面积：$A_o = 2\pi r_1 \times y = 2\pi \times 16\,mm \times 6\,mm = 603.19\,mm^2$

代入上式，$h_o = 442.9\,W/(m^2 \cdot ℃)$

翅化比：$\beta = \dfrac{A_f + A_b}{A_o} = 8.5$

（8）传热热阻和传热系数（以加热段基管外表面为基准）。

烟气侧对流换热热阻：

$$R_1 = \frac{1}{h_1} = \frac{1}{434.1} = 0.002\,303\,6\ (m^2 \cdot ℃)/W$$

烟气侧壁面导热热阻：

$$R_2 = \frac{d_0}{2\lambda_w}\ln\frac{d_o}{d_i} = \frac{0.032\,m}{2 \times 40\,W/(m \cdot ℃)}\ln\frac{0.032\,m}{0.025\,m} = 0.000\,098\,7\ (m^2 \cdot ℃)/W$$

管内蒸发热阻：

$$R_3 = \frac{1}{h_e}\frac{d_o}{d_i} = \frac{1}{5\,000\,W/(m^2 \cdot ℃)}\frac{0.032\,m}{0.025\,m} = 0.000\,256\ (m^2 \cdot ℃)/W,\ h_e = 5\,000\ 为选取值$$

管内凝结热阻：

$$R_4 = \frac{1}{h_c}\frac{d_o}{d_i}\frac{L_1}{L_2} = \frac{1}{10^4\,W/(m^2 \cdot ℃)}\frac{0.032\,m}{0.025\,m} \times \frac{1.6\,m}{1.5\,m} = 0.000\,136\,5\ (m^2 \cdot ℃)/W,$$

假定 $h_c = 10\,000\,W/(m^2 \cdot ℃)$

空气侧壁面导热热阻：

$$R_5 = \frac{d_o}{2\lambda_w}\ln\frac{d_o}{d_i} \times \frac{L_1}{L_2} = 0.000\,105\,2\ (m^2 \cdot ℃)/W$$

空气侧对流换热热阻：

$$R_6 = \frac{1}{h_2}\frac{L_1}{L_2} = \frac{1}{442.9\,W/(m^2 \cdot ℃)} \times \frac{1.6\,m}{1.5\,m} = 0.002\,408\,1\ (m^2 \cdot ℃)/W$$

烟气侧污垢热阻：

$$R_7 = \frac{r_{f1}}{\eta_{f1} \times \beta_1} = \frac{0.001\ 76\ (m \cdot ℃)/W}{0.672 \times 6.63} = 0.000\ 395\ (m^2 \cdot ℃)/W$$

空气侧污垢热阻：

$$R_8 = \frac{r_{f2}}{\eta_{f2} \times \beta_2} \times \frac{L_1}{L_2} = \frac{0.000172\ (m^2 \cdot ℃)/W}{0.725 \times 8.5} \times \frac{1.6\ m}{1.5\ m} = 0.000\ 029\ 7\ (m^2 \cdot ℃)/W$$

总传热热阻：

$$\frac{1}{U_o} = R_1 + R_2 + R_3 + R_4 + R_5 + R_6 + R_7 + R_8 = 0.005\ 732\ 8\ (m^2 \cdot ℃)/W$$

传热系数：$U_o = 174.4\ W/(m^2 \cdot ℃)$

（9）传热温差。

烟气由 200 ℃ 降至 150 ℃，空气由 20 ℃ 升至 82 ℃，纯逆流换热：

$$\Delta T_{ln} = \frac{(150 - 20) - (200 - 82)}{\ln \dfrac{150 - 20}{200 - 82}} = 123.9\ ℃$$

（10）传热面积和热管数目。

以加热段基管外表面为基准的传热面积：

$$A_o = \frac{Q}{U_o \Delta T_{ln}} = \frac{626.8 \times 10^3}{174.4 \times 123.9} m^2 = 29.0\ m^2，取 20\% 设计余量，则$$

$$A_0 = 29 \times 1.2 = 34.8\ m^2$$

热管数目：

$$N = \frac{A_0}{\pi \times d_0 \times L_g} = \frac{34.8\ m^2}{\pi \times 0.032\ m \times 1.6\ m} = 216\ 支$$

纵向管排数：$N_2 = N/N_1 = 216\ 支 / 20 = 10.8\ 排$，取 11 排

实取热管数：$N = N_1 \times N_2 = 20 \times 11\ 排 = 220\ 支$

实取加热段传热面积：$A_0 = \pi \times 0.032 \times 1.6 \times 220\ m^2 = 35.4\ m^2$

实取冷却段传热面积：$A_0 = \pi \times 0.032 \times 1.5 \times 220\ m^2 = 33.2\ m^2$

实取加热段和冷却段的总传热面积：

$$A = \pi \times 0.032 \times (1.6 + 1.5) \times 220\ m^2 = 68.6\ m^2$$

（11）流动阻力计算。

烟气流动阻力：

$$\Delta p = f \cdot \frac{N_2 \times G_m^2}{2\rho}$$

$$f = 37.86(G_m D_b / \mu)^{-0.316} (s_1 / D_b)^{-0.927}$$

式中　G_m —— 最窄截面质量流速，$G_m = 8.14\ kg/(m^2 \cdot s)$；

　　　N_2 —— 纵向管排数，$N_2 = 11$；

　　　D_b —— 基管外径，$D_b = 0.032\ m$；

　　　s_1 —— 横向管间距，$s_1 = 0.08\ m$。

计算结果：

$$f = 37.86 \left(\frac{0.032 \times 8.14}{23.5 \times 10^{-6}} \right)^{-0.316} \left(\frac{80}{32} \right)^{-0.927} = 0.853\,4$$

$$\Delta p = 0.853\,4 \times \frac{11 \times 8.14^2}{2 \times 0.8} \text{Pa} = 389 \text{ Pa}$$

空气流动阻力：

$$f = 37.86 \left(\frac{0.032 \times 7.81}{19.6 \times 10^{-6}} \right)^{-0.316} \left(\frac{80}{32} \right)^{-0.927} = 0.816$$

$$\Delta p = 0.816 \times \frac{11 \times 7.81^2}{2 \times 1.003} \text{Pa} = 273 \text{ Pa}$$

（12）热管平均传热能力。

单管传热量：$q = \dfrac{Q}{N} = \dfrac{626.8}{220} \text{kW} = 2.85 \text{ kW}$

（13）质量计算。

加热段单管翅片质量：

$$\begin{aligned} g_1 &= [\,(\pi r_2^2 - \pi r_1^2) \times t \times L_1/y\,] \times 7\,850 \text{ kg/m}^3 \\ &= [\,(\pi \times 0.031^2 - \pi \times 0.016^2) \times 0.001 \times 1.6/0.008\,] \times 7\,850 \text{ kg} \\ &= 3.477\,28 \text{ kg} \end{aligned}$$

式中，[　] 内为翅片体积，7 850 kg/m³ 为钢材密度。

冷却段单管翅片质量：

$$\begin{aligned} g_1 &= [\,(\pi r_2^2 - \pi r_1^2) \times t \times L_1/y\,] \times 7\,850 \text{ kg/m}^3 \\ &= [\,(\pi \times 0.031^2 - \pi \times 0.016^2) \times 0.001 \times 1.5/0.006\,] \times 7\,850 \text{ kg} \\ &= 4.347 \text{ kg} \end{aligned}$$

单管基管质量：

$$\begin{aligned} g_2 &= \pi(r_o^2 - r_i^2) \times L \times 7\,850 \text{ kg/m}^3 \\ &= \pi(0.016^2 - 0.0125^2) \times 3.1 \times 7\,850 \text{ kg} = 7.625\,970\,9 \text{ kg} \end{aligned}$$

单只热管总质量 = 15.25 kg

220 支热管总质量 = 3 355 kg

设备总质量（约）：3 355 kg × 1.6 = 5 368 kg

例 2　一台 80 t/h 燃天然气锅炉，其排烟温度为 150 ℃，考虑到燃天然气的排烟没有灰分，也没有露点腐蚀的风险，为了回收排烟余热，决定在烟道出口处顺序安装一台翅片管省煤器和一台热管式空气预热器，锅炉的实型如图 2.14 所示。其中，在省煤器中，排烟温度从 150 ℃ 降至 100 ℃，在空预器中排烟温度从 100 ℃ 降至 75 ℃。本例题仅对热管式空预器进行设计，并将设计结果列入表 2.4 中。需要说明的是：表中只列出了各物理量的计算结果，并没有列出计算公式，所用的计算式与例 1 完全相同。

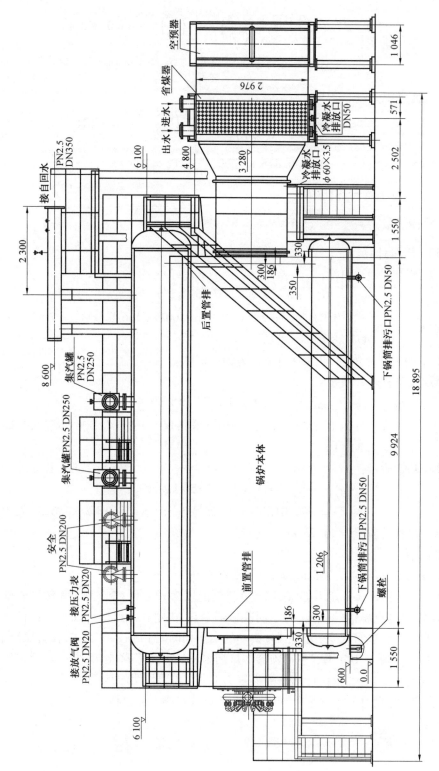

图2.14 燃天然气锅炉及其尾部的省煤器和空预器

表 2.4　80 t/h 燃气锅炉热管空预器的设计结果

物理量	单位	加热段 （烟气侧）	冷却段 （空气侧）	注
入口温度	℃	100	−7	
出口温度	℃	75	22.7	
体积流量	m³/h	100 958	64 960	在入口温度下
质量流量	kg/s	26.44	23.46	
换热量	kW	700.7	700.7	
热管材质／工质		碳钢／水， 螺旋翅片管	碳钢／水， 螺旋翅片管	高频焊
基管外径	mm	38	38	选择
基管内径	mm	32	32	选择
翅片外径	mm	68	68	选择
翅片高度	mm	15	15	
翅片节距	mm	6.5	6.5	
翅片厚度	mm	1.2	1.2	
横向管间距	mm	86	86	
迎风面质量流速	kg/(m²·s)	4.0	4.5	选择
迎风面积	m²	6.61	5.21	
迎风面宽度	m	3.0	3.0	
迎风面长度	m	2.2	1.74	传热段长度
热管总长度	m	3.94		工艺长 4.2 m
横向管排数		34	34	
最窄面质量流速	kg/(m²·s)	6.43	7.23	
翅片外换热系数	W/(m²·℃)	61.9	61.0	
翅片效率		0.78	0.79	
基管外表面 换热系数	W/(m²·℃)	377.2	375.8	
管外热阻	(m²·℃)/W	0.002 651 1	0.003 364 4	基管外表面
管壁热阻	(m²·℃)/W	0.000 081 6	0.000 103 1	同上
管内热阻	(m²·℃)/W	0.000 237 5	0.000 150 1	同上
污垢热阻	(m²·℃)/W	0.000 138 6	0.000 035 4	同上
总热阻	(m²·℃)/W	0.006 761 8		加热段外表面
传热系数	W/(m²·℃)	147.9		加热段外表面
传热温差	℃	79.6		对数平均
计算传热面积	m²	59.5		加热段基管外表面
实取传热面积	m²	71.4		同上
单管传热面积	m²	0.262 64		同上
热管总数		272		
纵向管排数		8 排		
单管质量	kg	30.7		
热管总质量	kg	8 350.4		
设备总质量（约）	t	12.5		

该锅炉的产汽量为 80 t/h，即 $M = 22.22$ kg/s，假定将 20 ℃ 的水加热成 200 ℃ 的饱和水蒸气，则锅炉的热负荷为 $Q = M(i_2 - i_1) = 22.22 \times (2\,792.5 - 83.9)\,\text{kW} = 60\,202\,\text{kW}$，式中 i_2，i_1 分别为出口蒸汽和入口水的焓值。空气预热器回收的热负荷为 $Q_y = 700.7\,\text{kW}$，余热回收热效率为：$\eta_y = \dfrac{Q_y}{Q} = \dfrac{700.7}{60\,202} = 1.16\%$。

2.5　电站锅炉的余热回收

本节通过 3 个设计实例，说明大型电站锅炉的余热回收特点。3 个余热回收项目都是为电站锅炉设计低温省煤器，其共同的特点是：锅炉的热效率比较高，都在 90% 以上，锅炉尾部排烟温度比较低，都在 150 ℃ 左右；燃料为褐煤，热值低，灰分大，易积灰；省煤器部分工作在露点腐蚀区，需要采用抗露点腐蚀的材质；尾部烟道都是水平放置，安装空间有限，只能因地制宜；单台省煤器的烟气流量大，换热量大，因而结构庞大，为了便于现场安装和检修，需采用分体式结构；因为是在大型电厂上的应用，虽然回收的是低温烟气余热，但余热回收的经济效益显著。

电站锅炉省煤器的 3 台设计实例是：

（1）220 t/h 锅炉低温省煤器。

（2）1 060 t/h 锅炉低温省煤器。

（3）660 MW 超临界电站锅炉低温省煤器。

上述发电厂的余热回收设备都采用翅片管省煤器，2.1～2.5 节已详细地讲解了翅片管省煤器的设计步骤和设计方法，本节所涉及的电站锅炉的省煤器完全可以应用上述方法和相关公式进行设计，因而本节将不再详细讲述各计算过程，而只列出设计结果。此外，根据现场条件，给出了分体式省煤器的结构特征和在安装运行方面的考虑。

2.5.1　220 t/h 锅炉低温省煤器

某 220 t/h 燃褐煤锅炉应用于某发电厂的 50 MW 热电联产机组，该锅炉除发电之外，主要任务是向外供热，除了供应采暖用热水之外，还向周围的服务性行业供应热水。

为了提高对外供水的能力和经济效益，欲在进入除尘器之前的两个水平烟道上并列安装两台相同结构的低温省煤器，使外供水与低温烟气直接换热。

经过分析，省煤器采用环形高频焊翅片管束，因为在露点腐蚀区换热，大部分翅片管材质为 ND 钢。估计露点温度为 105 ℃。

因烟道水平放置，现场安装空间有限，宜采用较高的烟气迎面流速，同时便于自动除灰。有两个尾部烟道并列进入除尘器，两台结构相同的省煤器将分别安装在尾部烟道中。现有烟道的流通截面为 1.8 m × 2.6 m。

1. 省煤器的设计参数和计算结果

（1）设计参数（单台）。

烟气流量：178 200 kg/h = 49.5 kg/s

烟气入口温度：132 ℃

烟气出口温度:105 ℃

水流量:18 001.8 kg/h

水入口温度:10 ℃

水出口温度:80 ℃

换热量:1 470.2 kW

(2) 翅片管规格:ND 钢,高频焊螺旋翅片管。

光管外径:38 mm;光管内径:32 mm

翅片厚度:1 mm;翅片节距:8 mm

翅片高度:15 mm;翅化比:6.33

(3) 换热器结构。

迎风面烟气质量流速:5.0 kg/(m^2 · s)

迎风面积:(49.5/5.0)m^2 = 9.9 m^2

取迎风面积:9.904 m^2 = 3.78 m × 2.62 m

翅片管长度:3.78 m,迎风面宽度:2.62 m

翅片管横向管间距:0.086 m

翅片管横向管排数:30 排

(4) 传热计算结果。

最窄流通截面烟气质量流速:9.7 kg/(m^2 · s)

翅片管外换热系数:93.2 W/(m^2 · ℃)

翅片效率:0.69

基管外表面换热系数:432.3 W/(m^2 · ℃)

管内水侧换热系数:1 441.5 W/m^2 · ℃(单排 30 支管为 1 管程)

传热系数:263.3 W/(m^2 · ℃)

传热温差:64.3 ℃

计算传热面积:86.8 m^2

实取传热面积:108.24 m^2(以基管外表面为基准)

单管传热面积:0.451 m^2

翅片管总数:240 个

翅片管纵向管排数:8 排

烟气流动阻力:329.8 Pa

单排翅片管流动阻力:41.2 Pa

(5) 质量计算。

单支翅片管质量:21.2 千克/支

翅片管总质量:5 088 kg

设备总质量(约):8 140 千克/台

两台总质量(约):8 140 千克/台 × 2 台 = 16 280 kg = 16.28 t

2.经济效益分析

两台设备造价(约):16.28 万元 × 2.0 = 32.56 万元

两台设备售价:50 万元

工程总投资(约):70 万

褐煤热值:$Q_{dw} = 14\ 700$ kJ/kg,市场价格:200 元/吨

锅炉热效率:$\eta = 0.9$

总回收热量:$Q = 1\ 470.2$ kW $\times 2 = 2\ 940.4$ kW

节煤量:$B = \dfrac{Q}{\eta \times Q_{dw}} = \dfrac{2\ 940.4}{0.9 \times 14\ 700}$ kg/s $= 0.222$ kg/s

每天节煤量:$0.222 \times 3\ 600 \times 24$ kg/d $= 19\ 202.8$ kg/d $= 19.2$ t/d

每天收益:19.2 t/d $\times 200$ 元/吨 $= 3\ 840$ 元/天

每天设备运行费:300 元/天

每天净收益:3 840 元/天 $-$ 300 元/天 $= 3\ 540$ 元/天

投资回收期 = 设备总投资/每天净收益 = 700 000 元/3 540 元/天 = 198 天

3. 结构形式

两台并列布置在水平烟道上,为了便于安装,采用分体式结构:在烟气流动方向上每台省煤器由两个相对独立的管屏组成,而每个管屏由纵向 4 排管,共 120 支翅片管组成。整体结构如图 2.15,2.16 所示。

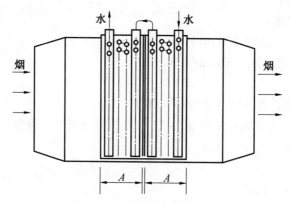

图 2.15　省煤器结构示意图

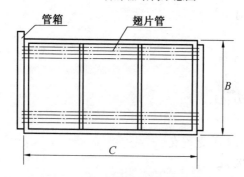

图 2.16　管屏的流通横截面示意图

图中尺寸约为:$A = 0.5$ m,$B = 2.8$ m,$C = 3.9$ m。

各管屏之间要用易拆卸结构加以固定,管屏之间的安装间隙要填入耐热岩棉,管屏

之间的进出水管安排在管箱上部,两管屏之间的连接水管要采用易拆卸结构。此外,每个管屏上方应设有吊装挂钩,以方便安装和维修。

2.5.2　1 060 t/h 锅炉低温省煤器

1. 技术要求和设计条件

该锅炉为 HG – 1060/17.5 – HM35 型亚临界控制循环汽包炉。余热回收的任务是该锅炉的低温省煤器工程。该低温省煤器需安装在锅炉空预器出口与电除尘器入口之间的两个烟道内。安装位置和空间如图 2.17 所示,该烟道可利用的水平长度为12 m,宽度为6.8 m,高度为 3.6 m,两个烟道的水平距离约为 8 m。燃料是褐煤,低热值为12 190 kJ/kg,燃煤主要特性见表2.5,锅炉主要参数见表2.6。

图 2.17　低温省煤器的安装位置和空间

表 2.5　燃煤主要特性

名称	符号	单位	设计煤种	校核煤种
收到基全水分	M_t	%	29.73	29.18
空气干燥基水分	M_{ad}	%	15.65	15.5
收到基灰分	A_{ar}	%	23.51	26.04
收到基挥发分		%	22.84	21.60

表 2.6　锅炉主要参数

主蒸汽流量	t/h	1 060	
主蒸汽出口压力	MPa	17.5	
主蒸汽出口温度	℃	540	过热汽
总燃煤量	t/h	241	
锅炉计算效率	%	92.47	按低位发热值
过量空气系数		1.2	

省煤器的安装系统如图2.18所示,低温省煤器从6#低加进口和5#低加进口引出部分低压给水,进入省煤器加热后,从 #5 低加出口引入除氧器。

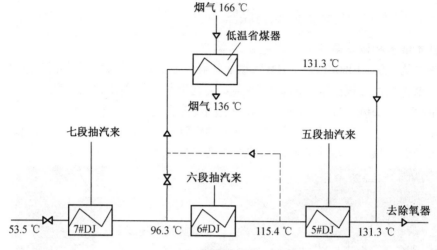

图 2.18　省煤器的安装系统

低温(压)省煤器热平衡设计参数见表2.7。

烟气侧整体压降不大于400 Pa,水侧整体压降不大于 2×10^5 Pa。

表 2.7　热平衡设计参数(单台)

参数	单位	数值
单台烟气流量	kg/s	206.1
入口烟气温度	℃	166
入口烟气焓	kJ/kg	177.6
出口烟气温度	℃	136
出口烟气焓	kJ/kg	145.5
烟气散热量	kJ/s	6 615.8
入口水温度	℃	107
入口水焓值	kJ/kg	452.6
出口水温度	℃	130
出口水焓值	kJ/kg	554.6
水流量	kg/s	64.9
水吸热量	kJ/s	6 615.8

2. 低温(压)省煤器设计计算

设计方案选择:有两种设计方案,一种是环形翅片管省煤器,另一种是 H 型翅片管省煤器。后者只能安装在立式烟道上,烟气从上向下流动,与现场条件不符,故采用第一方案——环形翅片管省煤器。在此方案中,翅片管呈水平布置,水在管排中的流动与烟气流动呈逆向交叉流动。为了便于安装和维修,采用组合式结构,在烟气流动方向上,由几个相对独立的管屏组成。此外,在烟气出口处,冷热流体的平均温度为(136 ℃ + 107 ℃)/2 = 121.5 ℃,一般在露点温度以上,没有露点腐蚀的风险,因而翅片管材质选用普通的锅炉用钢即可。考虑到烟气积灰的风险,在设计中选用较大的迎风面质量流速和较大的翅片间距,也可以在各组中间留有吹灰空间。

环形翅片管省煤器的设计步骤和设计方法已比较成熟,可参阅 1.5 节,下面,给出一组计算机程序设计结果:

(1) 设计参数(单台)。

烟气流量:741 960 kg/h = 206.1 kg/s

烟气入口温度:166 ℃

烟气出口温度:136 ℃

水流量:253 464.6 kg/h = 70.4 kg/s

水入口温度:107 ℃

水出口温度:130 ℃

换热量:6 801.3 kW

(2) 翅片管规格:高频焊螺旋翅片管,20 g。

光管外径:42 mm;光管内径:34 mm

翅片厚度:1.2 mm;翅片节距:8 mm

翅片高度:15 mm;翅化比:6.2

(3) 传热计算结果。

迎面质量流速:3.99 kg/(m^2 · s)

最窄面质量流速:8.3 kg/(m^2 · s)

翅片效率:0.75

翅片管换热系数:83.1 W/(m^2 · ℃)

基管外换热系数:403.8 W/(m^2 · ℃)

单管程管子数目:2 × 66 = 132

管内换热系数:4 643 W/(m^2 · ℃)

传热系数:293.5 W/(m^2 · ℃)

传热温差:29.2 ℃

计算传热面积:793.6 m^2

(4) 省煤器结构。

迎风面积:51.634 m^2 = 8.62 m × 5.99 m

翅片管长度:8.62 m

翅片管横向管间距:0.09 m

翅片管横向管排数:66 排

翅片管纵向管排数:12 排

翅片管总数:792 个

单管传热面积:1.137 m^2

实取传热面积:900.5 m^2

烟气流动阻力:430.9 Pa

单排翅片管流动阻力:35.9 Pa

（5）质量。

单支翅片管质量:65.045 千克／支

单台翅片管总质量:51 515.64 kg

单台设备总质量(约):82 425.024 千克／台

两台设备总质量(约):164 850 kg = 164.85 t

省煤器布置方案:采用分体式结构,在烟气流动方向上每台省煤器由 3 组结构相同的管屏组成,每组管屏由纵向 4 排管,共 4 × 66 = 264 支翅片管组成。整体结构如图 2.19 和图 2.16 所示。每个管屏有两个管程,每管程由两排管组成,在管程的进出口由管箱连接。

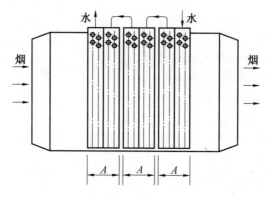

图 2.19　省煤器的组合结构示意图

图 2.19,2.16 中的尺寸约为:$A = 0.6$ m,$B = 6.8$ m,$C = 9.2$ m。

各管屏之间要用易拆卸结构加以固定,管屏之间的安装间隙要填入耐热岩棉,管屏之间的进出水管安排在管箱上部,两管屏之间的连接水管要采用易拆卸的弹性结构。此外,每个管屏上方应设有吊装挂钩,以方便安装和维修。

经济性分析如下:

（1）工程投资。

设每吨换热器造价:2.0 万元／吨

两台省煤器造价:164.85 万元 × 2.0 = 329.7 万元

两台设备售价:450 万元

现场改造费用:约 50 万元

不可预见费:50 万元

总投资:550 万元。

（2）投资回收期。

总回收热量:$Q = 6\ 801.3$ kW × 2 = 13 602.6 kJ/s

燃煤低热值:$Q_{dw} = 12\ 190$ kJ/kg

锅炉热效率:$\eta = 92.47\%$

每秒节煤量:$B = \dfrac{Q}{\eta \times Q_{dw}} = \dfrac{13\ 602.6}{0.924\ 7 \times 12\ 190}$ kg/s $= 1.206\ 75$ kg/s

每小时节煤量:4 344.3 kg/h = 4.344 t/h

每天节煤量:104 263 kg(104 t)

设每吨煤价为200元,则每天收益为 104 t × 200 元／吨 = 20 800 元

设每天运行成本为 1 000 元,

每天净收益为:20 800 元／天 – 1 000 元／天 = 19 800 元／天

投资回收期 = (总投资)/(净收益) = (550 万)/1.98(万／天) = 278 天。

说明工程总投资不到 1 年即可回收。

方案比较如下:

考虑到用户对 H 型翅片管省煤器比较感兴趣,并希望采用 H 型翅片管省煤器。本设计已经说明,对于水平的尾部烟道是不易采用 H 型翅片管换热器的。此外,具体的设计结果也证明,环形翅片管省煤器要优于 H 型翅片管省煤器。根据本工程提出的设计参数,对两个方案分别进行了设计,设计结果的比较见表2.8。

表 2.8　设计方案的比较

序	比较参数	环形翅片管省煤器	H 型翅片管省煤器	注
1	传热系数	293.5 W/(m²·℃)	190.3 W/(m²·℃)	
2	传热面积	900.5 m²	1 322.9 m²	
3	翅片管总数	792 支	2 225 支	
4	纵向管排数	12 排	24 排	
5	流动阻力	430.9 Pa	800 Pa	
6	两台设备总质量	165 t	435 t	
7	设备价格	450 万元	870 万元	
8	设备总投资	550 万元	1 200 万元	
9	投资回收期	小于 1 年	2 年	

2.5.3　660 MW 超临界电站锅炉低温余热回收省煤器

1. 技术要求和技术规范

该工程锅炉是 1 台 660 MW 超临界燃煤发电机组的锅炉设备,尾部烟气的流程为:炉膛出口的尾部烟气 → 脱硝 SCR 反应器 → 空气预热器 → 除尘器 → 引风机 → 脱硫吸收塔 → 烟囱。

低温余热回收省煤器将安装在空气预热器和电除尘器之间的烟道上,共有 4 个如图 2.20 所示的并列烟道,烟道的截面尺寸为 4 800 mm × 4 200 mm,可利用的烟道长度约为 10 m。烟道接近地面,呈水平放置。

锅炉容量和主要参数为:主蒸汽温度为 571 ℃,最大连续蒸发量(BMCR)为 2 070 t/h,最终与汽轮机的 VWO 工况相匹配。在不同的发电负荷下排烟温度的变化见表2.9。

图 2.20　烟道系统图

表 2.9　排烟温度随发电负荷的变化

	发电负荷 /MW	排烟温度设计值 /℃	排烟温度实际值 /℃
100% THA	660	137	140
90% THA	594	无	138
75% THA	495	123	130
50% THA	330	120	123
40% THA	264	114	120
TRL		142	144
BMCR		144	150

　　省煤器的给水引自凝结水系统,属于烟气加热给水的低温省煤器。为了防止露点腐蚀,换热设备的低温段采用 ND 钢(09CrCuSb),ND 钢使用量不低于换热面总质量的 50%。

　　每套烟气余热回收装置必须配置有效的检漏措施;换热器需要进行分组设计和制造,当其中 1 组出现泄漏需要维修时,能退出余热回收装置,不影响其他分区的正常运行。

　　在每个烟气的入口和出口处应合理布置适当数量的烟气温度测点、管道泄漏在线监测装置。

　　水侧应合理设计,以满足传热和阻力的要求。应考虑设置增压泵并使用变频调节来控制总的流量。

2. 技术数据

　　在锅炉的烟气总流量中,有并列 4 个进入除尘器的排出烟道,在每个烟道上安装一台低温省煤器,每台省煤器的设计条件和结构完全相同。热平衡计算的参数见表 2.10。

表 2.10　低温省煤器参数

热平衡计算			
序号	项目	单位	数值
1	发电负荷	MW	660
2	入口总烟量	m³/h	3 617 422
3	单台烟气流量	m³/h	904 355
4	单台烟气质量流量	kg/s	218.15
5	进口烟温	℃	140
6	出口烟温	℃	95
7	烟气总换热量	kW	43 192
8	单台烟气换热量	kW	10 798
9	进/出口水温	℃	70 / 100
10	单台水吸热量	kW	10 798
11	单台水流量	kg/s	84
12	单台水流量	t/h	302.2

3. 环形翅片管省煤器设计方案

该方案特点:烟气在水平烟道内流动,无须改变烟道方向。

因环形翅片管排列紧密,换热系数高,可使结构紧凑,总质量减少,成本较低。程序计算结果如下:

(1) 设计参数(单台)。

烟气流量:785 340 kg/h

烟气入口温度:140 ℃

烟气出口温度:95 ℃

水流量:308 526.4 kg/h

水入口温度:70 ℃

水出口温度:100 ℃

换热量:10 798.4 kW

(2) 翅片管规格:整体轧制环形翅片管,碳钢/ND 钢。

光管外径:42 mm;光管内径:32 mm

翅片厚度:1.2 mm;翅片节距:8 mm

翅片高度:15 mm;翅化比:6.2

(3) 传热计算结果。

迎风面质量流速:4.81 kg/m²s

最窄面质量流速:10.0 kg/m²s

翅片效率:0.73

翅片管外换热系数:91.7 W/(m²·℃)

基管外换热系数:435.8 W/(m²·℃)

单管程管子数:2 × 57 支 = 114 支

管内换热系数:6 127.5 W/(m²·℃)

传热系数:310.8 W/(m² · ℃)

传热温差:28.7 ℃

计算传热面积:1 210.6 m²

(4)换热器结构。

迎风面积:45.325 m² = 8.75 m × 5.18 m

翅片管长度:8.75 m,迎风面宽度:5.18 m

翅片管横向管间距:0.09 m

翅片管横向管排数:57 排

翅片管纵向管排数:20 排

翅片管总数:1 140 支

实取传热面积:1 331.7 m²

烟气流动阻力:884.5 Pa

单排翅片管流动阻力:44.2 Pa

(5)质量和造价。

单支翅片管质量:73.298 千克／支

单台翅片管总质量:83 559.72 kg

单台设备总质量(约):133 695 千克／台(133.7 吨／台)

4 台设备总质量:534.8 t

4. 经济性分析

(1)工程投资。

每吨换热器造价:2.0 万元／吨

4 台省煤器总质量:133.7 t × 4 = 534.8 t

4 台省煤器造价:534.8 万元 × 2 = 1 069.6 万元

4 台设备售价:1 400 万元

现场改造费用:约 100 万元

不可预见费:100 万元

总投资:1 600 万元

(2)投资效果。

总回收热量:$Q = 43\ 192$ kW

煤的低热值:$Q_{dw} = 13\ 840$ kJ/kg

锅炉总热效率:$\eta = 0.925\ 1$

每秒节煤量:$B = \dfrac{Q}{\eta \times Q_{dw}} = \dfrac{43\ 192}{0.925\ 1 \times 13\ 840}$ kg/s $= 3.37$ kg/s

每小时节煤量 = 12 132 kg/h = (12 132 × 1 000)g/h

每小时满负荷发电量:660 000 (kW · h)／h

在 1 个小时内,每 kW · h 节煤量:

 (12 132 × 1 000)g/h／(660 000)(kW · h)／h = 18.4 g／(kW · h)

即每度电节约 18.4 g 煤炭。因为燃烧的是褐煤,热值很低,所以每 kW · h 的节煤量较大。

（3）投资回收期。

每天节煤量:291 168 kg（291.168 t）

设每吨煤价为 200 元

每天收益为:291.168 t × 200 元 /t = 58 233.6 元

设每天运行成本为 3 000 元

每天净收益为:58 233.6 元／天 − 3 000 元／天 = 55 233.6 元／天 ≈ 5.52 万元／天

投资回收期 = 总投资／每天净收益 = 1 600 万／5.53 万／天 = 289 天

说明工程总投资不到 1 年即可回收。

5.省煤器结构简图

如图 2.21,2.16 所示,纵向 5 组管屏,每管屏由两个管程,4 排管组成,每管屏的翅片管总数为 4 × 57 支。

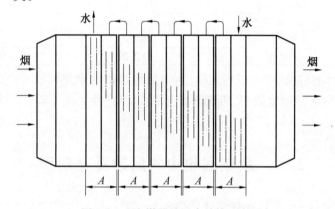

图 2.21　省煤器的组合结构示意图

图中的尺寸大约为:$A = 0.6$ m, $B = 5.8$ m, $C = 9.2$ m。

各管屏的翅片管材质:从烟气入口:1、2、3 管屏为 20 g 碳钢,4、5 管屏为 ND 钢。

结构设计的特殊要求:因为采用了分体式结构,省煤器由几个独立的管屏组成,但在运行时各管屏必须精密地结合在一起,因而在设计和安装时要给予特殊的考量:

（1）安装时,各管屏之间要用易拆卸结构加以固定,管屏之间的安装间隙要填入耐热岩棉或其他柔软的耐热材料;

（2）管屏之间的进出水管安排在管箱上部,两管屏之间的连接水管要采用易拆卸可伸缩结构;

（3）在管屏之间可以安装测温器或吹灰器;

（4）每个管屏上方应设有吊装挂钩,以方便安装和维修。

6.设计参数的修改

上述设计参数是在用户的招标文件中提出的,设计发现,低温省煤器的传热面积过大,纵向管排数过多,共 20 排,需要 5 组管屏,制造成本较高。经过协商,决定修改设计参数:将原来的烟气进出口温度:140 ℃ → 95 ℃ 修改为 140 ℃ → 105 ℃,水的入口、出口温度和其他参数不变。修改前后的设计结果见表 2.11。

表 2.11　设计结果的比较

序	设计参数	原设计参数	修改后参数
1	烟气入口温度	140 ℃	140 ℃
2	烟气出口温度	95 ℃	105 ℃
3	单台传热量	10 798.4 kW	8 398.7 kW
4	传热温差	28.7 ℃	33.7
5	传热面积	1 331.7 m²	800 m²
6	单台翅片管数	1 140 支	684 支
7	纵向管排数	20 排	12 排
8	每组管屏数	5 组	3 组
9	4 组设备总重	534.8 t	320.9 t
10	工程总投资	1 600 万元	960 万元
11	总回收热量	$Q = 43\ 192$ kW	$Q = 33\ 595$ kW
12	每秒节煤量	3.37 kg/s	2.62 kg/s
13	小时节煤量	12 132 kg/h	9 432 kg/h
14	每 kW·h 节煤量	18.4 g/(kW·h)	14.3 g/(kW·h)
15	投资回收期	289 天	227 天
16	结构图	图 2.21	图 2.19

由两组设计结果的比较可以得出结论:对低温排烟的余热回收,不宜追求过高的余热回收量和过高的余热回收效率,否则将使工程的经济性大幅下降,不利于余热回收项目的实行和推广。

2.6　余热回收中的腐蚀及其对策

在余热回收系统中,尤其是对燃烧产物 —— 烟气进行余热回收时,遇到的普遍问题是腐蚀和积灰。当燃烧重油或煤时,这一问题更为严重,甚至成为影响余热回收设备寿命和运行的一个主要障碍。

排烟的低温腐蚀有硫酸腐蚀和盐酸腐蚀,余热回收设备遇到的主要是低温烟气的硫酸露点腐蚀。下面分别讨论该腐蚀的机理和防止腐蚀的对策。

1. 硫酸露点腐蚀的机理

在燃烧重油和煤时,由于燃料中含有的硫化物的氧化作用,在燃烧排气中含有一定数量的 SO_2 或 SO_3 气体。烟气中 SO_3 的生成可按下列两种方式进行:

$$SO_2 + \frac{1}{2}O_2 \rightarrow SO_3, \quad SO_2 + O \rightarrow SO_3$$

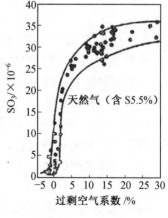

图 2.22　SO_3 含量与过剩空气系数的关系

SO_3 的生成量与很多因素有关,其中,主要与烟气中的氧气含量有关,燃烧过程中的过剩空气系数越大,SO_3 含量就越多,如图 2.22 所示。

烟气中水蒸气分压约为 10%,在此分压下,纯水蒸气的凝结露点为 46.65 ℃,当烟气温度低于 200 ℃ 时,烟气中的 SO_3 开始与水蒸气结合,生成 H_2SO_4 蒸汽。如图 2.23 所示

给出了当烟气中 H_2O 的含量(体积浓度)为 10%(相当于通常燃烧重油的情况),SO_3 的含量与露点的关系。由图可知,当 SO_3 为 30×10^{-6} 时,硫酸蒸汽的露点为 140 ~ 150 ℃。

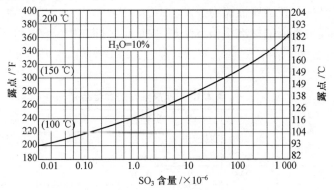

图 2.23　燃烧产物中 SO_3 含量与露点的关系

注: ℉ = (1.8 × ℃) + 32, ℃ = 0.555 6(℉ - 32)

应当指出,尽管烟气中 H_2SO_4 含量不多,一般为 $0 \sim 50 \times 10^{-6}$,但可使烟气露点显著提高。当受热面温度低于 H_2SO_4 蒸汽的露点时,硫酸蒸汽会在受热面上凝结,并与受热面材料产生化学反应,从而引起锅炉尾部受热面的腐蚀。

对于燃煤锅炉常用的煤种和一般的燃烧条件,在其低温排气中硫酸露点温度一般在 90 ~ 120 ℃ 之间,如果受热表面温度低于露点温度,则会对受热面造成腐蚀。

露点腐蚀严重地影响低温换热设备的使用寿命。在余热回收系统中,为了提高回收效果,需要尽可能降低排烟温度,如原有的燃煤锅炉的设计排烟温度为 150 ~ 160 ℃,为了多回收余热,有时将排烟温度降至 100 ~ 120 ℃,这样就使得大部分换热元件的表面温度低于露点温度,极易遭到露点腐蚀,使其使用寿命大大缩短。因而,如何避免受热面遭到露点腐蚀,成为低温余热回收中的关键课题。

对于余热回收系统,主要有两种解决露点腐蚀的技术方案:一是研制或采用防止露点腐蚀的材料,二是采用合适的设计方案,使受热面的表面温度高于露点温度。下面分别对其进行介绍。

2. 防硫酸露点腐蚀的材质选择

目前,已开发出若干种防止低温露点腐蚀的材质。其中,我国开发的耐硫酸露点腐蚀的 ND 钢受到了极大的关注,并取得了大量研究和应用成果。

ND 钢,又叫"耐低温露点腐蚀 ND 钢",化学式为 09CrCuSb,其化学成分见表 2.12。

表 2.12　ND 钢的成分

元素	成分	元素	成分
C	≤ 0.14	Cu	0.25 / 0.50
Mn	0.35/0.65	Sb	≤ 0.15
Si	0.25/0.35	Ti	≤ 0.10
S	≤ 0.035	Mo	≤ 0.10
P	≤ 0.035	Bi	< 0.10
Cr	0.70/1.20	Ni	< 0.15

由表 2.12,ND 钢含有多种化学成分,在制造过程中,如果达不到 ND 钢的成分要求,

则不能保证其抗腐蚀性能,曾发生过多次因产品质量不好而降低应用效果的情况。ND钢的抗腐蚀原理是:由于溶解而发生钝化,在钢的表面形成一层富 Cu、Cr、Sb 等合金元素,从而具有高的耐硫酸腐蚀能力。

ND 钢抗腐蚀性能的标准实验方法是:失重法。即在中温(约 70 ℃)、中浓度(约 50%浓度的 H_2SO_4 溶液)条件下实验,测试其腐蚀速率。ND 钢在 65 t/h 锅炉省煤器上的实验结果见表 2.13。

表 2.13　抗腐蚀性的实验结果

炉号	材质	管子规格	投用时间/h	平均腐蚀量/mm	实验后管径/mm	腐蚀速度/(毫米·年$^{-1}$)	最大腐蚀量/mm	表面挖坑	泄漏次数
1#	20 g	$\phi32 \times 4$	11 235	1.02	$\phi29.98$	0.5	1.04	均匀,大量	无
2#	ND	$\phi32 \times 4$	12 082	无	$\phi32$	/	0.20	极少	无

对 3 种材质在硫酸中腐蚀速率的实验结果为:316 L 不锈钢 > 20# 碳钢 > ND 钢。

ND 钢的主要应用场合是:低温省煤器、低温空预器、化工行业中的硫酸换热器等。

例 3　某炼油厂催化裂化装置的余热锅炉省煤器。原来采用 20# 钢,由于烟气中的硫酸露点高达 140 ~ 240 ℃,应用 30 多天就腐蚀穿孔了。改用 ND 钢后,累计运行 603 天,未发生腐蚀穿孔泄漏。

例 4　某 65 t/h 余热锅炉省煤器,锅炉给水 104 ℃,烟气露点 130 ~ 150 ℃,因省煤器的介质是高压除氧水,一旦爆管泄漏,汽包水位就很难保证,会使事故扩大。在省煤器的低温段采用 ND 钢取得了良好效果。在此基础上,在 120 t/h、130 t/h 锅炉省煤器中推广应用了 ND 钢,大大延长了设备的运行寿命。

虽然 ND 钢首先在石油化工领域得到成功的应用,但在工业锅炉和电站锅炉中的应用也日益受到重视和推广。在 2.5 节中提到的电站锅炉低温省煤器的设计中,大多就采用了 ND 钢作为换热器的管材。

在设计中,经常需要计算换热管的壁面温度,并与露点温度相比较,从而确定是否存在露点腐蚀的风险。换热管壁面温度的计算方法是:以低温省煤器为例,假定烟气侧以基管外表面为基准的换热系数为 h_o,管内水侧换热系数为 h_i,管壁温度为 T_w。设烟气温度为 T_g,水的温度为 T_i,在假定管壁的内外面积相等且温度相同时,由热平衡:

$(T_g - T_w)h_o = (T_w - T_i)h_i$,令 $n = h_i/h_o$,则

$$T_w = \frac{T_g + nT_i}{n + 1} \tag{2.6}$$

式(2.6)表明,为了提高管壁温度 T_w,n 值应尽量缩小,例如,在 $T_g = 110$ ℃,$T_i = 80$ ℃ 条件下,当 $n = 2$,即 $h_i = 2h_o$ 时,计算结果为

$$T_w = 90 ℃$$

若露点温度为 100 ℃,则说明,在上述换热条件下,壁面温度低于露点温度,存在露点腐蚀的风险。

由此可见,壁面温度是可以通过设计来适当调节的。为了避开露点腐蚀,应该尽量提高管外换热系数 h_o 或尽量降低管内换热系数 h_i。

提高管外换热系数 h_o 的方法有:提高烟气流速,采用翅片管并选用较大的翅化比。降低管内换热系数 h_i 的方法有:减少水流量,增加每管程中的管子数目,以尽量降低管内水的平均流速。

3. 避免露点腐蚀的相变介质省煤器

通过改变设计来避免烟气的露点腐蚀,已提出了多种设计方案,其中,相变介质省煤器是备受关注的方案之一。在该方案中,采用相变中间介质来隔断低温外供水与烟气的直接换热,如图 2.24,2.25 所示。相变换热器由两部分组成:下部是相变介质蒸发器,是一个由翅片管组成的换热器,相变介质在内部沸腾,吸收烟气热量,产生的蒸气流入上部的相变介质凝结器,内部有外供水排管,蒸汽在管外凝结,将热量传给外供水。

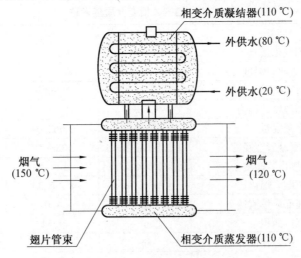

图 2.24　采用相变中间介质的省煤器

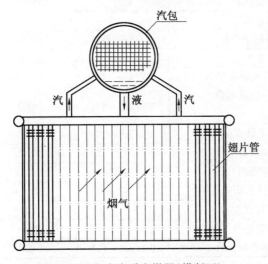

图 2.25　相变介质省煤器(横断面)

相变介质运行温度的控制是该方案的关键技术,可以通过自动调节外供水的流量来实现,当外供水流量增加时,换热量增加,介质温度下降,当外供水流量减少时,随着换热量的减少,介质温度升高。一般采用水作为相变介质,将相变介质的运行温度控制在 110 ℃ 左右,使其在微正压下运行,并接近或高于露点温度,从而避开露点腐蚀。实际上,这种形式的省煤器属于分离式热管换热器的范畴,其内部的排气和充液等工艺需要按热管的相关制造工艺来进行。

例 5 欲在一台 75 t/h 锅炉的低温烟道上安装一套能防露点腐蚀的相变介质省煤器。烟气流量为 135 000 kg/h,省煤器的烟气入口温度为 180 ℃,出口温度为 125 ℃,烟气露点为 100 ℃。水的平均入口温度为 41 ℃,平均出口温度为 51 ℃。

设计分为两部分:烟气 – 相变介质蒸发器和相变介质 – 外供水凝结器,其设计过程分别见表 2.14,2.15。

表 2.14 烟气／相变介质蒸发器

序号	物理量	单位	数值	注
1	烟气流量	kg/h	135 000	
2	烟气进出口温度	℃	180 → 125	
3	传热量	kW	2 268.8	
4	水饱和温度／压力	℃/bar	110/1.43	
5	水蒸发量	kg/h	3 662.64	
6	翅片管基管直径	mm	38/32	
7	翅片厚度／高度	mm	1／15	
8	翅片节距／翅化比	mm/	8／6.33	
9	烟气迎面质量流速	kg/($m^2 \cdot s$)	4.0	选取
10	迎风面积	m^2	9.54	3.79 × 2.55
11	翅片管高度	m	2.55	立式
12	迎风面宽度	m	3.79	
13	横向管间距	mm	88	选取
14	横向管排数		42	
15	管外换热系数 h	W/($m^2 \cdot$℃)	80.3	由式 1.53
16	翅片效率 η_f		0.72	见 1.5 节
17	基管外表面换热系数 h_o	W/($m^2 \cdot$℃)	385.6	见 1.5 节
18	管内蒸发换热系数 h_i	W/($m^2 \cdot$℃)	3 000	先选取,后补算
19	传热系数 U_o	W/($m^2 \cdot$℃)	289.2	
20	传热温差	℃	35.7	对数平均
21	传热面积	m^2	222.0	
22	实取传热面积 A_o	m^2	230.14	
23	纵向管排数		18	
27	翅片管总数		756	42 × 18
28	管内换热系数验算	W/($m^2 \cdot$℃)	2 878	接近选取值

注:因传热温差很小,导致热流密度较小,使得管内蒸发换热系数偏低

表 2.15　相变介质／外供水换热器

序号	物理量	单位	数值	注
1	水入口温度	℃	41	平均值
2	水出口温度	℃	51	平均值
5	换热量	kW	2 268.8	与前表相同
6	水流量	kg/h	194 464.3	54.02 kg/s
7	蒸汽温度／压力	℃/bar	110／1.43	
8	凝结液量	kg/h	3 662.64	1.0174 kg/s
9	光管外径／内径	mm	38/32	管外凝结,管内走水
10	管内换热系数 h_i	W/(m²·℃)	5 000	选择,后计算
11	管外换热系数 h_o	W/(m²·℃)	8 000	选择,后计算
12	传热系数 U_o	W/(m²·℃)	$U_o = \dfrac{1}{\dfrac{1}{h_i} + \dfrac{1}{h_o}} \times 0.9 = 2769$	
13	传热温差	℃	$\Delta T = 63.87$	对数平均
14	传热面积	m²	$A_o = \dfrac{Q}{U_o \Delta T} = 12.83$	
15	管子有效长度	m	2.0	选取
16	管子根数	支	60	选取
17	管程数		1	单管程
18	实取传热面积	m²	14.32	
19	汽包直径和长度		$\phi 1\,200 \times 2\,600$	大约尺寸
20	管内流通面积	m²	0.048 2	60 支管
21	管内质量流速	kg/(m²·s)	1 121	
22	管内 Re 数		59 733	平均温度下
23	管内换热系数 h_i	W/(m²·℃)	5 250 *	由式(1.15)
24	管外换热系数 h_o	W/(m²·℃)	7 212 *	由式(1.28)

注:计算数值与初选数值接近,无须重复计算

该例题表明,烟气 – 相变介质蒸发器由于传热系数低,传热温差小,需要很大的传热面积和大量的翅片管,而对于相变介质 – 外供水凝结器,由于传热系数高,传热温差大,只需要很少的传热面积,因而设备紧凑。该例题的结构特点如下:

(1)翅片管束的横向和纵向与管箱连接,保证了管内相变介质具有相同的温度和压力。

(2)每列管束都有蒸汽上升管和凝液回流管与上部的汽包连接,保证相变介质的流动。如图 2.25 所示。

4.避免露点腐蚀的相变介质空预器

空气预热器往往安装在锅炉的尾部烟道上,用低温烟气加热助燃的空气。空气预热器与省煤器不同,省煤器是烟气和水之间的换热,管内为水,管外烟气侧有翅片,是翅片管的最佳应用场合之一。而空气预热器是气体与气体之间的换热,不能直接应用翅片管,导致传统的空气预热器都采用光管作为传热元件,传热效率低,体积大,容易积灰和

腐蚀。为了使烟气侧和空气侧都采用翅片管,增强传热性能,一般采用热管作为传热元件。为了防止露点腐蚀,又同时保持翅片管良好的换热特性,需采用能避免露点腐蚀的相变介质空预器。如图 2.26 所示,这是一种分离相变换热系统,该系统由蒸发器和冷凝器两部分组成,蒸发器位于下方的烟道中,冷凝器位于上方的空气流道中。蒸发器和冷凝器都由翅片管束组成,每排管束由上、下联箱互相连通,因而管内相变介质具有基本相同的压力和温度。蒸发器吸收烟气热量,在管内产生的蒸汽流入上部的凝结器中,冷凝成液体,同时将热量传给管外的空气。凝结液集中流到下部的储凝液联箱中,再自动进入蒸发器中,从而依靠介质的相变过程实现了热量从烟气向空气的转移。由于烟气和空气并不直接传热,因而可以通过调节相变温度来防止烟气侧壁面的露点腐蚀。

事实上,图 2.26 所示的方案是一种特殊形式的分离式热管换热器,其特殊之处在于:

(1)蒸发器和冷凝器全部连通,所有翅片管束都在相同的管内温度和压力下传热。

(2)运行的控制条件,即必须满足的条件,是管内温度,而不是传热量,应保证管内相变温度始终等于或高于露点温度。

(3)烟气和空气之间的顺流或逆流已没有差别,因其管内是统一的相变温度。此外,该分离相变换热器的结构细节和运行条件可参照分离式热管换热器中的相关说明。

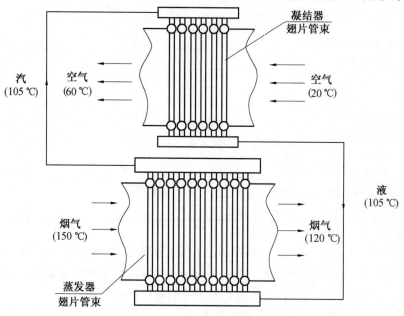

图 2.26　相变空气预热器

图 2.26 括号内标注的是例题中的温度数据,该应用例题的相关参数是:烟气入口温度为 150 ℃,出口温度为 120 ℃,空气的入口温度为 20 ℃,出口温度为 60 ℃,系统内相变介质的温度保持在 105 ℃,烟气露点温度假定为 90 ℃。由于烟气的进出口温度以及相变介质的温度都高于露点温度,因而可避免烟气侧的露点腐蚀。在该系统的设计中,选择水作为相变介质,为了保证相变介质一直处于正压状态,一般将相变温度选定并控制在 100 ~ 110 ℃ 之间。通过蒸发器和凝结器之间的热平衡关系,可以确定系统中各参数,并对系统进行设计。

例6　100 t/h 供暖燃煤锅炉空气预热器的设计。

设计条件和计算步骤见表 2.16。

表 2.16　100 t/h 锅炉相变介质空预器设计

序号	参数	蒸发器(烟气侧)	冷凝器(空气侧)
1	流量	44.0 kg/s	35.5 kg/s
2	入口温度	$T_{g1} = 160\ ℃$	$T_{a1} = 20\ ℃$
3	出口温度	$T_{g2} = 130\ ℃$	$T_{a2} = 60\ ℃$
4	换热量	$Q = 1\ 438.56\ kW$	$Q = 1\ 438.56\ kW$
5	相变介质温度	$T_v = 110\ ℃$	$T_v = 110\ ℃$
6	气体平均温度	$T_g = \dfrac{1}{2}(T_{g1} + T_{g2}) = 145\ ℃$	$T_a = \dfrac{1}{2}(T_{a1} + T_{a2}) = 40\ ℃$
7	传热温度差 ΔT	$T_g - T_v = 35\ ℃$	$T_v - T_a = 70\ ℃$
8	迎风面质量流速	$4.0\ kg/(m^2 \cdot ℃)$	$4.5\ kg/(m^2 \cdot ℃)$
9	迎风面积	$\dfrac{44.0}{4.0} = 11.0\ m^2$	$\dfrac{35.5}{4.5} = 8.89\ m^2$
10	迎风面尺寸	2.8 m(高) × 3.92 m(宽)	2.4 m(高) × 3.29 m(宽)
11	基管直径	$\phi 38 \times 3.5$	$\phi 38 \times 3.5$
12	翅片高度 / 厚度 / 节距	15 mm/1.0 mm/8 mm	15 mm/1.0 mm/6 mm
13	翅片管材质 / 工艺	碳钢 / 高频焊	碳钢 / 高频焊
14	翅片管横向管间距	86 mm	86 mm
15	横向管排数	$\dfrac{3\ 920}{86} = 45$ 排	$\dfrac{3\ 290}{86} = 38$ 排
16	管束排列方式	错列	错列
17	1 节距内流通面积	$8\ mm \times 86\ mm = 688\ mm^2$	$6\ mm \times 86\ mm = 516\ mm^2$
18	1 节距内最窄流通面积	$(8\ mm \times 86\ mm) - (8\ mm \times 38\ mm) - (2\ mm \times 15\ mm \times 1) = 354\ mm^2$	$(6\ mm \times 86\ mm) - (6\ mm \times 38\ mm) - (2\ mm \times 15\ mm \times 1) = 258\ mm^2$
19	最窄截面上的质量流速	$G_m = 4 \times \dfrac{688}{354}kg/(m^2 \cdot ℃)$ $= 7.774\ kg/(m^2 \cdot ℃)$	$G_m = 4.5 \times \dfrac{516}{258}kg/(m^2 \cdot ℃)$ $= 9\ kg/(m^2 \cdot ℃)$
20	平均温度下的气体黏度	$\mu = 22.2 \times 10^{-6}\ kg/(m \cdot s)$	$\mu = 19.1 \times 10^{-6}\ kg/(m \cdot s)$

续表 2.16

序号	参数	蒸发器(烟气侧)	冷凝器(空气侧)
21	平均温度下的气体导热系数	$\lambda = 3.5 \times 10^{-2}$ W/(m·℃)	$\lambda = 2.76 \times 10^{-2}$ W/(m·℃)
22	平均温度下的 Pr 数	$Pr = 0.68$	$Pr = 0.699$
23	气体 Re 数	$Re = \dfrac{D_o G_m}{\mu} = 13\ 307$	$Re = \dfrac{D_o G_m}{\mu} = 17\ 906$
24	管外换热系数	$h = 81.4$ W/(m²·℃)	$h = 71.6$ W/(m²·℃)
25	翅片有效高度	$L_c = L + \dfrac{t}{2} = 15$ mm $+ 0.5$ mm $= 15.5$ mm	$L_c = L + \dfrac{t}{2} = 15$ mm $+ 0.5$ mm $= 15.5$ mm
26	mL 计算	$mL = L_c \sqrt{\dfrac{2h}{kt}} \sqrt{1 + \dfrac{L}{2r_1}} = 1.168$	$mL = L_c \sqrt{\dfrac{2h}{kt}} \sqrt{1 + \dfrac{L}{2r_1}} = 1.095$
27	翅片效率	$\eta_f = (\tanh mL)/mL = 0.705$	$\eta_f = (\tanh mL)/mL = 0.73$
28	翅片外表面积	$A_f = [2 \times \dfrac{\pi}{4}(68^2 - 38^2) + \pi \times 68 \times 1]$ mm² $= 5\ 206$ mm²	$A_f = [2 \times \dfrac{\pi}{4}(68^2 - 38^2) + \pi \times 68 \times 1]$ mm² $= 5\ 206$ mm²
29	裸管面积	$A_1 = [\pi \times 38 \times (8 - 1)]$ mm² $= 836$ mm²	$A_1 = [\pi \times 38 \times (6 - 1)]$ mm² $= 597$ mm²
30	基管面积	$A_0 = [\pi \times 38 \times 8]$ mm² $= 955$ mm²	$A_0 = [\pi \times 38 \times 6]$ mm² $= 716$ mm²
31	基管外表面积为基准的换热系数	$h_o = h \times \dfrac{A_f \eta_f + A_1}{A_0} = 384$ W/(m²·℃)	$h_o = h \dfrac{A_f \eta_f + A_1}{A_0} = 440$ W/(m²·℃)
32	翅化比	$\beta = \dfrac{A_f + A_1}{A_0} = 6.3$	$\beta = \dfrac{A_f + A_1}{A_0} = 8.1$
33	管内水蒸气压力	1.43×10^5 Pa	1.43×10^5 Pa
34	管内表面热流密度	$q = 9\ 769$ W/m²	$q = 26\ 994$ W/m²
35	管内介质循环量	$G_v = \dfrac{Q}{r} = \dfrac{1\ 438.56}{2\ 230}$ kg/s $= 0.645$ kg/s	$G_v = 0.645$ kg/s
36	管内换热系数 h_i（初选后算）	管内沸腾 $h_i = 3\ 000$ W/(m²·℃)	管内凝结 $h_i = 8\ 000$ W/(m²·℃)
37	管外换热热阻	$R_o = \dfrac{1}{h_o} = \dfrac{1}{384} = 0.002\ 6$ (m²·℃)/W	$R_o = \dfrac{1}{h_o} = \dfrac{1}{440} = 0.002\ 27$ (m²·℃)/W

续表 2.16

序号	参数	蒸发器(烟气侧)	冷凝器(空气侧)
38	管内换热热阻	$R_i = \dfrac{1}{h_i} \times \dfrac{D_o}{D_i} = 0.000\,408\,6\ (\text{m}^2 \cdot \text{℃})/\text{W}$	$R_i = \dfrac{1}{h_i} \times \dfrac{D_o}{D_i} = 0.000\,153\,6\ (\text{m}^2 \cdot \text{℃})/\text{W}$
39	管壁热阻	$R_w = \dfrac{D_o}{2\lambda_w}\ln\dfrac{D_o}{D_i} = 0.000\,096\,7\ (\text{m}^2 \cdot \text{℃})/\text{W}$	$R_w = 0.000\,096\,7\ (\text{m}^2 \cdot \text{℃})/\text{W}$
40	污垢热阻（基管外表面为基准）	$R_{f0} = \dfrac{0.00352}{6.3 \times 0.705}(\text{m}^2 \cdot \text{℃})/\text{W}$ $= 0.000\,79\ (\text{m}^2 \cdot \text{℃})/\text{W}$	$R_{f0} = \dfrac{0.000\,172}{8.1 \times 0.73}(\text{m}^2 \cdot \text{℃})/\text{W}$ $= 0.000\,029\ (\text{m}^2 \cdot \text{℃})/\text{W}$
41	传热热阻	$R = R_o + R_i + R_w + R_{f0}$ $= 0.003\,895\ (\text{m}^2 \cdot \text{℃})/\text{W}$	$\bar{R} = \bar{R}_o + \bar{R}_i + \bar{R}_w + \bar{R}_{f0}$ $= 0.002\,55\ (\text{m}^2 \cdot \text{℃})/\text{W}$
42	传热系数	$U_g = 257\ \text{W}/(\text{m}^2 \cdot \text{℃})$	$U_a = 392\ \text{W}/(\text{m}^2 \cdot \text{℃})$
43	传热面积	$A = \dfrac{Q}{U_o \Delta T} = \dfrac{1\,438\,560}{257 \times 35}\text{m}^2 = 159.9\ \text{m}^2$	$A_a = \dfrac{1\,438\,560}{392 \times 70}\text{m}^2 = 52.4\ \text{m}^2$
44	翅片管根数	$n = \dfrac{A_g}{\pi \cdot D_o L} = \dfrac{159.9}{\pi \times 0.038 \times 2.8} = 478$	$n = \dfrac{52.4}{\pi \times 0.038 \times 2.4} = 183$
45	纵向管排数	$N = \dfrac{478}{45} = 10.6$，取 $N = 12$ 排	$N = \dfrac{183}{38} = 4.8$ 取 $N = 6$ 排
46	实取翅片管数	$n = 12 \times 45 = 540$ 支	$n = 6 \times 38 = 228$ 支
47	实取传热面积	$A_g = 540 \times (\pi \times 0.038 \times 2.8)$ $= 180.5\ \text{m}^2$	$A_a = 228 \times (\pi \times 0.038 \times 2.4)\text{m}^2$ $= 65.33\ \text{m}^2$
48	h_i 验算	由式 1.33，$h_i = 2\,538\ \text{W}/(\text{m}^2 \cdot \text{℃})$	由式 1.25，$h_i = 8\,584\ \text{W}/(\text{m}^2 \cdot \text{℃})$
49	结论	基本满足设计要求	基本满足设计要求

（1）设计说明。

① 蒸发器的管内换热是管内沸腾,而冷凝器的管内换热属于饱和蒸汽的管内凝结。在设计初期,可按经验选取管内换热系数,考虑到蒸发器的热流密度较小,选取较低的管内换热系数。最后验算结果与初选值是接近的。

② 设计中的烟气侧和空气侧污垢热阻均需将其换算成以基管外表面为基准。管内为封闭体内的相变换热,可不考虑其污垢热阻。

（2）结构特点。

① 为了满足相变传热的要求,加热空气的冷凝器必须置于蒸发器上方,而且在冷凝器和蒸发器之间应保持一定的高度差,使管内相变介质有足够的液位差,用以克服相变介质的流动阻力。在此基础上,上下两个换热器的相对位置可以依现场情况而摆放。

② 冷凝器和蒸发器的翅片管束都保持立式放置,蒸发器的纵向管排数一般要远远大于冷凝器的纵向管排数,这是为了保证介质的工作温度所需要的。

③ 在冷凝器和蒸发器的上下方,需配置大直径的联箱,该联箱与每一管束上下相连,以保证每一管束内有相同的介质温度,从而使各处的管壁温度都高于露点温度,防止露点腐蚀。

（3）运行考虑。

① 按上述设计，从理论上可以满足相变温度的要求，并可避免露点腐蚀的风险。但实际上由于设计会有误差，运行条件会有波动，烟气和空气的流量及入口温度会经常发生变化，因而在实际运行中为了保证一定的相变温度，还需要采取必要的监测手段和控制措施，以保证该系统的正常运行。

② 监测手段包括：烟气和空气进出口温度；介质的工作压力和温度，相变空间的真空度及相变介质的充液量等；应保证介质的工作压力在 1 个大气压以上，以防止空气渗入。

③ 当空气的进口温度低于设计值时，会引起介质温度的下降，为此，应在空气管线上安装备用的旁通管道，当介质温度因故达不到所需温度时，自动开启部分旁通管道，减少进入冷凝器的空气流量，使相变温度有所提高，以保证设备的正常运行。

2.7 SCR 脱硝系统中的省煤器设计

在 SCR 脱硝系统中，最重要的反应条件是温度，即必须保证进入反应器的烟气温度在 300 ~ 400 ℃ 之间。进入反应器之前的换热设备是省煤器，这就意味着：省煤器的烟气出口温度必须在 300 ~ 400 ℃ 之间，这对省煤器的设计提出了"硬性"的条件。此外，锅炉在运行过程中，烟气的温度可能随时发生变化，为了保证 SCR 脱硝系统的正常运行，无论锅炉运行工况如何变化，应始终保证省煤器的烟气出口温度在 300 ~ 400 ℃ 之间，这又是一项"硬性"要求，即省煤器的换热能力（热负荷）应具有一定的调节能力，能随着入口烟气温度的变化而变化，基本保证烟气的出口温度恒定。

省煤器的种类很多，应用的换热元件有光管式，翅片式。根据 SCR 脱硝系统的应用条件，选择 H 型翅片管省煤器是最合理的。其原因在于：

（1）H 型翅片的排列方式对来流的烟气有一定的"梳理"作用。

（2）在烟气流道方向上，翅片管是顺排结构，能减小流动阻力，且不易积灰。

（3）翅片厚度较大，翅片节距也较大，比较抗腐蚀、抗磨损。

为了让 H 型翅片管省煤器完成上述两项"硬性"任务，所采取的设计方案是：

（1）将省煤器分成两部分，分别布置在催化剂层的入口和出口，在催化剂入口（上面）布置的省煤器称为高温省煤器（或称为前置式省煤器），在催化剂出口（下面）布置的省煤器称为低温省煤器（或称为后置式省煤器）。被加热的给水顺序由低温省煤器流向高温省煤器。

（2）分别设计高温省煤器和低温省煤器，两台省煤器有相同的烟气流量、交界处的烟气温度和水的参数。根据反应器的温度要求，两个省煤器的交界温度可以选取：

$$（300 ℃ + 400 ℃）/2 = 350 ℃$$

可不考虑由于还原剂的混合对烟气参数的影响。

（3）将高温省煤器设计成相对独立的模块式结构：将每个管程作为一个模块，根据来流烟气温度的高低，给水可以流过一个模块、两个模块等，使传热面积得到变化，从而调节烟气出口温度。

此外，在有的锅炉设计中，由于炉膛内布置的受热面较多，使省煤器的烟气入口温度偏低,只比要求的反应上线温度——400 ℃ 高出 10 ~ 20 ℃,使得高温省煤器的热负荷很低,因而有必要在反应器的下面设置低温省煤器。

烟气的温度调节系统如图 2.27 所示。图中并没有标注各部件的具体尺寸,只给出了设计方案和主要部件的安排。图中假定,高温省煤器和低温省煤器都是由 3 个管程组成,每 4 排管为一个管程。在两个省煤器之间设置 SCR 脱硝系统,假定该脱硝系统由 2 个催化剂层组成,在其上部设置还原剂喷射管网。

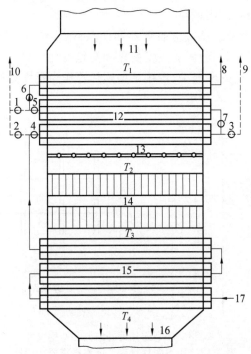

图 2.27 烟气温度的调节和省煤器设计系统图

1,2,3— 附设水管阀门;4,5,6,7— 管程分配阀门;8— 原有出水管;9,10— 附设出水管;11— 烟气入口;12— 高温省煤器;13— 还原剂喷射管;14— 催化剂层(2 层);15— 低温省煤器;16— 烟气出口;17— 水入口管;T_1— 烟气入口温度;T_2— 催化剂层前烟气温度;T_3— 催化剂层后烟气温度;T_4— 烟气出口温度

高温省煤器是相对独立的模块结构,在每一模块的进出口水管上装设了几个旁通阀门(1 ~ 7 个),除了原有出水管 8 之外,还增设了两个附设管道 9 和 10。当烟气入口温度 T_1 在 300 ~ 400 ℃ 之间时,则说明无需高温省煤器换热,可直接流入催化剂层,这时,只打开阀门 2,关掉阀门 1 和 4,让从低温省煤器的来水直接由附设管道 10 流出,由于给水绕过了高温省煤器,因而使 $T_1 = T_2$。

当烟气入口温度 T_1 稍高于 400 ℃ 时,可以只利用高温省煤器的一个模块换热,将其他两个模块隔离起来。操作方案是:关闭阀门 2 和 7,打开阀门 4 和 3,给水将只流过最下方 1 个模块,从附设管道 9 排出。

若需要让两个模块参与换热,将最上面的 1 个模块隔离起来。其操作方案是:关闭阀门 2、3、6,打开阀门 4、7、5、1,给水将只流过 2 个模块,从附设管道 10 排出。

应当注意的是:被隔离的模块中,可能存留有水,在被隔离的初期,存留的水会以蒸汽的形式蒸发掉,要给蒸发的蒸汽留有排出通道。

作为设计工况,中间温度,即催化剂层的进出口温度建议选取如下数值:

催化剂层前烟气温度 $T_2 = 350\,℃$;

催化剂层后烟气温度 $T_3 = 350\,℃ - 5\,℃ = 345\,℃$;

催化剂层前烟气温度允许上下波动 $15\,℃$,当测得的催化剂层前烟气温度在 $335 \sim 365\,℃$ 范围内,即为合格,无需调整。

下面,用一个设计例题说明高温省煤器和低温省煤器的设计特点,见表 2.17。设计中,没有考虑烟气在催化剂层前后的温度变化和流量变化。设计所依据的公式见 2.2 节中的相关计算式。在下面的例题中,选用 H 型翅片管作为省煤器的传热元件,H 型翅片管的结构和选用尺寸如图 2.28 所示。

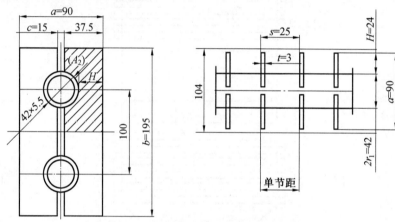

图 2.28　H 型翅片管的结构和选用尺寸

表 2.17　H 型翅片管高/低温省煤器的设计

参数	符号	单位	高温省煤器	低温省煤器	注
入口烟气温度	T_1 / T_3	℃	420	350	图 2.27
出口烟气温度	T_2 / T_4	℃	350	280	图 2.27
烟气流量	G_g	kg/s	183.7	183.7	
热负荷	Q_g	kW	14 659	14 531	
入口水温	T_{w1}	℃	247.5	220	
水流量	G_w	kg/s	110	110	
出口水温	T_{w2}	℃	275.3	247.5	
水入口压力		10^5 Pa		153.5	
基管外径	D_o	mm	42	42	
基管内经	D_i	mm	31	31	
翅片形式			H 型翅片	H 型翅片	图 2.28
翅片节距		mm	25	25	图 2.28
翅片外形		mm × mm × mm	3 × 90 × 195	3 × 90 × 195	图 2.28
翅化比			4.88	4.88	2.2 节

续表 2.17

参数	符号	单位	高温省煤器	低温省煤器	注
横向管间距		mm	104	104	图 2.28
纵向管间距		mm	100	100	图 2.28
翅片与基管融合角			120°	120°	图 2.28
迎风面烟气流速		m/s	5.464	5.464	
迎风面质量流速		kg/(m²·s)	3.12	3.12	烟气密度 0.576 kg/m³
最窄面质量流速	G_m	kg/(m²·s)	5.676	5.676	
最窄面烟气流速		m/s	10.1	10.1	
迎风面积		m²	58.9	58.9	
迎风面宽度		m	5.66	5.66	选取,管长
迎风面长度		m	10.4	10.4	
单排翅片管数目			100	100	10.4/0.104
管外换热系数		W/(m²·℃)	67.9	67.9	2.2 节
翅片效率	η_f		0.61	0.61	2.2 节
基管外换热系数	h_o	w/(m²·℃)	226.3	226.3	
单管程管排数			4	4	
单管程管数			4 × 100	4 × 100	
管内水质量流速	G_w	kg/(m²·s)	364.3	364.3	
管内水流速		m/s	0.47	0.45	
管内 Re 数			110 718	94 902	
管内换热系数		W/(m²·℃)	4 492	3 990	
管外换热热阻		(m²·℃)/W	0.004 419	0.004 419	基管外表面
管内换热热阻		(m²·℃)/W	0.000 301 6	0.000 339 5	基管外表面
管壁导热热阻		(m²·℃)/W	0.000 159 4	0.000 159 4	基管外表面
污垢热阻		(m²·℃)/W	0.000 829 6	0.000 829 6	基管外表面
总传热热阻		(m²·℃)/W	0.005 709 6	0.005 747 5	基管外表面
传热系数		W/(m²·℃)	175.1	174.0	基管外表面
对数平均温差		℃	122.4	79.4	
温差修正系数			0.9	0.9	
传热温差		℃	110.16	71.46	
传热面积		m²	760.0	1 168.6	基管外表面
单管传热面积		m²	0.746 8	0.746 8	
单排传热面积		m²	74.68	74.69	
纵向管排数			12	16	实取
纵向管程数			12/4 = 3	16/4 = 4	
实取管子数			12 × 100	16 × 100	
实取传热面积		m²	896.16	1 194.88	
实取面积/设计面积			1.18	1.022	安全、合理

上述设计结果与图 2.27 是接近的,只是低温省煤器由图中的纵向 12 排改为纵向 16 排。

由图 2.27,在两个物理过程的省煤器之间夹着一个化学过程的催化器,该催化器一般由 2～3 个催化剂层组成。每个催化剂层由若干个组合箱排列在一起,而每个组合箱又由若干个单元体组成,在每个单元体中紧密排列着为数众多的蜂窝状流道,在流道的壁面上烧结上催化剂,当烟气流过蜂窝状流道时,产生脱硝效果。催化剂层的具体结构和特性应有专门的设计,并由专业厂家制造。根据上述省煤器的设计参数,假定催化剂层的迎风面尺寸与省煤器的迎风面尺寸相同,给出一组催化剂层的参数,作为设计和选型的参考,见表 2.18。

表 2.18　催化剂层的选择

序号	物理量	选择或数据	说明
1	结构形式	蜂窝状	
2	蜂窝流通截面	6 mm × 6 mm	正方形
3	蜂窝壁厚	0.7 mm	不锈钢
4	催化剂层迎风面积	58.9 m²	假定与省煤器相同
5	迎风面尺寸	5.66 m × 10.4 m	与省煤器相同
6	催化剂组合箱迎风面尺寸	1.5 m × 1.5 m = 2.25 m²	
7	迎风面上组合箱数目	58.9/2.25 = 26	
8	催化剂单体迎风面尺寸	0.14 m × 0.14 m	假定
9	每一组合箱的单体数	100 个	约
10	每单体内蜂窝数	20 × 20 = 400 个	
11	每组合箱内蜂窝数	100 × 400 = 40 000 个	
12	迎风面总蜂窝数	40 000 × 26	
13	蜂窝总流通截面	37.44 m²	
14	迎风面/流通截面	58.9/37.44 = 1.573	
15	迎风面烟气流速	5.464 m/s	表 2.17
16	蜂窝内烟气流速	5.464 × 1.573 = 8.59 m/s	
17	催化反应时间	0.45 s	选取,推荐值
18	需要催化剂高度	8.59 × 0.45 = 3.86 m	
19	催化剂层数	2 层	
20	2 层催化剂高度	3.89 m × 2 = 7.78 m	取 8.0 m

应当指出,在本例题中,烟气流过蜂窝状流道的流速为 8.59 m/s,而一般设计规则要求在 6.0 m/s 左右。如果将烟气流速从 8.0 m/s 左右降至 6.0 m/s,则必然导致迎风面积扩大,催化剂层中的组合箱以及蜂窝数增加,虽然催化层高度有所下降,但总的制造成本会提高。此外,根据换热器的设计经验,当烟气流速超过 8.0 m/s 时,烟气就具备了一定的自吹灰能力,可以减少换热表面或反应表面的积灰。当然,提高烟气流速会带来流体阻力的增加。

由于催化层是由为数众多的立式元件组成,因而元件之间要有完善的密封结构,防止烟气的短路和泄漏。

在上述设计例题中,脱硝设备本身占有的烟道高度约为 8 m,两个省煤器占有的烟道高度约为 4 ～ 5 m,整个脱硝系统,包括省煤器、进出口高度和其他工艺过程所需要的高度,总计所需的烟道高度约为 15 ～ 25 m。

2.8　SCR 脱硝系统中的空气预热器设计

对于大型电站锅炉,经过脱硝后的烟气温度约在300 ～ 250 ℃ 之间,这部分余热的利用方式是设置空气预热器,以用来预热进入锅炉的空气。如图 2.29 所示。

图中显示了烟气脱硝及相关的余热利用系统。脱硝后的烟气经过重力或离心力除尘后,进入水平烟道,在水平烟道上安装空气预热器和大型的除尘器(布袋除尘或电除尘),最后,经过除尘后的烟气进入后续的脱硫系统。

考虑到后续的脱硫工艺需要利用排放的烟气余热,对烟气入口温度有一定的要求,因而在图 2.29 中,空预器的烟气出口温度定为 150 ℃ 左右,由此确定了空预器的烟气出口参数。

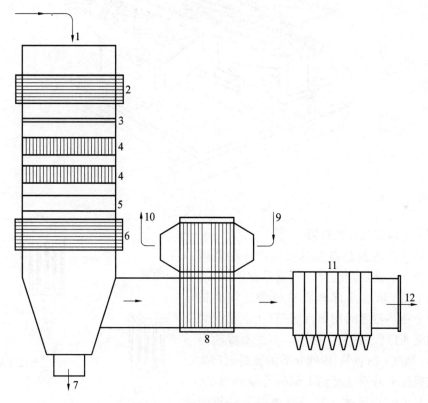

图 2.29　脱硝系统的余热利用

1— 烟气入口;2— 高温省煤器;3— 还原剂注入网栅;4— 催化剂层;5— 预留催化剂层;6— 低温省煤器;7— 排灰口;8— 空气预热器;9— 冷空气入口;10— 热空气出口;11— 除尘器;12— 烟气出口(流入脱硫系统)

空预器的结构选型是至关重要的,主要有 4 种结构形式可供选择:

(1) 光管式空预器:由多排光管管束组成,烟气走管外,空气走管内。由于结构比较简单,制造容易,成本较低,因而是目前广泛采用的结构形式。其缺点是:烟气侧和空气侧都是光管换热,传热系数很低,传热面积很大,质量和体积庞大;其次,空气和烟气的流动路径长,流动阻力大,且不便于维修和更换。

(2) 回转式空预器:高温的烟气和低温的空气分别流过一个大型转盘的两侧,转盘内部充满了吸热和放热元件,在转盘缓慢回转的过程中,传热元件将从高温烟气吸收的热量传给低温空气,如图2.30所示。由此可见,回转式空预器是依靠转盘内部的传热元件在旋转过程中的吸热和放热来传输热量的。

回转式空预器的优点是流动阻力低,其缺点是容易造成冷热流体的相互泄漏和掺混。一般情况下,冷热流体的掺混系数可达10%左右。虽然目前有大量应用实例,并进行了某些技术改进,但其冷热流体的泄漏和运转耗能两大缺点一直是难以克服的应用障碍。

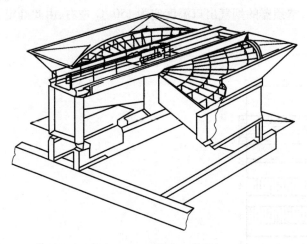

图2.30　回转式空预器

(3) 分离式热管换热器。

分离式热管换热器由蒸发器和冷凝器两个相对独立的换热器组成。蒸发器在下部,凝结器在上部,依靠内部介质的相变过程而传热。两个换热器之间用蒸汽通道(上升管)和凝液回流通道(下降管)相连。蒸发器吸收高温气体(烟气)的热量,中间介质因沸腾而产生的蒸汽通过上升管流动到上部的冷凝器凝结,并将热量传给冷流体。凝结液通过下降管回流到蒸发器。这样,依靠内部介质的连续相变,完成了热量的连续转移。其工作原理如图2.31所示。

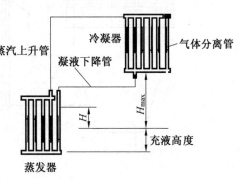

图2.31　分离式热管换热器

分离式热管换热器的优点是:

① 分离式热管换热器由两个相对独立的部分组成,每部分可方便地安装在需要吸热和放热的管道上,这样就避免了对管道系统做大的变化。

② 因为冷热两流体被完全隔离,两流体不会发生互相泄漏和互相掺混的情况,避免

了易燃易爆流体在换热过程中可能发生的安全事故。所以,当用烟气加热煤气时,采用分离式热管换热器是非常必要的。

③ 从一种热流体获得的热量,可用来加热两种不同的冷流体;反之,从两种热流体获得的热量,可用来加热一种冷流体。例如,在钢铁厂的热风炉余热回收系统中,用热风炉排气可同时加热煤气和空气。

对于分离式热管换热器,需要满足并保证下列条件:

① 保证运行压差。热管内的介质不是依靠外界动力驱动,而是依靠内部介质的液位差驱动。液位差是指冷凝器中的液位与蒸发器中的液位之差。为此,冷凝器应位于蒸发器之上,且保持一定的高度差,该高度差应足以克服管内介质的流动阻力。

② 管内介质一般都是在应用现场灌注,并需按热管制造工艺进行排气、充液和密封。需要防止管内不凝气体的产生和积聚。当设备因故停机时,管内会处于真空状态,空气会自动漏入,在开机运行时,需自动排气并补充介质。

③ 在余热回收的应用中,一般以水作为管内的工作介质,为了保证管内一直在正压状态下运行,管内运行温度需高于 100 ℃(在 1×10^5 Pa 以上)。

在烟气脱硝系统中,空预器应用条件是:烟气出口温度为 150 ℃,入口空气温度假定为 20 ℃,在空预器的低温换热部位,管内介质温度低于 100 ℃,这时,选用水作为热管工质是不合适的,需要选用低沸点工质,例如选用丙酮或甲醇,其在一个大气压下的沸点约为 50 ~ 80 ℃,可以保证空预器内的工质处于正压运行。但存在的问题是:在施工现场灌注这种易燃易爆且有一定毒性的工质是不方便的,工质的排气、补充和日常运行的管理也有一定困难。

鉴于上述原因,可得出下述结论:对烟气脱硝系统中的空气预热器,应用分离式热管换热器是不合适的。

(4) 整体型热管空气预热器。

整体型热管空气预热器是由整体而独立的热管元件组成的。当热流体和冷流体都是气体时,又称为气 – 气型热管换热器。在锅炉中的应用实例是吸收锅炉的低温排烟余热加热助燃空气的前置式热管空气预热器。如图 2.32 所示。

因为整体型热管空气预热器的热管元件是互相独立的,因而每支热管的制造也是独立的,管内介质的灌注和封口都是在制造

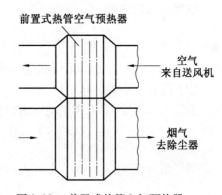

图 2.32　前置式热管空气预热器

厂内进行的。无论采用何种工质,都不会影响传热元件的正常运行。当管内运行压力低于 1×10^5 Pa 时,也不用担心管外气体的渗入。若个别热管因制造质量而传热性能下降,也不会影响整个系统的传热。安装时,只需将已制造好的元件按设计组装在一起即可,给换热器的制造、安装和运行带来很大方便。克服了分离式热管换热器现场灌注工质、现场制作等一系列难题。

综上所述,可以得出结论:在烟气脱硝系统中,应用整体型热管空气预热器是合适

的。

对于煤粉来说,采用选择性催化还原法(SCR)脱硝系统,需要注意逃逸氨对空预器的影响,煤粉炉产生的烟气中SO_2、SO_3相对较多,而且催化剂的使用使得SO_2更容易转化为SO_3,逃逸氨与SO_3及H_2O反应生成硫酸氢铵或硫酸铵,其在一定温度范围内呈液态,具有很大的黏性,极易吸附堵灰,因此在空预器的设计中,应注意空预器的防腐和防积灰功能。此外,一般要求氨逃逸量不宜大于2.5 mg/m^3。

在2.4节中,已对热管式空气预热器的设计做了详细说明,设计要点是:采用以加热段基管外表面积作为基准传热面积,以此面积为基准计算各项热阻和传热系数;传热热阻由8项分热阻组成,包括污垢热阻和管内外换热热阻。下面,以一台大型燃煤锅炉为例,说明整体式热管空预器的设计步骤。

例7 某煤矸石自备电厂2×480 t/h循环流化床锅炉,单台锅炉的净烟气量:$G_g =$ 183.7 kg/s,在进入空预器之前,在水平烟道上,烟气一分为二,分别进入两个并列的空预器,单体空预器的烟气流量为183.7 kg/s/2 = 91.85 kg/s。空预器的烟气进口温度为280 ℃,出口温度为150 ℃。空气入口温度为20 ℃,空气流量为73.5 kg/s。试设计一台整体型热管空气预热器。

冷热流体最低平均温度为$\frac{1}{2}(150 ℃ + 20 ℃) = 85 ℃$,该温度低于露点100 ℃,说明烟气侧有露点腐蚀的风险,因而50%的热管应选用抗露点腐蚀的ND钢。

设计步骤如下:

(1)热负荷计算。

烟气侧热负荷为

$Q = M_1 \times c_{p1} \times (T_1 - T_2) =$ 91.85 kg/s $\times 1.1$ kJ/(kg·℃) $\times (280 - 150)$℃ = 13 134.55 kW

空气出口温度为

$$t_2 = t_1 + \frac{Q}{c_{p2} \times M_2} = 20 ℃ + \frac{13\ 134.55\ kW}{1.005\ kJ/(kg·℃) \times 73.5\ kg/s} = 197.8\ ℃$$

式中 c_{p1},c_{p2}——分别为烟气和空气的比热。

(2)热管工质的选择。

烟气入口温度:280 ℃,空气出口温度:197.8 ℃,烟气入口处的管内蒸汽温度为

$$T_v \approx \frac{1}{2}(280 + 197.8)℃ = 238.9\ ℃$$

烟气出口温度:150 ℃,空气入口温度:20 ℃,烟气出口处热管的管内蒸汽温度为

$$T_v \approx \frac{1}{2}(150 + 20)℃ = 85\ ℃$$

根据管内温度的计算结果,选用水作为热管工质是合适的,水的适用温度范围为:50 ~ 250 ℃。

(3)迎风面质量流速和迎风面积。

选取烟气侧质量流速:$V_g = 4.5$ kg/(m^2·s)

烟气侧迎风面积:$F_g = 91.85$ kg/s/4.5 kg/(m^2·s) = 20.4 m^2 = 4.5 m × 4.53 m

取加热段长度$L_1 = 4.5$ m,管束宽度为4.53 m

选取空气侧质量流速:$V_a = 4.2$ kg/(m^2 · s)

空气侧迎风面积:$F_a = 73.5$ kg/s/4.2 kg/(m^2 · s) = 17.5 m^2 = 4.0 m × 4.35 m

(注:两段的宽度必需相等)

冷却段长度 $L_2 = 4.0$ m,管束宽度:4.35 m

加热段和冷却段的长度比:4.5 m/4.0 m

热管总有效长度:$L = 4.5$ m + 4.0 m = 8.5 m

热管工艺长度:约 8.8 m

(4) 翅片管选型。

翅片管种类:高频焊碳钢/ND 钢螺旋翅片管

基管直径:$\phi 42 × 3.5$ mm,翅片外径:$d_f = 72$ mm,翅片高度:15 mm,翅片厚度:$\delta = 1$ mm

翅片节距:烟气侧节距 8 mm;空气侧节距:6 mm

翅片管横向管间距:92 mm

纵向排列方式:等边三角形排列

横向热管排数:4 350/92 = 47(排)

(5) 管外换热系数的计算。

最窄流通截面上的质量流速:

烟气侧:

一个翅片节距内迎风面积:8 mm × 92 mm = 736 mm^2

一个翅片节距内最窄流动面积:8 mm × 92 mm – 15 mm × 1.0 mm × 2 – 42 mm × 8 mm = 370 mm^2

最窄截面烟气的质量流速:$G_m = 4.5$ kg/(m^2 · s) × $\dfrac{736}{370}$mm^2 = 8.95 kg/(m^2 · s)

空气侧:

一个翅片节距内迎风面积:6 mm × 92 mm = 552 mm^2

一个翅片节距内最窄流动面积:6 mm × 92 mm – 15 mm × 1.0 mm × 2 – 42 mm × 6 mm = 270 mm^2

最窄截面空气的质量流速:$G_m = 4.2$ kg/(m^2 · s) × $\dfrac{552 \text{ mm}^2}{270 \text{ mm}^2}$ = 8.59 kg/(m^2 · s)

烟气和空气在平均温度下的物性值见表 2.19。

表 2.19　烟气和空气在平均温度下的物性值

介质	平均温度 /℃	密度 /(kg · m^{-3})	导热系数 λ /(W · m^{-1} · ℃$^{-1}$)	比热 c_p /(kJ · kg^{-1} · ℃$^{-1}$)	动力黏度 $\mu × 10^{-6}$ /(kg · m^{-1} · s^{-1})	普朗特数 Pr
烟气	215	0.74	0.042	1.1	25.0	0.67
空气	109	0.94	0.032 1	1.009	22.0	0.688

烟气和空气侧的翅片管外换热系数按下式计算:

$$h = 0.137\,8\left(\frac{\lambda}{D_o}\right)\left(\frac{D_o G_m}{\mu}\right)^{0.718}(Pr)^{\frac{1}{3}}\left(\frac{Y}{H}\right)^{0.296}$$

式中　　h——翅片管外表面的换热系数，$W/(m^2 \cdot ℃)$；

　　　　D_o——翅片基管外径，$D_o = 0.042$ m；

　　　　Y——翅片间隙，其值分别为 0.007 m(烟气)，0.005 m(空气)；

　　　　H——翅片高度，为 0.015 m。

代入上式计算，有

烟气侧：

$$h = 0.137\ 8\left(\frac{0.042\ W/(m \cdot ℃)}{0.042\ m}\right)\left(\frac{0.042\ m \times 8.95\ kg/(m^2 \cdot s)}{25 \times 10^{-6}\ kg/(m \cdot s)}\right)^{0.718}(0.67)^{\frac{1}{3}}\left(\frac{0.007}{0.015}\right)^{0.296}$$

$$= 96.0\ W/(m^2 \cdot ℃)$$

空气侧：

$$h = 0.137\ 8\left(\frac{0.032\ 1\ W/(m \cdot ℃)}{0.042\ m}\right)\left(\frac{0.042\ m \times 8.59\ kg/(m \cdot s)}{22 \times 10^{-6}\ kg/(m \cdot s)}\right)^{0.718}(0.688)^{\frac{1}{3}}\left(\frac{0.005}{0.015}\right)^{0.296}$$

$$= 71.3\ W/(m^2 \cdot ℃)$$

(6)翅片效率的计算。

环形翅片的翅片高度：

$$L = 0.015\ m$$

$$L_c = L + \frac{t}{2} = 0.015\ m + 0.000\ 5\ m = 0.015\ 5\ m$$

烟气侧：

$$mL = L_c\sqrt{\frac{2h}{\lambda t}}\sqrt{1 + \frac{L}{2r_1}} = 1.251$$

其中　　λ——翅片材料的导热系数，对于碳钢，$\lambda = 40$ W/(m · ℃)，翅片厚度 $t = 0.001$ m · $2r_1 = D_0 = 0.042$ m，翅片高度 $L = 0.015$ m。

$$e^{mL} = 3.494, \quad e^{-mL} = 0.286$$

$$\tanh mL = \frac{e^{mL} - e^{-mL}}{e^{mL} + e^{-mL}} = 0.848\ 6$$

翅片效率：$\eta_f = \dfrac{\tanh mL}{mL} = \dfrac{0.848\ 6}{1.251} = 0.678$

空气侧：

$$mL = L_c\sqrt{\frac{2h}{\lambda t}}\sqrt{1 + \frac{L}{2r_1}} = 1.078$$

$$e^{mL} = 2.939, \quad e^{-mL} = 0.340$$

$$\tanh mL = \frac{e^{mL} - e^{-mL}}{e^{mL} + e^{-mL}} = 0.793$$

翅片效率：$\eta_f = \dfrac{\tanh mL}{mL} = \dfrac{0.793}{1.078} = 0.736$

(7)基管外表面换热系数 h_o。

$$h_o = h \times \frac{\eta_f \cdot A_f + A_b}{A_0}$$

其中，A_f 为翅片外表面积。

烟气侧：

$$A_f = [\pi(r_2^2 - r_1^2) \times 2] + 2\pi r_2 \times t = \pi(36^2 - 21^2)\ \text{mm}^2 \times 2 + 2\pi \times 36\ \text{mm} \times 1.0\ \text{mm}$$
$$= 5\,598.3\ \text{mm}^2$$

A_b 为裸管面积，$A_b = 2\pi r_1 \times Y = 2\pi \times 21\ \text{mm} \times (8 - 1)\ \text{mm} = 923.6\ \text{mm}^2$

A_0 为基管面积，$A_0 = 2\pi r_1 \times y = 2\pi \times 21\ \text{mm} \times 8\ \text{mm} = 1\,055.57\ \text{mm}^2$

其中　r_1, r_2——分别为翅片的内径和外径。

代入上式，$h_o = 429.2\ \text{W}/(\text{m}^2 \cdot ℃)$

翅化比：$\beta = \dfrac{A_f + A_b}{A_0} = 6.18$

空气侧：

$$A_f = [\pi(r_2^2 - r_1^2) \times 2] + 2\pi r_2 \times t = 5\,598.3\ \text{mm}^2$$

裸管面积：$A_b = 2\pi r_1 \times Y = 2\pi \times 21\ \text{mm} \times (6 - 1)\ \text{mm} = 659.7\ \text{mm}^2$

基管面积：$A_0 = 2\pi r_1 \times y = 2\pi \times 21\ \text{mm} \times 6\ \text{mm} = 791.68\ \text{mm}^2$

代入上式，$h_0 = 430.5\ \text{W}/(\text{m}^2 \cdot ℃)$

翅化比：$\beta = \dfrac{A_f + A_b}{A_0} = 7.9$

（8）传热热阻和传热系数（以加热段基管外表面为基准）。

烟气侧对流换热热阻为

$$R_1 = \frac{1}{h_1} = \frac{1}{429.2}(\text{m}^2 \cdot ℃)/\text{W} = 0.002\,329\,9\ (\text{m}^2 \cdot ℃)/\text{W}$$

烟气侧壁面导热热阻为

$$R_2 = \frac{d_o}{2\lambda_w}\ln\frac{d_o}{d_i} = \frac{0.042}{2 \times 40}\ln\frac{0.042}{0.035} = 0.000\,095\,7\ (\text{m}^2 \cdot ℃)/\text{W}$$

管内蒸发热阻为

$$R_3 = \frac{1}{h_e}\frac{d_o}{d_i} = \frac{1}{5\,000}\frac{0.042}{0.035}(\text{m}^2 \cdot ℃)/\text{W} = 0.000\,24\ (\text{m}^2 \cdot ℃)/\text{W}, h_e = 5\,000\ \text{为选取值}$$

管内凝结热阻为

$$R_4 = \frac{1}{h_c}\frac{d_o}{d_i}\frac{L_1}{L_2} = \frac{1}{10^4}\frac{0.042}{0.035} \times \frac{4.5}{4.0}(\text{m}^2 \cdot ℃)/\text{W} = 0.000\,135\ (\text{m}^2 \cdot ℃)/\text{W}, \text{假定}\ h_c = 10\,000$$

空气侧管壁导热热阻为

$$R_5 = \frac{d_o}{2\lambda_w}\ln\frac{d_o}{d_i} \times \frac{L_1}{L_2} = 0.000\,107\,6\ (\text{m}^2 \cdot ℃)/\text{W}$$

空气侧对流换热热阻为

$$R_6 = \frac{1}{h_2}\frac{L_1}{L_2} = \frac{1}{430.5} \times \frac{4.5}{4.0}(\text{m}^2 \cdot ℃)/\text{W} = 0.002\,613\,2\ (\text{m}^2 \cdot ℃)/\text{W}$$

烟气侧污垢热阻为

$$R_7 = \frac{r_{fl}}{\eta_{fl} \times \beta_1} = \frac{0.001\,76}{0.678 \times 6.18}(\text{m}^2 \cdot ℃)/\text{W} = 0.000\,42\ (\text{m}^2 \cdot ℃)/\text{W}$$

空气侧污垢热阻为

$$R_8 = \frac{r_{f2}}{\eta_{f2} \times \beta_2} \times \frac{L_1}{L_2} = \frac{0.000\ 172}{0.736 \times 7.9} \times \frac{4.5}{4.0}(\text{m}^2 \cdot \text{℃})/\text{W} = 0.000\ 033\ 2\ (\text{m}^2 \cdot \text{℃})/\text{W}$$

总传热热阻为

$$\frac{1}{U_o} = R_1 + R_2 + R_3 + R_4 + R_5 + R_6 + R_7 + R_8 = 0.005\ 974\ 6\ (\text{m}^2 \cdot \text{℃})/\text{W}$$

传热系数 $U_o = 167.4\ \text{W}/(\text{m}^2 \cdot \text{℃})$

（9）传热温差。

烟气由 280 ℃ 降至 150 ℃，空气由 20 ℃ 升至 197.8 ℃，纯逆流换热为

$$\Delta T_{\text{ln}} = \frac{(150 - 20) - (280 - 197.8)}{\ln \dfrac{150 - 20}{280 - 197.8}} = 104.3\ \text{℃}$$

（10）传热面积和热管数目。

以加热段基管外表面为基准的传热面积：

$$A_0 = \frac{Q}{U_0 \Delta T_{\text{ln}}} = \frac{13\ 134.55 \times 10^3\ \text{W}}{167.4\ \text{W}/(\text{m}^2 \cdot \text{℃}) \times 104.3\ \text{℃}} = 752.3\ \text{m}^2，取\ 10\%\ 设计余量，则$$

$$A_0 = 752.3\ \text{m} \times 1.1\ \text{m} = 827.5\ \text{m}^2$$

热管数目

$$N = \frac{A_0}{\pi \times d_0 \times L_g} = \frac{827.5}{\pi \times 0.042 \times 4.5}\ 支 = 1\ 394\ 支$$

纵向管排数：$N_2 = N/N_1 = 1\ 394\ 支/47 = 29.7\ 排$，取 30 排

实取热管数：$N = N_1 \times N_2 = 47 \times 30\ 支 = 1\ 410\ 支$

实取加热段传热面积：$A_0 = (\pi \times 0.042 \times 4.5 \times 1\ 410)\text{m}^2 = 837.2\ \text{m}^2$

实取冷却段传热面积：$A_0 = (\pi \times 0.042 \times 4.0 \times 1\ 410)\text{m}^2 = 744.2\ \text{m}^2$

（11）流动阻力计算。

烟气流动阻力：

$$\Delta p = f \cdot \frac{N_2 \times G_m^2}{2\rho}$$

$$f = 37.86(G_m D_b/\mu)^{-0.316}(s_1/D_b)^{-0.927}$$

式中　　G_m——最窄截面质量流速，$G_m = 8.95\ \text{kg}/(\text{m}^2 \cdot \text{s})$；

　　　　N_2——纵向管排数，$N_2 = 30$；

　　　　D_b——基管外径，$D_b = 0.042\ \text{m}$；

　　　　s_1——横向管间距，$s_1 = 0.092\ \text{m}$；

计算结果：

$$f = 37.86 \left(\frac{0.042 \times 8.95}{25 \times 10^{-6}}\right)^{-0.316} \left(\frac{92}{42}\right)^{-0.927} = 0.876$$

$$\Delta p = 0.876 \times \frac{30 \times 8.95^2}{2 \times 0.74}\text{Pa} = 1\ 422\ \text{Pa}$$

空气流动阻力：

$$f = 37.86 \left(\frac{0.042 \times 8.59}{22 \times 10^{-6}} \right)^{-0.316} \left(\frac{92}{42} \right)^{-0.927} = 0.852$$

$$\Delta p = 0.852 \times \frac{30 \times 8.59^2}{2 \times 0.94} \mathrm{Pa} = 1\ 003\ \mathrm{Pa}$$

（12）质量和单管传热量。

热管单质量:60.8 千克／支

热管总质量:85.7 t

设备总质量:120 t(约)

单管传热量:$q = \dfrac{Q}{N} = \dfrac{13\ 134.55}{1\ 410} = 9.3\ \mathrm{kW}$

（13）整体结构。

热管空预器的整体结构形式如图 2.33 所示。纵向 30 排管可以分成 3 个模块,每模块为纵向 10 排,模块之间密封连接。热管元件的详细结构、制造工艺和安装方法需由专业设计和制造厂家提供。

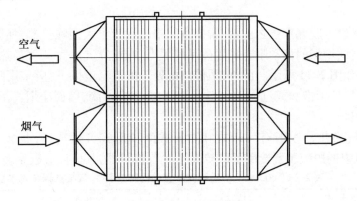

图 2.33　热管空预器的整体结构

2.9　湿法烟气脱硫系统中的气 – 气换热器

石灰石／石膏湿法烟气脱硫工艺是应用最广泛、脱硫效果最好的烟气脱硫工艺。该工艺采用石灰石做脱硫吸收剂,通过向吸收塔内喷入吸收剂浆液与烟气均匀混合,在吸收塔内完成烟气的脱硫过程。湿法脱硫装置的工艺流程如图 2.34 所示。

为了在吸收塔中顺利实现烟气的脱硫,进入吸收塔前的原烟气温度只有在低于水的沸点温度 100 ℃ 时,才能进入吸收塔进行脱硫。一般情况下,来自空预器出口的烟气温度在 150 ℃ 左右,所以,在进入吸收塔之前,对其进行降温冷却是必要的。

从吸收塔排出的净烟气温度在 45 ~ 50 ℃ 之间,为湿饱和状态,如将其直接排向大气,由于扩散能力低,容易在烟囱附近形成水雾,造成对环境的污染,因此,需要将净烟气加热升温,升温后的净烟气温度应达到 80 ℃ 以上,再排入烟囱。

由此可见,在脱硫系统中,流入的原烟气需要降温,而排出的净烟气需要升温。烟气的这一升温和降温过程,恰好形成了一个余热回收和利用的链条。为此,需要设置一台气－气换热器,将从原烟气吸收的热量加热到净烟气中去。

气－气换热器的相关系统如图2.34所示。

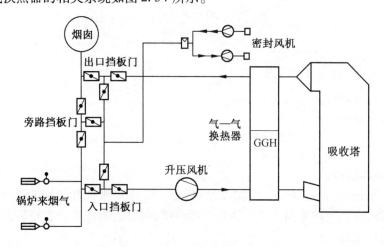

图2.34　气－气换热器相关系统

在烟气进入脱硫系统之前,在脱硝系统中已设置了大型除尘器,如图2.29所示。为了克服烟气侧增加的流动阻力和脱硫系统阻力,在烟气进入气－气换热器之前需设置高压鼓风机,如图2.34所示。此外,因传热面处于露点温度以下,应采用防腐材质;对净烟气侧,因烟气处于饱和或过饱和状态,烟气中会含有水滴,因而净烟气换热侧应设置一定的排水管道。

气－气换热器一般有回转式和热管式两种形式可供选择,某大型发电厂的一台600 MW机组的脱硫装置选用了回转式气－气换热器,其设计参数见表2.20。

表2.20　600 MW机组脱硫装置的回转式气－气换热器技术参数

换热器形式	回转再生式	布置方式	主轴立式
泄漏量(原→净)	< 1%	气流方向	原烟气向上,净烟气向下
吹扫介质	压缩空气,水	吹扫空气流量	1 470 Nm³/h
原烟气入口流量	2 187 611 Nm³/h(湿态)	净烟气入口流量	2 307 237 Nm³/h(湿态)
原烟气入口温度	125.1 ℃	净烟气入口温度	45.3 ℃
原烟气出口温度	87.5 ℃	净烟气出口温度	> 80 ℃
原烟气入口压力	3 600 Pa(表压)	净烟气入口压力	800 Pa(表压)
原烟气侧压降	< 500 Pa	净烟气侧压降	< 500 Pa
原烟气管口尺寸	15 748 × 6 109 mm²	净烟气管口尺寸	15 748 × 6 109 mm²
转速	1.25 r/m	换热表面积	28 863 m²
传热量	29 930 kW	换热器质量	298 t
换热原件	碳钢片镀搪瓷,仓格式	壳体材料	碳钢涂玻璃鳞片树脂

应当指出,回转式换热器的漏气性和漏气量是难以控制的,尤其在脱硫系统中,原烟气的运行压力大大高于净烟气的运行压力,会使部分尚未脱硫的原烟气漏入净烟气中,使整体的脱硫效果下降。此外,由于原烟气和净烟气与换热元件之间的换热都是低温下的非稳态换热,换热温差小,换热效果差,会大大增加传热面积和成本。

如果在脱硫系统中应用热管式气－气换热器,则具有下列优点:

（1）彻底避免了原烟气和净烟气之间的泄漏和掺混。

（2）可以采用某种形式的翅片管,使冷热烟气之间的传热系数大大增加。

（3）冷热流体之间为纯逆流换热,传热温差达最高值。

（4）热管元件立式放置,可使冷热烟气都横向流动,便于现场布置。

热管换热器有分离式热管换热器和整体式热管换热器两种。不少文献推荐采用分离式热管换热器,分离式热管换热器由蒸发器和冷凝器两个换热器组成,依靠内部中间介质将在蒸发器中从热流体吸收的热量传至冷凝器外部的冷流体。如果在湿法脱硫系统中采用分离式热管换热器,由于原烟气和净烟气的温度水平较低,使得中间介质的运行温度低于 100 ℃,如果用水作为中间介质,则内部处于真空状态,容易造成管外空气的渗入,从而影响系统的传热和正常运行。鉴于上述,在湿法脱硫系统中采用分离式热管换热器是不合适的。

整体式热管换热器是由独立的热管元件组成的,不存在现场制作、介质泄漏和真空破坏的风险,现场安装比较灵活,可以以模块的形式制造和安装,比较适合应用于湿法脱硫系统中。下面通过一个应用实例说明整体式热管换热器的设计结果。

例 6　某 300 MW 燃煤发电机组的湿法脱硫系统,气 – 气热管换热器的已知参数为:原烟气流量为 198.7 kg/s , 入口温度为 135 ℃, 出口温度为 85 ℃; 净烟气流量为 207.5 kg/s,入口温度 45 ℃。整体式热管换热器的设计步骤和设计结果见表 2.21。

表 2.21　整体式热管换热器的设计

序	参数	符号	单位	加热段	冷却段	注
1	流量	M	kg/s	198.7	207.5	
2	入口温度		℃	135	45	
3	出口温度		℃	85	93.8	
4	热负荷	Q	kW	10 630.45	10 630.45	忽略散热
5	流动方式			纯逆流	纯逆流	
6	热管工质			水	水	选择
7	热管材质			ND 钢	ND 钢	抗腐蚀
8	热管外径	D_0	mm	51	51	一体
9	热管内径	D_i	mm	43	43	选择
10	迎面质量流速	G	kg/(m² · s)	4.5	4.8	选择
11	迎风面积	F	m²	44.16	43.2	M / G
12	迎风面宽度		m	8.16	8.16	
13	传热段高度	L_1, L_2	m	5.4	5.3	有效长度
14	烟气平均温度		℃	110	69.4	
15	烟气平均密度	ρ	kg/m³	0.93	1.05	
16	烟气迎风面流速	v	kg/s	4,84	4.29	G/ρ
17	横向管间距		mm	102	102	选取
18	横向管排数			80	80	8160/102
19	翅片管高度	h	mm	15	15	环形螺旋翅片
20	翅片厚度		mm	1.2	1.2	选择

续表 2.21

序	参数	符号	单位	加热段	冷却段	注
21	翅片节距		mm	8.0	8.0	选择
22	翅化比	β		5.94	5.92	
23	最窄截面质量流速	G_m	kg/(m²·s)	9.87	10.5	
24	最窄截面流速	V_m	m/s	10.6	10.0	
25	翅片管外换热系数	h	W/(m²·℃)	84.3	85.3	
26	翅片效率	η_f		0.74	0.74	
27	基管外换热系数	h_0	W/(m²·℃)	389.3	393.9	
28	管外换热热阻	R_1,R_2	(m²·℃)/W	0.002 568 7	0.002 586 6	加热段外表面为基准
29	管内换热热阻	R_3,R_4	(m²·℃)/W	0.000 2	0.000 101 8	加热段外表面为基准
30	管壁热阻	R_5,R_6	(m²·℃)/W	0.000 108 7	0.000 110 8	加热段外表面为基准
31	污垢热阻	R_7,R_8	(m²·℃)/W	0.000 4	0.000 41	加热段外表面为基准
32	总热阻	R_0	(m²·℃)/W	0.006 486 6		加热段外表面为基准
33	传热系数	U_0	W/(m²·℃)	154.2		加热段外表面为基准
34	传热温差	ΔT	℃	40.6		加热段外表面为基准
35	传热面积	A_0	m²	1 698		加热段外表面为基准
36	单管面积	A_1	m²	0.865		加热段面积
37	热管数目	N	支	1 963		A_0/A_1
38	实取热管数	N	支	2 400		安全系数 1.2
39	纵向管排数	N_1	排	2 400/80 = 30		
40	烟气阻力	Δp	Pa	1 292	1 231	
41	单管重量		kg	99.5		
42	热管总重		t	238.8		
43	设备总重		t	290		约重

设计说明：

（1）上表只给出计算结果，计算公式和计算过程可详见 2.8 节的例题；

（2）由计算结果可见，该气 - 气换热器中，原烟气和净烟气之间的传热温差过低，只有约 40 ℃，是造成传热面积过大的主要原因。

（3）为了方便制造、运输和现场安装，可以将整台换热器沿烟气流道方向划分为 6 个模块，每个模块为纵向 5 排管，约 50 t。也可以将做好的热管元件在现场安装。

（4）在现场安装时，各模块之间要确保有良好的密封。

热管元件的设计和制造要按照热管的特殊工艺要求进行，一般应由热管制造厂家生产。

该设计例题的整体结构与图 2.33 相近，只是沿烟气流道方向划分为 6 个模块，每模块为纵向 5 排管。

第3章　余热发电和热电联产

3.1　余热发电 —— 高质量的余热利用

第2章讲述的在锅炉系统中的余热回收,主要是从余热的"量"的方面进行回收,关心的是回收了多少热量。本章所讲的是余热发电,是指从"质"的方面进行余热回收,将回收的余热转换为电能或动力,即转换为高质量的能量。

根据热力学第一定律,余热的"量"主要用参数"焓"来表示,而余热的"质"用"㶲"来表示,因为只有余热的可用能部分才可能转换为动力。统计表明,在10余个主要的工业部门所排放的总余热中,不同产业所排放的余热的"焓"所占的比例和余热的"㶲"所占的比例是各不相同的。表3.1列出了其中的电力工业、钢铁工业和化学工业所排放的总余热中"焓"和"㶲"所占有的比例。

表 3.1　不同工业余热的"焓"和"㶲"的百分比

工业种类	主要设备	分类	名称	温度/℃	余热的"焓"/%	余热的"㶲"/%
电力工业	汽轮机 蒸汽锅炉	液 气	冷却水 排烟气	27 180	30.4 3.3 合计:33.7	12.1 7.1 合计:19.2
钢铁工业	烧结炉 高炉炼焦炉 转炉 钢坯延压炉,热 风炉	固 熔融 液 气	烧结矿 炉渣 冷却水 排气	900～1 200 1 500 50 250～1 400	6.2 2.0 1.4 6.9 合计16.5	21.5 8.1 0.5 15.2 合计45.3
化学工业	精制 反应 回收	气 液 液	排气 冷却水 凝结水	200 60 60	合计39.9	合计25.4

表中所列出的百分比是对众多工业系统而言的百分比。由表可知,电力工业从排热的数量来看,占总余热资源的33.7%,但主要是低温冷却水的排热,占30.4%,因温度水平太低,可用能很小。而钢铁工业,虽然余热的焓的总量不及电力工业,仅占16.2%,但因排热温度很高,无论固体余热,液体余热,还是气体余热,温度水平都很高,即余热的质量很高,其可用能即"㶲"的总量占全部排热可用能的45.3%。化学工业的排热可用能占25.4%,主要体现在排气和冷却水中。所以,如何从排气和排液中发现并回收可用能,是余热的动力转换的主要任务,也是余热发电的目标所在。

关于余热的"质",除了考虑其可用能的大小之外,为了便于回收,还要考虑下列因素:

（1）余热数量、温度的波动性小；

（2）余热源不宜过于分散，最好是一个余热源；

（3）排热介质中所含的灰分和腐蚀性物质较少；

（4）余热量较大，足以使动力回收装置有一定的规模。

由此可见，根据表3.1，在钢铁工业和化学工业的排出余热中，含有的"炯"，即可用能最多，是余热发电的主要应用领域。

余热的动力转换有两种形式：一是转换为电力，即利用余热来发电；二是转换为动力，例如推动压缩机做功。但主要的转换形式是发电，所以本章主要讲述余热发电系统的原理、设计和应用。

典型的余热发电系统如图3.1所示。

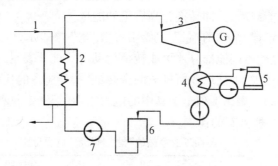

图3.1　余热发电系统

1— 排气;2— 余热锅炉;3— 汽轮机发电机组;

4— 凝汽器;5— 冷水塔;6— 除氧器;7— 循环泵

图3.1所示的是一台凝汽式发电机组的发电系统。余热的载体 —— 排气进入余热锅炉中，由余热锅炉产生的蒸汽流入汽轮机的进气口，推动汽轮发电机组发电。凝汽式汽轮机是将输入的蒸汽能量全部用于发电，由汽轮机排出的蒸汽压力很低，排汽温度接近环境温度，通过冷却水和冷水塔系统的冷却后，低温排汽变成了低温的凝结水，再经过除氧器，由循环泵加压后注入余热锅炉中，从而完成了发电过程的循环。

由图可见，余热发电系统的相关设备很多，其中最主要的设备是余热锅炉和透平发电机组。余热锅炉需要根据余热载体的情况单独设计和制造，而发电机组只要选型和定制就可以了。对于一个余热发电工程，首先需要进行下列3方面的技术分析工作：

（1）根据余热资源的参数，合理地选择余热发电系统的热力学参数，并对余热发电的过程进行热力学分析。

（2）根据余热资源的参数和特点，设计余热锅炉，并确定余热锅炉的结构形式。

（3）选择透平发电机组的型号、性能和相关参数。

3.2　余热发电的参数选择和热力过程

1. 蒸汽参数的选择

用于发电的余热锅炉是余热动力转换的关键设备。余热锅炉将吸收的余热传递给做功的介质,产生具有一定压力和温度的蒸汽。在余热锅炉的设计中,蒸汽压力是重要的设计参数。在非用于发电的余热回收系统中,余热锅炉所生产的蒸汽直接用于工厂的工艺过程或满足用户对蒸汽的直接需求,这时,应根据工艺过程或用户的需要尽量选用较低的蒸汽压力参数。例如,当生产工艺过程所需要的最高蒸汽压力为 0.3 MPa 时,考虑到蒸汽流通管道的压力损失,余热锅炉的蒸汽压力选用 0.4 MPa 就足够了。如果选用过高的蒸汽压力,由于余热锅炉中烟气与水(蒸汽)之间的传热温差变小,就需要加大受热面面积,从而增加了余热锅炉的成本。对于用于发电的余热锅炉,则应根据余热载体的温度水平选择较高的蒸汽压力和蒸汽温度,并需提供过热蒸汽,使提供的蒸汽具有更大的做功能力。从热力学的观点,所产成的蒸汽应具有较大的㶲值,使每公斤蒸汽提供尽可能多的有效能。在 1.3 节中,给出了㶲的计算式:

$$E = mc_p(T - T_0)\left(1 - \frac{T_0}{T - T_0}\ln\frac{T}{T_0}\right) \tag{3.1}$$

$$E = m[h - (T_0 \times s)] \tag{3.2}$$

应当注意的是,式中 m 是流体的质量流量,单位是 kg/s,E 的单位是 kJ/s,即 kW。

式中　　T——工质温度,K;

　　　　h——工质在温度 T 下的焓,kJ/kg;

　　　　T_0——环境温度,K;

　　　　s——工质在温度 T 下的熵,kJ/(kg·K)。

由上式计算表明,在环境温度和质量流量一定的情况下,随着工质温度的升高,工质的"㶲"值是增加的。

余热锅炉是一个热交换设备,需要计算的是热流体(烟气或排气)进口的"㶲"和冷流体(蒸汽)出口的"㶲"。为了计算出在不同的压力和温度下蒸汽的"㶲"值,为蒸汽参数的选择提供依据,下面对所举例题进行了系列计算,计算的依据和条件是:

(1)烟气的入口温度分别为 300 ~ 800 ℃,共 7 组;

(2)蒸汽的饱和压力分别为 0.2 ~ 5.0 MPa,共 7 组;

(3)烟气的出口温度选取比蒸汽出口温度高 20 ℃;

(4)冷流体的进口是饱和水,出口是饱和水蒸气。

(5)环境温度选取 293 K;

(6)蒸汽出口的熵值由文献[25]提供的数据查取。

例 1　一个计算例题如下:

蒸汽压力:1.0 MPa

蒸汽饱和温度:179.9 ℃

烟气入口温度:$T_1 = 600$ ℃ = 873 K

烟气出口温度:$T_2 = 179.9$ ℃ + 20 ℃ = 199.9 ℃ = 472.9 K

环境温度:$T_0 = 293$ K(选取)

烟气流量:$m_1 = 1$ kg/s(选取)

解　由式(3.1),烟气在入口处的"㶲"值:

$$E_1 = m_1 c_{p1}(T_1 - T_0)\left(1 - \frac{T_0}{T_1 - T_0}\ln\frac{T_1}{T_0}\right)$$

余热回收的原理与设计

$$= 1.0 \times 1.1 \times (873 - 293)\left(1 - \frac{293}{873 - 293}\ln\frac{873}{293}\right) \text{ kJ/s} = 286.1 \text{ kJ/s}$$

其中,烟气的平均比热容 $c_{p1} = 1.1 \ (\text{kJ/kg} \cdot \text{℃})$。

烟气放热量:

$$Q = m_1 c_{p1}(T_1 - T_2)$$
$$= 1 \times 1.1 \times (873 - 472.9)\text{kJ/s} = 440.1 \text{ kJ/s}$$

蒸汽流量:$m_2 = \dfrac{Q}{r} = \dfrac{440.1}{2103.6}\text{kg/s} = 0.2186 \text{ kg/s}$

其中 r—— 蒸汽的汽化潜热,$r = 2013.6 \text{ kJ/kg}$。

由文献[25]查表,蒸汽出口的熵值:$s_2 = 6.5828 \text{ kJ/(kg} \cdot \text{K)}$

蒸汽出口处的"㶲"值,由式(3.2):

$$E_2 = m_2[h - (T_0 \times s_2)] = 0.2186 \times [2776.2 - (293 \times 6.5828)]\text{kg/s} = 185.3 \text{ kJ/s}$$

式中,蒸汽出口处的焓 $h = 2776.2 \text{ kJ/kg}$。

由此可见,蒸汽出口的㶲要小于烟气入口的"㶲",即 $E_2 < E_1$,这说明,在传热过程中,当热量从热流体传给冷流体后,由于温度的下降,冷流体的"㶲"要有所减小。

在不同参数下,蒸汽在出口处"㶲"值的计算结果见表3.2。

表3.2 不同条件下蒸汽的"㶲"值

蒸汽参数		饱和压力 MPa	0.2	0.5	1.0	2.0	3.0	4.0	5.0
		饱和温度 ℃	120	151.8	179.9	212.2	233.8	250.3	263.9
烟气入口温度	800 ℃	蒸汽"㶲" kJ/s	203.8	245.8	277.8	311.0	**331.3**	**347.6**	**361.2**
	700 ℃	蒸汽㶲 kJ/s	172.9	206.6	231.5	**256.1**	**270.7**	**282.0**	**291.4**
	600 ℃	蒸汽㶲 kJ/s	142	167.5	185.3	**201.4**	**210.0**	**216.4**	**221.3**
	500 ℃	蒸汽㶲 kJ/s	111.1	128.38	138.9	**146.6**	**149.3**	**150.8**	**151.8**
	400 ℃	蒸汽㶲 kJ/s	80.4	**89.2**	**92.6**	**91.8**	88.6	85.15	81.3
	300 ℃	蒸汽㶲 kJ/s	**49.5**	**50.1**	46.4	37.1	28.0	19.4	

应当指出,由于表中的数据是在 1 kg/s 烟气流量的条件下得出的,因而表中的数据仅具有互相比较的意义。表中,用粗体标注的数据是"㶲"值较高的数据,也就是说,该数据对应的蒸汽参数具有较高的做功能力,可以作为选择蒸汽参数的参考。例如,当烟气

· 162 ·

的入口温度为 600 ℃ 时,2.0 ~ 5.0 MPa 的蒸汽具有较高的可用能。根据表 3.2,推荐的余热锅炉的饱和蒸汽参数见表 3.3。

表 3.3　推荐的蒸汽压力和蒸汽温度

烟气入口温度/ ℃	饱和蒸汽压力/ MPa	饱和蒸汽温度/ ℃
300	0.2 ~ 0.5	120 ~ 152
400	0.5 ~ 2.0	152 ~ 212
500	2.0 ~ 3.0	212 ~ 234
600	2.0 ~ 3.5	212 ~ 242
700	2.0 ~ 4.0	212 ~ 250
800	3.0 ~ 4.5	235 ~ 257

应当指出,表 3.3 推荐的蒸汽参数与表 3.2 推荐的蒸汽参数相比,蒸汽压力和温度选取了偏低的数字,这是为了给过热器的设置留下升温的空间。考虑到表 3.2 适用于余热锅炉仅设置蒸发受热面并仅提供饱和蒸汽的情况,而用于发电的余热锅炉提供的都是过热蒸汽,过热蒸汽的㶲值在同样的压力下要高于饱和蒸汽的㶲值,即具有更大的做功能力。因而表 3.3 中推荐的饱和蒸汽温度为过热器留下了升温空间。例如,当入口烟气温度为 700 ℃ 时,由表 3.3 选取的饱和蒸汽压力为 4.0 MPa,对应的饱和温度为 250 ℃,在过热器中,蒸汽温升 150 ℃,则过热蒸汽出口温度达到 250 ℃ + 150 ℃ = 400 ℃。

应当指出,对于发电用的余热锅炉,其出口的蒸汽参数应尽量满足或靠近所选汽轮机的参数要求。例如,一组发电用汽轮机的进汽参数见表 3.4,表中所列数值,允许有 1% ~ 2% 偏差。表中的蒸汽过热度偏高,因为与其配套的是燃煤的蒸汽锅炉,对于余热锅炉,因其热源温度远远低于一般锅炉的燃烧室温度,所以,余热锅炉的产汽过热度应选取较低的数值,见表 1.24。

表 3.4　汽轮机的进汽参数

进汽绝对压力 /MPa	进汽温度/℃	蒸汽过热度/℃
1.7	350	146
2.3	380	160
3.15	420	184
3.9	450	201

正如 1.7 节所指出的,在余热锅炉中,除了蒸发器之外,一般都要安装省煤器和过热器:在低温部增设省煤器可以回收更多的余热,扩大余热锅炉的蒸发量,在高温部增设过热器可以提高蒸汽的品质,即提高蒸汽的"㶲"值。若同时增设省煤器和过热器,蒸汽从量和质两个方面都会得到提高。

2.余热发电的热力过程

余热发电的典型系统和主要设备如图 3.1 所示。余热发电厂和通常的发电厂一样,都是以水和蒸汽作为工质,以蒸汽为动力的。工质水在余热锅炉中吸收热量变成了储藏着做功能力的蒸汽,蒸汽在汽轮机中做完功后,凝结成水又回到了锅炉,从而形成了工质的热力循环。从工质的焓值变化的角度研究这一循环过程,可以更清晰地了解和计算循环中各部分的能量变化。

蒸汽动力装置的循环称为朗肯循环,一般用焓 – 熵图表示,如图 3.2 所示。图中,界限曲线右上部是过热蒸汽区,曲线下面是湿蒸汽区,左侧的界限曲线上蒸汽的干度 $x = 0$,右侧的界限曲线上蒸汽的干度 $x = 1$。因纵坐标为焓值,因而可以很方便地计算出在循环的各个阶段工质焓值的变化。

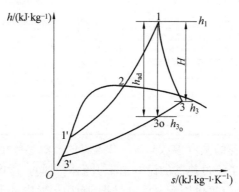

图 3.2　蒸汽动力装置的朗肯循环

图中,$3' – 1' – 1$ 是工质在余热锅炉中的被加热过程,其中,$3' – 1'$ 是水在锅炉中的单相加热过程,相等于在省煤器中的加热过程,在 $1'$ 处开始沸腾,从 $1'$ 点到干度曲线上的 2 点是水的汽化过程,相等于余热锅炉蒸发器中的汽化过程,在 2 点处,工质水全部变成了干饱和蒸汽。从曲线上的 2 点至过热蒸汽区的 1 点代表水蒸气的过热过程,相等于蒸汽在余热锅炉过热器中的被加热过程。

直线 $1 – 3_o$ 是蒸汽在汽轮机中的等熵膨胀过程,是对外做功的理想过程,但由于在流经汽轮机时的摩擦消耗了一部分能量,因而 $1 – 3_o$ 所示的等熵膨胀过程是不能实现的,蒸汽在汽轮机中的实际膨胀过程如 $1 – 3$ 所示。汽轮机中的实际焓降 H 要小于理想情况下的焓降 H_{ad}。注意到,3 点的位置已进入湿蒸汽区,这是凝汽式透平为了降低排汽温度经常采用的方案。曲线 $3 – 3'$ 代表蒸汽在凝汽器中的凝结放热过程,到达 $3'$ 点之后,说明凝结下来的水经过给水泵进入了余热锅炉中,从而完成了一个循环。应当指出,凝结水经过给水泵增压后其焓值增加很少,因而增压前和增压后水的焓值都由 $3'$ 点表示。

对于凝汽式汽轮机,蒸汽从余热锅炉中吸收的热量为 $(h_1 – h_{3'})$,而在汽轮机中膨胀所做的功为 $(h_1 – h_3)$,在凝汽器中放出的热量为 $(h_3 – h_{3'})$。

由图 3.2 所示的循环过程,可定义下列各循环特性:

(1) 汽轮机内效率:$\eta_t = \dfrac{H}{H_{ad}} = \dfrac{h_1 – h_3}{h_1 – h_{3_o}}$,此值一般在 0.8 左右。

(2) 送电端的发电量:
$$P = D(h_1 – h_{3_o})\eta_t\eta_1\eta_2 = D(h_1 – h_3)\eta_1\eta_2 \quad (kW)$$

式中　D——流入凝汽器中的蒸汽流量,kg/s;

　　　h_1——汽轮机入口处(1 点)蒸汽的焓值,kJ/kg;

　　　h_3——汽轮机出口处(3 点)蒸汽的焓值,kJ/kg;

　　　η_t——汽轮机内效率;

　　　η_1——汽轮机的机械效率;

η_2—— 发电机效率。

（3）每度电的蒸汽耗率：$d = \dfrac{3\ 600}{(h_1 - h_{3_0})\eta_t\eta_1\eta_2} = \dfrac{3\ 600}{(h_1 - h_3)\eta_1\eta_2}$ kg/（kW·h）

（4）每度电的热耗率：

$$q = d(h_1 - h_{3'})\ \text{kJ/（kW·h）}$$

（5）对于凝汽式汽轮机发电机组，包含锅炉在内的能源利用率：

$$\eta = \frac{h_1 - h_3}{h_1 - h_{3'}}\eta_1\eta_2\eta_3\eta_4$$

式中，η_1　　汽轮机的机械效率；

　　η_2—— 发电机效率；

　　η_3—— 锅炉热效率，对余热锅炉：

　　η_3—— 在锅炉中介质吸收的热量／余热载体输入的热量；

　　η_4—— 管道效率。

（6）发电装置效率：$\eta_0 = \dfrac{h_1 - h_3}{h_1 - h_{3'}} \times \eta_1 \times \eta_2$

例2 有一座余热发电工程，其技术参数和技术要求如下：

余热载体：炼钢炉排气，流量为 80 000 kg/h = 22.22 kg/s

排气入口温度：800 ℃，排气出口温度为 180 ℃

选取蒸汽压力为 4.0 MPa，对应饱和温度为 250.3 ℃

锅炉给水温度即凝结水温度为 40 ℃，对应的焓值为 167.5 kj/kg

锅炉蒸汽出口温度为 450 ℃，过热度为 199.7 ℃，对应的焓值为 3 331.2 kj/kg

汽轮机形式：凝汽式汽轮机，蒸汽排出压力为 0.007 5 MPa，排汽温度为 40 ℃，焓值为 2 574.9 kJ/kg。

解 余热发电的方案设计如下：

（1）余热锅炉热负荷。

$Q = m \times c_p \times (T_1 - T_2) = 22.22\ \text{kg/s} \times 1.18\ \text{kJ/（kg·℃）} \times (800 - 180)℃ = 16\ 256\ \text{kW}$

式中　m, c_p—— 分别为排气的流量和比热。

（2）蒸汽产量（按图 3.2 中的符号）。

$$D = \frac{Q}{h_1 - h_{3'}} = \frac{16\ 256\ \text{kW}}{3\ 331.2\ \text{s} - 167.5\ \text{s}} = 5.138\ \text{kg/s}$$

（3）送电端的发电量。

$$P = D(h_1 - h_3)\eta_1\eta_2$$
$$= 5.138\ \text{kg/s} \times (3\ 331.2 - 2\ 574.9)\text{kJ/kg} \times 0.98 \times 0.96 = 3\ 655.9\ \text{kW}$$

（4）每度电的蒸汽耗率。

$$d = \frac{3\ 600}{(h_1 - h_3)\eta_1\eta_2} = \frac{3\ 600\ \text{s/h}}{(3\ 331.2 - 2\ 574.9)\text{kJ/kg} \times 0.98 \times 0.96} = 5.06\ \text{kg/（kW·h）}$$

（5）包含余热锅炉在内的能源利用效率。

$$\eta = \frac{h_1 - h_3}{h_1 - h_{3'}}\eta_1\eta_2\eta_3\eta_4 = \frac{3\ 331.2\ \text{kJ/kg} - 2\ 574.9\ \text{kJ/kg}}{3\ 331.2\ \text{kJ/kg} - 167.5\ \text{kJ/kg}} \times 0.98 \times 0.96 \times 0.85 \times 0.95 = 0.18$$

式中,取余热锅炉热效率 $\eta_3 = 0.85$。

(6)发电装置效率。

$$\eta_0 = \frac{h_1 - h_3}{h_1 - h_{3'}} \times \eta_1 \times \eta_2 = \frac{3\ 331.2\ \text{kJ/kg} - 2\ 574.9\ \text{kJ/kg}}{3\ 331.2\ \text{kJ/kg} - 167.5\ \text{kJ/kg}} \times 0.98 \times 0.96 = 0.225$$

(7)蒸汽进入透平前的可用能:由式 $E = m[h - (T_0 \times s)]$,按 1 kg 蒸汽流量计算:

在入口处:$m = 1\ \text{kg/s}, h = h_1 = 3\ 331.2\ \text{kJ/kg}, T_0 = 273 + 20 = 293\ \text{K}$

$$s = s_1 = 6.936\ 6\ \text{kJ/(kg} \cdot \text{K)}$$

透平入口可用能(㶲)

$$E_1 = m[h_1 - (T_0 \times s_1)] = 1\ \text{kg/s} \times [3\ 331.2\ \text{kJ/kg} - (293\ \text{K} \times 6.938\ 8\ \text{kJ/kg} \cdot \text{K})]$$
$$= 1\ 298.13\ \text{kJ/s}$$

(8)透平出口处蒸汽的可用能。

在出口处:$m = 1\ \text{kg/s}, h = h_3 = 2\ 574.9\ \text{kJ/kg}, T_0 = 273 + 20 = 293\ \text{K}$,

$$s = s_3 = 8.252\ 3\ \text{kJ/(kg} \cdot \text{K)}$$

透平出口可用能(㶲)

$$E_3 = m[h_3 - (T_0 \times s_3)] = 1\ \text{kg/s} \times [2\ 574.9\ \text{kJ/kg} - (293\ \text{k} \times 8.252\ 3\ \text{kJ/kg} \cdot \text{K})]$$
$$= 156.98\ \text{kJ/s}$$

(9)汽轮机的㶲效率:

$$\eta_e = \frac{E_1 - E_3}{E_1} = \frac{1\ 298.13\ \text{kJ/s} - 156.98\ \text{kJ/s}}{1\ 298.13\ \text{kJ/s}} = 0.88$$

结论:发电装置效率 $\eta_0 = 0.225$,远远小于汽轮机的㶲效率0.88。说明,虽然从热能利用的角度分析,汽轮机发电的效率很低,但从可用能利用的角度分析,汽轮发电机的㶲效率是很高的。其原因在于,从汽轮机排出的蒸汽虽然含热量很多,但其温度太低,接近环境温度,已经很难加以利用了。

3.3 余热发电系统的余热锅炉设计

1. 设计要点

余热发电系统的余热锅炉,由于余热载体的不同,在结构上会有很大的差别,如1.7节所示。但其共同的特点是产生的蒸汽都是过热蒸汽,都要送入汽轮发电机组进行发电,因而在设计方面有共同的特点和要求,发电用余热锅炉的设计要点如下:

(1)一般情况下,余热锅炉本体由省煤器、蒸发器和过热器3部分组成,此外,还包括若干附属设备。如图3.3所示。

其中,蒸发器的设计应根据余热资源的温度水平选择合理的饱和蒸汽参数;为了提高余热资源的利用率,设置省煤器是完全必要的,它可以提高余热回收量和产汽量;此外,为了提高蒸汽的质量,即提高蒸汽的"㶲"值,在余热的高温部位设置过热器也是完全必要的,在同样的蒸汽流量下,它可以使发电量得到明显提高。

图3.3所示的是强制循环余热锅炉,其中的省煤器、蒸发器、过热器需分别进行设计。为了清除排气中的粉尘,在排气入口设置除灰室,在出口处设置旋风除尘器。

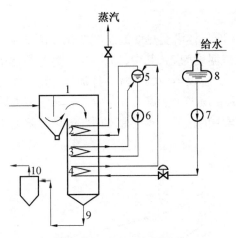

图 3.3　余热锅炉的组成

1— 排气进口;2— 过热器;3— 蒸发器;4— 省煤器;5— 汽包;

6— 循环泵;7— 给水泵;8— 除氧器;9— 废气出口;10— 除尘器

（2）余热锅炉的放置形式应根据载热体的流动方向和现场情况而定:若载热体是从上而下冲刷,或从下而上流动,则余热锅炉就应顺势而行,立式安置;若载热体是在水平流道中流动,则余热锅炉的本体也应水平放置。在确定余热锅炉的总体结构和放置形式之前,进行现场考察是必要的。

（3）发电系统中的余热锅炉遇到的最大难题是载热体（烟气或工业排气）的积灰和磨损。需要针对不同的工业排气制定不同的措施和应对方案。参照 1.8 节的介绍,主要的技术方案有:

① 在烟气或排气的入口段设置灰分或固体颗粒的沉降区;

② 适当提高烟气或排气的流速,增大其自吹灰能力;

③ 设置除灰设施,在烟气或排气的流动方向上安装吹灰器。

（4）根据各段的换热特点,采用不同的换热表面和增强传热的措施。

① 省煤器:管内为单相流体 —— 水,管外为烟气或排气,应采用扩展表面 —— 翅片管;

② 蒸发器:管内是水的蒸发或沸腾,其换热系数远远大于管外气体侧的换热系数,故管外一般也需要采用翅片管。翅片管的具体结构参数既要考虑增强传热的需要,又要尽量防止壁面的积灰。当传热温差很大时,也可以采用光管,以防止热流密度过高,管内产生膜态沸腾。为了便于蒸汽的排出和流动,若采用蛇形管束,管程的数目不宜过多,见1.7 节中蒸发器不同结构形式的介绍。

③ 过热器:管内是蒸汽的被加热过程,管外是烟气或排气的对流换热,两侧的换热系数都较低,因而无须采用翅片管,采用光管就可以了。过热器的管束一般布置在烟气或排气的进口段,有时做成水冷壁的形式,有较大的传热温差,可使传热得到增强。需要特别注意的是过热器在高温条件下的热流密度不宜过高,而且还要注意管材的强度和高温腐蚀。

(5) 传热温差的确定。

余热锅炉中热流体和冷流体沿受热面的温度变化如图 3.4 所示。热流体(烟气或排气)的入口温度为 T_1,出口温度为 T_4,其中,$(T_1 - T_2)$ 为过热器中的温降,$(T_2 - T_3)$ 为蒸发器中的温降,$(T_3 - T_4)$ 为省煤器中的温降。冷流体(水/汽)的入口温度为 t_1,出口温度为 t_4。其中,$(t_2 - t_1)$ 为省煤器中的温升,$t_2 \rightarrow t_3 (t_2 = t_3)$ 为工质在蒸发器中的相变吸热过程。$(t_4 - t_3)$ 为过热器中的温升。余热锅炉中,传热温差的不同变化情况可参阅 1.7 节中的相关说明。

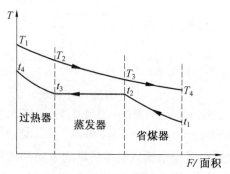

图 3.4　余热锅炉中冷/热流体的温度分布

为了分别设计余热锅炉中的省煤器、蒸发器和过热器,应首先确定各换热器两侧的温度参数。每个温度参数对应一定的焓值。对于水和蒸汽侧,需要查取 t_1, t_2, t_3, t_4 各点温度下的焓值,其中,t_1 是给水温度,t_2 是饱和水温度,t_3 是饱和蒸汽的温度,t_4 是过热蒸汽的出口温度。可由文献[25]或由附表 6 查取水和蒸汽在各种状态下的焓值,包括在不同压力下的饱和状态、过冷水和过热蒸汽的焓值。附表 6 中列举的压力范围为 0.1 ~ 4.8 MPa,基本能覆盖余热锅炉所产蒸汽的压力范围。

2. 设计步骤和设计例题

设计步骤如下:

(1) 根据热流体(烟气或排气)的流量和进、出口温度,计算余热锅炉的热负荷;

(2) 根据 3.2 节的说明,选择冷流体的工作压力,过冷水的入口温度和过热蒸汽的出口温度,然后,根据冷热流体的热平衡原则,计算出冷流体的流量,即产汽量;

(3) 根据热平衡原则,计算出过热器中烟气或排气的出口温度 T_2,同样,由热平衡原理,计算出省煤器中热流体的入口温度 T_3。这样,图 3.2 中冷热流体的流量、所有温度值以及冷流体压力等参数就确定了;

(4) 根据热流体(烟气或空气)的流动方向和现场情况,选择放置形式、外形和安装位置;

(5) 根据热流体的积灰含量及灰分形状,确定防止积灰的措施和对结构设计提出的要求;

(6) 根据余热发电系统中各种设备的整体布局,确定冷热流体的进出口管线以及各附属设备的安排;

(7) 省煤器设计:一般为翅片管换热器,可根据 1.5 节和以上相关章节设计。

(8) 蒸发器设计:作为水管式锅炉,按 1.7 节中的相关关联式计算管内沸腾换热系数,按1.5节的相关公式和步骤计算翅片管束的管外换热系数。其他设计步骤与翅片管换热器相同。

(9) 过热器设计:参照1.7节,确定过热器的结构形式。因过热器是过热蒸汽和热排气之间的换热,所采用的传热元件是光管管束,管内外的换热系数都采用单相流体的相关换热关联式计算。

例3 设计例题:

如图3.3所示的余热回收系统,余热载体是含有大量粉尘的热排气。进入余热锅炉的热排气平均温度为780 ℃,平均流量为60 000 Nm^3/h。回收的余热用于产生较高温度的蒸汽,供一座凝汽式透平发电。试设计该余热锅炉。

解 设计步骤如下:

(1) 确定冷热流体的进出口参数。

热流体(排气)入口温度:780 ℃

热流体(排气)出口温度:180 ℃(设定)

热流体质量流量:60 000 /(3 600 × 1.293)kg/s = 12.89 kg/s

排气在标准状况下的密度为1.293 kg/m^3

蒸汽压力:选取4.0 MPa,饱和温度:250.3 ℃

锅炉给水温度:40 ℃(透平排汽的凝结水温度)

蒸汽出口温度:420 ℃,过热度为:420 ℃ − 250.3 ℃ = 169.7 ℃

(2) 热负荷和蒸汽流量。

排气放热量:

$$Q = M \times c_p \times (T_1 - T_4) = 12.89 \text{ kg/s} \times 1.1 \text{ kJ/kg} \cdot ℃ \times (780 - 180)℃ = 8\ 507.4 \text{ kW}$$

式中,$c_p = 1.1$ kJ/kg · ℃ 为排气的平均比热。

由附表6,40 ℃ 过冷水焓值:$h_1 = 170.98$ kJ/kg

420 ℃ 下过热蒸汽出口焓值:$h_4 = 3\ 262.3$ kJ/kg

水/蒸汽流量:$m = \dfrac{Q}{h_4 - h_1} = \dfrac{8\ 507.4 \text{ kW}}{3\ 262.3 \text{ kJ/kg} - 170.98 \text{ kJ/kg}}$

$$= 2.752 \text{ kg/s} (9\ 907.3 \text{ kg/h})$$

(3) 各段换热量和中间温度计算。

省煤器换热量:

40 ℃ 过冷水焓值:$h_1 = 170.98$ kJ/kg

在饱和温度250.3 ℃ 下水的焓值:$h_2 = 1\ 087.41$ kJ/kg

换热量:$Q_1 = m(h_2 - h_1) = 2.752$ kg/s × (1 087.4 − 170.98)kJ/kg = 2 522 kW

蒸发器换热量:

饱和温度250.3 ℃ 下的蒸汽焓值:$h_3 = 2\ 800.3$ kJ/kg

换热量:$Q_2 = m(h_3 - h_2) = 2.752$ kg/s × (2 800.3 − 1 087.4)kJ/kg = 4 713.9 kW

过热器换热量:

$$Q_3 = m(h_4 - h_3) = 2.752 \text{ kg/s} \times (3\ 262.3 - 2\ 800.3)\text{kJ/kg} = 1\ 271.424 \text{ kW}$$

总换热量:$Q = Q_1 + Q_2 + Q_3 = 2\ 522$ kW + 4 713.9 kW + 1 271.424 kW = 8 507.3 kJ/s

与排气放热量相同(在不考虑散热损失的情况下)。

排气的中间温度(图3.4):

$$T_2 = T_1 - \frac{Q_3}{M \times c_p} = 780\ ℃ - \frac{1\ 271.424\ \text{kW}}{12.89\ \text{kg/s} \times 1.1\ \text{kJ/kg} \cdot ℃} = 690.33\ ℃$$

$$T_3 = T_2 - \frac{Q_2}{M \times c_p} = 690.33\ ℃ - \frac{4\ 717.9\ \text{kW}}{12.89\ \text{kg/s} \times 1.1\ \text{kg/s}} = 357.87\ ℃$$

以上各项的计算结果表示于图3.5中。图中,各换热器的设计参数均已齐全,以此为基础,就可以对各换热器进行设计了。

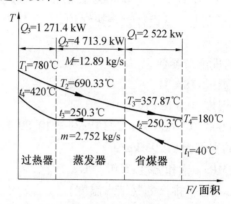

图3.5 余热锅炉中各换热器的设计参数

(4)余热锅炉的结构形式和除灰措施。

如图3.3所示,余热锅炉本体采用矩形结构,立式放置。排气自上向下冲刷。自上而下顺序排列过热器、蒸发器和省煤器。各换热器为独立的横向管束结构。蒸发器为强制循环,设置循环泵,给水在进入省煤器之前设置除氧器和给水泵。

在排气入口前设置离心力除灰器,并预留专用的灰尘沉降室;烟气出口后设置旋风式除灰器。

(5)省煤器设计。

设计参数由图3.5给定,结构形式为翅片管省煤器。详细的设计方法和设计步骤见1.4和1.5节的说明。程序设计结果如下:

① 设计参数。

排气流量:46 404 kg/h = 12.89 kg/s

排气入口温度:357.87 ℃

排气出口温度:180 ℃

水流量:9 907.2 kg/h = 2.752 kg/s

水入口温度:40 ℃

水出口温度:250.3 ℃

换热量:2 522 kW

② 翅片管规格。

基管材质:20 g,高频焊螺旋翅片管。

光管外径:38 mm;光管内径:30 mm

翅片厚度:1 mm;翅片节距:8 mm

翅片高度:15 mm;翅化比:6.33

③ 传热计算结果。

迎风面质量流速:3.44 kg/(m² · s)

最窄截面质量流速:6.5 kg/(m² · s)

翅片管外换热系数:80.4 W/(m² · ℃)

基管外换热系数:386.1 W/(m² · ℃)

翅片效率:0.72

单管程管子数目:18 支

管内换热系数:2 465.9 W/(m² · ℃)

传热系数:264.7 W/(m² · ℃)

传热温差:106.8 ℃

计算传热面积:89.2 m²

④ 换热器结构。

迎风面积:3.749 m² = 2.3 m × 1.63 m

翅片管长度:2.3 m

翅片管横向管间距:0.088 m

翅片管横向管排数:18 排

翅片管纵向管排数:20 排

翅片管总数:360 个

单管传热面积:0.274 6 m²

实取传热面积:98.9 m²

排气流动阻力:639.8 Pa

单排翅片管流动阻力:32 Pa

⑤ 质量。

单支翅片管质量:15.014 千克／支

翅片管总质量:5 405.04 kg

设备总质量(约):8 100 千克／台

(6) 蒸发器设计。

① 设计参数。

烟气流量:46 404 kg/h = 12.89 kg/s

烟气入口温度:690.33 ℃

烟气出口温度:357.87 ℃

水流量:9 907.2 kg/h = 2.752 kg/s

水入口温度:250.3 ℃

蒸汽出口温度:250.3 ℃

换热量:4 714 kW

② 翅片管规格。

20 g 整体轧制环形翅片管。

基管外径:40 mm;基管内径:32 mm

翅片厚度:2 mm;翅片节距:12 mm

翅片高度:10 mm;翅化比:3.17

③设计要点:管内换热系数的计算。

对于管内为水的沸腾换热,采用式(1.33)计算:

$$h = 0.067 Ts^{0.941} q^{\frac{2}{3}}$$

式中　　T_s——饱和温度,℃;

　　　　q——热流密度,W/m^2。

即单位面积的传热量。在设计初期,传热面积是未知的,因而热流密度值是未知的。为此,在设计初期需要先假定一个换热系数值,可在 $h = 3\,000 \sim 10\,000\ W/(m^2 \cdot ℃)$ 之间取值。在设计出传热面积之后,再利用上式进行核算,并对原设计进行必要的修改。

④结构特点:对于蒸发器,水在管内沸腾,产生的蒸汽与水形成管内两相流动。为了减少管内蒸汽对管内换热的不利影响,需要将产生的蒸汽尽快排出,为此,采用只有 1 个管程的管束结构,即在一根直管内,一侧进水,另一侧排汽,并保持 10° 的向上倾角,传热管的进口和出口分别与进口联箱与出口联箱相连接,如图 3.6 所示。蒸发器的具体设计计算步骤见表 3.5,计算式中的符号大部分与图 3.5 中的符号相吻合。

表 3.5　蒸发器设计步骤和计算结果

	物理量	计算式或给出条件	计算结果	说明
已知参数及传热量计算	排气进出口温度	690.33 ℃/357.87 ℃		见图 3.5
	排气流量	12.89 kg/s		见图 3.5
	水入口温度	250.3 ℃		饱和
	水／汽流量	2.752 kg/s		饱和
	传热量	$Q_2 = 4713.9\ kW$		见图 3.5
	蒸汽出口温度	$t_3 = 250.3\ ℃$		饱和汽
迎风面参数	排气迎面质量流速	$V_m = 3.44\ kg/(m^2 \cdot s)$		与省煤器相同
	排气迎风面积	$F = 3.838\ m^2$		与省煤器接近
	迎风面尺寸	2.34 m × 1.64 m		与省煤器接近
	翅片管长度	2.34 m		

续表 3.5

	物理量	计算式或给出条件	计算结果	说明
翅片管选型和排列	材质和工艺	20 g 整体轧制环形翅片管		
	基管尺寸/翅高	$\phi 40 \times 4.0/10$ mm		
	翅片节距/厚度	12 mm/2 mm		
	翅化比	$\beta =$ 翅片管表面/基管表面	3.17	
	翅片管横向管距	$P_t = 80$ mm		选取
	横向管排数	$N_1 = 1\,640/80 = 20.5$ 排	取 20 排	
	管束宽度	1 640 mm		与省煤器相同
	翅片管放置	近水平放置,等边三角形排列		见图 3.5
	单支管传热面积	$A_1 = \pi \times 0.04 \times 2.34$	0.294 m²	以基管外表面为基准
管外换热系数	最窄流通截面	$12(80 - 40) - 2(10 \times 2)$	440 mm²	12 mm 节距内计算
	对应迎风面	12×80	960 mm²	12 mm 节距内计算
	最窄截面质量流速	$G_m = 3.44 \times \dfrac{960}{440}$	7.505 kg/(m²·s)	
	排气的黏度	$\mu = 36.2 \times 10^{-6}$ kg/(m·s)		按平均温度查表
	排气的导热系数	$\lambda = 0.057$ W/(m·℃)		按平均温度查表
	排气的 Pr 数	$Pr = 0.687$		按平均温度查表
	排气 Re 数	$Re = \dfrac{G_m D_o}{\mu} = \dfrac{7.505 \times 0.04}{36.2 \times 10^{-6}}$	8 293	
	翅片管外换热系数	$h = 0.137\,8 \times \left(\dfrac{0.057}{0.04}\right) \times 8\,293^{0.718} \times 0.687^{\frac{1}{3}}\left(\dfrac{10}{10}\right)$	112.8 W/(m²·℃)	按式(1.53)计算
	函数 ML	$mL = L\sqrt{\dfrac{2h}{\lambda_f t}}\sqrt{1 + \dfrac{L}{2r_1}}$	0.5937	按式(1.52)计算, $\lambda_f = 40$ W/(m·℃)
	翅片效率 η_f	$\eta_f = \dfrac{\tanh mL}{mL} = \dfrac{0.532\,6}{0.593\,7}$	0.897	
	基管外表面换热系数	$h_o = h \cdot \eta_f \cdot \beta = 112.8 \times 0.897 \times 3.17$	320.7 W/(m²·℃)	

续表 3.5

	物理量	计算式或给出条件	计算结果	说明
管内换热系数	管内沸腾换热系数	假定值,设计后校核	10 000 W/(m²·℃)	
传热热阻和传热系数	管外换热热阻	$R_o = \dfrac{1}{h_o} = \dfrac{1}{320.7}$	0.003 118 (m²·℃)/W	
	管内换热热阻	$R_i = \dfrac{D_o}{D_i}\dfrac{1}{h_i} = \dfrac{40}{32}\dfrac{1}{10\,000}$	0.000 125 (m²·℃)/W	
	管壁热阻	$R_w = \dfrac{D_o}{2\lambda_w}\ln\dfrac{D_o}{D_i} = \dfrac{0.040}{2\times40}\ln\dfrac{40}{32}$	0.000 111 5 (m²·℃)/W	
	管外污垢热阻	$R_{f0} = \dfrac{r_f}{\beta\times\eta_f} = \dfrac{0.002\,95}{3.17\times0.897}$	0.001 037 4 (m²·℃)/W	见1.5节
	总传热热阻	$R = R_o + R_i + R_w + R_{fo}$	0.004 391 9 (m²·℃)/W	
	传热系数	$U_o = \dfrac{1}{R}$	227.7 W/(m²·℃)	
传热温差	最大端部温差	$\Delta T_{max} = 690.33\,℃ - 250.3\,℃$	440.03 ℃	
	最小端部温差	$\Delta T_{min} = 357.87\,℃ - 250.3\,℃$	107.57 ℃	
	对数平均温差	$\Delta T_{ln} = [440.03 - 107.57] / [\ln(440.03/107.57)]$	236.0 ℃	
	温差修正系数	$F = 1.0$		管内相变
	传热温差	$\Delta T = \Delta T_{ln}$	236 ℃	
传热面积及管数	传热面积	$A_2 = \dfrac{Q_2}{U_o\Delta T} = \dfrac{4713.9\times10^3}{227.7\times236}$	87.72 m²	
	安全系数	1.2		选取
	传热面积	$A_o = 87.72\times1.2$	105.3 m²	
	翅片管总数	$N = \dfrac{A_2}{\pi D_o L} = \dfrac{105.3}{\pi\times0.04\times2.34}$	358 支	
	纵向管排数	$N_2 = N/N_1 = 358/20 = 18$	18 排	
	实取管子数	$N = N_1\times N_2 = 20\times18$	360 支	
	实取传热面积	$A_2 = \pi\times0.04\times2.34\times360$	105.86 m²	

续表 3.5

	物理量	计算式或给出条件	计算结果	说明
验算管内换热系数	热流密度	$q = \dfrac{Q_2}{A_2} = \dfrac{4\,713.9 \times 10^3}{105.86}$ W/m²	44 529.6	
	蒸汽温度	$T_w = 250.3\ ℃$		
	管内换热系数	$h = 0.067 T_s^{0.941} q^{\frac{2}{3}}$ W/(m²·℃)	15 200	计算值
	比较	假定值小于计算值,使设计偏于安全, 无须重复计算		管内热阻很小
烟气侧阻力	阻力系数	$f = 37.86(8\,293)^{-0.316}\left(\dfrac{80}{40}\right)^{-0.927}$	1.15	由式(1.55)
	阻力降	$\Delta P = f\dfrac{N_2 G_m^2}{2\rho} = 1.15 \times \dfrac{18 \times (7.505)^2}{2 \times 0.456}$	1 278 Pa	$\rho = 0.456$ kg/m³ $N_2 = 18$ 排
设备质量	翅片管单质量	14.54 千克/支		
	翅片管总质量	$14.54 \times 360 = 5\,234.4$ kg		
	设备总质量（约）	$5\,234.4 \times 1.5 = 7\,851.6$ 千克/台	7.85 t/台	大约

(7) 过热器设计。

① 设计参数(图 3.5)。

排气流量:46 404 kg/h = 12.89 kg/s

排气入口温度:780 ℃

排气出口温度:690.33 ℃

蒸汽流量:9 907.2 kg/h = 2.752 kg/s

蒸汽入口温度:250.3 ℃

蒸汽出口温度:420 ℃

换热量:1 271.4 kW

② 管子规格:耐热不锈钢管。因为属于气 – 汽换热,采用光管。

光管外径:40 mm;光管内径:32 mm

横向管间距:74 mm;错排排列。

③ 迎面质量流速和迎风面积与蒸发器相同(表 3.6)。

表 3.6　迎面质量流速、迎风面积

排气迎面质量流速	$V_m = 3.44$ kg/m²·s
排气迎风面积	$F = 3.838$ m²
迎风面尺寸	2.34 m × 1.64 m
管子长度	2.34 m
横向管排数	22 排

④ 管外换热系数。

由 1.4 节中的式(1.17),对错排管束,管外换热系数的计算式为

$$h = 0.35\left(\frac{\lambda}{D_o}\right)\left(\frac{S_t}{S_l}\right)^{0.2} Re^{0.6} Pr^{0.36}$$

式中 $S_t = 0.074$ m 为横向管间距;

$S_l = 0.07$ m 为纵向管间距;排气在平均温度下的物性值为:

导热系数: $\lambda = 0.068$ W/(m · ℃),黏度: $\mu = 42 \times 10^{-6}$ kg/m · s, $Pr = 0.708$。

其中 $Re = D_o G_m / \mu$, G_m 为流体流经最窄截面处的质量流速。

即

$$G_m = V_m \frac{S_t}{S_t - D_o} = 3.44 \text{ kg/m}^2 \cdot \text{s} \times \frac{0.074 \text{ m}}{0.074 \text{ m} - 0.04 \text{ m}} = 7.487 \text{ kg/(m}^2 \cdot \text{s)}$$

$$Re = \frac{D_o G_m}{\mu} = \frac{0.04 \text{ m} \times 7.487 \text{ kg/m}^2 \cdot \text{s}}{42 \times 10^{-6} \text{ kg/m} \cdot \text{s}} = 7\,130$$

$$h = 0.35\left(\frac{0.068 \text{ W/(m} \cdot \text{℃)}}{0.04 \text{ m}}\right)\left(\frac{0.074 \text{ m}}{0.07 \text{ m}}\right)^{0.2}(7130)^{0.6}(0.708)^{0.36} = 108.9 \text{ W/(m}^2 \cdot \text{℃)}$$

⑤ 管内换热系数。

管内为水蒸气和管内壁的对流换热,由 1.4 节式(1.16)实验关联式计算:

$$h_i = 0.023 \frac{\lambda_f}{D_i}\left(\frac{D_i G_m}{\mu_f}\right)^{0.8}(Pr_f)^{0.4}$$

管内水蒸气的平均温度为:(420 ℃ + 250.3 ℃)/2 = 335.15 ℃。

水蒸气的物性值(按饱和态查取): $\mu_f = 23.9 \times 10^{-6}$ kg/m · s

$\lambda_f = 0.101\,6$ W/(m · ℃), $p_{rf} = 2.53$,密度 $\rho = 84.8$ kg/m³

管内质量流量: $m = 2.752$ kg/s

设两排管为一个管程,则每管程的管子数目: 2×22 支 = 44 支

每管程的管内流通面积: $F = \frac{\pi}{4} 0.032^2 \times 44 = 0.035\,4$ m²

管内质量流速: $G_m = \frac{m}{F} = \frac{2.752 \text{ kg/s}}{0.035\,4 \text{ m}^2} = 77.74 \text{ kg/(m}^2 \cdot \text{s)}$

管内蒸汽流速: $V = \frac{G_m}{\rho} = \frac{77.74 \text{ kg/(m}^2 \cdot \text{s)}}{84.8 \text{ kg/m}^3} = 0.9$ m/s

管内 Re 数: $Re = \frac{D_i G_m}{\mu_f} = \frac{0.032 \text{ m} \times 77.74 \text{ kg/(m}^2 \cdot \text{s)}}{23.9 \times 10^{-6} \text{ kg/(m} \cdot \text{s)}} = 104\,087$

换热系数: $h_i = 0.023 \frac{0.101\,6}{0.032}(104\,087)^{0.8}(2.53)^{0.4} = 1\,093$ W/(m² · ℃)

⑥ 传热热阻和传热系数。

各项热阻和传热系数的计算见表 3.7。

表 3.7　各项热阻和传热系数的计算

管外换热热阻	$R_o = \dfrac{1}{h_o} = \dfrac{1}{108.9}$	0.0091 827 $(m^2 \cdot {}^\circ\!C)/W$	
管内换热热阻	$R_i = \dfrac{D_o}{D_i}\dfrac{1}{h_i} = \dfrac{40}{32}\dfrac{1}{1093}$	0.001 143 6 $(m^2 \cdot {}^\circ\!C)/W$	
管壁热阻	$R_w = \dfrac{D_0}{2\lambda_w}\ln\dfrac{D_o}{D_i} = \dfrac{0.040}{2\times40}\ln\dfrac{40}{32}$	0.000 111 5 $(m^2 \cdot {}^\circ\!C)/W$	
管外污垢热阻	$R_{f0} = r_f = 0.002\ 95$	0.002 95 $(m^2 \cdot {}^\circ\!C)/W$	见 1.5 节
总传热热阻	$R = R_o + R_i + R_w + R_{fo}$	0.013 387 8 $(m^2 \cdot {}^\circ\!C)/W$	
传热系数	$U_0 = \dfrac{1}{R}$	74.7 $W/(m^2 \cdot {}^\circ\!C)$	

⑦ 传热温差(表 3.8)。

表 3.8　传热温差

最小端部温差	$\Delta T_{min} = 780\ {}^\circ\!C - 420\ {}^\circ\!C$	360 ${}^\circ\!C$	
最大端部温差	$\Delta T_{max} = 690.33\ {}^\circ\!C - 250.3\ {}^\circ\!C$	440.03 ${}^\circ\!C$	
对数平均温差	$\Delta T_{ln} = [440.03 - 360]/[\ln(440.03/360)]$	398.7 ${}^\circ\!C$	
温差修正系数	$F = 0.9$		选取
传热温差	$\Delta T = F \times \Delta T_{ln}$	358.8 ${}^\circ\!C$	

⑧ 传热面积(表 3.9)。

表 3.9　传热面积

传热面积	$A_3 = \dfrac{Q_3}{U_o\Delta T} = \dfrac{1\ 271.4 \times 10^3}{74.7 \times 358.8}$	47.6 m^2	
安全系数	1.2		选取
传热面积	$A_3 = 47.6 \times 1.2$	57.12 m^2	
管子总数	$N = \dfrac{A_3}{\pi D_0 L} = \dfrac{57.12}{\pi \times 0.04 \times 2.34}$	194 支	
纵向管排数	$N_2 = N/N_1 = 194/22 = 8.8$	取 10 排	管程数为 5
实取管子数	$N = N_1 \times N_2 = 22 \times 10$	220 支	
实取传热面积	$A_3 = \pi \times 0.04 \times 2.34 \times 220$	64.69 m^2	

⑨ 管外流动阻力(表 3.10)。

借助翅片管外阻力计算关联式,由第 1.5 节式(1.55)至式(1.54):

$$f = 37.86(G_m D_b/\mu)^{-0.316}(P_t/D_b)^{-0.927}$$

$$\Delta p = f\frac{N_2 G_m^2}{2\rho}$$

表 3.10　管外流动阻力

阻力系数	$f = 37.86\ (7\ 130)^{-0.316}\left(\dfrac{74}{40}\right)^{-0.927}$	1.297	由式(1.55)
阻力降	$\Delta p = f\dfrac{N_2 G_m^2}{2\rho} = 1.297 \times \dfrac{10 \times (7.487)^2}{2 \times 0.352}$	1 033 Pa	$\rho = 0.352$ kg/m^3 $N_2 = 10$ 排

⑩ 质量计算(表3.11)。

表3.11 质量计算

翅片管单质量	8.4 千克／支	
翅片管总质量	8.4 × 220	1 848 kg
设备总质量(约)	1 848 × 1.6	2 957 千克／台	大约3.0吨／台

(8) 设计总汇和设计总图。

设计总汇见表3.12。设计示意图如图3.6所示。由图可见,此图是图3.3的细化。该余热锅炉沿排气流动的方向由3个相对独立的换热器组成,它们有相同的迎风面积。可以分别制造,然后组装在一起。此外,图3.3中的排气进出口除灰结构是不可缺少的。表中标注的质量是对各传热面积及其周围的管壁而言的,并非指整个的锅炉质量。

表3.12 余热锅炉热力部件设计总汇表

	过热器	蒸发器	省煤器	总汇
传热量／kW	1 271.4	4 713.9	2 522	8 507.3
迎风面积／m²	2.34 × 1.64	2.34 × 1.64	2.34 × 1.64	
采用管件	$\phi40 \times 4$,光管	$\phi40 \times 4$,低翅片管	$\phi38 \times 4$,翅片管	
横向管排数	22	20	18	
纵向管排数	10	18	20	48
管程数	5	1	20	
传热管总数	220	360	360	940
传热面积／m²	64.69	105.86	98.9	269.45
排气阻力／Pa	1 033	1 278	639.8	2 950.8
设备重量吨／台	3.0	7.85	8.1	18.95

图3.6说明,在立式排气通道中,由高温至低温,顺序安装了过热器、蒸发器和省煤器,它们具有相同的迎风面积。过热器和省煤器都采用蛇形管结构,而蒸发器采用直管单管程换热,直管的两端分别与进口联箱管和出口联箱管相连接。

需要说明的是,图3.6仅仅是总体结构的示意图,在具体的工程设计中还要考虑余热锅炉的保温、换热设备的支撑、各段的连接和密封等很多因素。此外,排气系统的引风机压头要留有足够的余量。

若干台小型电站锅炉的型号和主要参数见表3.13,可作为设计和选用余热锅炉的参考。因表中的电站锅炉属于燃烧煤炭的工业锅炉,是包括燃烧室在内的锅炉,并非工业排气的余热锅炉,因而表中所列举参数,如蒸汽参数、尺寸、质量等,仅有参考意义。

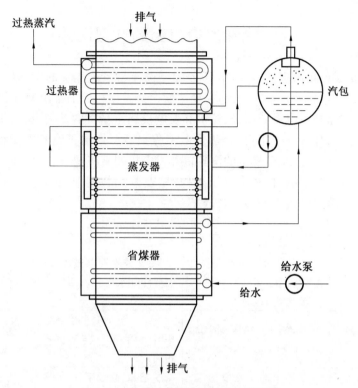

图 3.6　发电用余热锅炉的结构示意图

表 3.13　部分电站锅炉型号及主要参数

型号	额定蒸发量 /(t·h)	蒸汽压力 /MPa	蒸汽出口温度 /℃	给水温度 /℃	燃料品种	外形尺寸 长×宽×高 /(m×m×m)	金属质量 /t
KHD20 – 25/400	20	2.5	400	105	烟煤	9.51 × 6.26 × 11.86	120
HG – 35/39 – 5	35	3.9	450	150	混煤	24.31 × 11 × 16	245
F65/39 – Y/1	65	3.9	450	105	烟煤	20.86 × 7.4 × 12.5	220
HG – 75/39 – 7	75	3.9	450	150	烟煤	25 × 15.1 × 13.35	305
HG – 120/39 – 2	120	3.9	450	170	烟煤	26.8 × 12.9 × 18.1	426
F130/39 – Y/1	130	3.9	450	170	烟煤	24.3 × 11 × 14	320

3.4 余热发电机组的选型设计

当余热锅炉设计出来以后,重要的任务就是选择与系统配套的发电机组,包括汽轮机及与其配套的发电机的选择。为此,需要了解余热发电机组的常用型号和性能特点。

应当指出,在余热发电系统中,汽轮机和发电机属于精密的动力设备,由专门的厂家或企业设计和生产,作为一个用户,余热发电工程只需要做出正确的选择和合理的应用就可以了,为此,了解用于余热发电的汽轮机和发电机的某些规格和型号是必要的。

用于余热发电的汽轮机的形式有很多种,见表 3.14。其中,在余热回收中应用最多的是凝汽式透平、背压式透平和多压式透平。

表 3.14 汽轮机的形式、特征和用途

形式	特征	选用条件	用途
凝汽式透平	汽轮机排汽在凝汽器中凝结成水,蒸汽可在透平内膨胀到最低的压力	仅仅需要发电或动力,需要冷却水将排汽凝结成水	余热发电,机械驱动
再生式透平	从透平的中间段抽汽加热锅炉给水	中、小型功率,要求高效率时采用,其他与凝汽式相同	水泥、炼铁、矿石、发电
再热式透平	从透平的膨胀段抽汽,再热后又返回透平做功	大容量,高效率,一般再热、再生同时采用	大型发电
背压式透平	透平的排汽作为工厂的工艺用汽加以利用	工厂需要大量低温蒸汽,电力和蒸汽同时输送	工厂内发电,驱动机器,同时供汽
抽气凝汽式透平	从凝汽式透平的中间段抽出蒸汽作为工艺用汽	工厂需要一种或几种压力下的蒸汽,需要电力为主,供蒸汽为辅	工厂内发电,驱动机械,同时供蒸汽
抽气背压式透平	从透平的中间段抽汽,此部分抽汽与排汽全部作为工厂的工艺用汽	工厂需要两种压力以上的大量作业蒸汽,补充工厂的用电	工厂内发电、驱动机械同时供汽
多压式透平	将不同压力的蒸汽输入同一台汽轮机做功	只需要电力或动力的场合,低压蒸汽可进行回收,有冷却水源的场合	将不同压力的蒸汽回收用于发电

余热回收用汽轮机的特点是:

(1)蒸汽压力低,而且不标准。几乎每台汽轮机有其特有的蒸汽参数。这主要是由余热源的温度水平所决定的,而且互不相同,故所产生的蒸汽参数也不相同。主蒸汽阀前的蒸汽压力最高可达 4.0 MPa,最低仅有 0.2 MPa。按照小型汽轮机的参数标准,当入口蒸汽压力为 4.0 MPa 时,对应的过热蒸汽的温度不超过 450 ℃,一般为 400 ℃。

(2)由于蒸汽参数低,蒸汽比热容大,因而叶片长,但其长度受到其转速和强度的限制,在设计上有一定的难度。

(3)由于蒸汽入口参数低,为了得到足够大的膨胀功,往往要求膨胀终了时的出口参数很低,从而进入湿蒸汽区。在设计时应考虑蒸汽中的水滴对叶片的冲击、浸蚀等影响。

（4）背压式、中间抽汽式或多压式透平用得较多，尤其在轻工业工厂，如印染、造纸等行业。因在这些行业中工业用汽量多但压力不高，采用背压式或中间抽汽式最为合适。

几种蒸汽透平与配套发电机的应用参数见表 3.15。

表 3.15　汽轮机与配套发电机的选用实例

			汽轮机			
形式	额定功率 /kW	转数 /(r·min⁻¹)	主蒸汽压力 /MPa	主蒸汽温度/℃	抽汽压力 /MPa	排汽真空度 /kPa
单杠,冲动式,凝汽式	13 000	6 373	1.6	280	——	94.4
单杠,冲动式,凝汽式	6 450	6 300	0.3	133.2（饱和）	——	89.1
单杠,冲动式,凝汽式	7 500	6 300	4.1	430	0.5	96

	配套发电机			
形式	容量 /kW	转速 /(r·min⁻¹)	电压 /V	周波 /Hz
三相诱导式,横轴笼形转子内冷式	13 000	1 800	6 600	60
三相诱导式,横轴笼形转子内冷式	6 450	1 500	6 000	50
三相同步式,横轴圆筒形空冷式	8 350	1 500	3 450	50

某工厂生产的余热发电用背压式汽轮机共有 4 种机型：Y01，Y02A，Y02，Y03。各机型的发电量和蒸汽参数、蒸汽量的关系见表 3.16。

表 3.16　背压式汽轮发电机组机型、进汽量与发电功率

机型	Y01	Y02A	Y02	Y01		Y03	
进汽参数 /(MPa·℃⁻¹)	1.3/340		2.4/390			3.5/435	
乏汽压力 /MPa	0.3	0.6	0.3	0.3	0.6	0.3	0.6
进汽量 /(t·h⁻¹)			发电功率,kW				
10	410	200	550	—	360	800	600
12.9	570	300	730	—	530	1 100	850
13.85	—	—	—	980	—	—	—
15	680	380	—	1 050	660	1 310	1 030
20	970	570	—	1 380	958	1 820	1 440
25	1 260	760	—	—	1 220	2 330	1 850
30	1 550	960	—	—	1 510	2 850	2 260
35	—	—	—	—	—	3 000*	2 410*

注：①Y02A 适用于进气量 13 t/h 以内的机组

②Y02 适用于进气量大于 13 t/h 的机组

③有 * 号数字为进汽参数降低至3.2 MPa/420 ℃ 时的发电功率

表3.16指出,Y02A、Y02、Y03 型汽轮机适用于次中压和中压的蒸汽,而 Y01 型适用于低压的蒸汽。例如,当余热锅炉的产汽量为 30 t/h,产汽参数为 3.5 MPa,435 ℃ 时,可选用表3.16 中的 Y03 型汽轮机,当背压为 0.3 MPa 时,发电量为 2 850 kW,当背压为 0.6 MPa 时,发电量为 2 260 kW。

余热发电的应用实例:

(1)在钢铁厂中的应用。

某钢铁厂回收从烧结矿冷却机排出的热风的余热,在余热锅炉中与水进行换热,产生低压蒸汽,驱动汽轮机发电。考虑到从冷却机排出的热风温度沿烧结矿的流动方向逐渐下降,因而在烧结矿的流动方向上设置两个流道:高温排气流道和低温排气流道。两个流道的流动方向都是由下而上。

高温排气参数为:345 ~ 132 ℃,排气流量为:690 000 Nm³/h。

低温排气参数为:220 ~ 100 ℃,排气流量为:420 000 Nm³/h。

在两个排气流道上,分别安装一台余热锅炉。高温流道余热锅炉的蒸汽参数为:1.7 MPa、253 ℃、47.7 t/h,蒸汽出口过热度为 47 ℃;低温流道中的蒸汽参数为:0.2 MPa、133 ℃、24.9 t/h,蒸汽出口过热度为 13 ℃。

因为进入汽轮机的蒸汽参数不同,因而选取一台多压式汽轮机,让压力较高的蒸汽在入口处进入,让低压蒸汽在中间部位进入。汽轮机的排汽真空度为 7 100 Pa ,排汽温度为 39 ℃,发电量为 11 000 kW,系统消耗动力为 845 kW。

如图 3.7 所示的系统中,将高温排气余热锅炉和低温排气余热锅炉综合在一起。图中显示有上下两个汽包:下面的汽包位于高温排气段,上部的汽包位于低温排气段。在高温排气段中,由省煤器、蒸发器和过热器3部分组成,过热器位于最下方排气入口处,省煤器中的水由上部汽包流入。余热锅炉所产生的两股蒸汽由于具有不同的温度和压力,分别注入多压式透平中。

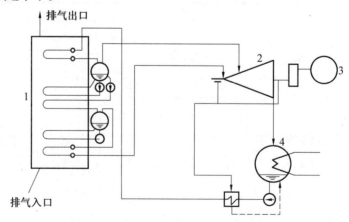

图 3.7 钢铁厂余热回收发电系统

1— 余热锅炉;2— 汽轮机;3— 发电机;4— 凝汽器

(2)水泥工厂的余热发电系统。

在水泥工厂的烧成工段中,为了将原料预热至 900 ℃,需要在预热器中对其加热。

从悬浮式预热器(SP)中排出的气体温度为 350 ~ 430 ℃,这部分余热十分巨大,应对其进行回收。另外,从回转窑出来的高温熔渣,在速冷工段产生的排烟温度也有 200 ℃ 左右,对此也应回收。如果将这两部分排气的显热导入余热锅炉中用以产生蒸汽,驱动汽轮机发电,则可建成相当规模的余热电站。图3.8 示出了一座水泥厂余热发电的系统及其部分参数。图中,SP 代表悬浮式物料预热器,在利用 SP 排气的余热锅炉中,排气参数为:410 ~ 250 ℃,7 300 Nm³/h,所产生的蒸汽参数为:374 ℃,2.6 MPa,28.89 t/h。

AQC 代表熔渣的急冷冷却器,AQC 排气余热锅炉一方面作为 SP 余热锅炉的省煤器,将49 t/h给水从119 ℃ 预热至200 ℃,另一方面也作为一台低压蒸汽锅炉使用,用以产生0.3 MPa,180 ℃,22.3 t/h的低压蒸汽。由丁两台余热锅炉产生两种不同参数的蒸汽,因而采用多压式透平最合适。整个系统的发电能力为 13 530 kW,系统本身耗电量为775 kW。

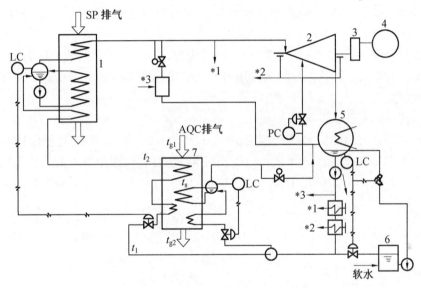

图3.8　水泥厂余热回收发电系统

1—SP 排气余热锅炉;2— 汽轮机;3— 减速机;4— 发电机;5— 冷凝器;

6— 软水箱;7—AQC 余热锅炉;LC— 液位控制器;

PC— 压力控制器(﹡1 ,﹡2 ,﹡3 相对应的管道表示相连)

如图3.8 所示的余热发电系统比较复杂,两台余热锅炉需分别进行设计。由图可见,两台余热锅炉内部由不同用途的受热面组成,在确定了各部分的设计参数之后,可以按3.2 节中的设计方法和步骤逐项进行计算和设计。

3.5　通过热电联产提高热能利用率

1. 热电联产的用能分析

发电厂在以发电为主的同时还向工厂或用户提供蒸汽或热能,即实行热电联产,则可以提高发电厂的热能利用效率。同样,在大量装备有工业锅炉或余热锅炉的工厂中,往往只需要低参数的蒸汽,若实现热电联产,则可使工业锅炉或余热锅炉产生的较高参数的蒸汽先用于发电,再供工厂用蒸汽,则同样可以提高该工厂的能源利用率,因而热电联产的用能方式受到肯定和重视,并广为推广。目前,发电厂同时供热,用蒸汽工厂同时发电,已有很多成功的实例。从余热回收的角度来看,发电厂同时供热,可以看作回收利用了发电厂低品位的余热;而供蒸汽为主的工业锅炉或余热锅炉同时发电则可看作回收了锅炉的高品位的余热。下面,用一组数据来比较热电联产、单独供热或单独发电的经济性。

假定热源是一台80 t/h的工业锅炉,型号为JG – 80 – 39/450,蒸汽压力为3.9 MPa,蒸汽温度为450 ℃。而热用户的蒸汽用量为30 t/h,所需蒸汽压力为1.3 MPa。下面比较3 种利用方案。

(1) 背压式发电机组 + 余热利用。

考虑到蒸汽管道的压力损失,假定进气压力为3.37 MPa,而背压为1.3 MPa。其热力循环及工况焓 – 熵如图3.9所示。下面,用 i 代表焓值,图中各点的焓值及温度如下:
$i_1 = 3\ 336\ \text{kJ/kg}, i_2 = 3\ 140\ \text{kJ/kg}, i_3 = 3\ 056\ \text{kJ/kg}, t_1 = 450\ ℃, t_4 = 437\ ℃, t_3 = 305\ ℃,$
$t_2 = 344\ ℃。$

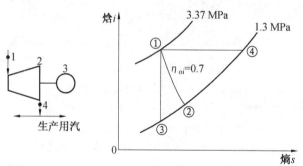

图3.9　热电联产的热力过程
1— 来自锅炉的新蒸汽;2— 汽轮机(蒸汽出口);
3— 发电机;4— 背压蒸汽

锅炉产生的新蒸汽,通过背压式汽轮机做功(过程 ① → ②)后,膨胀到1.3 MPa,344 ℃,由管网输送到用户,由用户排出的是1.3 MPa 的饱和水,其焓值为 $i'_2 =$ 822.3 kJ/kg,假定凝结水的热量没有回收,各项指标计算如下:

① 汽耗率: $d = \dfrac{3\ 600}{(i_1 - i_2)\eta_1\eta_2} = \dfrac{3\ 600\ \text{s/h}}{196\ \text{kJ/kg} \times 0.97 \times 0.96} = 19.72\ \text{kg/(kW · h)}。$

② 设锅炉的80 t/h 蒸汽都可用来发电,则发电功率为

$$P = \frac{80 \times 10^3 \text{ kg/h}}{19.72 \text{ kg/(kW} \cdot \text{h)}} = 4\ 056.8 \text{ kW}$$

故选用背压汽轮机的发电功率为 4 000 kW。

③ 每度电的热耗率为

$$q = d(i_1 - i_2) = 19.72 \text{ kg/(kW} \cdot \text{h)} \times 196 \text{ kJ/kg} = 3\ 865 \text{ kJ/(kW} \cdot \text{h)}$$

④ 每千克蒸汽被用户利用的热量：

$$i_2 - i'_2 = 3\ 140 \text{ kJ/kg} - 822.3 \text{ kJ/kg} = 2\ 317.7 \text{ kJ/kg}$$

每小时 80 吨蒸汽被用户利用的热量：

$$(80 \times 1\ 000) \text{ kg/h} \times 2\ 317.7 \text{ kJ/kg} - 1.854 \times 10^8 \text{ kJ/h}$$

⑤ 汽轮机的相对内效率：

$$\eta_{oi} = \frac{i_1 - i_2}{i_1 - i_3} = \frac{3\ 336 \text{ kJ/kg} - 3\ 140 \text{ kJ/kg}}{3\ 336 \text{ kJ/kg} - 3\ 056 \text{ kJ/kg}} = 0.7$$

⑥ 总的能源利用率：

$$\eta = \frac{i_1 - i'_2}{i_1 - i'_1} \eta_1 \eta_2 \eta_3 \eta_4 \eta_5$$

$$= \frac{3\ 336 \text{ kJ/kg} - 822.8 \text{ kJ/kg}}{3\ 336 \text{ kJ/kg} - 125.4 \text{ kJ/kg}} \times 0.97 \times 0.96 \times 0.90 \times 0.98 \times 0.8 = 0.514$$

式中　　η_1——汽轮机的机械效率；

η_2——发电机效率；

η_3——锅炉热效率；

η_4——管道效率；

η_5——用户热效率；

i'_1——30 ℃ 下锅炉补给水的焓值。

（2）单独供汽方案。

通过绝热节流过程使新蒸汽从 3.37 MPa、450 ℃ 降压、降温至 1.3 MPa、437 ℃（过程 ①→④），然后将此蒸汽供给用户，由用户排出的是 1.3 MPa 的饱和水。因绝热节流过程是一个等焓过程，故 $i_4 = i_1 = 3\ 336$ kJ/kg，系统总的热效率为

$$\eta = \frac{i_4 - i'_2}{i_1 - i'_1} \eta_3 \eta_4 \eta_5 = \frac{3\ 336 \text{ kJ/kg} - 822.6 \text{ kJ/kg}}{3\ 336 \text{ kJ/kg} - 125.4 \text{ kJ/kg}} \times 0.90 \times 0.98 \times 0.80 = 0.552$$

由此可见，在单独供热的情况下，虽然从数值上来看，能源利用率与第一方案比较稍有提高，但却损失了 4 056.8 kW 的发电能力。

（3）单独发电方案。

来自锅炉的新蒸汽全部用在凝汽式透平中膨胀、做功，其热力过程如图 3.10 所示。过程 ①→② 代表在汽轮机中的膨胀过程，① 点对应进汽压力 3.37 MPa，① 点的焓值 $i_1 = 3\ 336$ kJ/kg，① 点的温度 $t_1 = 450$ ℃。总之，① 点的参数与图 3.9 中 ① 点的参数相同。在汽轮机中膨胀终了的压力为 0.004 MPa，状态点 ② 对应的焓值 $i_2 = 2\ 392$ kJ/kg，对应的温度 $t_2 = 30$ ℃，此处，假定汽轮机的内效率 $\eta_{oi} = 0.78$。

各项指标的计算如下：

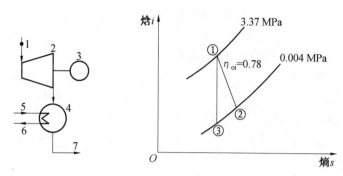

图 3.10 单独发电系统的热力过程

1— 来自锅炉的新蒸汽;2— 汽轮机;3— 发电机;

4— 凝汽器;5— 循环水;6— 去冷却水池;7— 凝结水

① 汽耗率:$d = \dfrac{3\,600}{(i_1 - i_2)\eta_1\eta_2} = \dfrac{3\,600\ \text{s/h}}{944\ \text{kJ/kg} \times 0.97 \times 0.96} = 4.1\ \text{kg/(kW·h)}$

② 设锅炉的 80 t/h 蒸汽都用来发电,则发电功率为

$$P = \frac{80 \times 10^3\ \text{kg/h}}{4.1\ \text{kg/(kW·h)}} = 19\,512\ \text{kW}$$

③ 凝汽器损失:$i_2 - i'_2 = 2\,392\ \text{kJ/kg} - 125.4\ \text{kJ/kg} = 2\,266.6\ \text{kJ/kg}$

④ 每发 1 kW·h 的电力所消耗的热能:

$$q = d(i_1 - i'_2) = 4.1\ \text{kg/kW·h} \times (3\,336\ \text{kJ/kg} - 125.4\ \text{kJ/kg})$$
$$= 13\,163\ \text{kJ/(kW·h)}$$

⑤ 系统热效率:

$$\eta = \frac{i_1 - i_2}{i_1 - i'_2}\eta_1\eta_2\eta_3\eta_4$$

$$= \frac{3\,336\ \text{kJ/kg} - 2\,392\ \text{kJ/kg}}{3\,336\ \text{kJ/kg} - 125.4\ \text{kJ/kg}} \times 0.97 \times 0.96 \times 0.90 \times 0.98 = 0.24$$

该方案虽然汽耗量下降,发电量大增,但总能源利用率仅为 0.24,远远低于方案(1)的 0.514。由此可得出结论:

① 在需要低参数生产用汽的情况下,采用热电联产方案是最经济的。

② 在没有用汽需求的情况下,采用凝汽式发电的方案是合理的,虽然其总能源利用率仅为 0.24,但提供的是高品质的电能,有效能可以得到充分利用。

③ 在需要低参数生产用汽的情况下,采用仅供汽、不发电的方案是最不合理的,会造成可用能的巨大损失。

2. 热电联产的应用实例

(1) 发电厂对外供热。

某发电厂利用一台 130 t/h 中压锅炉带动一台发电功率为 12 000 kW 的双抽汽供热机组,实行热电联产。由于实行了集中供热,电厂和热用户都可降低能耗。热用户拆除了 13 台低效率(热效率仅 60% 左右)的小型锅炉,通过热力管网供热,使能源利用效率提高到 90% 以上,因而每年节约标准煤 2.5×10^4 t。此外,这台双抽汽供热机组的一抽供热量为 198.7×10^6 kJ/h,二抽供热量为 28.7×10^6 kJ/h,每小时总供热为 227.4×10^6 kJ/h,

供热机组的单机标煤耗量仅为 312 g/(kW·h),电厂每年节煤 3 600 t。

电厂向热用户供热与用户自供热的比较见表 3.17。

表 3.17　电厂向热用户供热与用户自供热的比较

	锅炉效率/%	管道热效率/%	综合热效率/%
电厂供热	90	95	85.5
用户自供热	65	98	63.7

(2)化肥厂的热电联产。

某化肥厂氨产量为 14 万吨/年,各工艺装置的蒸汽消耗量及参数见表 3.18。

表 3.18　工艺装置的蒸汽消耗量及参数

蒸汽压力/MPa	2.4	1.0 ~ 1.3	0.5	0.3
蒸汽消耗量/(t·h^{-1})	3.5	39.5	14.2	103.5(冬季) 73(夏季)

该厂原有 7 台锅炉,每台锅炉的蒸发量是 25 t/h,蒸汽压力为 2.5 MPa,蒸汽温度为 400 ℃。该 7 台锅炉的蒸汽总用量为 175 t/h,所需蒸汽大多是压力为 0.3 MPa 的低压蒸汽(约占总蒸汽量的64%),为此,需要将压力为 2.5 MPa 的蒸汽降温、降压至 0.3 MPa,再送往工艺用户,这将造成可用能的巨大损失。为了回收这部分可用能,该厂安装了 2 台 3 000 kW 的背压式汽轮发电机组,其主要参数如下:

型号:B3 - 35/5 型背压式汽轮发电机组

进汽压力:2.4 MPa

进汽温度:390 ℃

排汽压力:0.3 MPa

单台蒸汽消耗量:35 t/h

该厂实行热电联产后,总能源利用率达90%,取得了明显的经济效益。2 台机组每年发电约 3 000 万度,相当于节约 6 500 t 标准煤,同时还解决了企业用电紧张的矛盾。

另一家生产合成氨的小化肥厂,原采用 6 台热效率仅55% ~ 60% 的小锅炉供蒸汽,该厂经过技术改造后,用一台中压锅炉代替原有的 6 台小锅炉,并实现了热电联产。其主要设备的参数如下:

锅炉:蒸发量:35 t/h

蒸汽压力:3.9 MPa

蒸汽温度:450 ℃

给水余热温度:130 ℃(用变换合成的显热余热)

汽轮机:背压抽汽式,功率:3 000 kW

抽汽参数:1.7 MPa,360 ℃;0.5 MPa,230 ℃。

该化肥厂的热电联产工艺流程如图 3.11 所示。由图可见,该热电联产装置所产生的蒸汽除了用于合成氨系统外,还外供蒸汽。该中压锅炉还充分利用了合成氨系统所产生的余热,进一步提高了热电联产装置的热效率。

(3)化工厂的热电联产。

某化学工业公司安装了一台 65 t/h 中压煤粉锅炉,配一台 6 000 kW 背压汽轮机,利

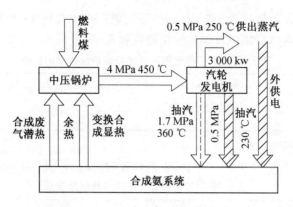

图 3.11　某化肥厂的热电联产工艺流程

用锅炉出口蒸汽压力与工艺用汽压力之间的压差发电,背压排汽供工艺用汽,实现了工业锅炉的热电联产。该系统设备的主要型号及参数如下:

锅炉型号:VG - 65/39 - M

额定蒸发量:65 t/h

蒸汽压力:3.9 MPa

蒸汽温度:450 ℃

给水温度:150 ℃

空气预热温度:280 ℃

排烟温度:150 ℃

额定负荷下的热效率:91%

背压式汽轮机型号:B6 - 35/10

功率:6 000 kW

转速:3 000 r/min

主蒸汽门前蒸汽压力:3.4 MPa

背压:$1.0^{+0.3}_{-0.2}$ MPa

额定工况下汽耗量:14.48 kg/(kW·h)

发电机型号:QF - 6 - 2

额定功率:6 000 kW

额定电压:6 300 V

额定电流:688 A

功率因数:0.8

与单纯凝汽式发电相比,该装置投入运行后取得明显的经济效益。投资回收期为2.5 年。

(4) 焦化厂的热电联产。

某钢铁公司焦化厂的热电联产系统如图 3.12 所示。图中表明,该厂有两台工业锅炉,一台型号为 BC - 20 - 22/370(2.2 MPa,370 ℃),所产生的蒸汽首先驱动一台煤气风机透平,功率为 1 200 kW,排汽(背压)为 0.4 MPa,直接供给用户。另一台锅炉型号为 JG - 35 - 39/450(蒸汽参数为 3.9 MPa,450 ℃),驱动一台 1 500 kW 的背压式汽轮机,背压为 1.3 MPa,用来供给需要较高压力的蒸汽用户。

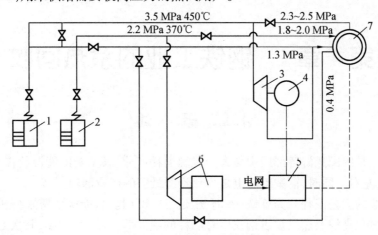

图 3.12　焦化厂热力系统图

1—JG – 35 – 39/450 锅炉;2—BC – 20 – 22/370 锅炉;

3,4—B1.5 – 35/13 背压式发电机组;5—中央配电站;

6—TC – 1200 汽轮机带动煤气风机;7—热用户

第4章 钢铁工业的余热回收

4.1 概 述

钢铁工业是国民经济各部门中最大的能源消耗产业,其消费的能源约占全国总能源消费的15%左右。同时,钢铁工业也是余热资源最多的产业部门。

钢铁工业的工艺流程分为炼铁、炼钢、压延三个部门。从能源消费来分析,炼铁中的炼焦炉、烧结炉、高炉及热风炉占钢铁厂总能耗的绝大部分,约占70%,其次是压延部门、炼钢部门等。从余热资源来分析,根据某一普查结果,炼铁部分的余热资源占钢铁工业总余热资源的46%,炼钢占29.7%,轧钢占24.3%。

钢铁工业余热资源的载体有:烟气、红焦、荒煤气、烧结矿、高炉渣、轧板等,其次是钢锭、钢渣、汽化冷却所产生的蒸汽等。其中,烟气的余热资源最多,占40.74%,其次是红焦(10.83%)、荒煤气(9.84)、烧结矿(9.36)和高炉渣(8.93)。

钢铁工业的余热回收主要集中在上述余热资源最大的领域和部门。由于余热温度较高,余热量巨大,因而大部分余热回收的方式是余热发电,对于温度较低的余热主要通过换热器加热进入系统的介质。表4.1列出了钢铁厂的主要余热资源及其余热回收的方式、用途和主要设备,同时指出了设计重点,即应该掌握的主要设备的设计方法和设计要领。在本章下面的相关章节中将给予详细的说明。

表4.1 钢铁工业主要余热资源的回收方式和主要设备

	余热载体	余热温度	回收方式	回收用途	主要设备	设计重点
炼铁工艺	红焦显热	~1 000 ℃	干式熄焦	余热发电	余热锅炉及发电设备	余热锅炉
	烧结矿显热	~400 ℃	冷却排气	余热发电	余热锅炉及发电设备	余热锅炉
	热风炉排烟	~300 ℃	气-气换热	加热空气或煤气	分离式热管换热器	热管换热器
	炉顶气潜热	~120 ℃	回收炉顶气	发电厂混合燃料	送入发电厂	
	炉顶压压力能	~0.2 MPa	压力发电系统	发电	轴流式或辐射式透平	
	炉渣显热	~400 ℃	干式/湿式	发电/蒸汽,热水		

续表 4.1

	余热载体	余热温度	回收方式	回收用途	主要设备	设计重点
炼钢工艺	转炉排气	~ 1 400 ℃	产生蒸汽	余热发电	余热锅炉及发电设备	余热锅炉
	平炉排气	~ 800 ℃	产生蒸汽	余热发电	余热锅炉及发电设备	余热锅炉
	炉渣显热	~ 400 ℃	干式 / 湿式	发电 / 蒸汽, 热水		
钢坯加热炉	加热炉排烟显热	~ 800 ℃	回收用于自身	预热空气或煤气, 返回加热炉	换热器	

在表 4.1 所示的余热回收和余热发电项目中,大部分项目的余热资源是随时间而变化的,即余热回收量或发电量是随时间而波动的。例如,焦炭干式冷却余热回收系统是间隔性工作的,这时若单独用于发电就会遇到一定的困难。考虑到上述因素,一座钢铁厂应该采取统一的、一体化的余热回收和发电系统,将各余热锅炉回收的蒸汽并入一个统一的管网,此管网中的蒸汽一部分用于发电,一部分提供工艺过程用汽,将各部分的用汽量根据季节或需要进行调节。此外,由于蒸汽进入统一的管网,当个别的余热锅炉提供的蒸汽量随时间波动时,不会影响统一的余热回收和利用系统。

钢铁厂的一体化余热回收利用系统如图 4.1 所示。由图可见,发电厂所需电力来自 3 个发电系统:

(1) 自备发电厂,燃料一般为副生气;

(2) 高炉炉顶压发电系统;

(3) 余热发电系统。一般采用混压透平发电,所需蒸汽来自各余热锅炉的统一管网。

工厂所需的中压蒸汽和低压蒸汽,除了来自各余热回收系统之外,还来自某些汽轮机的中间抽汽。

由此可见,对于一体化系统,统一供汽,统一发电,不同的余热回收系统都并入统一的蒸汽管网和电网,因而使回收的余热得到了充分利用,并提高了系统的安全性和余热利用效率。当然,对于不同的钢铁厂,在实施一体化方案之前,需要进行充分的方案论证,力图找出最佳方案。

除了产生蒸汽用于发电的余热回收形式之外,在钢铁企业中还有为数众多的"就地回收,就地利用"的余热回收形式,例如:

(1) 高炉热风炉的余热回收,回收热风炉排气的热量直接加热进入热风炉的空气和煤气。

(2) 钢坯加热炉的余热回收,直接用于加热助燃空气、燃料气或原材料预热等。如图 4.2 所示。

图 4.2 是以钢坯(板)加热炉为例给出了燃烧排气余热回收的几种形式。对于其他加热炉,也基本上有这几种余热回收方式。图中,① 是将加热炉的排气用于原材料预热, ② 是用于燃烧空气预热, ③ 是用于空气或燃料气预热, ④ 是指将排气引入余热锅炉中,

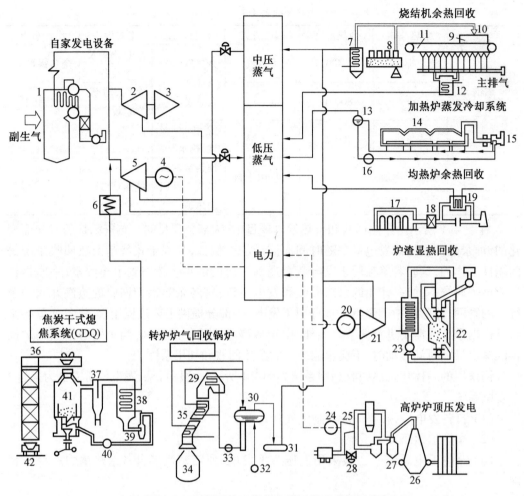

图 4.1　钢铁厂的一体化余热回收和利用系统

1— 锅炉;2,5,25— 透平;3— 高炉送风机;4,20,24— 发电机;6— 过热器;

7,12,19,38— 余热锅炉;8— 冷却机;9— 保热炉;10— 点火炉;11— 烧结机;

13,30— 汽包;14— 加热炉;15,18— 回热器;16,33— 循环泵;17— 均热炉;

21— 混压透平;22— 炉渣冷却器;23— 送风机;26— 高炉;27,37,39— 除尘器;

28— 安全阀;29— 上部锅炉;31— 蓄汽器;32— 给水泵;34— 转炉;35— 下部锅炉;

36— 卷扬塔;40— 主送风机;41— 冷却室;42— 焦炭运送车

加热给水或蒸汽系统。

在一个燃烧排气的余热回收系统中,并不要求也不可能同时采用上述 4 个余热回收利用方案,通常只选取其中 1 项或 2 项。应本着"先自身利用,后对外供热"的方针,首先采用空气预热器或燃料气体预热器,将回收的排气余热返回系统本身,直接提高设备的热效率。当燃烧排气的余热数量较大,系统本身难以完全回收利用,而且余热的品味(可用能)较高时,可采用余热锅炉的回收方式,将所产生的蒸汽送入统一的管网,供工业用汽或发电。

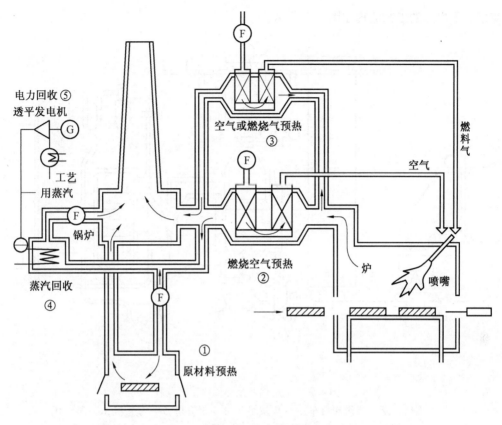

图 4.2　燃烧排气的余热利用方案

4.2　赤热焦炭的干式冷却和余热回收

在钢铁厂的余热资源中,固体显热约占余热总量的 40% 以上,其中,赤热焦炭的显热又占固体显热的 25% 以上,因而赤热焦炭的显热回收和利用具有举足轻重的地位。

钢铁厂所用的焦炭是煤炭在炼焦炉中进行干馏而制造出来的。焦炭从炉子中出来时的温度约为 900 ~ 1 000 ℃。在钢铁厂中,每生产 1 t 生铁需要消耗 400 ~ 450 kg 焦炭。以日产 1 万吨生铁的高炉为例,每天要消耗焦炭 4 000 ~ 4 500 t。假定高炉用块焦的合格率为 84% ,则意味着炼焦炉每天要生产 4 750 ~ 5 330 t 赤热焦炭。这些赤热焦炭的显热约为 1 600 kJ/kg。若回收利用,每吨焦炭可产生 0.4 ~ 0.5 t 压力为 3.92 MPa ,温度为 440 ℃ 的蒸汽。

过去长期以来,对于这一巨大的余热资源完全不加利用,而是采用喷水灭火的办法将热量完全耗散于大气中了,这不但造成了能源的巨大浪费,而且造成对环境的严重污染。在喷水灭火时,粉尘飞散,水雾弥漫,环境质量急剧下降。

鉴于上述,经过多年的开发,现已推广应用了干式灭火系统,即所谓干熄焦系统。该系统的技术要点是:在熄焦室中用惰性气体(主要是 N_2 气体) 吸收赤热焦炭的显热,然后将具有很高温度的惰性气体导入余热锅炉中产生蒸汽,再将惰性气体鼓入熄焦室中循环使用。干熄焦的工艺流程如图4.3所示。

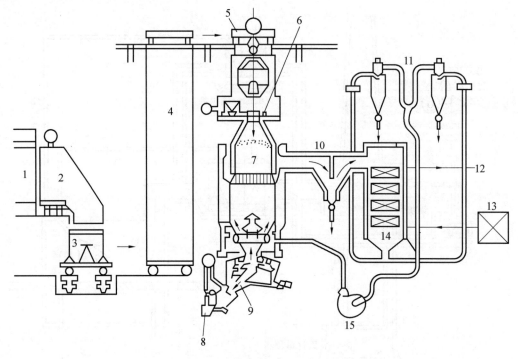

图4.3　干熄焦及余热回收工艺流程

1— 炼焦炉;2— 焦炭卸料车;3— 焦炭吊斗;4— 提升塔;5— 起重机;6— 装料机;

7— 焦炭;8— 运输带;9— 卸料机;10— 除尘器;11— 旋风除尘器;12— 蒸汽;

13— 供水设备;14— 锅炉;15— 主风机

干式熄焦系统大体上由以下装置构成:

(1) 赤热焦炭搬运装置,由焦炭卸料车、焦炭吊斗、提升塔、装料机等组成;

(2) 熄焦室,由两部分组成,上部为预冷室,下部为冷却室。惰性气体由下而上流动,穿过焦炭层将焦炭冷却;

(3) 余热锅炉,在此惰性气体由上而下流动,顺序流过余热锅炉的过热器、蒸发器、省煤器,将焦炭的显热转换为水蒸气的热焓;

(4) 冷焦排出装置及惰性气体的除尘和粉焦处理装置。

惰性气体 N_2 经过与赤热焦炭换热后,被加热至800 ℃,再经过除尘装置去灰尘后流入余热锅炉。在锅炉中,氮气的高温显热转换为高温、高压、高质量的过热蒸汽。氮气从锅炉出来的温度为150 ~ 200 ℃,经过旋风除尘后,用风机将其鼓入焦炭冷却塔中循环使用。

干熄焦设备的热平衡关系见表4.2。

表 4.2　干熄焦设备的热平衡

热收入 /%		热支出 /%	
焦炭显热 96.6		排出焦炭的显热	0.8
反应热　3.4		焦炭装入处的热损失	0.4
		蒸汽热焓	83.5
		排水热焓	3.0
		排气损失	0.8
		干熄焦室热损失	4.3
总计　100.0		总计	100.0

　　由表可见,这种设备的热回收效率很高,80% 以上的热量在余热锅炉中被吸收,变为蒸汽的热焓。此外,该系统还有如下优点:

　　(1) 由于干熄焦工艺是在密闭的循环系统中进行的,不需要熄焦水,因而消除了对空气和水的污染。

　　(2) 干熄焦是在惰性气体流过的过程中缓慢而均匀地进行的,不存在湿法熄焦的剧冷作用,因而焦炭颗粒较均匀,强度较高(M_{40} 可提高3% ~ 8%,M_{10} 可降低2% ~ 8%),粉焦率小,热值提高,从而可使高炉的焦化率降低0.5% ~ 2.3%,高炉生产能力提高1% ~1.5%。

　　由此可见,干式熄焦系统不仅是高效的余热回收设备,也为改善焦炭品质,提高焦炭的能源利用率,保护环境做出了贡献。

　　目前,干熄焦技术已在钢铁企业中广为推广。例如,某钢铁公司有 4 套干熄焦装置,每台处理能力为 75 t/h,每年处理焦炭 171 万 t,其干熄焦设备的主要运行参数如下:

　　干熄焦冷却室容积:300 m³,预冷器容积:200 m³

　　余热锅炉蒸发量:37.5 t/h

　　余热锅炉蒸汽参数:4.52 MPa,450 ℃

　　循环风机:125 000 Nm³/h,压头:0.008 8 MPa (8 800 Pa)

　　赤热焦炭温度:1 000 ℃

　　排焦温度:≤ 250 ℃

　　循环风进入冷却室入口温度:200 ℃

　　余热锅炉入口氮气温度:800 ℃

　　焦炭处理量:75 t/h

　　在干熄焦系统中,余热锅炉是最主要的设备之一,下面,根据上述参数,对余热锅炉进行设计计算。设计步骤和设计方法与3.3节"余热发电系统的余热锅炉设计"提供的设计方法基本相同。

　　(1) 热负荷(换热量)及相关参数。(附号标注见图4.4)

　　首先,从氮气侧计算。考虑到空气中氮气的含量约占78%,故氮气的物理性质可以按空气选取。

　　氮气的平均温度:$T = \frac{1}{2}(T_1 + T_4) = \frac{200 ℃ + 800 ℃}{2} = 500 ℃$

　　在平均温度下的比热容:$c_p = 1.093$ kJ/(kg · ℃)

在标准状况(0 ℃)下的氮气密度:$\rho = 1.293 \text{ kg/m}^3$

氮气的质量流量:$G = (125\ 000 \times 1.293/3\ 600)\text{kg/s} = 44.9 \text{ kg/s}$

氮气换热量:

$$Q = G \times c_p \times (T_1 - T_4)$$
$$= 44.9 \text{ kg/s} \times 1.095 \text{ kJ/kg} \cdot \text{℃} \times (800 - 200)\text{℃}$$
$$= 29\ 445.4 \text{ kJ/s}$$

然后,根据此换热量,确定未知的蒸汽参数。

蒸汽质量流量:$m = (37.5 \times 1\ 000/3\ 600)\text{kg/s} = 10.4 \text{ kg/s}$

蒸汽／水在余热锅炉中的焓升:

$$\Delta h = h_2 - h_1 = \frac{Q}{m} = \frac{29\ 445.4 \text{ kJ/s}}{10.4 \text{ kg/s}} = 2\ 831.3 \text{ kJ/kg}$$

蒸汽出口焓值(4.52 MPa,450 ℃,过热蒸汽),由附表6:

$$i_4 = 3\ 324.4 \text{ kJ/kg}$$

入口水的焓值:$h_1 = h_2 - \Delta h = 3\ 324.4 \text{ kJ/kg} - 2\ 831.3 \text{ kJ/kg} = 493.1 \text{ kJ/kg}$

入口水温,由附表6,$t_1 = 117$ ℃

对应4.52 MPa的蒸汽饱和温度:257.4 ℃

蒸汽出口过热度:450 ℃ - 257.4 ℃ = 192.6 ℃

(2)余热锅炉中换热区间的划分和设计参数。见图4.4。

根据给定的上述参数,余热锅炉应由省煤器、蒸发器和过热器3部分组成。3部分的进出口温度及换热量的计算如下:

① 省煤器换热量由水侧计算,假定省煤器出口水温已达饱和:

$$Q_1 = m \times c_{pl} \times (t_2 - t_1) = 10.4 \text{ kg/s} \times 4.25 \text{ kJ/kg} \cdot \text{℃} \times (257.4 - 117)\text{℃} = 6\ 205.68 \text{ kW}$$

省煤器入口氮气温度:

$$T_3 = T_4 + \frac{Q_1}{G \times c_p} = 200 \text{ ℃} + \frac{6\ 205.68 \text{ kW}}{44.9 \text{ kg/s} \times 1.093 \text{ kJ/(kg} \cdot \text{℃)}} = 326.45 \text{ ℃}$$

② 蒸发器换热量:

$$Q_2 = m \times (h'' - h') = 10.4 \text{ kg/s} \times (2\ 797.7 - 1\ 122.12)\text{kJ/kg} = 17\ 426 \text{ kW}$$

式中 h'',h'——分别为饱和蒸汽和饱和水的焓值。

蒸发器入口氮气温度:

$$T_2 = T_3 + \frac{Q_2}{G \times c_p} = 326.45 \text{ ℃} + \frac{17\ 426 \text{ kW}}{44.9 \text{ kg/s} \times 1.093 \text{ kJ/(kg} \cdot \text{℃)}} = 681.5 \text{ ℃}$$

③ 过热器换热量:

$$Q_3 = G \times c_p \times (T_1 - T_2) = 44.9 \text{ kg/s} \times 1.093 \text{ kJ/(kg} \cdot \text{℃)} \times (800 - 681.5)\text{℃} = 5\ 815.5 \text{ kW}$$

④ 总换热量:

$$Q = Q_1 + Q_2 + Q_3 = 29\ 447.2 \text{ kW}$$

与原计算值 $Q = 29\ 445.4 \text{ kW}$ 十分接近。

上述计算结果如图4.4所示。

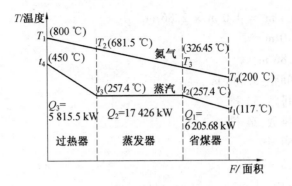

图 4.4　余热锅炉的设计参数

（3）省煤器设计。

省煤器是一典型的翅片管式换热器,详细的设计方法和设计步骤见 1.4 和 1.5 节的说明。设计结果如下：

① 设计参数。

氮气流量:44.9 kg/s

氮气入口温度:326.45 ℃

氮气出口温度:200 ℃

水流量:10.4 kg/s

水入口温度:117 ℃

水出口温度:257.4 ℃

换热量:6 205.68 kW

② 翅片管规格:基管材质:20 g,高频焊螺旋翅片管。

光管外径:38 mm;光管内径:30 mm

翅片厚度:1 mm;翅片节距:8 mm

翅片高度:15 mm;翅化比:6.33

③ 传热计算结果。

迎风面质量流速:3.92 kg/(m² · s)

最窄截面质量流速:7.5 kg/(m² · s)

最窄截面气体流速:11.2 m/s

翅片管外换热系数:88.8 W/(m² · ℃)

基管外换热系数:416.7 W/(m² · ℃)

翅片效率:0.7

单管程管了数目:2 × 32 支

管内换热系数:3 816.4 W/(m² · ℃)

传热系数:292.7 W/(m² · ℃)

传热温差:67.1 ℃

计算传热面积:316 m²

④ 换热器结构:水平翅片管束,如图 3.6 所示。

迎风面积:11.44 m² = 4.0 m × 2.86 m

翅片管长度:4.0 m

迎风面宽度:2.86 m

翅片管横向管间距:0.088 m

翅片管横向管排数:32 排

翅片管纵向管排数:24 排

翅片管总数:768 个

单管传热面积:0.478 m²

实取传热面积:367.1 m²

排气流动阻力:942 Pa

单排翅片管流动阻力:39.25 Pa

⑤ 质量。

单支翅片管质量:25.616 千克/支

翅片管总质量:19 673 kg

设备总质量(约):29 510 kg/台

(4) 蒸发器设计。

蒸发器采用强制循环系统,管束水平放置,如图 3.6 所示。

其设计有 3 个特点:一是单管程,即饱和水从直管的一端流入,饱和蒸汽和饱和水的两相混合物从另一端直接流出,以防止管内两相流动对换热的不利影响;二是翅片管的翅化比很低,以防止热流密度过高影响管内的沸腾换热;三是管内沸腾换热系数要先假定,后验算。具体的设计步骤和设计结果见表4.3。

表4.3 蒸发器设计步骤和计算结果

	物理量	计算式或给出条件	计算结果	说明
已知参数及传热量计算	氮气进出口温度	681.5 ℃/326.45 ℃		见图4.4
	氮气流量	44.9 kg/s		
	水入口温度	257.4 ℃		饱和
	水/汽流量	10.4 kg/s		饱和
	传热量	$Q_2 = 17\ 426$ kW		
	蒸汽出口温度	$t_3 = 257.4$ ℃		饱和汽
迎风面参数	氮气迎面质量流速	$V_m = 3.92$ kg/m²·s		与省煤器相同
	氮气迎风面积	$F = 11.44$ m²		与省煤器接近
	迎风面尺寸	4.0 m × 2.86 m		与省煤器接近
	翅片管长度	4.0 m		

续表4.3

	物理量	计算式或给出条件	计算结果	说明
翅片管选型和排列	材质和工艺	20 g 整体轧制螺旋翅片管		
	基管尺寸/翅高	$\phi 40 \times 4.0$ mm/10 mm		
	翅片节距/厚度	12 mm/2 mm		
	翅化比	$\beta =$ 翅片管表面／基管表面	3.17	
	翅片管横向管距	$P_t = 88$ mm		
	横向管排数	$N_1 = 2\,860/88 = 32.5$ 排	取 32 排	
	管束宽度	2 860 mm		与省煤器相同
	翅片管放置	水平放置,纵向管间距 80 mm		
	单支管传热面积	$\pi \times 0.04$ m $\times 4.0$ m	0.502 7 m²	以基管外表面为基准
管外换热系数	最窄流通截面	$12(88 - 40) - 2(10 \times 2)$	536 mm²	12 mm 节距内计算
	对应迎风面	12×88	1 056 mm²	12 mm 节距内计算
	最窄截面质量流速	$G_m = 3.92 \times \dfrac{1\,056}{536}$	7.72 kg/(m²·s)	
	氮气的黏度	$\mu = 36.2 \times 10^{-6}$ kg/(m·s)		按平均温度查表
	氮气的导热系数	$\lambda = 0.057$ W/(m·℃)		按平均温度查表
	氮气的 Pr 数	$Pr = 0.687$		按平均温度查表
	氮气 Re 数	$Re = \dfrac{G_m D_o}{\mu} = \dfrac{7.72 \times 0.04}{36.2 \times 10^{-6}}$	8 530	
	翅片管外换热系数	$h = 0.137\,8\left(\dfrac{0.057}{0.04}\right) 8\,530^{0.718}$ $\times 0.687^{\frac{1}{3}}\left(\dfrac{10}{10}\right)^{0.296}$	116.1 W/(m²·℃)	按 1.5 节式(1.53) 计算
	函数 mL	$mL = L\sqrt{\dfrac{2h}{\lambda_f t}}\sqrt{1 + \dfrac{L}{2r_1}}$	0.602	按式(1.52)计算,$\lambda_f = 40$ W/(m·℃)
	翅片效率 η_f	$\eta_f = \dfrac{\tanh mL}{mL} = \dfrac{0.538\,6}{0.602}$	0.89	
	基管外表面换热系数	$h_o = h \cdot \eta_f \cdot \beta$ $= 116.1 \times 0.89 \times 3.17$	327.6 W/(m²·℃)	

续表 4.3

	物理量	计算式或给出条件	计算结果	说明
管内换热系数	管内沸腾换热系数	假定值,设计后校核	10 000 W/(m² · ℃)	
传热热阻和传热系数	管外换热热阻	$R_o = \dfrac{1}{h_o} = \dfrac{1}{327.6}$	0.003 052 5 (m² · ℃)/W	
	管内换热热阻	$R_i = \dfrac{D_o}{D_i} \dfrac{1}{h_i} = \dfrac{40}{32} \dfrac{1}{10\,000}$	0.000 125 (m² · ℃)/W	
	管壁热阻	$R_w = \dfrac{D_o}{2\lambda_w} \ln \dfrac{D_o}{D_i} = \dfrac{0.040}{2 \times 40} \ln \dfrac{40}{32}$	0.000 111 5 (m² · ℃)/W	
	管外污垢热阻	$R_{f0} = \dfrac{r_f}{\beta \times \eta_f} = \dfrac{0.002\,95}{3.17 \times 0.89}$	0.001 0456 (m² · ℃)/W	见 1.5 节
	总传热热阻	$R = R_o + R_i + R_w + R_{fo}$	0.004 334 6 (m² · ℃)/W	
	传热系数	$U_o = \dfrac{1}{R}$	230.7 W/(m² · ℃)	
传热温差	最大端部温差	$\Delta T_{max} = 681.5\ ℃ - 257.4\ ℃$	424.1 ℃	
	最小端部温差	$\Delta T_{min} = 326.45\ ℃ - 257.4\ ℃$	69.05 ℃	
	对数平均温差	$\Delta T_{ln} = \dfrac{424.1 - 69.05}{[\ln(424.1/69.05)]}$	195.6 ℃	
	温差修正系数	$F = 1.0$		管内为相变
	传热温差	$\Delta T = \Delta T_{ln}$	195.6 ℃	
传热面积及管数	传热面积	$A_2 = \dfrac{Q_2}{U_o \Delta T} = \dfrac{17\,426 \times 10^3}{230.7 \times 195.6}$	386.2 m²	
	安全系数	1.2		选取
	传热面积	$A_2 = 386.2 \times 1.2$	463.44 m²	
	翅片管总数	$N = \dfrac{A_2}{\pi D_0 L} = \dfrac{463.44}{\pi \times 0.04 \times 4.0}$	922 支	
	纵向管排数	$N_2 = N/N_1 = 922/32 = 28.8$	取 28 排	
	实取管子数	$N = N_1 \times N_2 = 32 \times 28$	896 支	
	实取传热面积	$A_2 = \pi \times 0.04 \times 4 \times 896$	450.4 m²	

续表4.3

物理量		计算式或给出条件	计算结果	说明
验算管内换热系数	热流密度	$q = \dfrac{Q_2}{A_2} = \dfrac{17\,426 \times 10^3}{450.4}$	38 690 W/m²	
	蒸汽温度	$T_s = 257.4\ ℃$		
	管内换热系数	$h = 0.067 T_s^{0.941} q^{\frac{2}{3}}$	14 209 W/(m²·℃)	计算值
	比较	假定值小于计算值,使设计偏于安全,无须重复计算		其热阻远远小于总热阻
烟气侧阻力	阻力系数	$f = 37.86\,(8\,530)^{-0.316} \left(\dfrac{88}{40}\right)^{-0.927}$	1.044	由第1.5节式(1.55)
	阻力降	$\Delta p = f\dfrac{N_2 G_m^2}{2\rho} = 1.044 \times \dfrac{28 \times (7.72)^2}{2 \times 0.456}$	1 910 Pa	$\rho = 0.456$ kg/m³ $N_2 = 28$ 排
设备质量	翅片管单质量	24.6 千克／支		
	翅片管总质量	24.6 × 896 = 22 042 kg		
	设备总质量（约）	22 042 × 1.5 = 33 083 千克／台	33 t／台	大约

（5）过热器设计。

过热器的结构特点是采用耐热合金钢光管。

① 设计参数:如图4.4所示。

氮气流量: 44.9 kg/s

氮气入口温度:800 ℃

氮气出口温度:681.5 ℃

蒸汽流量:10.4 kg/s

蒸汽入口温度:257.4 ℃

蒸汽出口温度:450 ℃

换热量:5 815.5 kW

② 管子规格:耐热不锈钢管。因为属于气／汽换热,采用光管。

光管外径:40 mm;光管内径:32 mm,蛇形管结构。

横向管间距:74 mm;错排排列,纵向管间距70 mm。

③ 迎面质量流速、迎风面积与蒸发器相同,见表4.4。

表4.4　迎面质量流速和迎风面积

氮气迎面质量流速	$V_m = 3.92$ kg/m²·s
氮气迎风面积	$F = 11.44$ m²
迎风面尺寸	4.0 m × 2.86 m
管子长度	4.0 m
横向管排数	38 排

④ 管外换热系数。

由1.4节中的式(1.17),对错排管束,管外换热系数的计算式为

$$h = 0.35 \frac{\lambda}{D_0} \left(\frac{S_t}{S_l} \right)^{0.2} Re^{0.6} Pr^{0.36}$$

式中　　S_t——横向管间距，$S_t = 0.074$ m；

　　　　S_L——纵向管间距，$S_L = 0.07$ m。

氮气在平均温度下的物性值为

导热系数：$\lambda = 0.068$ W/(m·℃)，黏度：$\mu = 42 \times 10^{-6}$ kg/(m·s)，$Pr = 0.708$，密度 $\rho = 0.35$ kg/m^3

流体流经最窄截面处的质量流速：

$$G_m = V_m \frac{S_t}{S_t - D_o} = 3.92 \text{ kg/(m}^2 \cdot \text{s)} \times \frac{0.074 \text{ m}}{0.074 \text{ m} - 0.04 \text{ m}} = 8.53 \text{ kg/(m}^2 \cdot \text{s)}$$

$$Re = \frac{D_o G_m}{\mu} = \frac{0.04 \text{ m} \times 8.53 \text{ kg/(m}^2 \cdot \text{s)}}{42 \times 10^{-6} \text{ kg/(m} \cdot \text{s)}} = 8\ 123.8$$

$$h = 0.35 \frac{0.068 \text{ W/(m} \cdot \text{℃)}}{0.04 \text{ m}} \left(\frac{0.074 \text{ m}}{0.07 \text{ m}} \right)^{0.2} (8\ 123.8)^{0.6} (0.708)^{0.36} \text{ W/(m}^2 \cdot \text{℃)}$$

$$= 117.8 \text{ W/(m}^2 \cdot \text{℃)}$$

⑤ 管内换热系数。

管内为水蒸气和管内壁之间的对流换热，由 1.4 节式(1.16)，实验关联式为

$$h_i = 0.023 \frac{\lambda}{D_i} \left(\frac{D_i G_m}{\mu} \right)^{0.8} (Pr)^{0.4}$$

管内水蒸气的平均温度为：(450 ℃ + 257.4 ℃)/2 = 353.7 ℃

水蒸气的物性值（按饱和态查取）：$\mu = 26.59 \times 10^{-6}$ kg/(m·s)

$$\lambda = 0.119 \text{ W/(m} \cdot \text{℃)}, \quad Pr = 3.83, \quad \rho = 113.5 \text{ kg/m}^3$$

管内质量流量：$m = 10.4$ kg/s

设 4 排管为一个管程，每管程的管子数目：4 × 38 支 = 152 支

每管程的管内流通面积：$F = \frac{\pi}{4} 0.032^2 \text{ m} \times 152 \text{ m} = 0.122\ 2 \text{ m}^2$

管内质量流速：$G_m = \frac{m}{F} = \frac{10.4 \text{ kg/s}}{0.122\ 2 \text{ m}^2} = 85.1 \text{ kg/(m}^2 \cdot \text{s)}$

管内蒸汽流速：$V = \frac{G_m}{\rho} = \frac{85.1 \text{ kg/(m}^2 \cdot \text{s)}}{113.5 \text{ kg/m}^3} = 0.75 \text{ m/s}$

管内 Re 数：$Re = \frac{D_i G_m}{\mu} = \frac{0.032 \text{ m} \times 85.1 \text{ kg/(m}^2 \cdot \text{s)}}{26.59 \times 10^{-6} \text{kg/(m} \cdot \text{s)}} = 102\ 414$

换热系数：$h = 0.023 \frac{0.119 \text{ W/(m} \cdot \text{℃)}}{0.032 \text{ m}} (102\ 414)^{0.8} (3.83)^{0.4} = 1\ 492 \text{ W/(m}^2 \cdot \text{℃)}$

⑥ 传热热阻和传热系数。

各项热阻和传热系数的计算见表 4.5。

表4.5　各项热阻和传热系数

管外换热热阻	$R_{\mathrm{o}} = \dfrac{1}{h_{\mathrm{o}}} = \dfrac{1}{117.8}$	0.008 488 9 $(\mathrm{m}^2 \cdot \mathrm{°C})/\mathrm{W}$	光管外表面为基准
管内换热热阻	$R_{\mathrm{i}} = \dfrac{D_{\mathrm{o}}}{D_{\mathrm{i}}} \dfrac{1}{h_{\mathrm{i}}} = \dfrac{40}{32} \dfrac{1}{1\ 492}$	0.000 837 8 $(\mathrm{m}^2 \cdot \mathrm{°C})/\mathrm{W}$	光管外表面为基准
管壁热阻	$R_{\mathrm{w}} = \dfrac{D_{\mathrm{o}}}{2\lambda_{\mathrm{w}}} \ln \dfrac{D_{\mathrm{o}}}{D_{\mathrm{i}}} = \dfrac{0.040}{2 \times 40} \ln \dfrac{40}{32}$	0.000 111 5 $(\mathrm{m}^2 \cdot \mathrm{°C})/\mathrm{W}$	
管外污垢热阻	$R_{\mathrm{f0}} = r_{\mathrm{f}} = 0.002\ 95$	0.002 95 $(\mathrm{m}^2 \cdot \mathrm{°C})/\mathrm{W}$	见1.5节
总传热热阻	$R = R_{\mathrm{o}} + R_{\mathrm{i}} + R_{\mathrm{w}} + R_{\mathrm{f0}}$	0.012 388 $(\mathrm{m}^2 \cdot \mathrm{°C})/\mathrm{W}$	
传热系数	$U_{\mathrm{o}} = \dfrac{1}{R}$	80.72 $\mathrm{W}/(\mathrm{m}^2 \cdot \mathrm{°C})$	

⑦ 传热温差(表4.6)。

表4.6　传热温差

最小端部温差	$\Delta T_{\min} = 800\ \mathrm{°C} - 450\ \mathrm{°C}$	350 ℃	
最大端部温差	$\Delta T_{\max} = 681.5\ \mathrm{°C} - 257.4\ \mathrm{°C}$	424.1 ℃	
对数平均温差	$\Delta T_{\mathrm{ln}} = [424.1 - 350]/[\ln(424.1/350)]$	385.9 ℃	
温差修正系数	$F = 0.9$		选取
传热温差	$\Delta T = F \times \Delta T_{\mathrm{ln}}$	347.3 ℃	

⑧ 传热面积(表4.7)。

表4.7　传热面积

传热面积	$A_3 = \dfrac{Q_3}{U_{\mathrm{o}}\Delta T} = \dfrac{5\ 815.5 \times 10^3}{80.72 \times 347.3}$	207.4 m²	
安全系数	1.2		选取
传热面积	$A_3 = 207.4 \times 1.2$	248.9 m²	
管子总数	$N = \dfrac{A_3}{\pi D_0 L} = \dfrac{248.9}{\pi \times 0.04 \times 4.0}$	495 支	
纵向管排数	$N_2 = N/N_1 = 495/38 = 13$	12 排	选取
纵向管程数	$12/4 = 3$	3 管程	
实取管子数	$N = N_1 \times N_2 = 38 \times 12$	456 支	
实取传热面积	$A_3 = \pi \times 0.04 \times 4.0 \times 456$	229.2 m²	

⑨ 管外流动阻力(表4.8)。

借助翅片管外阻力计算关联式,由第1.5节式(1.54),(1.55)有

$$f = 37.86(G_{\mathrm{m}} D_{\mathrm{b}}/\mu)^{-0.316}(P_{\mathrm{t}}/D_{\mathrm{b}})^{-0.927}$$

$$\Delta p = f \dfrac{N_2 G_{\mathrm{m}}^2}{2\rho}$$

表 4.8　管外流动阻力

阻力系数	$f = 37.86\,(8123.8)^{-0.316}\left(\dfrac{74}{40}\right)^{-0.927}$	1.244 6	由第 1.5 节式 (1.55)
阻力降	$\Delta P = f\dfrac{N_2 G_m^2}{2\rho} = 1.244\,6 \times \dfrac{12 \times (8.53)^2}{2 \times 0.35}$	1 552 Pa	$\rho = 0.35\ \text{kg/m}^3$　$N_2 = 12$ 排

⑩ 质量计算(表 4.9)。

表 4.9　重量计算

翅片管单质量	14.2 千克/支		
翅片管总质量	$14.2 \times 456 = 6\,475$ kg		
设备总质量(约)	$6\,475 \times 1.6 = 10\,360$ 千克/台	10 t/台	大约

(6) 设计总汇和设计总图。

设计总汇见表 4.10。设计示意图如图 3.6 所示。这是一台大型的余热锅炉,是立式放置的余热锅炉的基本形式。由图可见,该余热锅炉沿氮气流动的方向由 3 个相对独立的换热器组成,它们有相同的迎风面积,其中,蒸发器的传热面积最大,纵向 28 排管,横向 32 排,横向每排 32 支管分别与两侧的进出口管箱相连接,纵向 2 × 28 个联箱分别与强制循环的进水总管和出水/汽总管连接。过热器和省煤器的管束可采用蛇形管结构。3 台换热器应分别制造,然后组装在一起。此外,在氮气进出口处需安装除灰设备。如图 4.3 所示,氮气进口安装一台离心式除尘器,氮气出口安装两台旋风除尘器,其结构特点如图 1.41 所示。

表 4.10　余热锅炉设计总汇表

	过热器	蒸发器	省煤器	总汇
传热量 /kW	5 815.5	17 426	6 205.68	29 447.18
迎风面积 /m²	4.0 × 2.86	4.0 × 2.86	4.0 × 2.86	
采用管件	$\phi40 \times 4$,光管	$\phi40 \times 4$,低翅片管	$\phi38 \times 4$,翅片管	
横向管排数	38	32	32	
纵向管排数	12	28	24	64
管程数	3	1	12	
传热管总数	456	896	768	2 120
传热面积 /m²	229.2	450.4	367.1	1 046.7
排气阻力 /Pa	1 552	1 910	942	4 404
设备质量 /(吨·台⁻¹)	10.0	33.0	29.5	72.5

(7) 改进设计方案。

在上述设计例题中,设计面积偏大,管排数目较多,这是由选择的蒸汽参数偏高造成的。由图 4.4 可见,由于蒸汽压力和过热汽温度较高,导致了各段的传热温差较小,在总热负荷不变的情况下,使得总传热面积增大,管子根数增多,使设备的经济性下降。为了改进设计,可选取一组新的设计参数进行比较:蒸汽压力由 4.52 MPa 降至 3.8 MPa,蒸汽出口温度由 450 ℃ 降至 400 ℃,在其他条件不变的情况下,各传热部件的受热面积可降低 10% ~ 20%。

4.3　烧结矿石的显热回收

1. 余热分析

烧结矿石的能耗占钢铁工业总能耗约 9%。根据某钢铁厂的热平衡数据，烧结矿的热收入中，88% 的热能由焦粉燃烧提供，其余，燃烧煤气提供 6%，高炉瓦斯灰中的炭提供 4%。热支出中，水分蒸发占 18.2%，石灰石分解热占 15.2%，烧结矿显热占 28.2%，废气显热占 31.8%。也就是说，热支出中的大约 30% 是有效用于石灰石和结晶水的分解反应的热量，其他热量均从烧结机的主排气口及冷却器排风口以废热的形式放散了。为此，烧结系统余热回收的重点应放在回收和有效利用废气显热和烧结矿石的显热方面。

烧结矿石和焦炭同样是多孔的块状固体，赤热的烧结矿石从烧结机进入冷却器时的温度高达 500 ～ 700 ℃。在烧结机中反应终了的矿石经过破碎，由台车移动到冷却器，并形成一定厚度的填充层。填充层一面向前移动，一面被从下部送入的空气逐次冷却，当冷却至大约 150 ℃ 时，排出冷却器向高炉输送。与烧结矿石进行热交换的空气，经过在冷却器上方设置的多个排气孔排出。图 4.5 示出了烧结矿冷却器内排出温度的实测值。这时，烧结矿石进入冷却器时的实测温度为 650 ℃。

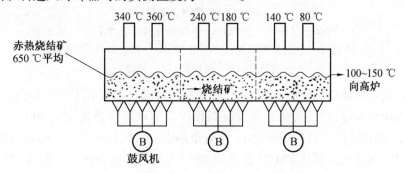

图 4.5　烧结矿冷却器的排气温度水平

烧结矿石在冷却过程中。每吨矿石被空气带走的热量为 39×10^4 ～ 60×10^4 kJ，约占总热耗量的 30%。目前工业上应用的余热回收系统主要有以下 4 种形式：

（1）利用余热锅炉产生蒸汽或提供热水，直接应用。

（2）用冷却器的排气代替烧结机点火器的助燃空气，或用于预热助燃空气。

（3）将余热锅炉产生的蒸汽，通过透平及其他附属设备转变成电力。

（4）将排气直接预热混合料。

为了更有效地回收烧结矿石的冷却显热，应尽量提高冷却媒体（此处是空气）的温度水平。为此可采取下述各项措施：

（1）尽量提高烧结矿装入时的温度。

（2）增加冷却器填充层的厚度。这就意味着减缓烧结矿在冷却器中的移动速度。

（3）提高冷却媒体（空气）的入口温度。为此，可采取热风再循环的办法，将在余热回收装置中经过换热后的媒体再循环使用。

（4）选择合适的冷却媒体的风速和风量。实验证明，冷却每吨烧结矿石的合适风量

余热回收的原理与设计

为 700 ~ 800 Nm³。

2.应用实例

例1 一个典型的余热锅炉系统如图 4.6 所示。由图可见,通过系统中几个阀门的调节,可实现热风的全部再循环、部分再循环或完全不循环(开式循环)。

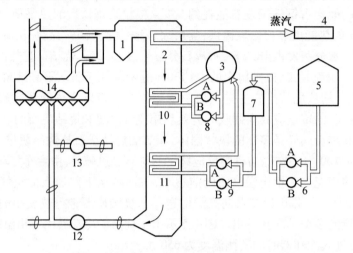

图 4.6 余热锅炉系统

1—除灰器;2—过热器;3—汽包;4—发电管网;5—水箱;6—给水泵;

7—除氧器;8—锅炉循环泵;9—给水泵;10—蒸发器;11—省煤器;

12—引风机;13—鼓风机;14—烧结矿石

某钢铁公司的烧结机面积为 450 m²,在烧结矿冷却机上安装了一套余热回收装置。该装置分为两个余热回收区,第一回收区的作用是回收冷却器排出的 300 ℃ 的排气余热,并通过余热锅炉产生蒸汽用于发电,再将余热锅炉排出的废气通入冷却器循环使用,将锅炉入口的热排气温度从 300 ℃ 提高到 400 ℃,从而使锅炉热效率提高 15%,多生产蒸汽 5.8 t/h。

该余热锅炉的参数如下:

锅炉形式:强制循环式

蒸汽发生量:70 t/h,额定:60 t/h

蒸汽压力:最高 1.68 MPa,额定 1.37 MPa

蒸汽温度:270 ±20 ℃

锅炉入口处热排气参数:

最大流量:600 × 10³ Nm³/h,温度 450 ℃

额定流量:485 × 10³ Nm³/h,温度 408 ℃

该装置的第二回收区中,将冷却器的低温排气直接用作点火器和保温炉的助燃空气。

例2 某大型钢铁公司在第四烧结机上安装一套余热回收系统。该系统的特点是:

(1)使用排气热风再循环的方式,提高冷却器出口的排气温度。

(2)在排气出口处安装两台余热锅炉:中压余热锅炉产生中压过热蒸汽,用于发电;

· 206 ·

低压余热锅炉产生低压饱和蒸汽供蒸汽用户使用。不过,在低压余热锅炉的高温部位,设置中压蒸发器排管,产生的蒸汽输入中压锅炉的汽包,以增加中压锅炉的产气量。

　　该两台余热锅炉系统运行后经过翅片管和换热系统的改进,改进后的系统如图 4.7 所示。

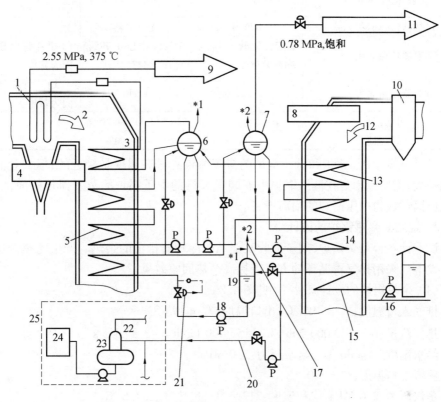

图 4.7　烧结机余热锅炉系统

1— 中压炉 1 号过热器;2— 循环排气;3— 中压炉 2 号过热器;4— 中压锅炉;5— 蒸发器;6— 中压汽包;7— 低压汽包;8— 低压锅炉;9— 向自备电厂送汽;10— 除尘器;11— 送入一般用蒸汽管道;12— 循环排气;13— 中压蒸发器;14— 低压蒸发器;15— 低压省煤器;16— 除氧器泵;17— 除氧器用低压蒸汽;18— 给水泵;19,23— 除氧器;20— 温水回收;21— 给水控制;22— 加热蒸汽;24— 锅炉;25— 自备电厂; *1, *2— 管道连接符号

　　该系统的设计或运行参数见表 4.11。

表 4.11　余热回收系统的相关参数

参数	中压锅炉	低压锅炉	注
排气入口温度 /℃	473	426	实测
排气出口温度 /℃	197	112	实测
排气流量 /($Nm^3 \cdot h^{-1}$)	2.0×10^5	2.2×10^5	
排气中灰分 $g \cdot Nm^{-3}$	1.0	0.4	
余热锅炉蒸汽压力 /MPa	2.55	0.78	

续表 4.11

参数	中压锅炉	低压锅炉	注
余热锅炉蒸汽温度 /℃	过热,375	饱和,168	
蒸发量 /(t·h⁻¹)	实测 43.4	实测 6.3	大部分传热面积属于中压锅炉
过热器传热面积 /m²	826.0	无过热器	
蒸发器传热面积 /m²	2 575(光管 337,纵向翅片管 2 238)	5 125(中压 1 778,低压 3 347)	翅片管以翅片外表面为基堆
省煤器传热面积 /m²	2 182	1 546	翅片管以翅片外表面为基堆
温水回收	112 ℃,14.2 t/h		
回收热量	43.6 MW		

由表可见,中压锅炉和低压锅炉的排气流量和进口温度是接近的,但二者的产气量差别很大,主要原因是在低压锅炉中安装了大量的中压锅炉的蒸发器传热面,实际上是使低压锅炉成为中压锅炉的附属设备。

3.烧结矿余热锅炉的设计

试设计一台余热锅炉,用于回收某烧结矿冷却器排出的余热。产生的蒸汽送入自备电厂发电。采用排气再循环的方式以提高余热回收效果。

(1)余热锅炉的设计条件。(见图 4.8)

排气入口温度:$T_1 = 495$ ℃,出口温度:$T_4 = 195$ ℃

排气流量:$G = 120\,000$ Nm³/h $= 155\,400$ kg/h $= 43.17$ kg/s

给水温度:$t_1 = 80$ ℃,给水压力:2.0 MPa

蒸汽出口温度:$t_4 = 320$ ℃

蒸汽压力:2.0 MPa,饱和温度:212.4 ℃,过热度:107.6 ℃

(2)热负荷计算。

热负荷:$Q = G \times c_p \times (T_1 - T_4) = 43.17$ kg/s $\times 1.1$ kJ/(kg·℃) $\times (495 - 195)$℃ $= 14\,246.1$ kW

由附表 6,320 ℃ 过热蒸汽出口焓值:3 071.2 kJ/kg

80 ℃ 过冷水入口焓值:336.47 kJ/kg

产汽量:$m = 14\,246.1$ kW/(3 071.2 − 336.47)kJ/kg $= 5.21$ kg/s $= 18\,756$ kg/h

(3)换热区间的划分。

余热锅炉分为省煤器、蒸发器、过热器 3 个换热区间。

省煤器换热量:从 80 ℃ 过冷水加热至 212.4 ℃ 饱和水。

$\quad Q_1 = 5.21$ kg/s $\times (908.59 - 336.47)$kJ/kg $= 2\,980.7$ kW

其中,饱和水的焓值为 908.59 kJ/kg。

省煤器的排气入口温度:

$$T_3 = T_4 + \frac{Q_1}{c_p \times G} = 195 \text{ ℃} + \frac{2\,980.7 \text{ kW}}{1.1 \text{ kJ/(kg·℃)} \times 43.17 \text{ kg/s}} = 257.77 \text{ ℃}$$

蒸发器换热量:$Q_2 = m \times r = 5.21$ kg/s $\times (2\,797.2 - 908.59)$kJ/kg $= 9\,839.7$ kW

式中　　r——是汽化潜热。

蒸发器排气入口温度:$T_2 = 465$ ℃

过热器换热量:

$Q_3 = G \times c_p \times (T_1 - T_2) = 43.17 \text{ kg/s} \times 1.1 \text{ kJ/(kg} \cdot \text{℃)} \times (495 - 465)\text{℃} = 1\ 424.6 \text{ kW}$

总换热量:$Q = Q_1 + Q_2 + Q_3 = 14\ 245$ kW,与原计算值接近。

各换热区的相关参数如图 4.8 所示。

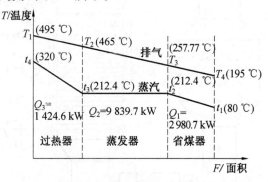

图 4.8　各换热区的温度和换热量

（4）余热回收系统的整体方案。

该烧结矿余热回收系统的特点如图 4.9 所示。这是一个封闭的排气热风再循环系统,再循环的目的是为了提高排气温度,使余热锅炉可以产生更高参数的蒸汽。余热锅炉立式放置,热风自上而下流过。锅炉内部与其他发电用余热锅炉相同,分为 3 个受热面:自高温到低温分别为过热器、蒸发器和省煤器。其中,蒸发器采用强制循环系统。蒸发器和省煤器都是翅片管结构,而过热器由耐热光管组成。蒸发器的热负荷最大,采用双管程结构,饱和水从一端流入,转弯后饱和蒸汽和饱和水从同一端流出。

（5）省煤器设计。

余热锅炉的省煤器属于翅片管式省煤器,其设计方法和步骤已在相关章节中做了详尽说明。下面,根据图 4.8 中给定的参数,应用程序计算,所得结果如下:

设计参数:

排气流量:155 400 kg/h

排气入口温度:257.77 ℃

排气出口温度:195 ℃

水流量:18 756 kg/h

水入口温度:80 ℃

水出口温度:212.4 ℃

换热量:2 980.7 kW

翅片管规格:

光管外径:40 mm;光管内径:32 mm

翅片厚度:1 mm;翅片节距:8 mm

翅片高度:15 mm;翅化比:6.25

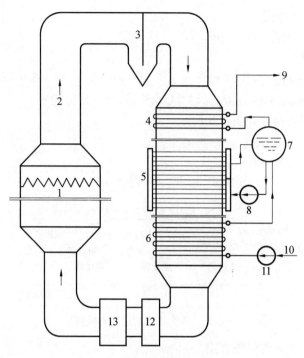

图 4.9　烧结矿余热回收系统

1—烧结矿石冷却器;2—热风;3—进口除尘器;4—过热器;5—蒸发器;6—省煤器;
7—汽包;8—循环泵;9—发电用蒸汽;10—给水;11—给水泵;12—除尘器;13—循环鼓风机

传热计算结果:

迎风面质量流速:4.42 kg/(m^2·s)

翅片管外换热系数:93.6 W/(m^2·℃)

翅片效率:0.69

基管外换热系数:429 W/(m^2·℃)

单管程管子数目:1 × 28 = 28 支

管内换热系数:2 580.4 W/(m^2·℃)

传热系数:284.8 W/(m^2·℃)

传热温差:67.4 ℃

计算传热面积:155.3 m^2

迎风面积:9.766 m^2 = 3.8 m × 2.57 m

翅片管长度:3.8 m

翅片管横向管间距:0.09 m

翅片管横向管排数:28 排

翅片管纵向管排数:14 排

翅片管总数:392 个

单管传热面积:0.478 m^2

实取传热面积:186.4 m^2

烟气流动阻力:647.5 Pa

单排翅片管流动阻力:46.3 Pa

单支翅片管质量:25.556 千克／支

翅片管总质量:10 017.95 kg

设备总质量:15 027 千克／台

（6）蒸发器设计。

蒸发器设计可以参照4.2节表4.3中的设计步骤进行。设计结果和主要的设计步骤如下:

设计参数:

烟气流量:155 400 kg/h

烟气入口温度:465 ℃

烟气出口温度:257.77 ℃

水流量:18 756 kg/h

饱和水入口温度:212.4 ℃

饱和汽出口温度:212.4 ℃

换热量:9 840 kW

翅片管规格:

光管外径:42 mm;光管内径:34 mm

翅片厚度:2 mm;翅片节距:10 mm

翅片高度:12 mm;翅化比:4.2

换热计算结果:

迎面质量流速:4.34 kg/m^2 · s

迎风面积:9.956 m^2 = 3.8 m × 2.62 m

翅片管长度:3.8 m

翅片管横向管间距:0.086 m

翅片管横向管排数:30 排

最窄截面质量流速:9.5 kg/(m^2 · s)

翅片管外换热系数:122.2 W/(m^2 · ℃)

翅片效率:0.86

基管外换热系数:450.9 W/(m^2 · ℃)

管内沸腾换热系数:12 000 W/(m^2 · ℃)(先假定,后验算)

其他计算见表4.12。

表 4. 12　蒸发器的相关计算

传热热阻和传热系数	管外换热热阻	$R_{o} = \dfrac{1}{h_{o}} = \dfrac{1}{450.9}$	0.002 217 7 $(m^2 \cdot \text{℃})/W$	
	管内换热热阻	$R_{i} = \dfrac{D_{o}}{D_{i}} \dfrac{1}{h_{i}} = \dfrac{42}{34} \dfrac{1}{12\,000}$	0.000 102 9 $(m^2 \cdot \text{℃})/W$	
	管壁热阻	$R_{w} = \dfrac{D_{o}}{2\lambda_{w}} \ln\dfrac{D_{o}}{D_{i}}$ $= \dfrac{0.042}{2 \times 40} \ln\dfrac{42}{34}$	0.000 110 9 $(m^2 \cdot \text{℃})/W$	
	管外污垢热阻	$R_{f0} = \dfrac{r_{f}}{\beta \times \eta_{f}} = \dfrac{0.001\,76}{4.2 \times 0.86}$	0.000 487 2 $(m^2 \cdot \text{℃})/W$	见1.5节
	总传热热阻	$R = R_{o} + R_{i} + R_{w} + R_{f0}$	0.002 918 5 $(m^2 \cdot \text{℃})/W$	
	传热系数	$U_{o} = \dfrac{1}{R}$	342.6 $W/(m^2 \cdot \text{℃})$	
传热温差	最大端部温差	$\Delta T_{max} = 465\,\text{℃} - 212.4\,\text{℃}$	252.6 ℃	
	最小端部温差	$\Delta T_{min} = 257.77\,\text{℃} - 212.4\,\text{℃}$	45.37 ℃	
	对数平均温差	$\Delta T_{ln} = [252.6 - 45.37] /$ $[\ln(252.6/45.37)]$	120.7 ℃	
	温差修正系数	$F = 1.0$		管内相变
	传热温差	$\Delta T = \Delta T_{ln}$	120.7 ℃	
传热面积及管数	传热面积	$A_{2} = \dfrac{Q_{2}}{U_{o}\Delta T} = \dfrac{9\,840 \times 10^{3}}{342.6 \times 120.7}$	237.96 m^2	
	安全系数	1.2		选取
	传热面积	$A_{2} = 237.96 \times 1.2$	285.5 m^2	
	翅片管总数	$N = \dfrac{285.5}{\pi \times 0.042 \times 3.8}$	569 支	
	纵向管排数	$N_{2} = N/N_{1} = 569/30 = 19$	19 排	
	实取管子数	$N = N_{1} \times N_{2} = 30 \times 19$	570 支	
	实取传热面积	$A_{2} = \pi \times 0.042 \times 3.8 \times 570$	285.8 m^2	
验算管内换热系数	热流密度	$q = \dfrac{Q_{2}}{A_{2}} = \dfrac{9\,840 \times 10^{3}}{285.8}\ W/m^2$	34 429.67	
	蒸汽温度	$T_{s} = 212.4\,\text{℃}$		
	管内换热系数	$h = 0.067 T_{s}^{0.941}\, q^{\frac{2}{3}}$	10 971 $W/(m^2 \cdot \text{℃})$	计算值
	比较	与假定值接近,无须重复计算		

续表4.12

排气侧阻力	排气 Re 数	$Re = \dfrac{D_\text{o}G_\text{m}}{\mu} = \dfrac{0.042 \times 9.5}{30.0 \times 10^{-6}}$	13 300	
	阻力系数	$f = 37.86\,(13\,300)^{-0.316}\left(\dfrac{86}{42}\right)^{-0.927}$	0.969	由第1.5节式(1.55)
	阻力降	$\Delta p = f\dfrac{N_2 G_\text{m}^2}{2\rho}$ $= 0.969 \times \dfrac{19 \times (9.5)^2}{2 \times 0.561}$	1 481 Pa	$\rho = 0.561\ \text{kg/m}^3$ $N_2 = 19$ 排
设备重量	翅片管单质量	29.688 千克／支		
	翅片管总质量	$29.688 \times 570 = 16\,922$ kg		
	设备总质量(约)	$16\,922 \times 1.5 = 25\,383$ 千克／台	25 吨／台	大约

(7) 过热器设计。

与4.2节设计例题中应用的设计方法相同。

① 设计参数:如图4.8所示。

排气流量: 43.17 kg/s

排气入口温度:495 ℃

排气出口温度:465℃

蒸汽流量:5.21 kg/s

蒸汽入口温度:212.4 ℃

蒸汽出口温度:320 ℃

换热量:1 412.6 kW

② 管子规格。

耐热不锈钢管,因为属于气－汽换热,采用光管。

光管外径:42 mm;光管内径:34 mm

横向管间距:76 mm;错排排列,纵向管间距72 mm

③ 迎面质量流速、迎风面积与蒸发器相同(表4.13)。

表4.13 迎面质量流速、迎风面积参数

排气迎面质量流速	$V_\text{m} = 4.34\ \text{kg/(m}^2 \cdot \text{s)}$
排气迎风面积	$F = 9.947\ \text{m}^2$
迎风面尺寸	$3.8\ \text{m} \times 2.62\ \text{m}$
管子长度	3.8 m
横向管排数	34 排

④ 管外换热系数。

由管外换热系数的计算式(1.17)计算:

$$h = 0.35\frac{\lambda}{D_\text{o}}\left(\frac{S_\text{t}}{S_\text{l}}\right)^{0.2} Re^{0.6} Pr^{0.36}$$

式中 S_t——横向管间距,$S_\text{t} = 0.076$ m;

S_l——纵向管间距, $S_\text{l} = 0.072$ m。

排气在平均温度下的物性值为:

导热系数:$\lambda = 0.064$ W/(m·℃),黏度:$\mu = 34.18 \times 10^{-6}$ kg/(m·s),$Pr = 0.63$,密度$\rho = 0.47$ kg/m^3

流体流经最窄截面处的质量流速:

$$G_m = V_m \frac{S_t}{S_t - D_o} = 4.34 \text{ kg/m}^2 \cdot \text{s} \times \frac{0.076 \text{ m}}{0.076 \text{ m} - 0.042 \text{ m}} = 9.70 \text{ kg/(m}^2 \cdot \text{s)}$$

$$Re = \frac{D_o G_m}{\mu} = \frac{0.042 \text{ m} \times 9.7 \text{ kg/(m}^2 \cdot \text{s)}}{34.16 \times 10^{-6} \text{ kg/(m} \cdot \text{s)}} = 11\ 921$$

$$h = 0.35 \left(\frac{0.064 \text{ W/(m} \cdot \text{℃)}}{0.042 \text{ m}} \right) \left(\frac{0.076 \text{ m}}{0.072 \text{ m}} \right)^{0.2} (11\ 921)^{0.6} (0.63)^{0.36} = 127.4 \text{ W/(m}^2 \cdot \text{℃)}$$

⑤ 管内换热系数。

管内为水蒸气和管内壁的对流换热,由式(1.16)有

$$h_i = 0.023 \frac{\lambda}{D_i} \left(\frac{D_i G_m}{\mu} \right)^{0.8} (Pr)^{0.4}$$

管内水蒸气的平均温度为:(320 ℃ + 212.4 ℃)/2 = 266.2 ℃。

水蒸气的物性值(按饱和态查取):$\mu = 17.85 \times 10^{-6}$ kg/m·s

$$\lambda = 0.052 \text{ W/(m} \cdot \text{℃)}, \quad Pr = 1.40, \quad \rho = 23.7 \text{ kg/m}^3$$

管内质量流量:$m = 5.21$ kg/s

设 2 排管为一个管程,则每管程的管子数目:2 × 34 支 = 68 支

每管程的管内流通面积:$F = \left(\frac{\pi}{4} 0.034^2 \times 68 \right) \text{ m}^2 = 0.061\ 7 \text{ m}^2$

管内质量流速:$G_m = \frac{m}{F} = \frac{5.21 \text{ kg/s}}{0.061\ 7 \text{ m}^2} = 84.44 \text{ kg/(m}^2 \cdot \text{s)}$

管内蒸汽流速:$V = \frac{G_m}{\rho} = \frac{84.44 \text{ kg/m}^2 \cdot \text{s}}{23.7 \text{ kg/m}^3} = 3.56 \text{ m/s}$

管内 Re 数:$Re = \frac{D_i G_m}{\mu} = \frac{0.034 \text{ m} \times 84.44 \text{ kg/(m}^2 \cdot \text{s)}}{17.85 \times 10^{-6} \text{ kg/(m} \cdot \text{s)}} = 160\ 838$

换热系数:$h = 0.023 \left[\frac{0.052 \text{ W/(m} \cdot \text{℃)}}{0.034 \text{ m}} \right] (160\ 838)^{0.8} (1.4)^{0.4} = 588.6 \text{ W/(m}^2 \cdot \text{℃)}$

⑥ 传热热阻和传热系数。

各项热阻和传热系数的计算见表4.14。

表4.14　各项热阻和传热系数的计算

管外换热热阻	$R_o = \dfrac{1}{h} = \dfrac{1}{127.4}$	0.007 849 2 (m²·℃)/W	光管外表面为基准
管内换热热阻	$R_i = \dfrac{D_o}{D_i} \dfrac{1}{h_i} = \dfrac{42}{34} \dfrac{1}{588.6}$	0.002 098 6 (m²·℃)/W	光管外表面为基准
管壁热阻	$R_w = \dfrac{D_o}{2\lambda_w} \ln \dfrac{D_o}{D_i} = \dfrac{0.042}{2 \times 40} \ln \dfrac{42}{34}$	0.000 110 9 (m²·℃)/W	

续表4.14

管外污垢热阻	$R_{f0} = r_f = 0.001\,76$	0.001 76 $(m^2 \cdot ℃)/W$	选取,见1.5节
总传热热阻	$R = R_o + R_i + R_w + R_{f0}$	0.011 818 7 $(m^2 \cdot ℃)/W$	
传热系数	$U_o = \dfrac{1}{R}$	84.61 $W/(m^2 \cdot ℃)$	

⑦ 传热温差(表4.15)。

表4.15　传热温差

最小端部温差	$\Delta T_{min} = 495\ ℃ - 320\ ℃$	175 ℃	
最大端部温差	$\Delta T_{max} = 465\ ℃ - 212.4\ ℃$	252.6 ℃	
对数平均温差	$\Delta T_{ln} = [252.6 - 175] / [\ln(252.6/175)]$	211.43 ℃	
温差修正系数	$F = 0.9$		选取
传热温差	$\Delta T = F \times \Delta T_{ln}$	190.3 ℃	

⑧ 传热面积(表4.16)。

表4.16　传热面积

传热面积	$A_3 = \dfrac{Q_3}{U_o \Delta T} = \dfrac{1\,424.6 \times 10^3}{84.61 \times 190.3}$	88.48 m^2	
安全系数	1.2		选取
传热面积	$A_3 = 88.48 \times 1.2$	106.176 m^2	
管子总数	$N = \dfrac{A_3}{\pi D_o L} = \dfrac{106.176}{\pi \times 0.042 \times 3.8}$	212 支	
纵向管排数	$N_2 = N/N_1 = 212/34 = 6.2$	6 排	选取
纵向管程数	$6/2 = 3$	3 管程	
实取管子数	$N = N_1 \times N_2 = 34 \times 6$	204 支	
实取传热面积	$A_3 = \pi \times 0.042 \times 3.8 \times 204$	102.3 m^2	

⑨ 管外流动阻力(表4.17)。

借助翅片管外阻力计算关联式,使计算结果偏于安全,由第1.5节式(1.54),(1.55)有

$$f = 37.86(G_m D_b/\mu)^{-0.316}(P_t/D_b)^{-0.927}$$

$$\Delta p = f\dfrac{N_2 G_m^2}{2\rho}$$

表4.17　管外流动阻力

阻力系数	$f = 37.86(11\,721)^{-0.316}\left(\dfrac{76}{42}\right)^{-0.927}$	1.13	由式(1.54)
阻力降	$\Delta p = f\dfrac{N_2 G_m^2}{2\rho} = 1.13 \times \dfrac{6 \times (9.7)^2}{2 \times 0.47}$	679 Pa	$\rho = 0.47\ kg/m^3$ $N_2 = 6$ 排

⑩ 质量计算(表4.18)。

表4.18　重量计算

翅片管单质量	14.9 千克／支		
翅片管总质量	14.9 × 212	3 159 kg	
设备总质量(约)	3 159 × 1.6 = 5 054 千克／台	5 吨／台	大约

4.4　高炉热风炉排气的余热回收

1. 高炉热风炉

在高炉中,为了完成铁矿石的还原反应,需要供给大量的焦炭和高温空气。高温空气由热风炉来提供,如图4.10所示。高炉鼓风机将冷空气鼓入热风炉,在热风炉内加热至1 200 ~ 1 300 ℃,再送入高炉。

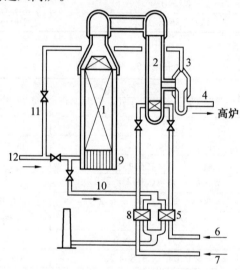

图4.10　热风炉系统图

1— 蓄热室;2— 燃烧室;3— 混合室;4— 送入高炉
的热风;5— 燃气预热器;6— 燃气入口;7— 空气
入口;8— 空气预热器;9— 砖支撑物;10— 燃烧排
气;11— 混合冷风;12— 来自高炉送风机的冷风

热风炉的蓄热室实际上是一个由格子耐火砖组成的蓄热式热交换器。在燃烧期内,空气和燃料气在燃烧室内燃烧,高温的燃烧产物将格子砖加热;在送风期内,空气先经过蓄热室预热至高温后再送入高炉。因为一台热风炉的燃烧期和送风期是间隔进行的,为了保证向高炉连续送风。需要3 ~ 4台热风炉交替使用。

热风炉的燃料以低热值(2 720 ~ 3 140 kJ/Nm³)的高炉煤气为主,其耗量约占钢铁厂煤气总耗量的15%。热风炉的热效率约为75% ~ 85%。热风炉的排烟温度较低,平均在200 ~ 250 ℃,虽然温度较低,但由于余热数量很大,因而被定作重点回收的余热资源之一。

回收热风炉排烟余热的设备主要有管式、回转式及热管式换热器等。其中,热管式换热器的应用日益普及,显示出很大的优越性,已成为热风炉余热回收的主要设备。本节将介绍分离式热管换热器在热风炉中的应用和设计。

2.分离式热管换热器的优点及运行条件

分离式热管换热器是单管型热管换热器的发展。在单管型热管换热器中,蒸发段和凝结段是一支热管的两个部分,换热器是由若干支单管构成的。而在分离式热管换热器中,蒸发段和凝结段不再由单独的热管元件组成,而是分离成两个部分,组成了两个换热器:蒸发器和冷凝器。蒸发器在下部,凝结器在上部,中间用蒸汽通道(上升管)和凝液回流通道(下降管)相连。蒸发器内部因沸腾而产生的蒸汽,通过上升管,流动到上部的冷凝器凝结,凝结液通过下降管回流到蒸发器。这样,依靠内部介质的连续相变,完成了热量的连续转移。其工作原理如图2.31所示。

分离式热管换热器在高炉热风炉排气的余热回收中最大的优点是:

因为冷热两流体被完全隔离,两流体不会发生互相泄漏和互相掺混的情况,避免了易燃易爆流体在换热过程中可能发生的安全事故。尤其是用热风炉的排气加热高炉煤气的情况下,为了保证系统的安全,选用分离式热管换热器是完全必要的。

为了使分离式热管换热器能正常运行,需要满足并保证下列条件:

(1)保证运行压差。热管内的介质不是依靠外界动力驱动,而是依靠内部介质的液位差驱动。液位差是指冷凝器中的液位与蒸发器中的液位之差。为此,冷凝器应位于蒸发器之上,且保持一定的高度差,该高度差应足以克服管内介质的流动阻力。

(2)保持管内介质处于一定的压力范围下。当冷热流体的流量或温度偏离设计值,或发生激烈波动时,管内介质的温度和压力会随之发生激烈波动,从而影响设备的安全运行。为此,需要设置自动监测、报警、控制系统和旁通管道系统。

(3)需要防止管内不凝气体的产生和积聚。当设备因故停机时,管内会处于真空状态,空气会自动漏入,在开机运行时,需自动排气并补充介质。

(4)在余热回收的应用中,一般以水作为管内的工作介质,为了防止空气的渗漏,应保证管内一直在正压状态下运行。

3.分离式热管换热器的设计

分离式热管换热器设计过程的要点是:在冷热流体的流动方向上,将整体的蒸发器和冷凝器划分为若干组相对独立的换热器单元,并对每一组换热器单元进行设计。为此,有两种设计计算方法。

(1)分离式设计法。

将每组换热器单元看作由蒸发器和冷凝器两个相对独立的部分组成,分别对其进行设计。为此,需要设定每组换热器单元的管内介质温度,然后,按常规的翅片管换热器的设计方法设计蒸发器和冷凝器。这种"分离式设计法"的优点是可以保证管内介质(一般为水)的饱和温度和饱和压力处在合理而安全的范围之内。以烟气加热空气的分离式热管换热器为例,设计步骤如下:

① 根据给出条件,确定冷热流体的流量,进出口温度和热负荷;

② 设定冷热流体的迎风面质量流速,计算蒸发器和冷凝器的迎风面积,并确定迎风面尺寸;

③ 选择蒸发器和冷凝器的翅片管规格、尺寸和横向管间数;

④ 在烟气和空气的流动方向上,根据温降或温升相等的原则,将蒸发器和冷凝器进行纵向分割,将整体的分离式换热器分割成若干组并列的分离式换热器,各组的蒸发器和冷凝器分别有相同的迎风面积和迎风面质量流速,并确定每组换热器的冷热流体的进出口温度;

⑤ 选择确定每组换热器中相变介质水的饱和温度和饱和压力:应保证最高相变温度不超高 160 ~ 180 ℃,对应饱和压力 0.6 ~ 0.8 MPa,以提高安全性,降低管线厚度,减小热损失;此外,相变最低温度应为 110 ~ 120 ℃,以防止系统内处于真空,产生空气的渗入,并防止烟气侧壁面的露点腐蚀;

⑥ 对分割后的每组换热器进行独立的设计计算,分别计算出蒸发器和冷凝器所需要的传热面积和纵向管排数;

⑦ 为了简化计算,假定分离后的每组换热器具有相同的传热系数,其中,翅片管外换热系数按流体的中点温度计算,而管内蒸发或冷凝的换热系数可由经验取值;

⑧ 在结构设计上,分割后的每组换热器有独立的蒸汽上升管、凝液回流管、各种联箱、管道和介质的注液 / 排气系统等。

(2) 整体式设计法。

该方法的要点是:将分割后的每组换热器看作一个整体式热管换热器,下部的蒸发器看作整体式热管换热器的蒸发段,上部的冷凝器看作是整体式热管换热器的凝结段。根据 1.5 节讲述的热管换热器的设计计算方法进行设计。为此,需要分别计算出该整体式热管换热器的各项热阻,求出传热系数和需要的传热面积。这种设计方法不能保证管内介质的相变温度和相变压力处于理想的范围之内,需要在设计后期再推算管内介质温度。

例 3 试设计一台分离式热管换热器,用于某钢铁厂热风炉排气的余热回收。热流体是热风炉的排出烟气,流量为 11.67 kg/s(32 442 Nm³/h),入口温度为 230 ℃,出口温度为 150 ℃;冷流体是空气,入口温度为 20 ℃,出口温度为 150 ℃。为了防止烟气侧发生露点腐蚀,要求按"分离式设计法"进行设计。

计算过程如下:

(1) 换热量 $Q = 11.67 \text{ kg/s} \times 1.1 \text{ kJ/(kg·℃)} \times (230 - 150) ℃ = 1\ 027 \text{ kW}$

空气流量 $G_a = \dfrac{1\ 027 \text{ kW}}{1.009 \text{ kJ/(kg·℃)} \times (150 - 20)℃} = 7.83 \text{ kg/s} = 21\ 800 \text{ Nm}^3/\text{h}$

(2) 选择迎风面质量流速,计算迎风面积。

烟气侧:

迎风面质量流速:4.0 kg/(m²·s),迎风面积:11.67 m²/4 = 2.92 m²

翅片管高度:$L = 1.6$ m,横向宽度 $W = 1.849$ m

翅片管间距:86 mm,横向管排数:21 排

实取迎风面积:2.958 4 m²,实取质量流速:3.94 kg/(m²·s)

空气侧:

迎风面质量流速:4.0 kg/(m²·s),迎风面积:7.83 m²/4 = 1.957 4 m²

翅片管高度:L = 1.4 m,横向宽度 W = 1.419 m

翅片管间距:86 mm,横向管排数:16 排

实取迎风面积:1.986 6 m^2,实取质量流速:3.94 kg/m^2s

(3)翅片管规格。

翅片管选型:高频焊螺旋翅片管

烟气侧和空气侧均选:基管直径为 $\phi38 \times 3.5$ mm,翅片高度为 15 mm

翅片节距为 6 mm,翅片厚度为 1 mm,翅化比为 8.1

烟气侧横向单排管传热面积:4.01 m^2

空气侧横向单排管传热面积:2.674 m^2

(4)换热器的纵向分割及温度特征。

如图4.11所示,共分为4组,每组有相同的传热量,为总传热量的1/4,中间相变温度为选定值,由图可见,选择的相变温度都在安全范围之内。

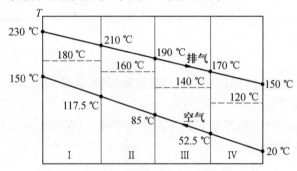

图4.11　换热器的纵向分割及温度特征

(5)每组换热器的传热计算见表4.19。

表4.19　各组换热器的计算

序	物理量	Ⅰ 组	Ⅱ 组	Ⅲ 组	Ⅳ 组	注
1	传热量 kW		1 027/4 = 236.75			
2	翅片管外换热系数 h/($W \cdot m^{-2} \cdot ℃^{-1}$)	烟气侧:78.5				
		空气侧:68.3				
3	翅片效率 η_f	烟气侧:0.724				
		空气侧:0.75				
4	基管外换热系数 h_o/($W \cdot m^{-2} \cdot ℃^{-1}$)	烟气侧:460				
		空气侧:415				
5	管内换热系数 h_i/($W \cdot m^{-2} \cdot ℃^{-1}$)	蒸发器:3 000				选取
		冷凝器:5 000				选取
6	传热系数 U_o/($W \cdot m^{-2} \cdot ℃^{-1}$)	蒸发器:359				见表下说明
		冷凝器:345				
7	传热平均温差 ΔT/℃	39.15	39.15	39.15	39.15	蒸发器
		44.28	57.22	70.0	82.9	冷凝器
8	传热面积 A_o/m^2	18.27	18.27	18.27	18.27	蒸发器
		16.81	13.00	10.63	9.00	冷凝器

续表 4.19

序	物理量	Ⅰ组	Ⅱ组	Ⅲ组	Ⅳ组	注
9	纵向管排数	4.56 取 5.0	4.56 取 5.0	4.56 取 5.0	4.56 取 5.0	蒸发器 总 20 排
		6.28 取 7.0	4.86 取 5.0	3.98 取 4.0	3.36 取 4.0	冷凝器 总 20 排
10	翅片管数目	105	105	105	105	蒸发器 总 420 支
		112	80	64	64	冷凝器 总 320 支
11	翅片管总重 kg	1 103	1 103	1 103	1 103	蒸发器 总计 4 412 kg
		1 030	736	589	589	冷凝器 总计 2 944 kg

注:传热系数的简化计算式为:$U_o = \dfrac{1}{\dfrac{1}{h_o} + \dfrac{1}{h_i}} \times 0.9$

(6)计算结论:每组蒸发器具有相同的纵向管排数,都是 5 排,而 4 组冷凝器的纵向管排数分别为 7,5,4,4 排。

(7)每组换热器的所有翅片管束都与联箱相连接,以保证每组换热器内部有相同的温度和压力。如图 4.12 所示。

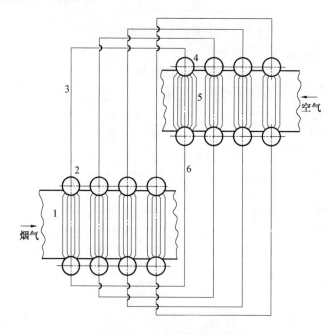

图 4.12 分离式管束布置图

1— 蒸发器管束;2— 蒸发器管箱;3— 蒸汽上升管;

4— 冷凝器管箱;5— 冷凝器管束;6— 凝液回流管

例4　某钢铁厂热风炉的排烟温度约在200 ~ 300 ℃之间,该钢厂应用一台大型分离式热管换热器,将热风炉的烟气余热分成两部分进行回收:一部分用来加热进入热风炉的空气,另一部分加热高炉煤气。其应用系统的现场情况如图4.13所示。

图4.13　分离式热管换热器的现场应用系统

由图可见,该分离式热管换热器的蒸发器将烟气传热面积分为两部分,所产生的蒸汽由两组上升管排出,分别送入位于不同位置的空气加热器和煤气加热器。

该分离式热管换热器的设计采用"整体设计法",当热流体和冷流体在流动方向上分组之后,将每组蒸发器和冷凝器看作一个整体热管换热器,分别计算出每组换热器的各项热阻,求出该组换热器所需传热面积和流动方向上的管排数。

该余热回收系统的设计参数见表4.20。表中,将热风炉烟气的总换热量进行了分割:一部分用来加热助燃空气,另一部分用来加热煤气。烟气、空气、煤气侧的换热元件都由立式放置的翅片管组成,因而表中列出了各组流体的迎面风速、迎风面积和翅片管的选型。在此基础上,分别对烟气 - 空气换热器和烟气 - 煤气换热器进行设计。

表4.20　设计参数和翅片管选型

物理量	单位	加热侧	冷却侧	冷却侧
流体		热风炉烟气	空气	煤气
体积流量	Nm³/h	496 000	200 000	336 000
质量流量	kg/s	178.4	71.8	120.9
入口温度	℃	290	30	29
出口温度	℃	130	195	191
压力损失	Pa	700	410	410
换热量	kW	32 415	11 850	20 565
换热量比例	%	100	36.6	63.4
迎风面质量流速	kg/(m²·s)	4.2	4.0	4.0
迎风面积	m²	42.5 = 6 × 7.1	17.95 = 4 × 4.49	30.23 = 5 × 6.05

续表 4.20

物理量	单位	加热侧	冷却侧	冷却侧
迎风面划分， 见图 4.13	m²	6×2.6(加热空气) 6×4.5(加热煤气)		
翅片管高度	m	6.0	4.0	5.0
迎风面宽度	m	7.1	4.49	6.05
基管外径	mm	50	42	42
基管内径	mm	42	34	34
翅片高度	mm	15	15	15
翅片节距	mm	8	6	8
翅片厚度	mm	1.0	1.0	1.0
翅化比		5.95	7.9	6.18

烟气–空气之间的分离式热管换热器的设计计算见表4.21。计算中，在烟气流动方向上，按温度平均将换热器分为8组，每组有相同的烟气温降（20 ℃），这意味着每组有相同的传热量。同时，由于流体物性变化不大，每组有近似相同的传热系数。应用"整体设计法"，换热器的各项热阻的计算可参考1.5节"余热回收用热管换热器"中的相关要求进行。

表 4.21　热风炉烟气与空气之间的传热计算

物理量	单位	热风炉烟气	空气	注
翅片管高度	mm	6.0	4.0	
迎风面宽度	m	2.6	4.49	
横向管间距	mm	98	90	
横向管排数		26	49	
最窄流通面质量流速	kg/(m²·s)	9.3	8.3	
翅片管外换热系数	W/(m²·℃)	97.1	72.9	
翅片效率		0.7	0.74	
基管外换热系数	W/(m²·℃)	429.9	442.2	
管内换热系数	W/(m²·℃)	3 000	5 000	相变换热假定
按温度划分	段	8	8	
每组温差	℃	(290−130)/8 = 20	(195−30)/8 = 20.6	
入口组平均温度	℃	(290+270)/2 = 280	(195+174.4)/2 = 184.7	
出口组平均温度	℃	(150+130)/2 = 140	(50.6+30)/2 = 40.3	
入口组传热温差	℃	(280−184.7) = 95.3		
出口组传热温差	℃	(140−40.3) = 99.7		
平均传热温差	℃	97.5		见"注"
单排传热面积	m²	π×0.05×6.0×26 = 24.5	π×0.042×4.0×49 = 25.86	
传热面积比： 空气侧/烟气侧		25.86/24.5		

续表 4.21　热风炉烟气与空气之间的传热计算

物理量	单位	热风炉烟气	空气	注
管外换热热阻	$(m^2 \cdot ℃)/W$	$1/429.9$ $= 0.002\ 326\ 1$	$\dfrac{1}{442.1} \times \dfrac{24.5}{25.86}$ $= 0.002\ 142\ 4$	
管内换热热阻	$(m^2 \cdot ℃)/W$	$\dfrac{0.05}{0.042} \times \dfrac{1}{3\ 000}$ $= 0.000\ 396\ 8$	$\dfrac{0.042}{0.034} \times \dfrac{24.5}{25.86}\dfrac{1}{5\ 000}$ $= 0.000\ 234$	
管壁热阻	$(m^2 \cdot ℃)/W$	$\dfrac{0.05}{2 \times 40}\ln\dfrac{0.05}{0.042} =$ $0.000\ 108\ 9$	$\dfrac{0.042}{2 \times 40}\ln\dfrac{0.042}{0.034} \times$ $\dfrac{24.5}{25.86} = 0.000\ 105\ 1$	
管外污垢热阻	$(m^2 \cdot ℃)/W$	$\dfrac{0.000\ 88}{0.7 \times 5.95}$ $= 0.000\ 211\ 2$	$\dfrac{24.5}{25.86} \times \dfrac{0.000\ 176}{0.74 \times 7.9}$ $= 0.000\ 028\ 5$	
传热热阻 (烟气侧外表面为基准)	$(m^2 \cdot ℃)/W$	0.005 553		8 项热 阻之和
传热系数 (烟气侧外表面为基准)	$W/(m^2 \cdot ℃)$	180.1		
烟气侧外表面 传热面积	m^2	$A = \dfrac{Q}{U_o \Delta T} = \dfrac{11\ 850 \times 10^3}{180.1 \times 97.5} = 674.8$		按整体 计算
空气侧外表面 传热面积	m^2	$674.8 \times \dfrac{25.86}{24.5} = 712.3$		
单管传热面积	m^2	$\pi \times 0.05 \times 6.0 =$ $0.942\ 5$	$\pi \times 0.042 \times 4.0 =$ $0.527\ 8$	
管子数目		$\dfrac{674.8}{0.942\ 5} = 716$	$712.3/0.527\ 8 =$ $1\ 350$	
计算 纵向管排数	排	$716/26 \approx 28$	$1\ 350/49 \approx 28$	
每组纵向管排数	排	$28/8 = 3.5$, 取 4 排	$28/8 = 3.5$, 取 4 排	分为 8 组
实取纵向管排数	排	$8 \times 4 = 32$	$8 \times 4 = 32$	
翅片管总数	支	$26 \times 8 \times 4 = 832$	$49 \times 8 \times 4 = 1\ 568$	
单支翅片管质量	kg	48.3	31.5	
翅片管总质量	kg	$48.3 \times 832 = 40\ 186$	$31.5 \times 1568 = 49\ 392$	
设备总质量	kg	$40\ 186 \times 1.5$	$49\ 392 \times 1.5$	估计

注:因为入口组和出口组的传热温差接近,因而各组的传热温差几乎相等,故可当作整个换热器的平均温差计算

关于烟气 - 煤气之间分离式热管换热器的设计,其设计方法和步骤与上述烟气 - 空气换热器的计算相同。只是换热量、迎风面积、翅片管结构等参数与前者有所不同。在总体结构上,仍然保持 8 组的纵向分割,虽然蒸发段和凝结段的传热面积有所不同,但纵向管排数是相同的。详细计算见表 4.22。

表 4.22 热风炉烟气与煤气之间的传热计算

物理量	单位	热风炉烟气	煤气	注
翅片管高度	mm	6.0	5.0	
迎风面宽度	m	4.5	6.05	
横向管间距	mm	98	90	
横向管排数		45	66	
最窄流通面质量流速	kg/(m²·s)	9.3	8.1	
翅片管外换热系数	W/(m²·℃)	97.1	78.9	
翅片效率		0.7	0.73	
基管外换热系数	W/(m²·℃)	429.9	374.5	
管内换热系数	W/(m²·℃)	3 000	5 000	假定
按温度划分	段	8	8	
每组温差	℃	(290 − 130)/8 = 20	(191 − 29)/8 = 20.25	
入口组平均温度	℃	(290 + 270)/2 = 280	(191 + 170.75)/2 = 180.9	
出口组平均温度	℃	(150 + 130)/2 = 140	(49.25 + 29)/2 = 39.1	
入口组传热温差	℃	(280 − 180.9) = 99.1		二者
出口组传热温差	℃	(140 − 39.1) = 100.9		接近
平均传热温差	℃	100		
单排传热面积	m²	$\pi \times 0.05 \times 6.0 \times 45$ $= 42.41$	$\pi \times 0.042 \times 5.0 \times 66$ $= 43.54$	
传热面积比: 煤气侧 / 烟气侧		43.54/42.41		
管外换热热阻 (以加热段外表面为基准)	(m²·℃)/W	$1/429.9 =$ $0.002\ 326\ 1$	$\dfrac{42.41}{43.54}\dfrac{1}{374.5}$ $= 0.002\ 600\ 9$	
管内换热热阻 (以加热段外表面为基准)	(m²·℃)/W	$\dfrac{0.05}{0.042} \times \dfrac{1}{3\ 000} =$ $0.000\ 396\ 8$	$\dfrac{0.042}{0.034} \times \dfrac{42.41}{43.54}\dfrac{1}{5\ 000} =$ $0.000\ 240\ 6$	
管壁热阻 (以加热段外表面为基准)	(m²·℃)/W	$\dfrac{0.05}{2 \times 40}Ln\dfrac{0.05}{0.042} =$ $0.000\ 108\ 9$	$\dfrac{0.042}{2 \times 40}Ln\dfrac{0.042}{0.034} \times$ $\dfrac{42.41}{43.52} = 0.000\ 108$	
管外污垢热阻	(m²·℃)/W	$\dfrac{0.000\ 88}{0.7 \times 5.95} = 0.000\ 211\ 2$	$\dfrac{42.41}{43.54} \times \dfrac{0.000\ 176}{0.73 \times 6.18} =$ $0.000\ 038$	
传热热阻	(m²·℃)/W	0.006 030 5		
传热系数	W/(m²·℃)	165.8		
烟气侧传热面积	m²	$A = \dfrac{Q}{U_0 \Delta T} = \dfrac{20\ 565 \times 10^3}{165.8 \times 100} = 1\ 240.3$		按整体 计算
煤气侧传热面积	m²	$1\ 240.3 \times \dfrac{43.54}{42.41} = 1\ 273.3$		

续表 4.22

物理量	单位	热风炉烟气	煤气	注
单管传热面积	m²	$\pi \times 0.05 \times 6.0 = 0.942\ 5$	$\pi \times 0.042 \times 5.0 = 0.659\ 7$	
管子数目		$\dfrac{1\ 240.3}{0.942\ 5} = 1\ 316$	$1\ 273.3/0.659\ 7 = 1\ 930$	
计算纵向管排数		$1\ 316/45 = 29$	$1\ 930/66 = 29$	
每组纵向管排数		$29/8 = 3.6$，取 4 排	$29/8 = 3.6$，取 4 排	分为 8 组
实取纵向管排数		$8 \times 4 = 32$	$8 \times 4 = 32$	
翅片管总数	支	$45 \times 8 \times 4 = 1\ 440$	$66 \times 8 \times 4 = 2\ 112$	
单支翅片管质量	kg	48.3	34.2	
翅片管总质量	kg	$48.3 \times 1\ 440 = 69\ 552$	$34.2 \times 2\ 112 = 72\ 230$	
设备总质量	kg	$69\ 552 \times 1.5$	$72\ 230 \times 1.5$	估计

烟气进口组的管内介质水的饱和温度近似为 $(280\ ℃ + 180.9\ ℃)/2 = 230.45\ ℃$，对应的饱和压力为 2.8 MPa；烟气出口组的管内介质水的饱和温度近似为 $140\ ℃ + 39.1\ ℃ = 89.55\ ℃$，饱和压力为 0.07 MPa，小于 1 个大气压，处于真空状态。

4.5　炼钢炉炉气的余热回收

炼钢的炉型有很多种，目前采用的炼钢工艺和炉型有转炉炼钢、电炉炼钢和平炉炼钢等，应用最广泛的是转炉炼钢和电炉炼钢，其中，以纯氧顶吹转炉炼钢为主。

在电炉炼钢的热平衡中，输入的能量中电能占 64% 左右，氧化热占 22% 左右，废钢的余热占 6% 以上，其余为电极氧化、燃料（废钢上的油）和渣的生成热。输出的能量中钢水带走 54% 左右，熔渣带走 8% 左右，废气带走 20% 左右，其余是冷却水带走热和其他热损失。

在转炉炼钢的热平衡分析中，转炉炉气（LDG）是在钢的精炼过程中发生的气体，其中 CO 的浓度很高，属于高温的副生气体，含有很高的热值，其发热量为 9 200 ~ 9 600 kJ/m³（标准），是一种很好的气体燃料。每炼 1 t 钢约生产 80 ~ 100 m³（标准）副生气体。在非燃烧状态下其温度为 1 400 ~ 1 500 ℃，其显热含量约为 30×10^4 kJ/t（钢）。

因为转炉炉气具有很高的回收利用价值，因而倍受重视。目前，对转炉炉气的处理和利用基本有两种方案：未燃法和燃烧法。所谓未燃法是将炉气经过冷却降温、净化处理之后，作为工业燃料进行回收；而燃烧法是将炉气全部或部分进行燃烧，然后再回收其燃烧后的显热。

1. 未燃法

借助活动烟罩和炉口微压差控制机构来控制转炉排气量，在吹炼中期回收高质量的煤气。回收煤气的烟罩有复合烟罩和单烟罩之分。烟罩和烟道有的采用水的汽化冷却，有的采用密闭循环水冷却。

转炉炼钢过程会产生粉尘,每冶炼 1 t 钢将产生 10 ~ 25 kg 粉尘(主要成分为 FeO 和 Fe_2O_3)。粉尘造成的铁损已成为炼钢过程较大的金属吹损。净化除尘设备,有的采用双级文氏管,有的采用干式电除尘。

某大型钢铁公司的 2×300 t 氧气顶吹转炉采用的是未燃法系统,其工艺流程如图 4.14 所示。

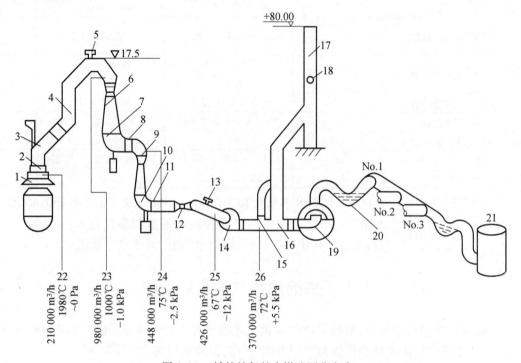

图 4.14　转炉炉气的未燃法回收方案

1— 裙罩;2— 下烟罩;3— 上烟罩;4— 汽化冷却器;5— 上部安全门;

6— 一级文氏管;7— 一级文氏管脱水器;8,11— 水雾分离器;

9— 二级文氏管;10— 二级文氏管脱水器;12— 流量计;13— 下部安全阀;

14— 引风机;15— 旁通阀;16— 三通阀;17— 烟囱;18— 测定孔;

19— 水封逆止阀;20—V 形水封;21— 煤气罐

No.1 , No.2 , No.3—1 号,2 号,3 号 转炉煤气入口管

该系统采用了活动的复合烟罩,在回收期将烟裙罩降下闭罩操作。烟罩采用密闭热水强制循环冷却系统。热水运行压力为 0.15 ~ 0.44 MPa。由烟罩收集的烟气,在烟道中进行汽化冷却。汽化冷却系统的设计压力为 4.3 MPa,工作压力为 4 MPa。

烟道有上升段和下降段,在最高点设置安全放散阀。烟道采用强制循环和汽化冷却后的出口烟气为 1 000 ℃。然后,采用两级文氏管湿式净化除尘系统,使排出的炉气进一步降温和除尘。使煤气温度分别降至 75 ℃ 和 67 ℃。烟气在通过冷却系统后的参数变化见表 4.23。

表 4.23　冷却系统的参数变化

部位	裙罩、烟罩	烟道	1 级文氏管	2 级文氏管	引风机
冷却方式	热水冷却入口	汽化冷却出口	湿式净化出口	湿式净化出口	引风机出口
煤气流量 /(m³·h⁻¹)	210 000	980 000	448 000	426 000	370 000
煤气温度 /℃	1 980	1 000	75	67	72
煤气压力 /kPa(表压)	0	-1.0	-2.5	-12	5.5

引风机采用双吸离心风机,设有液力耦合器,靠炉口微压差装置调节转速以控制炉气量。

该系统的设备管路,上至烟道最高点,下至室外地平面的引风机,都是由高而下顺次布置,中间无迂回曲折,这样不仅系统阻力损失小,且煤气不易滞留,有利于安全操作。

该系统自动控制水平较高,它不仅有高度灵敏耐用的炉口微压差控制装置,且设置时间程序控制装置,将整个冶炼过程顺序分为 5 个工序,定时操作各有关阀门,根据煤气成分是否合格,自动操作有关阀门,进行煤气的回收和分流。

在未燃法中,1 980 ℃ 的转炉炉气经过热水冷却和汽化冷却,炉气的高温显热变为 4 MPa 的高压蒸汽的热焓,该冷却系统应作为特殊形式的余热锅炉进行设计,回收炉气的高温显热。

2. 燃烧法

燃烧法就是将炉气燃烧,利用炉气的显热和潜热以产生蒸汽的方法。通常采用烟罩将炉气引入到余热锅炉中燃烧,并产生较高温度的过热蒸汽用于发电,为此,余热锅炉中要设置省煤器、蒸发器和过热器。某钢厂一座 2 × 50 t 转炉的余热回收系统如图 4.15 所示。

在吹氧熔炼时产生的炉气,经过用水冷却的活动烟罩和固定烟罩进入近旁的余热锅炉内鼓风燃烧。鼓风机有一次风机和二次风机。余热锅炉由上升烟道、水平烟道和下降烟道组成。余热锅炉的过热器布置在水平烟道中,进口烟气温度在 1 200 ~ 1 100 ℃ 之间。蒸发器和省煤器由上而下安装在下降烟道中。余热锅炉的蒸汽压力一般在 4.0 ~ 4.6 MPa 之间,产生的过热蒸汽一般在 300 ~ 400 ℃ 之间。

余热锅炉的事故烟道位于上升烟道的顶部,余热锅炉排出的烟气经过多个文氏管除尘净化后由引风机排出。余热锅炉设有辅助燃烧设备,燃料为高炉煤气并用焦炉煤气点火。在转炉停吹时,启动辅助燃烧系统,使余热锅炉能正常对外供汽。

未燃法与燃烧法相比,未燃法回收的是含硫少、热值高的煤气,利用范围广,焖值高,如果高温炉气的显热合理地回收,再加上储藏在炉气中的潜热,则回收的显热和潜热的总和可达炉气资源热量的 70%。在用燃烧法回收炉气的系统中,炉气的显热和潜热都被开发并利用,在余热锅炉中,余热变为发电用的蒸汽,余热锅炉的热效率可达 80% ~ 90%,如将发电系统计算在内,回收热效率约为 30%。但一般而言,未燃法的总投资要比燃烧法高,要求自动化控制水平也较高,一般适用于自动化水平高的大型转炉。

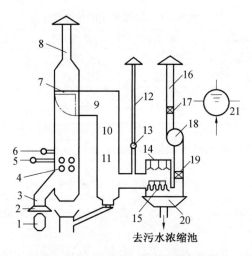

图4.15　2×50 t转炉的余热回收系统
1— 转炉;2— 活动烟罩;3— 固定烟罩;4— 煤气喷嘴;5— 一次风机;
6— 二次风机;7— 事故挡板;8— 事故烟道;9— 余热锅炉过热器;
10— 蒸发器;11— 省煤器;12— 旁通烟囱;13— 旁通风机;14— 喷水;
15— 文氏管;16— 主烟道;17— 出口脱水器;18— 主风机;
19— 入口喷水器;20— 百叶脱水器;21— 汽包

应当指出,对于转炉排烟罩及排烟道的冷却方式,一般采用密闭热水循环系统,其优点是:没有水的损耗,在一定压力下,可采用较高的水温循环,以减少循环水量;能防止壁面过热和结垢,操作维护方便。其主要问题是,如何将烟罩和烟道的冷却余热加以回收和利用尚没有合理的技术方案。例如,某钢铁公司的 2×300 t 转炉,其应用的封闭热水循环的相关参数为:循环水压力为 5.8 MPa;最高水温为 118 ℃;最低水温为 88 ℃;水循环量为 1 300 m³/h;循环水的冷却方式为空气冷却器。

经过计算,冷却水带走的热量约为 45 000 kW,这一巨大的热量由空冷器散失到空气中,造成能量的巨大浪费。显然,这一技术方案是不经济的。为了回收这部分余热,应对转炉排烟罩及排烟道的冷却系统进行改进:将冷却系统作为余热锅炉的一部分,提供发电用蒸汽。

为了说明转炉余热回收系统的设计特点,下面以一台小型转炉为例,详细介绍其余热回收系统的设计方案和设计要领。

例5　设计一台余热锅炉,用于回收某钢厂的干式除尘转炉的烟气余热。

(1)已知技术条件。

① 该转炉原为 6 t 转炉,经过历次改造后,已达每炉出钢 20 t。

② 最高烟气流量为 32 248 Nm³/h,平均烟气流量为 22 214 Nm³/h。

③ 转炉烟罩入口的最高排烟温度为 1 300 ℃,经过烟罩和烟管的外部水冷后,在进入余热锅炉前降至 1 100 ℃。

④ 余热锅炉的入口排烟温度为 1 100 ℃,出口排烟温度为 180 ℃。

⑤ 烟气含尘量:150 ~ 200 g/m³。

⑥ 烟气温度和烟气流量的波动周期为 20 ~ 30 min。

（2）技术要求。

① 回收余热用于产生压力为 3.6 MPa,温度为 340 ℃ 的过热蒸汽,用于发电。(3.6 MPa 对应的饱和温度为 244.16 ℃)

② 转炉煤气为高含 CO 的易燃易爆气体,要充分考虑系统的安全性。

③ 因烟气含灰分很大,应充分考虑除尘措施。

④ 要结合转炉的现场条件,要充分考虑系统的紧凑性。

（3）技术方案。

余热锅炉的总体技术方案如图 4.16 所示,其特点为:

① 在余热锅炉本体中,烟温自高至低,分别设置过热器、蒸发器和省煤气 3 个区间,其中,蒸发器由两部分组成:炉罩蒸发器和本体蒸发器。

② 烟罩和烟管外部的水冷系统作为余热锅炉的一级蒸发器使用,饱和水由汽包中吸入,产生的饱和蒸汽返回汽包。其优点是冷却系统采用了相变换热,冷却效果好,可将壁温控制在饱和温度附近。此外,因为是相变冷却,循环水量少,但吸收的热量多,而且保证了水冷却系统吸收的热量全部回收利用。

③ 系统的各部分都采用立式塔状结构,上部设置安全阀(放气阀)和吹灰口,下部设置灰斗,烟气流动顺畅,死角少,流动安全性好。

（4）总热负荷计算。

① 平均烟气流量:$G = 22\ 214\ \text{Nm}^3/\text{h} = 7.99\ \text{kg/s}$

取标准状况下的烟气密度为 1.295 kg/m^3

② 总热负荷:$Q = 7.99 \times 1.24 \times (1\ 300 - 180)\text{kW} = 11\ 096.5\ \text{kW}$

式中,烟气在平均温度下的比热容为 1.24 kJ/(kg·℃)。

③ 假定给水温度为 40℃,在 3.6 MPa 下,水入口焓值为 170.63 kJ/kg,340 ℃下过热蒸汽的焓值为 3 099.6 kJ/kg。

水(汽)总流量:

$$M = 11\ 096.5\ \text{kW}/(3\ 099.6 - 170.63)\text{kJ/kg} = 3.79\ \text{kg/s} = 13\ 644\ \text{kg/h}$$

即该余热锅炉每小时可提供 13.6 t 的过热蒸汽。

（5）各部分热平衡计算和能量分配。

① 过热器热平衡:

蒸汽温度:244.16 ℃ → 340 ℃

$$Q_1 = 3.79 \times (3\ 099.6 - 2\ 801.7)\text{kW} = 1\ 129\ \text{kW}$$

烟气出口温度:

$$T_2 = T_1 - \frac{Q_1}{c_p G} = 1\ 100\ ℃ - \frac{1\ 129\ \text{kW}}{1.24\ \text{kJ/(kg·℃)} \times 7.99\ \text{kg/s}} = 986\ ℃$$

② 烟罩和烟管水冷系统的热平衡:

$$Q_2 = 7.99 \times 1.24 \times (1\ 300 - 1\ 100)\text{kW} = 1\ 981.5\ \text{kW}$$

饱和水的入口焓值:1 057.56 kJ/kg

饱和蒸汽的出口焓值:2 801.7 kJ/kg

冷却水量:

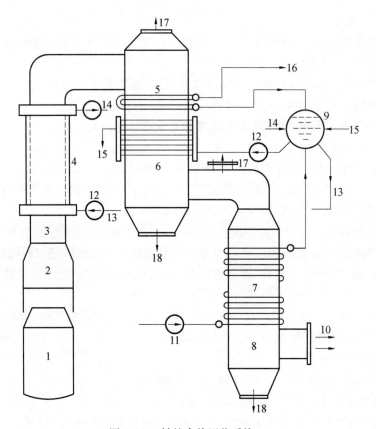

图 4.16　转炉余热回收系统

1— 转炉;2— 炉罩;3— 烟管;4— 炉罩蒸发器;5— 过热器;6— 本体蒸发器;

7— 省煤器;8— 省煤器出口烟道;9— 汽包;10— 烟气出口;11— 给水泵;

12— 循环泵;13— 炉罩蒸发器引入水管;14— 炉罩蒸发器引出蒸汽管;

15— 本体蒸发器引出蒸汽管;16— 过热蒸汽引出管;17— 安全排气阀;

18— 除灰口

$m = 1\ 981.52\ \text{kW}/(2\ 801.7 - 1\ 057.56)\text{kJ/kg} = 1.136\ \text{kg/s} = 4\ 089.6\ \text{kg/h}$

③ 余热锅炉本体蒸发器。

蒸汽流量:

$M_1 = M - m = 3.79\ \text{kg/s} - 1.136\ \text{kg/s} = 2.654\ \text{kg/s} = 9\ 554.4\ \text{kg/h}$

水／汽温度变化:244.16 ℃;饱和水 → 244.16 ℃ 饱和汽

换热量:$Q_3 = 2.654\ \text{kg/s} \times (2\ 801.7 - 1\ 057.56)\text{kJ/kg} = 4\ 628.9\ \text{kW}$

烟气入口温度:986 ℃

烟气出口温度:$T_3 = T_2 - \dfrac{Q_3}{c_p G} = 986\ ℃ - \dfrac{4\ 628.9\ \text{kW}}{1.24\ \text{kJ/(kg} \cdot ℃) \times 7.99\ \text{kg/s}} = 518.8\ ℃$

④ 省煤器热平衡。

假定省煤器出口温度已达饱和温度,

省煤器水温变化:40 ℃ → 244.16 ℃

40 ℃ 水的焓值:170.63 kJ/kg

244.16 ℃ 饱和水的焓值:1 057.56 kJ/kg

水侧的换热量:

$$Q_4 = M \times \Delta h = 3.77 \times (1\ 057.56 - 170.63)\text{kW} = 3\ 343.7\ \text{kW}$$

省煤器中的烟气温度:518.8 ℃ → 180 ℃

烟气换热量:7.99 × 1.24 × (518.8 - 180)kW = 3 356.7 kW

与水侧换热量相差0.4%,为计算误差。平均值为3 350.2 kW。

⑤ 总换热量: $Q = Q_1 + Q_2 + Q_3 + Q_4 = 11\ 089.6\ \text{kW}$

从烟气侧计算的总热负荷为11 096.5 kW,二者基本相等。

将上述各项热平衡计算结果见表4.24。

表4.24　余热锅炉的热平衡计算结果

	过热器	本体蒸发器	炉罩蒸发器	省煤气
烟气温度 ℃	1 100 → 986	986 → 518.8	1 300 → 1 100	522.9 → 180
水／汽温度 /℃	340 ← 244.16	244.16 ← 244.16	244.16 ← 244.16	244.16 ← 40
烟气流量/ (kg·s⁻¹)	7.99	7.99	7.99	7.99
水／汽流量 /(kg·s⁻¹)	3.79	2.654	1.136	3.79
换热量/kW	1129	4 628.9	1 981.5	3 350.2

(6) 省煤器设计。

按省煤器的设计程序计算结构如下:

① 设计参数。

烟气流量:28 764 kg/h = 7.99 kg/s

烟气入口温度:518.8 ℃

烟气出口温度:180 ℃

水流量:13 572 kg/h = 3.77 kg/s

水入口温度:40 ℃

水出口温度:244.16 ℃

换热量:3 350.2 kW

② 翅片管规格:基管材质:20 g,高频焊螺旋翅片管。

光管外径:38 mm;光管内径:30 mm

翅片厚度:1 mm;翅片节距:8 mm

翅片高度:15 mm;翅化比:6.33

③ 传热计算结果。

迎风面质量流速:3.96 kg/(m²·s)

最窄截面质量流速:7.5 kg/(m²·s)

翅片管外换热系数:94.8 W/(m²·℃)

基管外换热系数:439.7 W/(m²·℃)

翅片效率:0.69

单管程管子数目:11 支

管内换热系数:4 263.5 W/(m² · ℃)

传热系数:306.6 W/(m² · ℃)

传热温差:181.4 ℃

计算传热面积:65 m²

④ 换热器结构。

迎风面积:2.02 m² = 2 m × 1.01 m

翅片管长度:2 m

翅片管横向管间距:0.088 m

翅片管横向管排数:11 排

翅片管纵向管排数:25 排

翅片管总数:275 支

单管传热面积:0.239 m²

实取传热面积:65.725 m²

排气流动阻力:1 199.4 Pa

单排翅片管流动阻力:48 Pa

⑤ 质量。

单支翅片管质量:13.15 千克／支

翅片管总质量:3 616.25 kg

设备总质量(约):5 786 千克／台

(7) 本体蒸发器设计。

换热条件:烟气平均温度为 752.4 ℃,辐射换热会占有一定的比例,根据 2.7 节的相关分析,在本体蒸发器的应用条件下,辐射换热量仅占总换热量的约 10%,因而可仍按常规的对流换热计算,会使设计结果偏于安全。此外,由于烟气平均温度较高,烟气在高温下的密度很低,应选取较低的迎风面质量流速,以保证烟气的线速度在 10 m/s 即可。

在蒸发器的结构设计中,采用单管程结构,让饱和水和饱和蒸汽在管内直进直出。管内沸腾换热系数取 8 000 W/(m² · ℃),管外为整体轧制环形翅片管,按翅片管换热规律计算。

① 设计参数。

烟气流量:2 8764 kg/h

烟气入口温度:986 ℃

烟气出口温度:518.8 ℃

水／蒸汽流量:9 482.7 kg/h

饱和水入口温度:244.16 ℃

饱和汽出口温度:244.16 ℃

换热量:4 628.9 kW

② 翅片管规格:基管材质:20 g,整体轧制螺旋翅片管

光管外径:42 mm;光管内径:34 mm

翅片厚度:1.2 mm;翅片节距:12 mm

翅片高度:12 mm;翅化比:3.63

③ 传热计算结果。

迎风面质量流速:1.94 kg/(m² · s)

最窄面质量流速:4.1 kg/(m² · s)

最窄面流速:4.1 kg(m² · s)/0.346 m³/kg = 11.85 m/s

翅片管外换热系数:105.7 W/(m² · ℃)

基管外换热系数:325.8 W/(m² · ℃)

管内换热系数:8 000 W/(m² · ℃)(设定)

传热系数:242 W/(m² · ℃)

传热温差:473.3 ℃

计算传热面积:48.13 m²

④ 换热器结构。

迎风面积:4.128 m² = 2.4 m × 1.72 m

翅片管长度:2.4 m

翅片管横向管间距:0.084 m

翅片管横向管排数:20 排

翅片管纵向管排数:8 排

翅片管总数:160 支

单管传热面积:0.317 m²

实取传热面积:50.72 m²

烟气流动阻力:276 Pa

单排翅片管流动阻力:34.45 Pa

⑤ 质量。

单支翅片管质量:14.386 千克／支

翅片管总质量:2 301.8 kg

设备总质量:3 680 千克／台

由设计可以看出,由于传热温差很大,使所需的传热面积很小,仅仅需要纵向 8 排,总计 160 支低翅片传热管即可满足设计要求。

(8) 炉罩蒸发器。

炉罩蒸发器的传热条件类似于锅炉中的水冷壁,炉罩内烟气的平均温度很高,为 1 200 ℃,以辐射换热为主。炉膛内的辐射换热量在理论上可以按下式计算。

$$Q_f = \alpha_{xt} F_1 \sigma_0 (T_{hy}^4 - T_b^4) \tag{1.63}$$

式中　　Q_f——炉膛辐射换热量,kW,取 $Q_f = Q_2 = 1$ 981.5 kW,即假定炉罩内的换热全部为辐射换热;

　　　　F_1——炉壁面积,m²;

　　　　σ_0——绝对黑体的辐射系数,其值为 5.67×10^{-11} kW/(m² · K⁴);

α_{xt}—— 高温烟气与炉壁之间的系统黑度,选取 $\alpha_{xt} = 0.5$;

T_{hy}—— 烟气的平均绝对温度,K,$T_{hy} = (1\ 200 + 273)\text{K} = 1\ 473\ \text{K}$;

T_b—— 炉壁的绝对温度,K,假定炉壁温度比蒸汽饱和温度高出 200 ℃,即 $T_b =$
444 ℃ + 273 ℃ = 717 K。

将上述各函数值代入式(1.63),可计算出所需烟罩的传热面积为

$$F_1 = 15.72\ \text{m}^2$$

当选取圆筒状的烟罩直径为 2.0 m 时,则烟罩的高度为 2.5 m ,考虑一定的安全系数,可取烟罩的换热高度为 3.0 m。

应当指出,由于烟罩内辐射换热的精确计算极其复杂,未知因素多,在应用式(1.63)作近似计算时,不得不假定或选用两个重要参数值,即系统黑度 α_{xt} 和炉壁温度 T_b,因而设计出的结果仅有一定的参考价值,可以根据现场测试结果做适当的调整。现场运行时,可以测定炉罩的进出口烟温,若出口烟温超过设计值,可以适当增加蒸发器中水的流量,并适当降低水的入口温度。考虑到炉罩蒸发器的热负荷仅占余热锅炉总热负荷的17.8%,无论何种运行结果,都不会对整个系统的运行产生大的影响。

(9) 过发器设计。

换热特点与蒸发器相似:其烟气的平均温度更高,为 1 043 ℃,管内过热蒸汽的平均温度为292 ℃,传热平均温差近 750 ℃。在这种条件下,管外的辐射换热将占管外换热的重要比例。本设计将仍按管外对流换热的公式计算,可以预料,设计结果会更加偏于安全。

① 设计参数。

烟气流量: 7.99 kg/s

烟气入口温度:1 100 ℃

烟气出口温度:986 ℃

蒸汽流量:3.77 kg/s

蒸汽入口温度:244.16 ℃

蒸汽出口温度:340 ℃

换热量:1 129 kW

② 管子规格:耐热不锈钢管。因为属于气 – 汽换热,采用光管。

光管外径:42 mm;光管内径:34 mm

横向管间距:76 mm;错排排列,纵向管间距72mm

③ 迎面质量流速、迎风面积与蒸发器相同,见表4.25。

表4.25　迎面质量流速、迎风面积参数

烟气迎面质量流速	1.94 kg/(m² · s)
烟气迎面流速	$V = 1.94/0.27 = 7.2$ m/s
烟气迎风面积	$F = 4.128$ m²
迎风面尺寸	2.4 m × 1.72 m
管子长度	2.4 m
横向管排数	22 排

④ 管外换热系数。

由 1.4 节中的式(1.17),对错排管束,管外换热系数的计算式为

$$h = 0.35 \frac{\lambda}{D_o} \left(\frac{S_t}{S_l} \right)^{0.2} Re^{0.6} Pr^{0.36}$$

式中　S_t——横向管间距,$S_t = 0.076$ m;

$\quad\quad\quad S_l$——纵向管间距,$S_l = 0.072$ m,排气在平均温度 1 043 ℃ 下的物性值为:

$\lambda = 0.11$ W/(m·℃),$\mu = 49 \times 10^{-6}$ kg/(m·s),$Pr = 0.58$,$\rho = 0.27$ kg/m³

流体流经最窄截面处的质量流速:

$$G_m = V_m \frac{S_t}{S_t - D_o} = 1.94 \text{ kg/(m}^2 \cdot \text{s)} \times \frac{0.076 \text{ m}}{0.076 \text{ m} - 0.042 \text{ m}} = 4.34 \text{ kg/(m}^2 \cdot \text{s)}$$

$$Re = \frac{D_o G_m}{\mu} = \frac{0.042 \text{ m} \times 4.34 \text{ kg/(m}^2 \cdot \text{s)}}{49 \times 10^{-6} \text{ kg/(m·s)}} = 3\ 720$$

管外换热系数:

$$h = 0.35 \frac{0.11}{0.042} \left(\frac{0.076}{0.072} \right)^{0.2} (3\ 720)^{0.6} (0.58)^{0.36} = 105.7 \text{ W/(m}^2 \cdot \text{℃)}$$

⑤ 管内换热系数。

应用实验关联式 1.16:

$$h_i = 0.023 \frac{\lambda_f}{D_i} \left(\frac{D_i G_m}{\mu_f} \right)^{0.8} (Pr_f)^{0.4}$$

管内水蒸气的平均温度为:292 ℃。

水蒸气的物性值(按饱和态查取):$\mu = 19.8 \times 10^{-6}$ kg/(m·s)

$\quad\quad\quad\quad \lambda_f = 0.072$ W/(m·℃),$\quad Pr_f = 1.6$,$\quad \rho = 46.1$ kg/m³

管内蒸汽质量流量:$m = 3.77$ kg/s

设 2 排管为一个管程,则每管程的管子数目:$2 \times 22 = 44$ 支。

每管程的管内流通面积:$F = \left(\frac{\pi}{4} 0.034^2 \times 44 \right)$ m² $= 0.039\ 9$ m²

管内质量流速:$G_m = \dfrac{m}{F} = \dfrac{3.77 \text{ kg/s}}{0.039\ 9 \text{ m}^2} = 94.49$ kg/m²s

管内蒸汽流速:$V = \dfrac{G_m}{\rho} = \dfrac{94.49 \text{ kg/m}^2 \cdot \text{s}}{46.1 \text{ kg/m}^3} = 2.05$ m/s

管内 Re 数:$Re = \dfrac{D_i G_m}{\mu} = \dfrac{0.034 \text{ m} \times 94.49 \text{ kg/(m}^2 \cdot \text{s)}}{19.8 \times 10^{-6} \text{ kg/(m·s)}} = 162\ 256$

换热系数:$h_i = 0.023 \left[\dfrac{0.072 \text{ W/(m·℃)}}{0.034 \text{ m}} \right] (162\ 256)^{0.8} (1.6)^{0.4} = 865.7$ W/(m²·℃)

⑥ 传热热阻和传热系数。

各项热阻和传热系数的计算见表 4.26。

表 4.26　各项热阻和传热系数的计算

管外换热热阻	$R_o = \dfrac{1}{h} = \dfrac{1}{105.7}$	$0.009\ 460\ 7$ $(m^2 \cdot ℃)/W$	光管外表面为基准
管内换热热阻	$R_i = \dfrac{D_o}{D_i}\dfrac{1}{h_i} = \dfrac{42}{34}\dfrac{1}{865.7}$	$0.001\ 426\ 9$ $(m^2 \cdot ℃)/W$	光管外表面为基准
管壁热阻	$R_w = \dfrac{D_o}{2\lambda_w}\ln\dfrac{D_o}{D_i} = \dfrac{0.042}{2 \times 40}\ln\dfrac{42}{34}$	$0.000\ 110\ 9$ $(m^2 \cdot ℃)/W$	
管外污垢热阻	$R_{fo} = r_f = 0.001\ 76$	$0.001\ 76$ $(m^2 \cdot ℃)/W$	见 1.5 节
总传热热阻	$R = R_o + R_i + R_w + R_{fo}$	$0.012\ 758\ 5$ $(m^2 \cdot ℃)/W$	
传热系数	$U_0 = \dfrac{1}{R}$	78.38 $W/(m^2 \cdot ℃)$	

⑦ 传热温差(表 4.27)。

表 4.27　传热温差

最大端部温差	$\Delta T_{max} = 1\ 100\ ℃ - 340\ ℃$	760 ℃	
最小端部温差	$\Delta T_{min} = 986\ ℃ - 244.16\ ℃$	742 ℃	
对数平均温差	$\Delta T_{ln} = (760 - 742)/[\ln(760/742)]$	751 ℃	
温差修正系数	$F = 0.9$		选取
传热温差	$\Delta T = F \times \Delta T_{ln}$	675.9 ℃	

⑧ 传热面积(表 4.28)。

表 4.28　传热面积

传热面积	$A = \dfrac{Q_1}{U_o \Delta T} = \dfrac{1\ 129 \times 10^3}{78.38 \times 675.9}$	$21.3\ m^2$	
安全系数	1.2		选取
传热面积	$A = 21.3 \times 1.2$	$25.56\ m^2$	
管子总数	$N = \dfrac{A}{\pi D_o L} = \dfrac{25.56}{\pi \times 0.042 \times 2.4} = 80.7$	取 80 支	
纵向管排数	$N_2 = N/N_1 = 80/22 = 3.64$	4 排	选取
纵向管程数	$4/2 = 2$	2 管程	
实取管子数	$N = N_1 \times N_2 = 22 \times 4$	88 支	
实取传热面积	$A_o = \pi \times 0.042 \times 2.4 \times 88$	$27.87\ m^2$	

⑨ 管外流动阻力(表 4.29)。

由第 1.5 节式(1.55),(1.56):

$$f = 37.86(G_m D_b/\mu)^{-0.316}(P_t/D_b)^{-0.927}$$

$$\Delta P = f\dfrac{N_2 G_m^2}{2\rho}$$

表4.29　管外流动阻力

阻力系数	$f = 37.86 \times 3\,720^{-0.316} \left(\dfrac{76}{42}\right)^{-0.927}$	1.626	由式(1.55)
阻力降	$\Delta p = f\dfrac{N_2 G_m^2}{2\rho} = 1.626 \times \dfrac{4 \times (4.34)^2}{2 \times 0.27}$	226.9 Pa	$\rho = 0.27\ kg/m^3$ $N_2 = 4$ 排

⑩ 质量计算(表4.30)。

表4.30　重量计算

单管质量	9.5 kg/ 支		
管总质量	$9.5 \times 88 = 636$ kg		
设备总质量(约)	$636 \times 1.6 = 1\,338$ kg/ 台	1.34 t/ 台	大约

由设计结果可以看出,由于传热温差很大,使所需传热面积很小,仅需4排88支光管管束。由于在高温下传热,需要选用耐热不锈钢管材作为过热器元件。4排88支光管均按蛇形管的方式排列,共组成22个蛇形管。蛇形管与进出口管箱连接。

最后,应当指出,对于电炼钢炉排烟的余热回收,其换热特点和设计过程与转炉相似。在余热锅炉的设计中,烟气的入口温度是接近的,都在1 000 ~ 1 100 ℃ 之间,同样属于高温烟气的余热回收,需要划分为过热器、蒸发器、省煤气3部分分别进行设计。都需要设置除灰和安全设施。其设计细节可参照本例题的设计过程。

4.6　高炉和转炉炉渣的余热回收

在钢铁生产过程中产生大量的炉渣。每生产1 t 生铁要排放300 ~ 600 kg 高炉炉渣,其主要成分是CaO、SiO_2、Al_2O_3以及MgO;每生产1 t 钢要排出130 kg 钢渣,其主要成分是CaO、SiO_2和铁粉。液态钢铁渣的温度高达1 400 ~ 1 600 ℃。每吨渣含有$(126 ~ 188) \times 10^4$ kJ的显热,相当于60 ~ 90 kg 二类烟煤的热值,因此,如何回收和利用钢铁渣资源及其显热,是钢铁厂节能的一项重要课题。

由于钢铁渣是一种高温熔融状态的物质,黏度大,导热系数低(导热系数为1.17 ~ 2.33 W/(m · ℃)),而且冷却条件对炉渣的物理性能影响很大,这给炉渣的余热回收带来了很多困难。回收炉渣显热的工艺应满足下列条件:

(1)能将炉渣粒化成所要求的粒度;

(2)粒化所需能量少,粒化过程的热损失小;

(3)能有效地回收液态渣和固态渣粒的热能;

(4)处理后的炉渣应具有作为资源利用所必须具有的特性。

根据上述条件和要求,炉渣显热回收的理想方案可分为两类:一类是风碎法,即先造粒,后回收,用高速气流或其他方法将熔融炉渣粉碎成颗粒状,然后再回收冷却空气及颗粒状炉渣的显热;另一种方法是先回收显热,再粉碎造粒,即将熔融的炉渣注入一容器内,在容器周围用水循环冷却,以形成蒸汽回收余热,冷却后的熔渣再用机械的办法粉碎。下面着重介绍第一种方法 —— 风碎法的工艺流程和特点。

风碎法就是利用高速气流将熔渣吹成颗粒,然后再进行余热回收的方法。风碎法的工艺流程如图4.17所示。

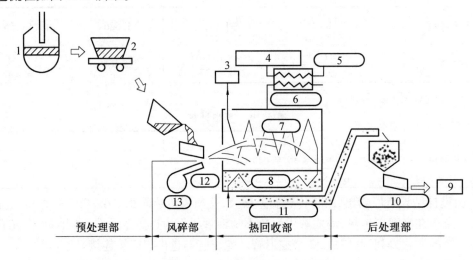

图 4.17　炉渣风碎系统流程图

1— 转炉或高炉；2— 熔渣车；3— 发电用蒸汽出口；4— 干铁砂；5— 湿铁砂；

6— 风碎后空气热回收设备；7— 辐射热和对流热回收区；8— 传导热回收区；

9— 炉渣再利用设备；10— 分离、储藏设备；11— 渣粒排出口；12— 喷嘴；13— 风机

某钢铁公司成功地建成了一座如图4.17所示的转炉炉渣风碎系统,其工艺流程的特点是：对风碎后产生的显热进行两次热回收,一次热回收是将热回收区按余热锅炉设计,用于产生发电用蒸汽；二次热回收是将排出的热空气用于湿铁砂的除水,减少铁砂的含水量。

该系统用渣罐将熔渣运到风碎处理间,熔渣经过流槽落下,并由设置在流槽下部的空气喷嘴以高速空气流(80 ~ 300 m/s) 击碎并落下。使其变成3 mm 以下的小球,然后进入罩式余热锅炉中。通过锅炉中不同的传热面,回收渣粒的辐射热、传导热以及高温空气的对流热,使余热锅炉中的水变成蒸汽。凝固冷却后的风碎渣,经筛分出炉后,不同颗粒的风碎渣可用于不同的用途。

如图4.17所示,风碎系统由预处理、风碎、热回收和后处理等4 部分组成,对各部分的要求是：

(1) 预处理部分：关键是要保证炉渣的流股均匀,这样才能对渣进行最佳风碎处理。另外,还可加入添加剂,以改善炉渣特性。

(2) 风碎处理：这部分的关键是空气喷嘴,它的结构应保证大量液态渣能被均匀粒化、能控制渣粒飞散、能防止液态滴飞落到风嘴周围和落在风嘴上。为此设有从下向上喷的主喷嘴、侧喷嘴和上部喷嘴。此外,喷嘴还应根据液态渣的状况来调整空气量和喷出速度。为了使液态渣有效而均匀地风碎、飞翔,要注意调整渣槽和主喷嘴的相对位置以及液态渣流量和风量的比例。

(3) 热回收部：实际上是余热锅炉的本体,从外形看它是一座回收渣粒群的带罩板的容器。罩壁内布满了带纵向翅片的水冷壁管,以便有效地回收炉内的辐射热。热回收部的底部由环状翅片管构成。可使渣粒均匀而缓慢地向下流动,而不会堵塞通道,且能有效地吸收传导

热。热回收部的中间为渣粒飞翔用空间,风碎后的热空气与布置在该空间的翅片管束进行对流换热后经排出管道导入回转式干燥器,利用排气的显热来干燥铁砂。

(4) 后处理部:在这部分中通过定量扒料装置连续地从设备下方排出粒渣,并进行筛选分级,按粒度分别堆放。

经风碎处理后的炉渣,消除了风化层,而且密度大、呈球形、流动性良好、含水率和吸水率低而且稳定。这种渣可用作喷砂材料、砂浆用细骨料及铸造砂等。

该余热回收系统的热回收率可达铁渣显热的 70%。若每吨渣的显热含量按 $150 \times 10^4 \text{ kJ}$ 计算,对于产量为 100 t/h 的高炉炉渣,其每小时排放的显热为 $150 \times 10^6 \text{ kJ/h}$,如该系统的余热回收率为 70%,则可以回收利用的热量为 29 167 kW。

图 4.17 所示的热回收部的主体是一台特殊形式的余热锅炉,推荐的一种结构形式如图 4.18 所示。

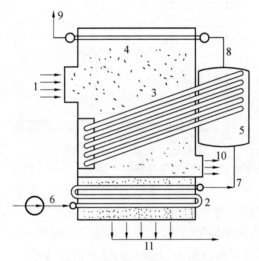

图 4.18　风碎炉渣余热锅炉的结构形式

1— 风碎炉渣入口;2— 埋入炉渣层中的省煤器;3— 炉渣风化层中的热管蒸发器;
4— 位于顶部和侧面的过热器;5— 热管蒸发器的汽包;6— 给水泵;7— 省煤器出水管;
8— 饱和蒸汽出口;9— 过热蒸汽出口;10— 空气出口导入回转式干燥器;11— 炉渣收集进入后处理部

该系统的特点是采用热管换热器作为余热锅炉的蒸发器。热管的蒸发段管束由大间距的环形翅片管组成,向上倾斜 20° ~ 30° 角布置,便于传热和炉渣的下落。热管的冷却段插入锅炉外部的立式汽包中。这种结构的优点是汽包成为蒸发器的一部分,结构比较简单。

应当指出,图 4.18 所示的仅仅是一个方案设计,尚需在工程应用中细化并积累经验。

此外,目前大多数钢铁厂仍采用水力冲渣或水池泡渣工艺。这种工艺虽然简单,但其主要的问题是:将大量的铁渣显热变成水蒸气或低温水排向大气或环境中,不但造成了能源和水源的巨大浪费,而且造成了对环境的严重污染。此外,在钢铁厂周围造成了一个又一个的泡渣水池,成为难以处理的技术难题。为此,应对此炉渣处理系统进行改造和余热回收,其中,一个余热回收的技术方案是:将冲渣水或泡渣水经换热后在冬季用于供暖,在夏季提供生活用水。由于冲渣水的温度较低,仅有 60 ~ 80 ℃,所以,冲渣水的余热回收难度很大,利用效率很低,仅仅利用了炉渣显热的 10% 左右。

图 4.19 推荐了一种冲渣水余热回收的技术方案,该方案的特点是:在冲渣水注入水池之前,在较高的位置上安装一台水 – 水换热器,该换热器管外流动的是冲渣水,利用排水的高度差,直接由上向下冲刷;管内流动的是被加热的冷水。在设计中可以假定冲渣水的温度从 90 ℃ 降至 50 ℃,而管内冷水的温度从 20 ℃ 升至 60 ℃。为了增强水 – 水换热器的传热效果,传热管可采用波纹管。

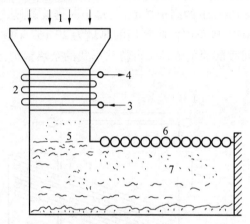

图 4.19　冲渣水的余热回收

1— 冲渣水;2— 水／水换热器;3— 冷水入口;4— 热水出口;

5— 冲渣水池的水面;6— 液面浮球毯;7— 水池

该系统的另一特点是应用由塑胶圆球组成的浮球毯覆盖水池表面,其作用是减少水池的散热和水分的蒸发,实际应用证明,应用浮球毯可达到 50% ~ 70% 的保温和减少水分蒸发的效果。浮球毯很容易移动,不会妨碍对水池进行清理。

第5章　石化工业中的余热回收

5.1　概　　述

石化工业是国民经济的一个重要工业部门。石化工业的分支不断扩大,产品日新月异,已扩展到国民经济及人民生活的各个领域。以石油为原料的石油化学工业以及以酸、碱制造为主体的无机化学工业构成了石化工业的骨干,因而也自然成为能源消耗的主要工业部门之一。此外,石油炼制工业本身就要消耗掉约5%的原油处理量。若总的原油处理量为4亿吨/年,则每年炼油厂的能源消耗就需要2 000万t。

对石油化学工业的具体产品进行分析,有37%的能源消耗在乙烯工厂,如果再加上制造BTX(苯、甲苯、二甲苯)、SM(苯乙烯单体),则占石化部门总能耗的50%。

石化工业主要由反应、分离、精制等几个部门组成,其余热主要有3种形式:

(1) 排放的蒸汽,蒸汽冷凝水以及低温排水。

(2) 锅炉、加热炉、热分解炉燃烧排气。

(3) 工艺流体在加热过程中所持有的显热和潜热。

在反应、分离、精制过程中,不断有蒸发、凝结的相变过程发生。工艺流体的显热和潜热最后大部分是以冷却水排放的方式被带走,因而造成了很大的能源浪费。

某化学工业公司对其公司内的各种余热资源的温度水平及回收数量做了专门调查,调查结果如图5.1所示。该调查结果具有一定的代表性,由图可见,大部分余热属于70～150 ℃范围内的低温余热,其中尤以工艺流体潜热的回收效果最为显著,其次是200 ℃以上燃烧排气的显热回收。该公司将工艺流体显热回收的总能量换算成重油,相当于每年节约10万升,占该公司全年燃料节约量的30%。

由图可见,工艺流体潜热的回收,虽然其温度水平不高,但占据了余热回收量的首位。其次是排气的显热回收,余热的温度水平较高,温度范围较宽,回收的热量也较多。

由于石化工厂的产品种类繁多,对其余热回收和利用很难归纳为一个统一的模式。一般要根据余热资源的数量和质量以及工厂的需要及技术经济条件来确定。综合石化工厂现有的应用情况,余热回收的主要技术方案有下列2种:

(1) 余热的动力转换:对各种反应器、反应排气的化学热和显热,一般是通过余热锅炉产生蒸汽进行回收。对于高温显热,可通过余热锅炉提供动力用蒸汽;对于化学反应产生的高压排气,可利用其压力能,直接推动透平;对于低温余热,要采用低沸点工质的动力循环和低沸点工质的透平转换为动力。

应当注意的是,由于化学产物的易燃、易爆、腐蚀和含灰等特点,给余热锅炉的设计和应用带来很多新的课题,应给予特别的考虑。

(2) 余热的直接回收和利用。对于低温排蒸汽及蒸汽凝结水的利用方式是:在蒸馏

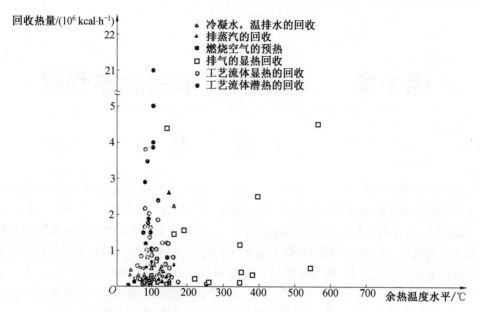

图 5.1　余热温度水平和回收数量的调查结果
注：1 kcal/h = 1.163 W

装置中进行配置，将一个蒸馏塔的排汽作为另一个蒸馏塔再沸器的热源，这是一个普遍采用而行之有效的节能措施；在需要空气作为反应介质的系统中，可将低温排气的余热用来加热空气，即采用空气预热器的换热方式吸收并利用余热。

（3）余热回收与环保的结合。由于化学工业的排放物会造成对环境的严重污染，有时为了环保而必须进行余热回收，即将环保作为第一要务，余热回收作为环保的必要条件。

本章将从上述余热回收和利用的 3 个方面，综述化工企业中余热回收的特点，并对其中的关键设备，如余热锅炉和空气预热器等的设计要点加以说明。此外，本章的最后 2 节介绍了原油加热输送系统和液化天然气冷能利用系统的设计要点。

5.2　石化工业中特殊形式的余热锅炉

石化工业中的余热锅炉与一般的余热锅炉相比有很多特点：

参与换热的高温介质都是易燃易爆的化学物质，而往往是多种成分的混合介质。此外，余热锅炉的设计条件和参数要紧紧地与化学反应过程结合在一起，是不能随意选定的。余热锅炉的结构选择也要充分满足化学过程的急冷急热的要求。下面，通过乙烯工厂的急冷锅炉说明其应用和结构特点。

乙烯是重要的工业原料，它是由石油产品（液状石蜡、液化石油气、轻油等碳氢化合物）提炼而成。乙烯制造工厂由下列 4 个工程组成：

（1）热分解工程。

（2）分解高温气体的急冷工程。

（3）分解气体的压缩工程。

（4）各馏分的分离工程。

热分解工程在热分解炉中实现。如图 5.2 所示,进入热分解炉内的介质:一是经预热后的碳氢化合物(液状石蜡),二是稀释用蒸汽,二者混合后的蒸汽含量为 30% ～ 60% ,然后在热分解炉内吸收燃料燃烧所产生的热量,并在温度为 800 ～ 850 ℃ 的条件下,在热分解炉停留极短的时间内进行热分解。

为了防止分解出来的气体发生二次反应,需将 800 ～ 850 ℃ 的分解气体立即通入急冷器余热锅炉中进行急冷,在急冷器中将显热传给水,产生 8 ～ 12 MPa 的高压蒸汽,同时,将分解气体的温度降至 350 ～ 450 ℃ 排出锅炉。之所以让余热锅炉保持如此高的压力,是为了防止分解气体中的焦炭成分在管壁上凝结而形成结焦现象。同时,分解气体的出口温度也需要保持在焦油成分的露点以上。

从图 5.2 可以看出,急冷器余热锅炉实际上是一台产生高压蒸汽的热交换器,热交换器的热介质是分解气体。热分解炉更像一台常规的锅炉,它有独立的燃烧系统,只是它并不产生蒸汽,而是加热分解气体。所以,可以将热分解炉和急冷器余热锅炉合在一起看作一台完整的锅炉,其中,分解气体可看作锅炉中传热的中间介质。

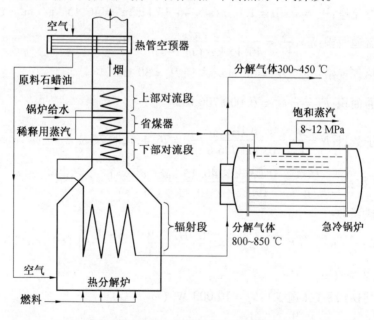

图 5.2　乙烯工厂的热分解炉和急冷锅炉

由图可见,在热分解炉的排气段分别安装了原料液状石蜡和稀释用蒸汽的预热管束、省煤器管束和热管式空气预热器。空气预热器将预热后的空气排向热分解炉的入口,而省煤器将预热后的 8 ～ 12 MPa 的热水注入急冷锅炉中。

800 ～ 850 ℃ 的高温分解气体在急冷锅炉中进行骤冷,使其出口温度降至 400 ℃ 左右。急冷锅炉的结构形式很多,主要有水管式和烟管式两种,图 5.2 所示的是烟管式锅炉,高温分解气体在管内急速流过,将热量传给管外大汽包中的沸腾水。汽包中的水处于饱和沸腾状态,其饱和压力为 8 ～ 12 MPa,对应的饱和温度为 300 ℃ 左右。之所以让急冷锅炉中保持如此高的压力和温度,是为了防止分解气体中的焦炭成分在管壁上凝结而产生结焦现象。同时,分解气体的出口温度也需要保持在焦油成分的露点以上。

下面,选取一个设计例题,说明急冷锅炉的设计过程及设计要点。设计步骤如下:

蒸汽流量:$G = 10\ 000$ kg/h $= 2.778$ kg/s

由省煤器来水的入口温度:120 ℃,压力为 10 MPa,焓值为 $i_1 = 510.6$ kJ/kg

出口蒸汽饱和温度:311 ℃,压力为 10 MPa,焓值 $i_2 = 2\ 727.7$ kJ/kg

热负荷:$Q = G(i_2 - i_1) = 2.778 \times (2\ 727.7 - 510.6)$ kW $= 6\ 159$ kW

管内分解气体:入口温度 $T_1 = 820$ ℃,出口温度 $T_2 = 400$ ℃

因分解气体为含有 30% ~ 60% 的蒸汽溶液,近似按 300 ℃ 的饱和蒸汽选取物性:
$c_p = 5.863$ kJ/(kg · ℃), $\rho = 46.15$ kg/m³, $\lambda = 0.072\ 2$ w/(m · ℃), $\mu = 19.839 \times 10^{-6}$ kg/m · s,$Pr = 1.61$

分解气体流量:$M = \dfrac{Q}{c_p(T_1 - T_2)} = \dfrac{6\ 159\ \text{kW}}{5.863\ \text{kJ/(kg · ℃)} \times (820 - 400)℃}$
$= 2.5$ kg/s $= 9\ 000$ kg/h

管内流速(选取):$v = 1.0$ m/s

管内质量流速:$V_m = v \times \rho = 1.0$ m/s $\times 46.15$ kg/m³ $= 46.15$ kg/(m² · s)

管内总流通面积:$F = \dfrac{M}{V_m} = \dfrac{2.5\ \text{kg/s}}{46.15\ \text{kg/(m}^2 · \text{s)}} = 0.054$ m²

选取传热管规格:外径 $D_o = 38$ mm,内径 $D_i = 30$ mm

单管流通面积:$F_1 = \dfrac{\pi}{4}D_i^2 = 0.000\ 706\ 8$ m²

所需管子数目:$N = \dfrac{F}{F_1} = \dfrac{0.054\ \text{m}^2}{0.000\ 706\ 8\ \text{m}^2} = 76.4$,选取 76 支

管内 Re 数:$Re = \dfrac{D_i V_m}{\mu} = \dfrac{0.03\ \text{m} \times 46.15\ \text{kg/(m}^2 · \text{s)}}{19.839 \times 10^{-6}\ \text{kg/(m · s)}} = 69\ 786$

管内换热系数:

$h_i = 0.023 \dfrac{\lambda}{D_i}(Re)^{0.8}(Pr)^{0.4} = 0.023\left(\dfrac{0.072\ 2\ \text{W/(m · ℃)}}{0.03\ \text{m}}\right)(69\ 786)^{0.8}(1.61)^{0.4}$
$= 502.3$ W/(m² · ℃)

管外沸腾换热系数(选取):$h_o = 10\ 000$ W/(m² · ℃)

管外换热热阻:$R_o = \dfrac{1}{h_o} = \dfrac{1}{10\ 000} = 0.000\ 1$ (m² · ℃)/W

管内换热热阻:$R_i = \dfrac{1}{h_i}\dfrac{D_o}{D_i} = \dfrac{1}{502.3\ \text{W/(m}^2 · ℃)} \times \dfrac{0.038\ \text{m}}{0.030\ \text{m}} = 0.002\ 521\ 7$ (m² · ℃)/W

管壁导热热阻:$R_w = \dfrac{D_o}{2\lambda_w}\ln\dfrac{D_o}{D_i} = \dfrac{0.038\ \text{m}}{2 \times 40\ \text{W/(m · ℃)}}\ln\dfrac{0.038\ \text{m}}{0.030\ \text{m}} = 0.000\ 112\ 2$ (m² · ℃)/W

管内污垢热阻(选取):$R_f = 0.001\ 76$ (m² · ℃)/W

传热总热阻:$R = R_o + R_i + R_w + R_f = 0.004\ 493\ 9$ (m² · ℃)/W

传热系数:$U_o = \dfrac{1}{R} = 222.5$ W/(m² · ℃)

传热温差:热流体,820 ℃ → 400 ℃;冷流体,120 ℃ → 314.6 ℃

温差:$\Delta T = 283.2$ ℃

传热面积:$A = \dfrac{Q}{U_o \Delta T} = \dfrac{6\ 159 \times 10^3\ \text{kW}}{222.5\ \text{W/(m}^2 \cdot \text{℃)} \times 383.2\ \text{℃}} = 72.2\ \text{m}^2$

取安全系数:1.2

传热面积:$A = 72.2\ \text{m} \times 1.2\ \text{m} = 86.64\ \text{m}^2$

传热管长度:$L = \dfrac{A}{\pi D_o N} = \dfrac{86.64\ \text{m}^2}{\pi \times 0.038\ \text{m} \times 76} = 9.55\ \text{m}$

选取管程数:2

单管程长度:9.55 m/2 = 4.775 m,取 5.0 m

实取传热面积:$A = \pi \times 0.038\ \text{m} \times 76 \times (5\ \text{m} \times 2) = 90.73\ \text{m}^2$

急冷锅炉的轮廓设计如图 5.3 所示。

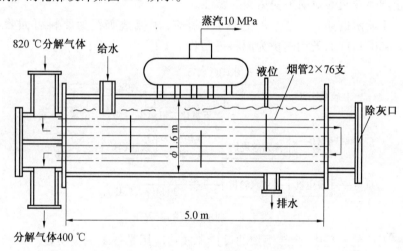

图 5.3　乙烯工厂的急冷余热锅炉

图 5.3 是具有两管程烟管的急冷余热锅炉的结构示意图。分解气体的入口管和出口管置于同一侧封头上,而对面侧是管内介质的换程联箱,上面设有除灰口。根据上述计算结果,锅炉的最大长度约为 6.8 m,其中,烟管换热长度为 5.0 m。汽包内径可控制在 1.6 m 以内。汽包应设置可拆卸封头,必要时可停机对管内结垢进行清理。因为汽包要承受 8 ~ 12 MPa 的压力,所以汽包及相关结构必须按压力容器的相关标准进行设计和检验。

经验证明,采用烟管余热锅炉虽然结构比较简单,但最令人担心的是管内介质的结垢,一旦结垢后往往很难清理。因而,在制定设计方案时也应对水管式急冷余热锅炉给予关注。推荐的水管式余热锅炉的结构方案如图 1.23 所示。该余热锅炉不但设置了省煤器,而且在高温部位设置了过热器,所提供的蒸汽更适用于发电。

5.3　硫酸工厂的余热回收

在以硫铁矿为原料的制酸过程中,有大量的化学反应热产生。在整个生产过程中,既有高温余热(600 ℃ 以上),如焙烧炉炉气;又有中温余热(150 ~ 600 ℃),如转化过程的炉气;也有低温余热(低于150 ℃),如干燥、吸收过程的循环酸液。对于高温和中温余热,主要采用余热锅炉进行回收,产生的蒸汽可用于发电,也可用于工艺用汽。

制造硫酸的原料一般有2 种:硫铁矿石和硫黄。硫酸工厂的工业流程和余热发电流程如图5.4 所示。硫铁矿石和空气在沸腾焙烧炉内产生化学反应,生成炉气的温度高达850 ~ 950 ℃,然后,需要在余热锅炉内降温。余热锅炉的排烟温度较高,一般为350 ~ 450 ℃,这是生成二氧化硫 SO_2 以后的后道工序所需要的,其目的是为了防止所含水分的结露和防止产生亚硫酸对锅炉受热面的腐蚀。

按图5.4 所示的生产工艺,每生产1 t 硫酸,用硫铁矿石为原料可回收中压蒸汽(3.9 MPa,450 ℃)1 t,若用硫黄为原料可回收1.1 t。

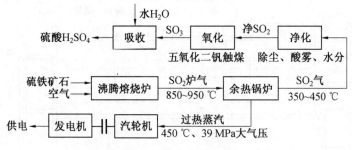

图5.4　硫酸工厂的流程图

在硫酸工厂的流程中,余热锅炉的设计和成功应用是技术关键所在。某硫酸工厂的硫铁矿制酸系统采用一台 F101 - 20/39 - 450 型余热锅炉(蒸汽参数:压力为3.9 MPa,温度为450 ℃,蒸发量为20 t/h),用以回收沸腾焙烧炉产生的高温烟气余热。经测定,烟气的成分为 SO_2:9.6% , SO_3:0.4% , N_2:78.94% , O_2:10.8% , 烟气系干燥气体,内含水分0.26%(一般小于0.8%)。

用于硫铁矿制酸系统的余热锅炉在设计和应用中遇到的难题之一是烟气中的尘渣过多,从而导致锅炉受热面和除尘系统的大量积灰和磨损,在运行过程中需要经常对锅炉的易磨损部位进行检查和更换。此外,锅炉本体经常爆管,使用寿命不长,导致系统本身经常停车,既不安全,经济损失也较大。所以,开发一种能在浓密的粉尘中安全运行的余热锅炉成为制酸系统和类似工程的迫切需要。

德国某公司开发的硫酸系统余热锅炉很好地解决了这一难题,该锅炉不但能在浓密的粉尘中安全运行,而且其吨酸产汽量比一般型号的余热锅炉高出20%,代表了硫酸生产余热回收的先进水平。

该锅炉是用于年产20 万t 硫酸的大型余热回收设备。从硫铁矿沸腾焙烧炉排出的900 ℃ 的烟气,流经锅炉本体后,烟气被冷却到350 ℃ 左右,以满足制酸工艺流程对烟气的温度要求,达到合理利用热能的目的。该锅炉每焙烧1 t 硫铁矿可产生4.0 MPa,450 ℃

的过热蒸汽 1.2 t 以上,高于一般锅炉 1 t 左右的水平。

该锅炉的设计参数如下:

烟气流量:干基 45 000 Nm³/h,湿基 51 670 Nm³/h

矿尘含量:17 750 kg/h

烟气温度:900 ℃ 降至 350 ℃

过热蒸汽压力:4.0 MPa

过热蒸汽温度:450 ℃

给水温度:105 ℃

该余热锅炉具有强力除尘功能,其结构特点如图 5.5 所示。

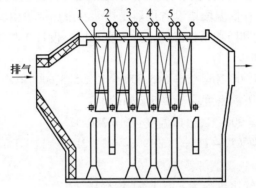

图 5.5　强力除尘余热锅炉的结构特点
1— 过热器 1#;2— 过热器 2#;3— 蒸发器 1#;
4— 蒸发器 2#;5— 蒸发器 3#

该锅炉主要由炉壳、3 组蒸发器、2 组过热器、5 组特殊振打装置、一组喷水降温器和一套除尘装置组成,另附一个汽包。其结构和设计的特点如下:

(1)该锅炉的最大特点是将炉体内的烟气流道分成 2 部分:上部是烟气横向冲刷换热区,下部同样巨大的空间是阻流沉灰区。烟气在横向冲刷换热区中采用水平流动,烟气流过纵向放置的受热面管束。炉气在炉体内的流速较低,在 4 ~ 6 m/s 之间,因而管束磨损较轻;在下部的阻流沉灰区放置多道立式障碍物,阻碍了烟气的流动,却留下了巨大的积灰空间。

(2)锅炉外壳为自承重结构,整个壳体支撑在两侧沿纵向布置的 12 个多球支撑座上。进出口均采用纤维型膨胀接头,使壳体在受热状态下可自由伸缩。

(3)烟道内设有 3 组蒸发器、两组过热器,并在每组换热器前面留有一段空流道。受热面管束沿长度方向悬吊在炉内。

(4)锅炉内配置了 5 套特殊气动振打装置,每组过热器和蒸发器各配一套。振打装置通过时间顺序机构的控制,敲打受热面,清除受热面上的积灰,使受热面保持良好的传热状态。

(5)汽包布置在炉壳的侧面,使蒸发器和过热器管束可方便地从顶部装入或移出,便于检修和更换。

(6)锅炉出口直接与电除尘器相连。气体含尘量由 250 ~ 300 g/m³ 降至 0.2 g/m³。

设计除尘效率在 99.96% 以上。

（7）锅炉为水平放置，长 17.5 m，宽 4.2 m，高 11 m。锅炉结构总质量为 191.5 t。蒸发器管束总传热面积为 1 031 m²，采用 ϕ38 mm × 4 mm 的 20 号钢管。而过热器总传热面积为 562 m²，采用 ϕ38 mm × 4 mm 的 12Cr1MoV 管。

按上述设计的余热锅炉已成功地在某厂运行。对于大型的 40 万吨／年，80 万吨／年的硫酸工厂，其余热回收系统都可以由数个 20 万吨／年的设备组成，使得这种新型的余热锅炉有了宽广的应用前景。

例 在上述给定参数的基础上，对烟气的出口温度加以修改：假定烟气为干燥气体，含水量较少；同时，假定大部分受热面采用耐腐蚀的材料制作，因而将烟气出口温度由 350 ℃ 降为 250 ℃，并在低温段增设省煤器受热面。余热锅炉由省煤器、蒸发器、过热器 3 部分组成。具体结构和防积灰措施与上述方案相同。设计步骤如下：

（1）已知条件和初步计算。

烟气流量：$G = 45\ 000$ Nm³/h = (45 000 × 1.295/3 600)kg/s = 16.19 kg/s

式中，烟气在标准状况下的密度取 1.295 kg/m³。

烟气入口温度 $T_1 = 900$ ℃，出口温度：$T_2 = 250$ ℃

烟气放热量：$Q = Gc_p(T_1 - T_2) = 16.19$ kg/s × 1.21 kJ/(kg·℃) × (900 ℃ – 250 ℃) = 12 733 kW

式中，平均温度下的烟气比热容为 $c_p = 1.21$ kJ/(kg·℃)。

给水温度：105 ℃，压力：4.0 MPa，焓值：$i_1 = 441.5$ kJ/kg；

过热蒸汽出口：450 ℃，4.0 MPa，焓值：$i_2 = 3\ 331.2$ kJ/kg

蒸汽流量：$M = \dfrac{Q}{i_2 - i_1} = \dfrac{12\ 733\ \text{kW}}{3\ 331.2\ \text{kJ/kg} - 441.5\ \text{kJ/kg}} = 4.406$ kg/s = 15 862 kg/h

（2）热负荷划分。

省煤器：

水入口 105 ℃，压力：4.0 MPa，焓值：441.5 kJ/kg

出口饱和水：250.3 ℃，4.0 MPa，焓值：1 087.41 kJ/kg

换热量：$Q_1 = 4.406$ kg/s(1 087.41 – 441.5)kJ/kg = 2 845.9 kW

蒸发器：

入口饱和水：250.3 ℃，焓值：1 087.41 kJ/kg

出口饱和汽：250.3 ℃，焓值：2 800.3 kJ/kg

换热量：$Q_2 = 4.406$ kg/s × (2 800.3 – 1 087.41)kJ/kg = 7 547 kW

过热器：

入口饱和汽：250.3 ℃，焓值：2 800.3 kJ/kg

出口过热汽：450 ℃，焓值：3 331.2 kJ/kg

换热量：$Q_3 = 4.406$ kg/s(3 331.2 – 2 800.3)kJ/kg = 2 339.1 kW

总换热量：$Q = Q_1 + Q_2 + Q_3 = 12\ 732$ kW，与原烟气侧计算值相同

（3）省煤器设计。

烟气出口温度：250 ℃

烟气入口温度 $T = T_1 + \dfrac{Q_1}{c_p G} = 250\ ℃ + \dfrac{2\ 845.9\ \text{kW}}{1.21\ \text{kJ/(kg · ℃)} \times 16.19\ \text{kg/s}} = 395.3\ ℃$

由于烟气的含灰量减少,省煤器采用翅片管换热器的结构形式,可以按翅片管省煤器的设计程序进行计算,结果如下:

设计参数:

烟气流量:58 275 kg/h(16.19 kg/s)

烟气入口温度:395.3 ℃

烟气出口温度:250 ℃

水流量:15 862 kg/h

水入口温度:105 ℃

水出口温度:250.3 ℃

换热量:2 845.9 kW

翅片管规格:

光管外径:38 mm;光管内径:30 mm

翅片厚度:1 mm;翅片节距:8 mm

翅片高度:15 mm;翅化比:6.33

传热计算结果:

迎风面质量流速:3.49 kg/m² · s

翅片管外换热系数:84.7 W/(m² · ℃)

基管外换热系数:402.1 W/(m² · ℃)

单管程翅片管数:1 × 20 支

管内换热系数:4 132.6 W/(m² · ℃)

传热系数:287.9 W/(m² · ℃)

传热温差:145 ℃

传热面积:80.0 m²

迎风面积:4.644 m² = 2.58 m × 1.8 m

翅片管长度:2.58 m

翅片管横向管间距:0.088 m

翅片管横向管排数:20 排

翅片管纵向管排数:13 排

翅片管总数:260 支

单管传热面积:0.308 m²

烟气流动阻力:473 Pa

单排翅片管流动阻力:36.4 Pa

单支翅片管质量:15.076 千克/支

翅片管总质量:4 070.52 kg

设备总质量:6 512.832 千克/台

(4) 蒸发器设计。

结构选择:立式放置,如图 5.5 所示,蒸汽进出口联箱为水平放置,吊装在炉壳的上部。

烟气出口温度:395.3 ℃,热负荷:7 547 kW

烟气入口温度:$T = T_1 + \dfrac{Q_2}{c_p G} = 395.3\ ℃ + \dfrac{7\ 547\ kW}{1.21\ kJ/(kg \cdot ℃) \times 16.19\ kg/s} = 780.5\ ℃$

翅片管规格:选用 20 g、低翅片、大节距、整体轧制翅片:

光管外径:38 mm;光管内径:30 mm

翅片厚度:1.2 mm;翅片节距:10 mm

翅片高度:12 mm;翅化比:4.23

迎风面质量流速:2.45 kg/($m^2 \cdot$ s)

迎风面积:6.619 m^2 = 3.05 m × 2.17 m

翅片管长度:3.05 m

横向管间距:0.082 m

横向管排数:26 排

翅片管外换热系数:95.1 W/($m^2 \cdot$ ℃)

翅片效率:0.81

基管外换热系数:342 W/($m^2 \cdot$ ℃)

管内换热系数:属管内沸腾换热,可选取换热系数 h_i = 10 000 W/($m^2 \cdot$ ℃)

以光管外表面为基准的各项热阻:

管外换热热阻:$R_o = \dfrac{1}{h} = \dfrac{1}{342}\ (m^2 \cdot ℃)/W = 0.002\ 923\ 9\ (m^2 \cdot ℃)/W$

管内换热热阻:$R_i = \dfrac{D_o}{D_i} \dfrac{1}{h_i} = \dfrac{0.038\ m}{0.030\ m} \dfrac{1}{10\ 000}\ (m^2 \cdot ℃)/W = 0.000\ 126\ 6\ (m^2 \cdot ℃)/W$

管壁热阻:$R_w = \dfrac{D_o}{2\lambda_w} \ln \dfrac{D_o}{D_i} = \dfrac{0.038\ m}{2 \times 40\ W/(m \cdot ℃)} \ln \dfrac{0.038}{0.030} = 0.000\ 112\ 2\ (m^2 \cdot ℃)/W$

选取管外污垢热阻:$R_{f0} = \dfrac{r_f}{\beta \times \eta_f} = \dfrac{0.001\ 76}{4.23 \times 0.81}\ (m^2 \cdot ℃)/W = 0.000\ 523\ 6\ (m^2 \cdot ℃)/W$

传热总热阻:$R = R_o + R_i + R_w + R_{f0} = 0.003\ 676\ 3\ (m^2 \cdot ℃)/W$

传热系数:$U_o = \dfrac{1}{R} = 272\ W/(m^2 \cdot ℃)$

对数平均温差:$\Delta T_{ln} = 297.1\ ℃$

传热温差:$\Delta T = 297.1 \times 0.9 = 267.4\ ℃$

传热面积:$A = \dfrac{Q_2}{U_o \Delta T} = \dfrac{7\ 547 \times 10^3\ kW}{272\ W/(m^2 \cdot ℃) \times 267.4\ ℃} = 103.8\ m^2$

单管传热面积:$A_1 = \pi D_0 L = \pi \times 0.038\ m \times 3.05\ m = 0.364\ 1\ m^2$

所需管子数目:$N = \dfrac{A}{A_1} = \dfrac{103.8}{0.364\ 1} = 285$

纵向管排数:$N_2 = \dfrac{N}{N_1} = \dfrac{285}{26} = 11$,取 12 排

翅片管总数:26 × 12 = 312 支

取每 4 排为一组,纵向组数:12/4 = 3 组,与图 5.5 所示相同。

单管质量:17.47 kg

翅片管总质量:17.47 kg × 312 = 5 450 kg

设备总质量:5 450 kg × 1.6 = 8 720 kg

(5) 过热器设计。

烟气入口温度:900 ℃,烟气出口温度:780.5 ℃

烟气流量:16.19 kg/s,蒸汽流量:4.406 kg/s

蒸汽入口温度:250.3 ℃,蒸汽出口温度:450 ℃

热负荷:$Q_3 = 2\ 339.1$ kW

管子规格:耐热不锈钢管。因为属于气 – 汽换热,采用光管。

光管外径:38 mm;光管内径:30 mm

横向管间距:72 mm;错排排列,纵向管间距 72 mm。

迎面质量流速、迎风面积与蒸发器相同:

迎风面质量流速:2.45 kg/(m^2 · s)

迎风面积:6.619 m^2 = 3.05 m × 2.17 m

管子长度:3.05 m

横向管节距:0.072 m

横向管排数:28 排

管外换热系数计算:

由 1.4 节中的式(1.17),对错排管束,管外换热系数的计算式为

$$h = 0.35 \frac{\lambda}{D_o} \left(\frac{S_t}{S_1}\right)^{0.2} Re^{0.6} Pr^{0.36}$$

式中,$S_t = 0.072$ m 为横向管间距,$S_1 = 0.072$ m 为纵向管间距, 烟气在平均温度 840 ℃ 下的物性值为

导热系数:$\lambda = 0.095$ W/(m · ℃),黏度:$\mu = 44.4 \times 10^{-6}$ kg/(m · s),$Pr = 0.6$,密度:$\rho = 0.32$ kg/m^3

流体流经最窄截面处的质量流速。

$$G_m = V_m \frac{S_t}{S_t - D_o} = 2.45 \text{ kg/}(m^2 \cdot s) \times \frac{0.072 \text{ m}}{0.072 \text{ m} - 0.038 \text{ m}} = 5.19 \text{ kg/}(m^2 \cdot s)$$

$$Re = \frac{D_o G_m}{\mu} = \frac{0.038 \text{ m} \times 5.19 \text{ kg/}(m^2 \cdot s)}{44.4 \times 10^{-6} \text{ kg/}(m^2 \cdot s)} = 4\ 441.9$$

$$h = 0.35 \frac{0.095}{0.038} \left(\frac{0.072}{0.072}\right)^{0.2} (4\ 441.9)^{0.6} (0.6)^{0.36} = 112.4 \text{ W/}(m^2 \cdot ℃)$$

管内换热系数:

应用实验关联式(1.16):

$$h_i = 0.023 \frac{\lambda}{D_i} \left(\frac{D_i G_m}{\mu}\right)^{0.8} (Pr)^{0.4}$$

管内水蒸气的平均温度为 350 ℃。

在平均温度下,水蒸气的物性值(按饱和态查取):$\mu = 26.594 \times 10^{-6}$ kg/(m·s)

$$\lambda = 0.119 \text{ W/(m·℃)}, Pr = 3.83, 密度:\rho = 113.5 \text{ kg/m}^3$$

管内蒸汽质量流量:$m = 4.406$ kg/s

设 2 排管为一个管程,则每管程的管子数目:$2 \times 28 = 56$ 支

每管程的管内流通面积:$F = \dfrac{\pi}{4} 0.030^2 \text{ m}^2 \times 56 = 0.039\ 6 \text{ m}^2$

管内质量流速:$G_m = \dfrac{m}{F} = \dfrac{4.406 \text{ kg/s}}{0.039\ 6 \text{ m}^2} = 111.26 \text{ kg/m}^2\text{s}$

管内蒸汽流速:$V = \dfrac{G_m}{\rho} = \dfrac{111.26 \text{ kg/(m}^2\text{·s)}}{113.5 \text{ kg/m}^3} = 0.98 \text{ m/s}$

管内 Re 数:$Re = \dfrac{D_i G_m}{\mu} = \dfrac{0.030 \text{ m} \times 111.26 \text{ kg/(m}^2\text{·s)}}{26.594 \times 10^{-6} \text{ kg/(m·s)}} = 125\ 510$

换热系数:$h = 0.023 \dfrac{0.119}{0.03} (125\ 510)^{0.8} (3.83)^{0.4} = 1\ 872.3 \text{ W/(m}^2\text{·℃)}$

传热热阻和传热系数:

管外换热热阻:$R_o = \dfrac{1}{h} = \dfrac{1}{112.4 \text{ W/(m}^2\text{·℃)}} = 0.008\ 896\ 7 \text{ (m}^2\text{·℃)/W}$

管内换热热阻:$R_i = \dfrac{D_o}{D_i} \dfrac{1}{h_i} = \dfrac{0.038 \text{ m}}{0.030 \text{ m}} \dfrac{1}{1\ 872.3 \text{ m}} = 0.000\ 676\ 5 \text{ (m}^2\text{·℃)/W}$

管壁热阻:$R_w = \dfrac{D_o}{2\lambda_w} \ln\dfrac{D_o}{D_i} = \dfrac{0.038}{2 \times 40} \ln\dfrac{0.038}{0.030} = 0.000\ 112\ 2 \text{ (m}^2\text{·℃)/W}$

管外污垢热阻:$R_{f0} = r_f = 0.001\ 76 \text{ (m}^2\text{·℃)/W}$

总传热热阻:$R = R_o + R_i + R_w + R_{f0} = 0.011\ 445\ 4 \text{ (m}^2\text{·℃)/W}$

传热系数:$U_o = \dfrac{1}{R} = 87.4 \text{ W/(m}^2\text{·℃)}$

传热温差:$\Delta T = F \times \Delta T_{ln} = 0.9 \times 489 \text{ ℃} = 440 \text{ ℃}$

传热面积:$A = \dfrac{Q}{U_o \Delta T} = \dfrac{2\ 339.1 \times 10^3 \text{ W}}{87.4 \text{ W/(m}^2\text{·℃)} \times 440 \text{ ℃}} = 60.8 \text{ m}^2$

单管传热面积:$A_1 = \pi D_o L = \pi \times 0.038 \text{ m} \times 3.05 \text{ m} = 0.364\ 1 \text{ m}^2$

所需管子数目:$N = \dfrac{A}{A_1} = \dfrac{60.8 \text{ m}^2}{0.364\ 1 \text{ m}^2} = 167$

纵向管排数:$N_2 = \dfrac{N}{N_1} = \dfrac{167}{28} = 6$,取 8 排,224 支

取每 4 排为一组,纵向组数:8/4 = 2 组,与图 5.5 所示相同。

管外流动阻力:496 Pa

单管质量:10.22 千克/支

管总质量:$10.22 \times 224 = 2\ 289$ kg

过热器总质量(约):$2\ 289 \times 1.6 = 3\ 662$ 千克/台

省煤器、蒸发器、过热器的总质量约 19 t。

余热锅炉的设计结构如图 5.6 所示。可以看出，其整体结构与图 5.5 基本是相同的，只是增加了省煤器受热面。

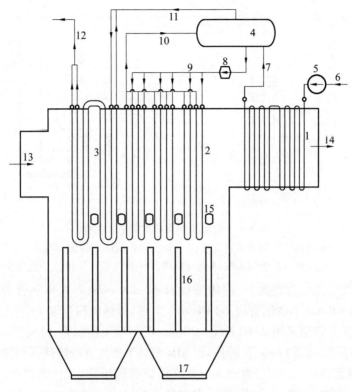

图 5.6　抗积灰余热锅炉的结构设计

1— 省煤器;2— 蒸发器;3— 过热器;4— 汽包;5— 给水泵;6— 给水;

7— 省煤器出水管;8— 循环水泵;9— 蒸发器给水管;10— 饱和蒸汽管;

11— 过热器进汽管;12— 过热蒸汽出口;13— 烟气进口;14— 烟气出口;

15— 积灰振打装置;16— 烟气隔离板;17— 排灰口

由图可见，在本设计中，每组蒸发器都是由 2 个 U 形管换热元件组成，管内的饱和水和饱和蒸汽都分别在单一的 U 形管内进出，有利于管内汽 – 液两相流动的传热。而过热器的每一管程由并列的两排管组成，两组过热器共有 4 个管程。根据原设计要求，为了保证振打机构的除灰效果，3 组蒸发器和 2 组过热器的管束都应该吊挂在炉墙的两侧。

5.4　化肥生产的余热回收

1. 用中置锅炉回收氨合成热能

氨合成反应是催化可逆放热反应。每生产 1 t 氨约放热 3.18×10^6 kJ。氨合成的反应热一般由出塔气体带走，随后在冷却器中被水冷却，不但浪费了热能，而且消耗了大量冷却水。

目前回收氨合成反应热的方法，根据回收装置在系统中位置的不同可分为:前置式、中置式和后置式。从经济效果，结构材料的要求来分析，中置式较为合适。

某合成氨厂在 $\phi1\,000$ mm 合成塔系统中安装了一台中置式蒸汽余热锅炉,用来回收合成氨反应的部分反应热。其工艺流程如图 5.7 所示。

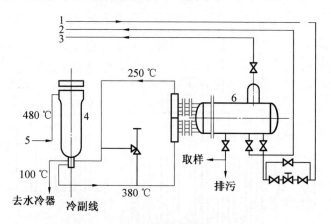

图 5.7　合成氨中置锅炉的工艺流程

1— 来自锅炉房的除氧软化水;2— 送往锅炉房除氧器的蒸汽;
3— 送往蒸汽总管的蒸汽;4— 合成塔;5— 氨气循环气;6— 中置锅炉

这台锅炉为卧式烟管式锅炉,筒体外径为 $\phi1\,800$ mm,管内传热管为 Π 型结构,由 136 根 $\phi24$ mm × 6 mm 不锈钢管(1Cr18Ni9Ti)组成,传热面积为 70 m²。连接合成塔与中置锅炉的高压工艺管道采用 $\phi180$ mm × 30 mm 的厚壁无缝钢管,材质为 1SiMoVNb。

在触媒筐中反应后约 480 ℃ 的热风(NH₃ 气体)进入上段换热器与进入塔的气体换热,自身温度降至 380 ℃ 左右,再进入中置式锅炉的高压管内,在锅炉中,由于管外的水汽化而使其温度降到 250 ℃ 左右,然后出中置锅炉进入下端换热器,继续与进入合成塔的氢氮气体换热,温度降至 100 ℃ 以下,从合成塔底部引出后进入水冷器,将氨分离后进入循环系统。

由锅炉房来的 102 ℃ ~ 105 ℃ 的除氧软水进入中置锅炉,产生的低压蒸汽进入蒸汽总管。该厂年生产合成氨6.8 万t,利用中置锅炉每吨氨可生产蒸汽0.75 t,每小时锅炉蒸发量为 5.9 t,一年相当节约标准煤 6 000 t。此外,冷却水的节约效果也十分显著,每吨氨可节约冷却水 40 t。该余热回收系统的投资一年内即可全部回收。

按上述应用实例给出的条件,中置锅炉的设计计算遇到了如下困难:首先,管内介质(NH₃ 气体)在换热条件下的物理性质难以确定。NH₃ 气体的临界温度为 132.4 ℃,临界压力为 11.3 MPa,而 NH₃ 气体的进出口温度都超过临界值,因而管内是超临界状态下的换热。其次,在上述应用实例中并没有给出 NH₃ 气体的实际流量,因而也难于进行余热锅炉的设计计算。

下面,根据上述应用实例中的给出条件和结构参数,对该余热锅炉进行补充计算:

(1)热负荷计算。

蒸汽产量(给定):$G = 5.9$ t/h = 1.64 kg/s

入口水温(给定):102 ℃,入口压力(假定):1.5 MPa

焓值:$i_1 = 428.5$ kJ/kg

出口饱和蒸汽:198.3 ℃,饱和压力:1.5 MPa

焓值：$i_2 = 2\,789.9$ kJ/kg

换热量：$Q = G(i_2 - i_1) = 3\,872.7$ kW

（2）传热温差。

因进水加热至饱和温度所需热量仅占总热负荷的 21%，故可按蒸发器计算平均温差，使设计偏于安全。

热流体（NH_3 气体）温度：380 ℃ → 250 ℃

冷流体（水／蒸汽）温度：198.3 ℃ → 198.3 ℃

传热平均温差：$\Delta T = 103.4$ ℃

（3）传热系数。

$$U_o = \frac{Q}{A_o \Delta T} = \frac{3\,872.7 \times 10^3 \text{ W}}{70 \text{ m}^2 \times 103.4 \text{ ℃}} = 535 \text{ W/(m}^2 \cdot \text{℃)}$$

其中 $A_o = 70$ m² 为实际传热面积（给出值）。

（4）各项热阻的计算。

管外沸腾换热系数（选取）：$h_o = 10\,000$ W/(m² · ℃)

管外换热热阻：$R_o = \dfrac{1}{h_o} = \dfrac{1}{10\,000 \text{ W/(m}^2 \cdot \text{℃)}} = 0.000\,1$ (m² · ℃)/W

管壁导热热阻：$R_w = \dfrac{D_o}{2\lambda_w} \ln \dfrac{D_o}{D_i} = \dfrac{0.024 \text{ m}}{2 \times 40 \text{ W/(m}^2 \cdot \text{℃)}} \ln \dfrac{0.024 \text{ m}}{0.012 \text{ m}} = 0.000\,207\,9$ (m² · ℃)/W

管内换热热阻：$R_i = \dfrac{D_o}{D_i} \dfrac{1}{h_i} = \dfrac{0.024 \text{ m}}{0.012 \text{ m}} \dfrac{1}{h_i} = \dfrac{2}{h_i}$ (m² · ℃)/W

其中，h_i 为管内换热系数。

传热热阻：$R = \dfrac{1}{U_o} = \dfrac{1}{535}$ (m² · ℃)/W $= 0.001\,869\,1$ (m² · ℃)/W

各热阻关系为：$R = R_o + R_i + R_w$

由此解出管内换热系数为 $h_i = 1\,281$ W/(m² · ℃)

此值可以看作是由实测数据推算出来的管内换热系数。

（5）传热管长度。

已知：Ⅱ 型管数目 $N = 136$ 支，传热面积：$A = 70$ m²，传热管外径：$D_0 = 0.024$ m，则管长为

$$L = \frac{A}{\pi D_o N} = \frac{70 \text{ m}^2}{\pi \times 0.024 \text{ m} \times 136} = 6.83 \text{ m}$$

Ⅱ 型管的单边长度为：6.83 m/2 = 3.4 m

已知筒体外径为 $\phi1\,800$ mm，则筒体外形长度约 4.5 ～ 5.0 m。

2. 气 – 气型热管换热器在大型合成氨装置中的应用

某氮肥厂有一台年产 30 万 t 合成氨装置，其中，一段转化炉的尾部烟气余热原来采用回转式换热器进行回收，用来预热助燃空气，后来因该预热器损坏而不能继续使用。在此情况下，安装了一台气 – 气型热管换热器，用来代替原来的回转式预热器。热管换热器安装后运行正常，取得了满意的节能效果，并在大型合成氨装置中推广。

按照 1.5 节的相关内容,该气 – 气型热管换热器的设计参数和设计步骤如下:

(1) 已知条件。

烟气进出口温度:285 ℃ → 155 ℃

烟气流量:G_g = 330 000 kg/h = 91.67 kg/s

空气入口温度:20 ℃

空气流量:G_a = 270 000 kg/h = 75 kg/s

热负荷:

$$Q = G_g \times C_{pg} \times (T_1 - T_2) = 91.67 \text{ kg/s} \times 1.1 \text{ kJ/(kg} \cdot \text{℃)} \times (285 \text{ ℃} - 155 \text{ ℃}) = 13\ 109 \text{ kW}$$

其中,c_{pg} 为烟气在平均温度下的比热容。

空气出口温度:$t_2 = t_1 + \dfrac{Q}{c_{pa}G_a} = 20 \text{ ℃} + \dfrac{13\ 109}{1.02 \times 75} \text{ ℃} = 191 \text{ ℃}$

(2) 热管工质的选择。

烟气入口处的管内蒸汽温度:

烟气温度,285 ℃;空气出口温度,191 ℃。管内蒸汽温度为

$$T_v \approx \frac{1}{2}(285 \text{ ℃} + 191 \text{ ℃}) = 238 \text{ ℃}$$

烟气出口处热管的管内蒸汽温度:

烟气温度,155 ℃;空气入口温度,20 ℃

$$T_v \approx \frac{1}{2}(155 \text{ ℃} + 20 \text{ ℃}) = 87.5 \text{ ℃}$$

根据管内温度的计算结果,选用水作为热管工质是合适的,水的适用温度范围为:50 ~ 250 ℃。

(3) 迎风面质量流速和迎风面积。

选取烟气侧质量流速:V_g = 4.5 kg/m² · s

烟气侧迎风面积:F_g = 91.67 m²/4.5 = 20.37 m² = 5.08 m × 4.0 m

取加热段长度 L_1 = 5.08 m,管束宽度为 4.0 m

选取空气侧质量流速:V_a = 4.6 kg/m² · s

空气侧迎风面积:

$$F_a = (75/4.6) \text{m}^2 = 16.3 \text{ m}^2 = 4.1 \text{ m} \times 4.0 \text{ m}$$

取冷却段长度 L_2 = 4.1 m,管束宽度为 4.0 m

加热段和冷却段的长度比:5.08 m/4.1 m

热管总长:L = 5.08 m + 4.1 m = 9.18 m

(4) 翅片管选型。

翅片管种类:20 g 高频焊碳钢螺旋翅片管

基管直径:ϕ = 42 × 3.5 mm,翅片外径:d_f = 72 mm,翅片高度:15 mm

翅片厚度:δ = 1 mm

翅片节距:烟气侧节距 8 mm;空气侧节距:6 mm

翅片管横向管间距:92 mm,纵向排列方式:等边三角形排列

横向热管排数:4 000/92 = 43.5, 取 42(排)

（5）管外换热系数的计算。

最窄流通截面上的质量流速：

烟气侧：一个翅片节距内迎风面积 $= 8 \text{ mm} \times 92 \text{ mm} = 736 \text{ mm}^2$

一个翅片节距内最窄流动面积 $= 8 \text{ mm} \times 92 \text{ mm} - 15 \text{ mm} \times 1.0 \text{ mm} \times 2 - 42 \text{ mm} \times 8 \text{ mm} = 370 \text{ mm}^2$

最窄截面烟气的质量流速：$G_\text{m} = 4.5 \text{ kg/(m}^2 \cdot \text{s}) \times \dfrac{736}{370} \text{kg/(m}^2 \cdot \text{s}) = 8.95 \text{ kg/(m}^2 \cdot \text{s})$

空气侧：一个翅片节距内迎风面积 $- 6 \text{ mm} \times 92 \text{ mm} - 552 \text{ mm}^2$

一个翅片节距内最窄流动面积 $= 6 \text{ mm} \times 92 \text{ mm} - 15 \text{ mm} \times 1.0 \text{ mm} \times 2 - 42 \text{ mm} \times 6 \text{ mm} = 270 \text{ mm}^2$

最窄截面空气的质量流速：$G_\text{m} = 4.6 \text{ kg/(m}^2 \cdot \text{s}) \times \dfrac{552}{270} \text{mm}^2 = 9.4 \text{ kg/(m}^2 \cdot \text{s})$

烟气和空气在平均温度下的物性值见表 5.1。

表 5.1

介质	温度 /℃	密度 /(kg·m^{-3})	导热系数 λ /(W·m^{-1}·℃$^{-1}$)	比热 c_p /(kJ·kg^{-1}·℃$^{-1}$)	动力黏度 μ × 10^{-6} /(kg·m^{-1}·s^{-1})	普朗特数 Pr
烟气	220	0.72	0.0418	1.1	25.2	0.67
空气	105.	0.93	0.0324	1.009	22.1	0.688

烟气和空气侧的翅片管外换热系数按式（1.53）计算：

$$h = 0.137\,8 \frac{\lambda}{D_\text{o}} \left(\frac{D_\text{o} G_\text{m}}{\mu} \right)^{0.718} (Pr)^{1/3} \left(\frac{Y}{H} \right)^{0.296}$$

式中　　h——翅片管外表面的换热系数，W/(m^2·℃)；

　　　　D_o——翅片基管外径，为 0.042 m；

　　　　Y——翅片间隙，其值分别为 0.007 m（烟气），0.005 m（空气）；

　　　　H——翅片高度，为 0.015 m。

代入上式计算，

烟气侧：

$$h = 0.137\,8 \frac{0.041\,8}{0.042} \left(\frac{0.042 \times 8.95}{25.2 \times 10^{-6}} \right)^{0.718} (0.67)^{\frac{1}{3}} \left(\frac{0.007}{0.015} \right)^{0.296}$$
$$= 95 \text{ W/(m}^2 \cdot \text{℃})$$

空气侧：

$$h = 0.137\,8 \frac{0.032\,4}{0.042} \left(\frac{0.042 \times 9.4}{22.1 \times 10^{-6}} \right)^{0.718} (0.688)^{\frac{1}{3}} \left(\frac{0.005}{0.015} \right)^{0.296}$$
$$= 76.6 \text{ W/(m}^2 \cdot \text{℃})$$

（6）翅片效率的计算。

按式（1.52）计算。

环形翅片的翅片高度：

$$L = 0.015 \text{ m}$$

$$L_c = L + \frac{t}{2} = 0.015 \text{ m} + 0.000\ 5 \text{ m} = 0.015\ 5 \text{ m}$$

烟气侧：

$$mL = L_c \sqrt{\frac{2h}{\lambda t}} \sqrt{1 + \frac{L}{2r_1}} = 1.244\ 5$$

其中　λ——翅片材料的导热系数,对于碳钢,$\lambda = 40 \text{ W}/(\text{m} \cdot \text{℃})$,翅片厚度 $t = 0.001 \text{ m}$,$2r_1 = D_o = 0.042 \text{ m}$,

$$e^{mL} = 3.471,\quad e^{-mL} = 0.288$$

$$\tanh mL = \frac{e^{mL} - e^{-mL}}{e^{mL} + e^{-mL}} = 0.847$$

翅片效率：$\eta_f = \dfrac{\tanh mL}{mL} = \dfrac{0.847}{1.244\ 5} = 0.68$

空气侧：

$$mL = L_c \sqrt{\frac{2h}{\lambda t}} \sqrt{1 + \frac{L}{2r_1}} = 1.117\ 5$$

$$e^{mL} = 3.057,\quad e^{-mL} = 0.327$$

$$\tanh mL = \frac{e^{mL} - e^{-mL}}{e^{mL} + e^{-mL}} = 0.807$$

翅片效率：$\eta_f = \dfrac{\tanh mL}{mL} = \dfrac{0.807}{1.117\ 5} = 0.722$

（7）基管外表面换热系数 h_o。

$$h_o = h \times \frac{\eta_f \cdot A_f + A_b}{A_o}$$

其中　A_f——翅片外表面积。

烟气侧：

$A_f = [\pi(r_2^2 - r_1^2) \times 2] + 2\pi r_2 \times t = \pi(36^2 - 21^2)\text{mm}^2 \times 2 + 2\pi \times 36 \text{ mm} \times 1.0 \text{ mm}$
$= 5\ 598.3 \text{ mm}^2$

A_b 为裸管面积,$A_b = 2\pi r_1 \times Y = 2\pi \times 21 \text{ mm} \times (8 \text{ mm} - 1 \text{ mm}) = 923.6 \text{ mm}^2$

A_0 为基管面积,$A_0 = 2\pi r_1 \times y = 2\pi \times 21 \text{ mm} \times 8 \text{ mm} = 1\ 055.6 \text{ mm}^2$

其中　r_1, r_2——分别为翅片的内径和外径。

代入上式,$h_o = 425.6 \text{ W}/(\text{m}^2 \cdot \text{℃})$

翅化比：$\beta = \dfrac{A_f + A_b}{A_o} = 6.18$

空气侧：

$A_f = [\pi(r_2^2 - r_1^2) \times 2] + 2\pi r_2 \times t = \pi(36^2 - 21^2)\text{mm}^2 \times 2 + 2\pi \times 36 \text{ mm} \times 1.0 \text{ mm}$
$= 5\ 598.3 \text{ mm}^2$

A_b 为裸管面积,$A_b = 2\pi r_1 \times Y = 2\pi \times 21 \text{ mm} \times (6 - 1)\text{mm} = 659.7 \text{ mm}^2$

A_0 为基管面积,$A_0 = 2\pi r_1 \times y = 2\pi \times 21 \text{ mm} \times 6 \text{ mm} = 791.7 \text{ mm}^2$

代入上式,$h_o = 454.9 \text{ W}/(\text{m}^2 \cdot \text{℃})$

翅化比：$\beta = \dfrac{A_f + A_b}{A_0} = 7.9$

（8）传热热阻和传热系数（以加热段基管外表面为基准）。

烟气侧对流换热热阻：

$$R_1 = \frac{1}{h_g} = \frac{1}{425.6 \ \text{W}/(\text{m}^2 \cdot ℃)} = 0.002\ 349\ 6 \ (\text{m}^2 \cdot ℃)/\text{W}$$

烟气侧壁面导热热阻：

$$R_2 = \frac{d_o}{2\lambda_w} \ln \frac{d_o}{d_i} = \frac{0.042}{2 \times 40} \ln \frac{0.042}{0.035} = 0.000\ 095\ 7 \ (\text{m}^2 \cdot ℃)/\text{W}$$

管内蒸发热阻：

$$R_3 = \frac{1}{h_e} \frac{d_o}{d_i} = \frac{1}{5\ 000 \ \text{W}/(\text{m}^2 \cdot ℃)} \frac{0.042 \ \text{m}}{0.035 \ \text{m}} = 0.000\ 24 \ (\text{m}^2 \cdot ℃)/\text{W}$$

$$h_e = 5\ 000 \ \text{W}/(\text{m}^2 \cdot ℃) \ \text{为选取值}$$

管内凝结热阻：

$$R_4 = \frac{1}{h_c} \frac{d_o}{d_i} \frac{L_g}{L_a} = \frac{1}{10^4 \ \text{W}/(\text{m}^2 \cdot ℃)} \frac{0.042}{0.035} \times \frac{5.08}{4.1} = 0.000\ 148\ 6 \ (\text{m}^2 \cdot ℃)/\text{W}$$

假定 $h_c = 10\ 000 \ \text{W}/(\text{m}^2 \cdot ℃)$

空气侧壁面导热热阻：

$$R_5 = \frac{d_o}{2\lambda_w} \ln \frac{d_o}{d_i} \times \frac{L_g}{L_a} = 0.000\ 118\ 5 \ (\text{m}^2 \cdot ℃)/\text{W}$$

空气侧对流换热热阻：

$$R_6 = \frac{1}{h_a} \frac{L_g}{L_a} = \frac{1}{454.9 \ \text{W}/(\text{m}^2 \cdot ℃)} \times \frac{5.08}{4.1} = 0.002\ 723\ 7 \ (\text{m}^2 \cdot ℃)/\text{W}$$

烟气侧污垢热阻：

$$R_7 = \frac{r_{fg}}{\eta_f \times \beta} = \frac{0.001\ 76}{0.68 \times 6.18} (\text{m}^2 \cdot ℃)/\text{W} = 0.000\ 418\ 8 \ (\text{m}^2 \cdot ℃)/\text{W}$$

空气侧污垢热阻：

$$R_8 = \frac{r_{fa}}{\eta_f \times \beta} \times \frac{L_g}{L_a} = \frac{0.000\ 172}{0.722 \times 7.9} \times \frac{5.08}{4.1} \ (\text{m}^2 \cdot ℃)/\text{W} = 0.000\ 037\ 3 \ (\text{m}^2 \cdot ℃)/\text{W}$$

总传热热阻：

$$\frac{1}{U_o} = R_1 + R_2 + R_3 + R_4 + R_5 + R_6 + R_7 + R_8 = 0.006\ 132\ 2 \ (\text{m}^2 \cdot ℃)/\text{W}$$

传热系数 $U_o = 163.07 \ \text{W}/(\text{m}^2 \cdot ℃)$

（9）传热温差。

烟气由 285 ℃ 降至 155 ℃，空气由 20 ℃ 升至 191 ℃，为纯逆流换热：

$$\Delta T_{ln} = \frac{(155 - 20) - (285 - 191)}{\ln \dfrac{(155 - 20)}{(285 - 191)}} ℃ = 113.3 \ ℃$$

（10）传热面积和热管数目。

以加热段基管外表面为基准的传热面积：

$$A_o = \frac{Q}{U_o \Delta T_{ln}} = \frac{13\ 109 \times 10^3\ \text{W}}{163.07\ \text{W/(m}^2 \cdot \text{℃)} \times 113.3\ \text{℃}} = 709.5\ \text{m}^2$$

热管数目：

$$N = \frac{A_0}{\pi \times d_0 \times L_g} = \frac{709.5\ \text{m}^2}{\pi \times 0.042\ \text{m} \times 5.08\ \text{m}} = 1\ 058\ \text{支}$$

纵向管排数：

$$N_2 = N/N_1 = 1\ 058/42 = 25\ \text{排}$$

实取热管数：$N = N_1 \times N_2 = 42 \times 25 = 1\ 050\ \text{支}$

实取加热段（基管）传热面积：$A_0 = \pi \times 0.042\ \text{m} \times 5.08\ \text{m} \times 1\ 050 = 703.8\ \text{m}^2$

实取冷却段（基管）传热面积：$A_0 = \pi \times 0.042\ \text{m} \times 4.1\ \text{m} \times 1\ 050 = 568\ \text{m}^2$

实取加热段和冷却段的总（基管）传热面积：

$$A = \pi \times 0.042\ \text{m} \times (5.08\ \text{m} + 4.1\ \text{m}) \times 1\ 050 = 1\ 271.8\ \text{m}^2$$

（11）流动阻力计算。

烟气流动阻力：

$$\Delta p = f \cdot \frac{N_2 \times G_m^2}{2\rho}$$

$$f = 37.86(G_m D_b/\mu)^{-0.316}(s_1/D_b)^{-0.927}$$

式中，G_m——最窄截面质量流速，$G_m = 8.95\ \text{kg/(m}^2 \cdot \text{s)}$；

$\quad N_2$——纵向管排数，$N_2 = 25$；

$\quad D_b$——基管外径，$D_b = 0.042\ \text{m}$；

$\quad s_1$——横向管间距，$s_1 = 0.092\ \text{m}$；

计算结果：

$$f = 37.86\left(\frac{0.042 \times 8.95}{25.2 \times 10^{-6}}\right)^{-0.316}\left(\frac{92}{42}\right)^{-0.927} = 0.878$$

$$\Delta p = 0.878 \times \frac{25 \times 8.95^2}{2 \times 0.72}\text{Pa} = 1\ 221\ \text{Pa}$$

空气流动阻力

$$f = 37.86\left(\frac{0.042 \times 9.4}{22.1 \times 10^{-6}}\right)^{-0.316}\left(\frac{92}{42}\right)^{-0.927} = 0.83$$

$$\Delta p = 0.83 \times \frac{25 \times 9.4^2}{2 \times 0.93}\text{Pa} = 985.7\ \text{Pa}$$

（12）质量计量。

单支热管质量：62 kg

热管总质量：62 × 1 050 = 65 100 kg

设备总质量：约100 t

热管空气预热器的结构如图5.8所示。该预热器立式放置，总体尺寸为：蒸发器（加热段）迎风面：5.1 m（高）× 4.0 m（宽），凝结器（冷却段）迎风面：4.1 m（高）× 4.0 m（宽），换热器纵向尺寸：约3.0 m。纵向25排管分为3组，分别为（9 + 7 + 9）排，中间留有吹灰器的安装空间。

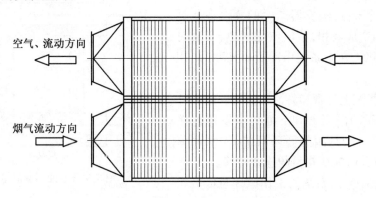

图 5.8　合成氨系统热管空气预热器

应当指出,这是一台特大型的热管空气预热器,其回收的热量相当于18.7 t/h蒸汽锅炉的热负荷。由于是气－气换热,传热系数较低,又由于是尾部烟气的余热回收,传热温差较小,因而使得设计面积较大。

根据 1.10 节,该预热器余热回收效果的分析如下:

相当每小时节煤量:$B = \dfrac{3\,600 \times Q_{y1}}{\eta \times Q_m}$ kg/h = 2 509 kg/h

式中　Q_{y1}——余热回收热量,13 109 kJ/s;

　　　Q_{dw}——煤的低发热值,假定为 20 900 kJ/kg;

　　　η——锅炉热效率,假定为 0.9。

1 天节煤量:24 h/d × 2 509 kg/h = 60 216 kg/d,约60 t/d。

设每吨标煤价格为 500 元,则每天的节能效益为 3 万元。

运行 1 年的经济效益为 1 080 万元,除去 10% 左右的运行费用,

每年的净收益接近 1 000 万元。

设备总质量为 100 t,假定所有投资为 800 万元,因而投资回收期约 10 个月。

5.5　原油相变加热及其余热回收

1. 原油相变加热原理及优点

对于黏度很高的从油田开采的原油,为了保证原油在输送管道中的流动性,需要在原油的输送过程中对原油进行加热。为了保证原油在加热过程中的安全性,是不能用火焰或烟气对原油直接加热的,而应选用一种安全的中间介质加热原油。原油相变加热装置是利用水和水蒸气作为中间介质加热原油的设备。原油作为被加热介质,在一个封闭的循环系统中,利用水在蒸发器中的蒸发吸热和水蒸气在凝结器中的凝结放热实现热量的转移和对原油的加热。换热系统的工作原理如图 5.9 所示。

该系统主要由下列几部分组成:

(1)蒸发器:介质水在其中蒸发,由液相变为汽相,吸收汽化潜热,所需热量由燃烧天然气获得。因为蒸发器与燃烧过程结合在一起,因而实际上是一台燃烧天然气的蒸汽锅

炉,故在本系统中又称为"燃气锅炉"。

（2）冷凝器:蒸发器产生的蒸汽在此凝结,由汽相变成液相,放出汽化潜热,实现对原油的加热。在本系统中冷凝器又称为"相变换热器"。

（3）蒸汽上升管和凝液回流管。这2种管路将上面的冷凝器和下面的蒸发器连接起来,形成一个封闭的循环系统,靠水和蒸汽的连续相变,完成热量的连续转移。

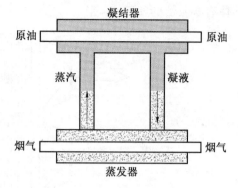

图5.9　原油相变加热原理

应当指出,该系统的工作原理与传热元件[热管（Heat Pipe）]是完全相同的,因为热管的定义就是"封闭两相传热机构"。该系统的优点主要体现在如下几方面:

（1）可实现对原油安全、温和而均匀的加热。

原油可燃性强,其析出的气体是可燃的伴生气体,闪点低。为了安全,原油是不允许在常用的锅炉设备中直接被燃烧产物加热的,而必须采用间接加热的方式。该系统就是用锅炉产生的蒸汽对原油进行间接加热,这样就满足了安全加热的要求。

此外,原油要求"温和"地加热。因为原油在管道内流动速度很低,不允许管壁温度过高,甚至局部的管壁温度过高也是不允许的,因局部温度过高可能导致原油的局部汽化和可燃成分的析出。而采用蒸汽相变方式,可保证在所有的加热面上温度都是均匀的,即可实现"等壁温"的理想加热条件。

此外,原油温度不需要被加热过高,一般加热后的原油温度在70～80℃之间即可,温度太高容易析出大量可燃气体。采用蒸汽相变加热,由于蒸汽压力和温度调节方便,很容易满足原油的加热条件。

（2）"供热"和"需热"合二为一,可以根据需要,自动调节加热负荷和天然气的燃料用量。

（3）凝液百分之百地回收,不会产生凝液的跑、冒、滴、漏问题,而且结构紧凑,避免了沿途的散热损失。

（4）该系统不需要额外的循环动力,节省了设备的动力消耗。

2. 原油相变加热装置的技术性能

根据现场应用条件,某公司开发并生产出一台以天然气为燃料的原油相变加热装置,该装置由水平放置的上下2部分组成,下部为燃气锅炉（即蒸发器）,上部为相变换热器（即凝结器）。中间有蒸汽上升管和凝液下降管相连接。

从燃气锅炉产生的蒸汽由多个蒸汽上升管自动流到上部的相变换热器,在相变换热器中将管内的原油加热并凝结成液体,凝结液通过回水管自动返回锅炉内。如图5.10所示。

该装置的现场应用情况如图5.11所示。图中,上部汽包为相变换热器,下部大直径汽包为燃气锅炉,二者用蒸汽上升管和凝液回流管相连接,再加上附属设备和测控系统,构成一个完整的原油相变加热装置。

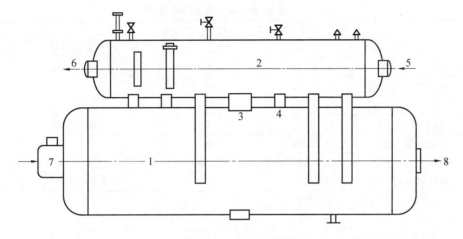

图 5.10　装置主体图

1— 燃气锅炉;2— 相变换热器;3— 凝液下降管;4— 蒸汽上升管;5— 原油入口;
6— 原油出口;7— 燃气(燃烧器)入口;8— 烟气出口

图 5.11　原油相变加热装置的应用现场

该原油相变加热装置的技术性能和运行参数见表 5.2。

表 5.2　原油相变加热装置技术性能

	DHH800 - 型原油相变加热装置			
1	热负荷	800	kW	输出热量
2	天然气耗量	91.4	Nm³/h	热值 36 533 kJ/ Nm³
3	燃气锅炉热效率	88.8	%	
4	锅炉供汽压力	0.232	MPa	饱和压力
5	锅炉供汽温度	125	℃	饱和温度
6	锅炉供汽量	1.316	t/h	
7	换热器蒸汽压力	0.232	MPa	波动范围 0.1 ~ 0.3 MPa
8	换热器蒸汽温度	125	℃	波动范围 100 ~ 133 ℃
9	原油设定入口温度	30	℃	
10	原油设定出口温度	70	℃	
11	原油设定流量	23	t/h	24.5 m³/h
12	装置空载质量	15	t	大约
13	装置满载质量	22	t	大约
14	装置轮廓尺寸	7 × 2.4 × 3.6	长 × 宽 × 高 (m × m × m)	

对表 5.2 的技术条件说明如下：

本装置燃气锅炉的供汽压力为 0.232 MPa，相变换热器中的蒸汽压力也基本相同，对应的饱和温度为 125 ℃。选取这一参数的考虑是：保证换热器内处于微正压状态，以防止外界空气的渗入。此外，在这一参数下可以保证换热器合适的传热温差（原油出口处的传热温差为 125 ℃ - 70 ℃ = 55 ℃）。若此温差太小，则设备的经济性下降，若此温差过大，则不能保证原油被"温和"地加热。在此参数下，允许蒸汽压力有一定的波动空间，保证换热器内一直处于正压状态。

关于原油的流量，表 5.2 中原油的流量是根据热平衡式，在热负荷 800 kW 的情况下计算出来的。在实际运行中原油流量受各种因素的影响可能有所变化，但希望变化幅度在 ±10% 左右。

为了保证装置的正常运行，对控制系统的要求如下：

（1）控制目标量是出口油温，即应保证原油出口温度的稳定。该系统配置的燃气锅炉需具有自动调节功能，能根据实测到的原油出口温度和设定的出口油温自动调节燃气量、空气量及供热功率。

（2）在燃烧功率的调节过程中，会引起系统中蒸汽温度和压力的波动。系统蒸汽参数允许的波动范围是：

蒸气压力：0.1 ~ 0.27 MPa

蒸汽温度：100 ~ 130 ℃

如果超出了这一波动范围，就应该手动调节原油的流量。

（3）在远离原油进出口的平直管路上，分别装设原油静压测点，以便测量原油流经换热器的压降数据。此外，在合适的部位装设原油流量调节阀。

3. 燃气锅炉参数和结构设计

（1）技术规范。

　　锅炉额定蒸发量:1.316 t/h

　　额定工作压力:0.232 MPa

　　饱和蒸汽温度:125 ℃

　　凝结水温度:125 ℃

　　锅炉排污率:2%

　　环境空气温度:20 ℃

　　适用燃料:天然气

　　天然气低位发热量:$Q_{dw} = 36\ 533$ kJ/Nm^3

　　天然气成分:CH$_4$:98%,C$_3$H$_8$:0.3%,C$_4$H$_{10}$:0.3%,C$_3$H$_6$:0.4%,N$_2$:1.0%

　　燃烧方式:微正压

　　设计效率:$\eta = 89\%$

　　排烟温度:192 ℃

　　燃料消耗率:$B = 91.4$ Nm^3/h

　　平直炉胆尺寸:$\phi724 \times 12$ mm

　　炉壳筒体:$\phi1\ 628 \times 14$ mm

　　螺纹烟管尺寸:$\phi51 \times 3$ mm

　　外形尺寸(长 × 宽 × 高):7 020 mm × 1 800 mm × 2 072 mm

　　相变锅炉总质量(不包括容水质量):10 454 kg

　　锅炉水容积:6 m^3

　　(2)燃气锅炉结构。

　　该燃气锅炉的整体结构如图 5.12 所示。

　　由图可见,本锅炉为卧式、内燃、烟管、单回程锅壳式锅炉。燃料在波形平直炉胆内燃烧,燃烧后进入燃尽室。然后高温烟气转入由螺纹烟管组成的对流管束,被冷却的烟气最后进入后烟箱低温区,由烟囱排向大气。

　　锅筒内是介质水的蒸发汽化空间,通过水的沸腾换热将燃烧室和烟管内的烟气热量传出并产生蒸汽。产生的蒸汽通过上部的蒸汽上升管均匀地送入相变换热器中,并通过凝液回流管将相变换热器产生的凝结水返回锅炉中。

　　锅筒上部安装一支安全阀,防止锅炉超过工作压力,保证锅炉安全。锅筒上装设两组水位计,其一是双色水位计,另一个是板式水位计,水位计装在锅炉的两侧,用来保证并控制锅炉的水位。此外,在锅筒下部装有排污阀,定期排掉炉水的杂质,并在检修时排放炉水。

4. 相变换热器设计计算

　　如图 5.10、5.11 所示,相变换热器的结构特点是:水平、卧式、汽包型换热器,位于燃气锅炉之上。汽包内沿轴向布置多排换热管束,被加热的原油在管内流过并吸热,管外为饱和蒸汽的凝结放热。饱和蒸汽和凝结水分别通过蒸汽管和回水管与下部的燃气锅炉相连。

　　(1)冷流体原油的物性参数(由用户提供的物性平均值)。

　　动力黏度:$\mu = 0.023\ 923$ Pa · s[kg/(m · s)]

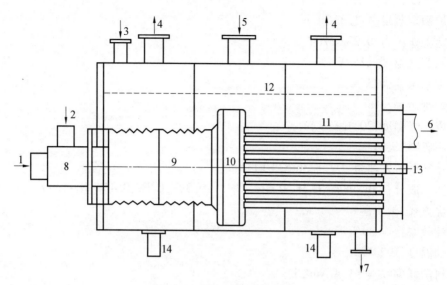

图 5.12　燃气锅炉的整体结构

1— 燃气入口;2— 空气入口;3— 给水口;4— 蒸汽出口;5— 凝结水返回;6— 排烟;
7— 排水排污管;8— 燃烧器;9— 平直炉胆;10— 燃尽室;11— 螺纹烟管;12— 液位;
13— 观火孔管;14— 支架

凝固点:25.2 ℃

含蜡量:13.78%

胶含量:41.18%

含水量:58.82%

20 ℃ 时密度:$\rho = 953.7 \text{ kg/m}^3$

50 ℃ 时密度 :$\rho = 936.7 \text{ kg/m}^3$

导热系数:$\lambda = 0.682 \text{ kJ/(m · ℃)}$

比热(含水 50%) :$c_p = 3.135 \text{ kJ/(kg · ℃)}$

由于凝固点为 25.2 ℃ ,为了保证原油的流动性,原油的温度应不低于 30 ℃ 。

(2) 设计参数。

原油入口温度: $T_1 = 50$ ℃

原油体积流量:$V = 44.5 \text{ m}^3/\text{h} = 0.012\ 36 \text{ m}^3/\text{s}$

原油质量流量:$G = V \times \rho = 41\ 385 \text{ kg /h} = 11.496 \text{ kg/s}$

换热器换热量:$Q = 800 \text{ kW}$

原油出口温度:$T_2 = T_1 + \dfrac{Q}{c_p G} = 50$ ℃ $+ \dfrac{800}{3.135 \times 11.496}$ ℃ $= 72.2$ ℃

蒸汽温度选取:$T_v = 125$ ℃

饱和蒸汽压力: 0.232 MPa

饱和蒸汽的熔值:$i_i = 2\ 712.6 \text{ kJ/kg}$

饱和水的熔值:$i_2 = 523.73 \text{ kJ/kg}$

蒸汽 / 水循环流量:$M = \dfrac{Q}{i_1 - i_2} = 0.365\ 5 \text{ kg/s} = 1\ 316 \text{ kg/h}$

(3) 传热计算。

选择传热管:

原选光管:外径 $D_o = 32$ mm,内径 $D_i = 26$ mm,GB3087

加工后,波纹管:槽深,1.0 mm,节距,10 mm

选择管程数:3 管程,假定单管程管子根数:56 支

初选管子总根数:3 × 56 = 168 支

单管程管内流通面积:$F = \dfrac{\pi}{4}(0.026 \text{ m})^2 \times 56 = 0.029\,7 \text{ m}^2$

管内平均流速:$v = V/F = 0.012\,36 \text{ m}^3/\text{s}/0.029\,7 \text{ m}^2 = 0.416 \text{ m/s}$

管内 Re 数:$Re = (v \times D_i \times \rho)/\mu = 420$

因 $Re \ll 2\,200$,对于光圆,管内为层流;对于波纹管,实验证明,管内层流遭到破坏,换热系数将大幅提高至光管的 2 ~ 3 倍,取换热系数的增大倍数为 2.3。

对于光管、层流、等壁温条件下,由式(1.15),管内换热系数为

$$Nu = \frac{h_i D_i}{\lambda} = 3.66$$

$$h_i = 3.66\frac{\lambda}{D_i} = 3.66 \times 0.682 \text{ W}/(\text{m}^2 \cdot \text{℃})/0.026 \text{ m} = 96 \text{ W}/(\text{m}^2 \cdot \text{℃})$$

波纹管内换热系数:

$$h_i = (96 \times 2.3) \text{ W}/(\text{m}^2 \cdot \text{℃}) = 220.8 \text{ W}/(\text{m}^2 \cdot \text{℃})$$

水平放置的圆管外凝结换热:由式(1.28):

$$h_o = 0.729\left[\frac{g\rho_1{}^2 r\lambda_1^3}{\mu_1(T_s - T_w)ND_o}\right]^{0.25}$$

在应用上式计算时,首先假定管排数 N 值和温差 $(T_s - T_w)$,待设计完毕后再加以修正。

上式中水蒸气凝结的相关物性参数(在 125 ℃ 下)如下:

汽化潜热:$r = 2\,188$ kJ/kg

凝液密度:$\rho = 941$ kg/m^3

凝液导热系数:$\lambda = 0.685$ W/(m·℃)

凝液黏度:$\mu = 0.000\,228$ kg/(m·s)

管子外径:$D_o = 0.032$ m

假定:温差 $(T_s - T_w) = 1$ ℃,纵向管排数 $N = 12$ 排

计算结果为:$h_0 = 11\,845$ W/(m^2·℃)

传热热阻(不考虑污垢热阻,以光管外表面为基准):

$$R = \frac{1}{h_o} + \frac{D_o}{2\lambda_w}\ln\frac{D_o}{D_i} + \frac{1}{h_i}\frac{D_o}{D_i}$$

$$= \frac{1}{11\,845 \text{ W}/(\text{m}^2 \cdot \text{℃})} + \frac{0.032 \text{ m}}{2 \times 40 \text{ W}/(\text{m} \cdot \text{℃})}\ln\frac{0.032 \text{ m}}{0.026 \text{ m}} + \frac{1}{220.8 \text{ W}/(\text{m}^2 \cdot \text{℃})}\frac{0.032 \text{ m}}{0.026 \text{ m}}$$

$$= 0.005\,826 \text{ (m}^2 \cdot \text{℃)}/\text{W}$$

传热系数：$U_o = \dfrac{1}{R} = 171.64$ W/（$m^2 \cdot ℃$）

对数平均温差：

热流体（蒸汽）：125 ℃ → 125 ℃

冷流体（原油）：72.2 ℃ ← 50 ℃

对数平均温差：$\Delta T = 63.25$ ℃

传热面积：$A = \dfrac{Q}{U_o \Delta T} = \dfrac{800\ 000\ \text{W}}{171.64\ \text{W/（}m^2 \cdot ℃\text{）} \times 63.25\ ℃} = 73.7\ m^2$

取安全系数为 1.1，则传热面积为：$A = 73.7\ m \times 1.1\ m = 81\ m^2$

传热管总长度：$L = A/\pi D_0 = 805.7\ m$

取单管长为 5.2 m，管子总根数：

$$N = 805.7/5.2 = 155\ 支，实取\ 168\ 支$$

实取传热面积：$A = 87.8\ m^2$

管程数：3，每管程管子数：168/3 = 56 支

与原假定管子数目相等，无须重复计算。

温差验算：$(T_s - T_w) = \dfrac{Q}{A \times h_o} = \dfrac{800\ 000\ \text{W}}{87.8\ m^2 \times 11\ 845\ \text{W/（}m^2 \cdot ℃\text{）}} = 0.77\ ℃$，与原假定值接近。

（4）外形尺寸。

168 支波纹管分 3 个管程布置在环形汽包内，总体的纵向管排数为 12 排。汽包内径为 1.0 m，长度约 6.8 m。

5. 原油相变加热装置的余热回收

在原油相变加热系统中，燃气锅炉的排烟温度为 192 ℃，对于燃烧天然气的锅炉来说，这一排烟温度是过高了，需要进行余热回收，使余热得到合理的利用。

余热回收的方案有 2 个：一是吸收排烟余热加热循环水（类似省煤器），然后，将循环水获得的热量通过管壳式换热器加热原油，提高原油的进口温度，这一方案比较复杂，成本较高。第二个余热回收方案是采用热管式气 – 气换热器，用排气的余热加热助燃空气，即采用热管式空预器的方案。热管式空预器的结构特点如图 5.13 所示。热管换热器的加热段插入燃气锅炉的排烟流道中，而冷却段与锅炉的空气流道相连。这一方案比较简单，并有成熟的设计和应用经验。

根据上述原油相变加热系统给出的技术条件，确定该空预器的基本设计参数：

烟气入口温度：192 ℃（给定）

烟气出口温度：100 ℃（设定）

天然气热值：36 533 kJ/ Nm^3

天然气耗量：91.4 Nm^3/h = 0.025 4 Nm^3/s

由表 1.6，每 Nm^3 天然气燃烧后（设过剩空气系数为 1.1）烟气产量：

$$V_y = 11.58\ Nm^3/Nm^3$$

烟气流量：$M = (11.58 \times 0.025\ 4)\ Nm^3/s = 0.294\ Nm^3/s = 0.382\ kg/s = 1\ 375\ kg/h$

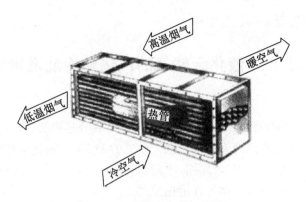

图 5.13　热管式空气预热器

由表 1.6，每 Nm^3 天然气燃烧后，理论空气量：

$$V_0 = 9.61 \ Nm^3 / \ Nm^3$$

实际空气量：$V_0 = 9.61 \times 1.1 = 10.57 \ Nm^3/s$

空气流量：$V = (10.57 \times 0.025 \ 4) \ Nm^3/s = 0.268 \ 5 \ Nm^3/s = 0.347 \ kg/s = 1 \ 249 \ kg/h$

由烟气侧计算的换热量为

$$Q = Mc_p\Delta T = 0.382 \ kg/s \times 1.09 \ kJ/(kg \cdot ℃) \times (192 - 100)℃ = 38.3 \ kW$$

其中，在平均温度下的烟气比热为 $c_p = 1.09 \ kJ/(kg \cdot ℃)$。

假定空气入口温度为 20 ℃，则空气的出口温度为

$$t_2 = t_1 + \frac{Q}{c_p V} = 20 + \frac{38.3 \ kW}{1.005 \ kJ/(kg \cdot ℃) \times 0.347 \ kg/s} = 129.8 \ ℃$$

其中，在平均温度下的空气比热为 $c_p = 1.005 \ kJ/(kg \cdot ℃)$。

在烟气、空气的流量及进出口温度确定之后，就可以按 1.6 节讲述的设计方法和步骤对该气 – 气式热管换热器进行设计计算了。

主要设计结果如下：

选取迎风面质量流速：2.4 kg/m^2s

烟气侧迎风面：$F_g = 0.159 \ m^2 = 0.4 \ m \times 0.4 \ m$

空气侧迎风面：$F_a = 0.144 \ 6 \ m^2 = 0.4 \ m \times 0.36 \ m$

热管总长：(0.4 + 0.36) m，迎风面宽度 0.4 m。

选取基管外径 32 mm，内径 27mm，翅片高度 15 mm，翅片厚度 1 mm，翅片节距 6 mm，横向管间距 74 mm ，横向管排数：5 排。

以加热段光管外表面为基准的传热系数：150 $W/(m^2 \cdot ℃)$

传热温差：70.7 ℃

以加热段光管外表面为基准的传热面积：3.61 m^2

热管总数：90 支，纵向管排数：18 排。

计算结果表明，纵向管排数过多，流动阻力较大，约 420 Pa，有必要改变设计参数，适当提高烟气出口温度，减少换热量。

该空预器的回收热负荷为 38.3 kW，占锅炉总热负荷 800 kW 的 4.8%，即可以节约 4% ~ 5% 的燃料耗量，余热回收率是很高的。当然，实际的经济效益还应该考虑设备总

投资和空气鼓风机等设备的运行费用。

5.6 液化天然气的汽化和冷能发电

1. 概述

液化天然气(Liquefied Natural Gas,LNG),主要成分是甲烷,被认为是最干净的能源之一。液化后的天然气体积约为同量气态天然气的1/600。液化天然气的制造过程是先将气田生产的天然气净化处理,经压缩、冷却后,在 -160 ℃ 下生成液态天然气,然后装入液化天然气的专用船只或运输工具运送至远方。

在液化天然气的接收终端港口,需要先将液化天然气蒸发成天然气气体,然后向用户输送。将液态天然气变成气态天然气的装置称为液化天然气汽化器(LNG Vaporizer)。在将气态天然气变为液化天然气的过程中,释放出大量的汽化潜热,是一个放热过程;相反,如果再将液态天然气变成气态天然气,则需要吸收大量的汽化潜热,是一个吸热过程。所以液化天然气的汽化器是一个需要外界供热的蒸发器,因而需要寻找合适的供热热源。

作为液化天然气接收终端的海港,海水将是首选的取之不尽的热源。考虑到液化天然气的汽化温度为 -100 ℃ 左右,因而常温下的海水具有足够高的温度向蒸发器供热。

用海水向液化天然气汽化器供热有2个方案:一个方案是用海水直接加热液化天然气,海水在管外流动并放热。这一方案的严重问题是海水会在低温的管子表面上冻结,直接影响正常的传热过程。所以,用海水不能直接加热超低温的液化天然气,只有当液态天然气的温度升至 -30 ℃ 左右后,方可用海水直接加热。第二个方案就是间接加热方案,又称为具有中间介质(Intermediate Fluid)的加热方案。中间介质的传热原理是:首先,中间介质从海水中吸收热量,吸热的方式是在流过海水的管面上沸腾蒸发,是一个沸腾吸热的相变过程,中间介质由液态变为气态,该设备称为中间介质蒸发器。然后,中间介质携带大量的汽化潜热,流动到位于上部的液化天然气的管束外表面,中间介质蒸气会在低温表面上凝结成液体,同时放出汽化潜热,从而实现对管内液化天然气的加热。该换热设备又称为中间介质凝结器。中间介质冷凝下来的液体会在重力的作用下自动回流到蒸发器的液池中,使中间介质的这种蒸发吸热和凝结放热的过程得以连续进行。

中间介质在海水(热源)和液化天然气(冷源)之间的传热特点如图5.14所示。由图可以看出,这是一种特殊的低温热管相变换热系统。中间介质是热管的换热工质,而海水和液化天然气分别是热管换热器的冷热流体和冷流体。

选取合适的中间介质是该系统的关键技术之一。推荐的并已成功运行的中间介质是丙烷(propane),其化学式为 C_3H_6,丙烷作为中间介质的优点在于:其熔点为 -187 ℃,远远低于液化天然气的最低运行温度 -162 ℃,因而丙烷不会在液化天然气的管面上冻结。其次,丙烷的临界压力为42.49 bar,临界温度为96.67 ℃,因为临界温度既高于热源(海水)的温度,也高于冷源(液化天然气)的温度,这就保证了中间介质气液两相同时存在的条件,即保证了蒸发、凝结相变过程存在的条件。事实上,中间介质丙烷的实际运行

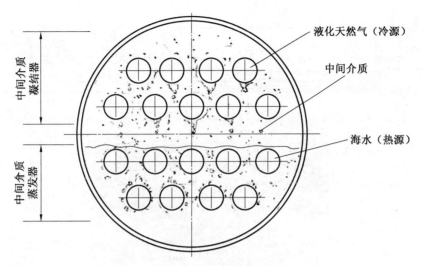

图 5.14　LNG 汽化器中的传热特点

温度决定于热源海水和冷源液化天然气的温度水平和换热条件。当选定了丙烷的某一运行压力后,其运行温度会自动稳定在海水温度和液化天然气温度之间的某一温度值上。

2. LNG 汽化器

实际的 LNG 汽化器由 3 个换热器组成:第一,中间介质蒸发器,海水在管内流动,中间介质丙烷在管外蒸发;第二,中间介质凝结器,中间介质蒸汽在 LNG 的管外凝结,实现对 LNG 的加热;第三,是 LNG 汽化后,直接用海水继续加热的设备,又称为调温器或加热器。LNG 汽化器的结构如图 5.15 所示。

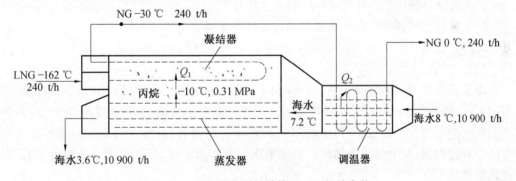

图 5.15　LNG 汽化器的结构和一组相关参数

图中,作为一个应用实例,3 种换热介质(LNG、丙烷、海水)的进出口参数和流量都已标注在其中。图中数据说明,LNG 从 - 162 ℃ 至 NG(天然气) - 30 ℃ 的加热过程是在丙烷的相变换热器中进行,汽化后的 NG 从 - 30 ℃ 升温至出口温度 0 ℃ 是在用 8 ℃ 的入口海水直接加热的调温器中进行的。如图所示,中间介质蒸发器和中间介质凝结器的传热过程是在一个统一的压力容器中进行的,中间介质的相变温度为 - 10 ℃,对应的饱和压力为 0.31 MPa。

LNG 汽化器的设计图和安装现场照片如图 5.16、5.17 所示。

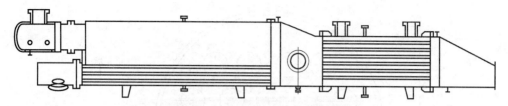

图 5.16　LNG 汽化器的参考设计图

图 5.17　LNG 汽化器现场安装照片

为了设计液化天然气的汽化系统,需要的设计步骤如下:

(1)掌握液化天然气、丙烷、海水的全面物性参数;

(2)确定主要设计参数,包括:液化天然气的进出口温度和流量;丙烷的运行温度和压力;海水的进出口温度等;

(3)对蒸发器、冷凝器和加热器(调温器)进行热平衡计算;

(4)选择各换热器的管型、尺寸、材质及整体结构形式;

(5)对各传热部件进行传热面积的设计计算并确定整体结构尺寸。

3.冷能发电

(1)冷能发电的热力学循环。

冷能发电装置(Cryogenic Power Generation Plant,CPP)是利用 LNG 储存的冷能,即利用 LNG 和海水之间的温差的发电装置。发电的介质是丙烷,中间介质丙烷在与海水换热的蒸发器中吸收了热量,所产生的蒸汽具有较高的焓值,将蒸发器产生的蒸汽输入汽轮机中进行发电,发电后排出的蒸汽温度和压力都有所下降,然后再进入冷凝器中凝结,将热量传给 LNG。

冷能发电,按照热力学中的朗肯循环系统(Rankine Cycle System)进行设计和运行。朗肯循环的简要流程如图 5.18 所示。

图中,汽轮机依靠中间介质丙烷在蒸发器和凝结器之间的压差(焓差)发电,为此,需要将图 5.15、5.16 中的蒸发器和凝结器分成上下两个换热器 E_1 和 E_2,将发电设备安装在中间。其中,E_1 为中间介质蒸发器,E_2 为中间介质冷凝器,E_3 为天然气加热器(即调温器)。在 E_1 和 E_2 中间有透平发电机和凝液加压泵。中间介质丙烷冷能发电的热力学循环在 $T-S$ 图上的表示如图 5.19 所示。纵坐标为工质的绝对温度 $T(K)$,横坐标为工质的熵 $S(J/k)$。

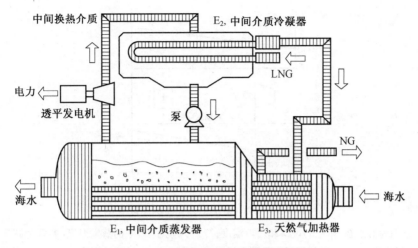

图 5.18　冷能发电的朗肯循环系统

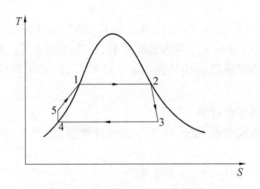

图 5.19　冷能发电的朗肯循环

图中,曲线下面的区域是湿蒸汽区,即饱和液体和饱和蒸汽共存的区域,在左侧曲线上的状态是饱和液体,右侧曲线是饱和蒸汽线,曲线的右侧则是过热蒸汽区。在图 5.15 所示的 LNG 汽化器中,丙烷在蒸发器中的传热过程是 1 – 2 的等温吸热过程,将丙烷饱和液体变为饱和蒸汽。丙烷在凝结器中的传热过程由 2 – 1 表示,是一个等温放热过程,丙烷饱和蒸汽又变成饱和液体。所以,在原有的 LNG 汽化器中,中间介质丙烷沿过程 1 – 2 和过程 2 – 1 完成了热量的连续转移,并没有对外做功,也没有对外发电。

在图 5.19 所示的朗肯循环中,情况发生了变化,介质丙烷要经过一个更长的循环路径,在这个路径中,丙烷介质不但要传输热量,而且要对外做功(发电)。其中,过程 2 – 3 是丙烷饱和蒸汽在汽轮机中的膨胀做功过程,3 – 4 是蒸汽的凝结过程(在 E_2 中进行),4 – 5 是凝液泵中的增压过程,5 – 1 是液态丙烷在 E_1 中的升温过程,在 1 点达到饱和,1 – 2 是丙烷在 E_1 中的等温蒸发过程。所以,5 – 1 – 2 都是在 E_1 中进行的吸热过程,3 – 4 是在 E_2 中进行的凝结放热过程。整个循环 2 – 3 – 4 – 5 – 1 – 2 所包含的面积代表对外输出的功。

发电系统中,海水 – 丙烷 – LNG 各介质的温度变化可以更直观地由图 5.20 表示。

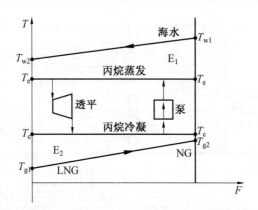

图 5.20　发电系统中各介质的温度变化

T_{w1}，T_{w2}—分别为海水在 E_1 中的进口和出口温度；T_e—丙烷在 E_1 中的蒸发温度（实际为图5.19中的过程 5 - 1 - 2 所代表的温度，近似等于蒸发温度）；T_c—丙烷在 E_2 中的凝结温度；T_{g1}，T_{g2}—分别为LNG的进口温度和出口温度

图中，海水与丙烷的换热器，即丙烷蒸发器 E_1，换热温度较高，在图的上部，而丙烷与LNG的换热器，即丙烷冷凝器 E_2，换热温度较低，位于图的下部。在 E_1、E_2 中间安装发电用透平和凝液泵。图中换热器的换热面积 F，虽然 E_1、E_2 有不同的传热面积，但统一用 F 表示。

（2）冷能发电的热平衡计算。

以丙烷为介质的冷能发电系统，作为一个设计例题，由图5.20，某发电机组的相关设计参数选取如下：

海水在 E_1 中的进口温度：T_{w1} = 6.2 ℃

海水在 E_1 中的出口温度：T_{w2} = 2.15 ℃

丙烷在 E_1 中的蒸发温度：T_e = - 10 ℃，0.31 MPa

丙烷在 E_2 中的凝结温度：T_c = - 28 ℃，0.18 MPa

LNG 的进口温度：T_{g1} = - 160 ℃

NG 的出口温度：T_{g2} = - 32 ℃

LNG 的流量：G_2 = 175 000 kg/h

根据以上参数，热平衡计算如下：

①E_2 热负荷计算。

LNG 流量：G_2 = 175 000 kg/h = 48.61 kg/s

入口温度：- 160 ℃，入口焓值：14.234 kJ/kg

出口温度：- 32 ℃，出口焓值：681.34 kJ/kg

换热量：Q_2 = [48.61 × (681.34 - 14.234)]kW = 32 428 kW

丙烷凝结温度：- 28 ℃

丙烷汽化潜热：r = 412.2 kJ/kg

丙烷凝结量：G_g = Q_2/r = 32 428/412.2 = 78.67 kg/s

② 发电机组的热力设计。

汽轮机蒸汽入口温度：- 10 ℃（263 K），压力：0.31 MPa

焓值：$h_1 = 887.04$ kJ/kg

汽轮机蒸汽出口温度：-28 ℃（245 K），压力：0.18 MPa

焓值：$h_2 = 866.0$ kJ/kg

焓差：$\Delta h = 887.04$ kJ/kg $- 866$ kJ/kg $= 21.035$ kJ/kg

发电供热负荷：$Q_d = G_2 \times \Delta h = (78.64 \times 21.035)$ kW $= 1\,654.3$ kW

机组发电量：$D = Q_d \times \eta_1 \times \eta_2 = (1\,654.3 \times 0.96 \times 0.95)$ kW $= 1\,508.7$ kW

其中　η_1, η_2——分别为汽轮机效率和发电机效率。

③蒸发器 E_1 热平衡。

热负荷：$Q_1 = Q_2 + Q_d = 32\,428$ kW $+ 1\,654.3$ kW $= 34\,082.3$ kW

水入口水温：$T_{w1} = 6.2$ ℃，焓值：26.1 kJ/kg

水出口水温：$T_{w2} = 2.15$ ℃，焓值：9.05 kJ/kg

海水流量：$G_1 = Q_1/\Delta h = 34\,082.3$ kW$/(26.1 - 9.05)$ kJ/kg $= 1\,999$ kg/s $= 7\,196$ t/h

由上述热平衡计算可知，冷能发电的热负荷 Q_d 和 E_2 所需的热负荷 Q_2 一样，都来自海水，即 $Q_1 = Q_2 + Q_d$。说明，为了发电的需要，从海水中要多取出一部分能量，即海水的流量要有所增加。

此外，计算表明：冷能发电机组的发电能力是很小的，发电热负荷 Q_d 只占 E_1 热负荷 Q_1 的 5% 左右，其原因在于汽轮机的进出口蒸汽温度和压力受到丙烷运行参数的限制，如图 5.20 所示，汽轮机的入口温度 T_e 一定要小于海水的出口温度 T_{w2}，而汽轮机的出口蒸汽温度 T_e 一定要高于 NG 的出口温度 T_{g2}。此外，本例题中用于发电的丙烷介质是在饱和温度的条件下运行，因而限制了发电能力的提高。应当指出，虽然发电能力有限，但基本上可以满足现场的用电需求，避免了现场用电的远距离输送。

（3）冷能发电的工艺流程和相关设备。

冷能发电的工艺流程和相关设备如图 5.21 所示，其中，发电机组和凝液增压泵要选用合适的型号，此外，如图所示，系统中设置了很多阀门，其中，在工质的循环管路中，增设了两个旁通管路和旁通阀门 6 和 8，当发电机组停止运行时，打开阀门 6 和 8，系统仍可作为 LNG 汽化器使用。其他阀门用以调节各介质的运行参数和流量。

应当指出，在冷能发电系统中，当各运行参数确定之后，应根据新的运行参数和热平衡计算结果，对系统中的 3 个换热设备 E_1，E_2，E_3 分别进行设计计算，确定所需要的传热面积和结构形式。对于已安装并投入运行的设备，当运行参数发生变化时，应对已有的设备进行变工况计算。考虑到海水的温度会随时间发生变化，LNG 的入口流量和温度也会与原实际参数不同，因而需要开发出专用的计算程序，根据参数的变化迅速做出反应，并对系统实施及时控制。

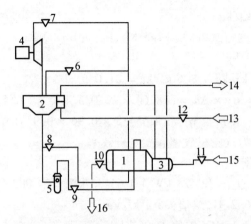

图 5.21　冷能发电的工艺流程和相关设备
1— 蒸发器;2— 凝结器;3— 加热器;4— 汽轮机;5— 加压泵;6 ~ 12— 阀门;
13—LNG 进口;14— 天然气出口;15— 海水进口;16— 海水出口

第6章　工业炉窑的余热回收

6.1　加热炉的余热回收

工业炉的品种很多,应用于各工业部门。在机械制造业中,主要有钢板(坯)加热炉,锻造加热炉等。工业炉的热效率一般较低,其平均值低于锅炉的热效率。工业炉的燃料一般为天然气或重油,排烟温度在500～1 000 ℃。余热回收的困难在于加热炉的排烟温度较高和加热炉的运行随时间波动较大,因而在选定余热回收方案时要采取相应的措施:

(1)回收排烟余热应首先用于工业炉自身:加热助燃空气,或加热进炉的坯料,以直接降低工业炉燃料的消耗。

(2)对于高温的自身不能完全利用的余热,设置余热锅炉,产生蒸汽,作为工艺用汽或生活用汽。

(3)为了克服工业炉运行时间的不稳定性,可将几台炉子组合运行,合理调配运行时间,或采用某种蓄热器来回收余热。

本节重点介绍钢板(坯)加热炉和锻造加热炉的余热回收实例和关键设备的设计要点:

钢板(坯)加热炉的余热回收

钢板(坯)加热炉为连续性加热炉,每小时加热进料从几十吨到几百吨,炉窑长度从十几米到几十米。最高排烟温度为800～1 000 ℃,耗热量和余热量都相当可观,因而其余热回收受到普遍重视。目前,成功的余热回收方案很多,其中,主要的回收方案有:

(1)延长加热炉炉尾,使坯料在炉内的停留时间延长,高温烟气可进一步与坯料换热。这种措施属于余热的直接利用。

(2)空气加热器和进料预热装置联合应用,如图6.1所示。

(3)空气加热器和余热锅炉的联合应用,如图6.2所示。

下面,分别介绍进料预热、空气加热、余热锅炉这3种设备的结构和设计要点。

(1)进料预热。

在图6.1所示的方案中,首先利用800～900 ℃的排气预热空气,将空气温度预热至450～550 ℃返回炉子中,可直接节省燃料。但经过空气预热后的排烟温度仍然很高,可高达500～600 ℃。为了充分利用这部分余热,将其喷射到炉子入口处,直接预热进炉的原材料。

喷射预热就是依靠烟气向钢坯的直接冲击所产生的喷射流动来增强它们之间的对流换热,从而提高预热效果。其换热特性与下列因素有关:喷出的气流状态、喷嘴与钢坯之间的距离、喷嘴间距、喷出的气流流速等,如图6.3,6.4所示。根据实测结果,喷嘴正下

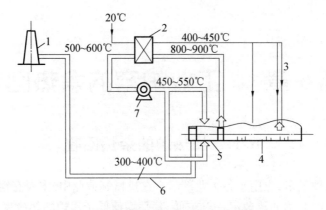

图 6.1　空气加热和进料预热的联合方案

1— 烟囱;2— 空气加热器;3— 燃烧用空气;4— 大型连续式加热炉;

5— 坯料预热装置;6— 炉压控制挡板;7— 高压风机

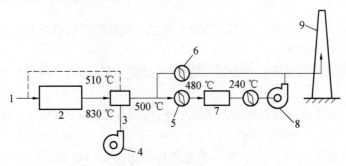

图 6.2　空气加热器和余热锅炉的联合应用

1— 燃气喷嘴;2— 加热炉;3— 空气加热器;4— 鼓风机;5— 切换阀;

6— 旁通烟道切换阀;7— 余热锅炉;8— 引风机;9— 烟囱

方气流驻点的换热系数可达160 ～ 200 W/(m² · ℃),比一般的气体对流换热系数高4 ～ 6倍。驻点周围区域的换热系数稍小一些,但平均换热系数仍比一般的均匀流动高得多。

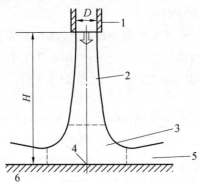

图 6.3　冲击射流的流体分布

1— 喷嘴;2— 自由射流区;3— 射流冲击区;4— 驻点;

5— 壁面射流区;6— 壁表面

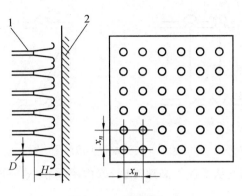

图6.4　喷嘴模型

1— 喷嘴;2— 壁表面;D— 射流孔径;H— 射流距离;X_n— 射流孔距

应用实例:某厂在5 500 mm 宽厚板轧机的加热炉上安装了如图6.4所示的喷射流动预热设备,相关参数为:

板坯尺寸(mm × mm × mm):250 × 1 900 × 4 800,上下2 排

喷嘴直径:$D = 60$ mm

射流距离:$H = 480$ mm

喷射速度:75 m/s

预热时间:24 min

射流废气温度: 550 ℃

板坯预热前温度:30 ℃

板坯预热后温度:240 ℃ ±20 ℃

射流区段的长度:6 200 mm

所采用的高温鼓风机型号为叶片式,流量为3 700 m³/min,总压头为2 970 Pa,电机功率为550 kW。

该设备投产后,运行正常,加热炉的燃料单耗降低至1 130 ~ 1 172 kJ/kg,节能20% ,取得了良好的节能效果。

(2) 空气加热器设计。

钢坯加热炉用空气加热器的换热特点是:

① 为了尽量提高空气的出口温度,以减少燃料的消耗,将空气预热器放置在烟气的高温部位。因而,此空气加热器属于高温的气 – 气换热器。换热表面的平均温度在500 ℃ 左右,换热管应选用耐热不锈钢。

② 因为是烟气与空气之间的换热,两侧的换热系数很低,又不能采用翅片管,为了增强传热,提高设备的经济性,推荐采用特殊的传热管件 —— 波纹管或螺纹管式换热器。此种管件是将薄壁不锈钢管的圆管管壁由专用设备加工成波纹管或螺纹管,如图6.5 所示。这种管型可同时增加管内外气体的扰动,使管内外换热系数同时得到增强。实验表明,可使其换热系数比光管换热系数提高20% ～ 50% 。此外,波纹管或螺纹管的特殊结构可增加管件的可伸缩性,适应高温下的运行条件。

③ 换热器最好立式放置,高温烟气走管内,单管程;空气在管外,横向冲刷管束,多管

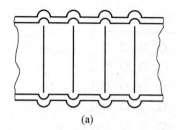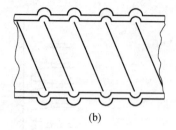

| (a) | (b) |

图6.5   波纹管和螺纹管

程。 由于管子直立,烟气从上向下高速冲刷,管内不易积灰。空气加热器的总体结构如图6.6所示。

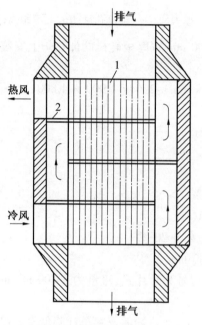

图6.6   高温空气加热器
1— 传热管;2— 折流板

例   设计例题

(1)已知条件:30 t/h 连续加热炉空气加热器,燃料:天然气。

排烟入口温度:$T_1 = 900$ ℃,出口温度:$T_2 = 550$ ℃

烟气流量:$G_g = 10\ 800$ kg/h = 3.0 kg/s

换热量:$Q = G_g c_{pg}(T_1 - T_2) = 3.0$ kg/s × 1.239 kJ/(kg · ℃) × (900 - 550)℃ = 1 301 kW

空气入口温度:$t_1 = 20$ ℃,出口温度:$t_2 = 450$ ℃

空气流量:$G_a = \dfrac{Q}{c_{pa}(t_2 - t_1)} = \dfrac{1\ 301\ \text{kW}}{1.03\ \text{kJ}/(\text{kg} \cdot ℃)(450 - 20)℃} = 2.94$ kg/s

式中 c_{pg}, c_{pa} —— 分别为烟气和空气在平均温度下的比热容。

(2)传热管选型:换热管应选用耐热不锈钢螺纹管。

圆管外径:42 mm,内径:38 mm,螺纹节距:10 mm

螺纹高度:2.0 mm,螺纹管外径:46 mm

单管管内流通面积:$F_1 = \dfrac{\pi}{4}d_i^2 = 0.001\ 134\ 1\ \text{m}^2$

管内烟气流速:$V = 10.0\ \text{m/s}$

平均温度下的烟气密度:$\rho = 0.363\ \text{kg/m}^3$

管内质量速:$G_\text{m} = V \times \rho = 10\ \text{m/s} \times 0.363\ \text{kg/m}^3 = 3.63\ \text{kg/(m}^2 \cdot \text{s)}$

管内总流通面积:$F_\text{g} = \dfrac{G_\text{g}}{G_\text{m}} = \dfrac{3.0\ \text{kg/s}}{3.63\ \text{kg/(m}^2 \cdot \text{s)}} = 0.826\ \text{m}^2$

管子根数:$N = \dfrac{F_\text{g}}{F_1} = \dfrac{0.826\ \text{m}^2}{0.001\ 134\ 1\ \text{m}^2} = 737\ \text{支}$

(3)烟气和空气的物性,见表 6.1。

表 6.1　烟气和空气在平均温度下的物性值

介质	温度 /℃	密度 /(kg·m⁻³)	导热系数 λ /(W·m⁻¹·℃⁻¹)	比热 c_p /(kJ·kg⁻¹·℃⁻¹)	动力黏度 μ × 10⁻⁶ /(kg·m⁻¹·s⁻¹)	普朗特数 Pr
烟气	725	0.363	0.0827	1.239	40.7	0.61
空气	235	0.58	0.048	1.05	31.0	0.676

(4)管内烟气侧换热系数。

管内 Re 数:$Re = \dfrac{D_i G_\text{m}}{\mu} = \dfrac{0.038\ \text{m} \times 3.63\ \text{kg/(m}^2 \cdot \text{s)}}{40.7 \times 10^{-6}\ \text{kg/(m} \cdot \text{s)}} = 3\ 389$

因 $2\ 300 < Re < 10^4$,属于过渡区,考虑螺纹管的增强传热效果,仍按紊流关联式计算:

$$h_i = 0.023 \frac{\lambda}{D_i}\left(\frac{D_i G_\text{m}}{\mu}\right)^{0.8}(Pr)^{0.3}$$

$$= 0.023\left[\frac{0.082\ 7\ \text{W/(m} \cdot \text{℃)}}{0.038\ \text{m}}\right] \times 3\ 389^{0.8} \times 0.61^{0.3} = 28.78\ \text{W/(m}^2 \cdot \text{℃)}$$

(5)管外换热系数。

空气加热器的横断面尺寸如图 6.7 所示。

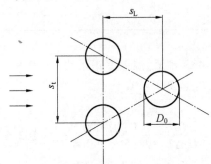

图 6.7　叉排管束的尺寸标识

横向管间距:$S_t = 62\ \text{mm}$,纵向管间距 $S_1 = 60\ \text{mm}$,光管外径 $D_\text{o} = 42\ \text{mm}$。

选取空气的迎风面质量流速:$V_a = 3.0 \ \text{kg}/(\text{m}^2 \cdot \text{s})$

单管程迎风面积:$\dfrac{G_a}{V_a} = \dfrac{2.94}{3.0}\text{m}^2 = 0.98 \ \text{m}^2$

在空气流动方向,单管程迎风面尺寸:

$$1.6 \ \text{m}(水平方向) \times 0.61 \ \text{m}(垂直方向) = 0.98 \ \text{m}^2$$

横向尺寸:1.6 m,25 排,纵向:1.8 m,29 排

管子总数:$25 \times 29 = 725$ 支

最窄截面质量流速:$G_m = V_a \times \dfrac{S_t}{S_t - D_o} = 3 \ \text{kg}/(\text{m}^2 \cdot \text{s}) \times \dfrac{62 \ \text{mm}}{(62 - 42)\text{mm}} = 9.3 \ \text{kg}/(\text{m}^2 \cdot \text{s})$

$$Re = \frac{D_o G_m}{\mu} = \frac{0.042 \ \text{m} \times 9.3 \ \text{kg}/(\text{m}^2 \cdot \text{s})}{31 \times 10^{-6} \ \text{kg}/(\text{m} \cdot \text{s})} = 12 \ 600$$

管外换热系数由式(1.17)计算:

$$h_o = 0.35 \frac{\lambda}{D_o}\left(\frac{S_t}{S_l}\right)^{0.2} Re^{0.6} Pr^{0.36} = 100.9 \ \text{W}/(\text{m}^2 \cdot ℃)$$

(6) 传热热阻和传热系数。

各项热阻和传热系数的计算见表6.2。

表6.2　各项热阻和传热系数的计算

管外换热热阻	$R_o = \dfrac{1}{h_o} = \dfrac{1}{100.9}$	0.009 910 8 $(\text{m}^2 \cdot ℃)/\text{W}$	光管外表面为基准
管内换热热阻	$R_i = \dfrac{D_o}{D_i}\dfrac{1}{h_i} = \dfrac{42}{38}\dfrac{1}{28.78}$	0.038 403 8 $(\text{m}^2 \cdot ℃)/\text{W}$	光管外表面为基准
管壁热阻	$R_w = \dfrac{D_o}{2\lambda_w}\ln\dfrac{D_o}{D_i} = \dfrac{0.042}{2 \times 20}\ln\dfrac{42}{38}$	0.000 105 $(\text{m}^2 \cdot ℃)/\text{W}$	取不锈钢导热系数
管外污垢热阻	$R_{f0} = 0.000 \ 172$	0.000 172 $(\text{m}^2 \cdot ℃)/\text{W}$	空气侧
管内污垢热阻	$R_{fi} = 0.000 \ 176 \times \dfrac{0.042}{0.038}$	0.000 194 5	燃天然气
总传热热阻	$R = R_o + R_i + R_w + R_{f0} + R_{fi}$	0.048 8 $(\text{m}^2 \cdot ℃)/\text{W}$	
传热系数	$U_o = \dfrac{1}{R}$	20.5 $\text{W}/(\text{m}^2 \cdot ℃)$	

(7) 传热温差。

对数平均温差:$\Delta T_{ln} = 433.8 \ ℃$,温差修正系数 $F = 0.9$

传热温差 $\Delta T = F \times \Delta T_{ln} = 390.4 \ ℃$

(8) 传热面积。

$$A = \frac{Q}{U_o \Delta T} = \frac{1 \ 301 \ 000 \ \text{W}}{20.5 \times 390.4 \ ℃} = 162.6 \ \text{m}^2$$

取安全系数为1.2,$A = 162.6 \ \text{m}^2 \times 1.2 = 195.1 \ \text{m}^2$

管子长度:$L = \dfrac{A}{\pi D_o N} = \dfrac{195.1 \ \text{m}^2}{\pi \times 0.042 \ \text{m} \times 725} = 2.04 \ \text{m}$

实取管长:$L = 0.61 \ \text{m} \times 4(空气管程) = 2.44 \ \text{m}$

实取传热面积:$A = \pi D_o NL = 233.4 \ \text{m}^2$

（9）总体结构。

根据上述计算结果,该高温空气加热器的总体结构和尺寸标注如图6.8所示。

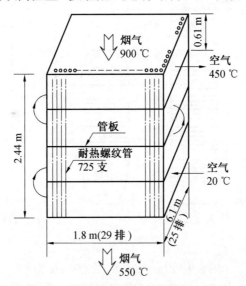

图6.8　高温空气加热器的设计方案图

6.2　化铁炉的余热回收

1.概述

在铸造行业中,化铁炉是主要耗能设备。对化铁炉的热平衡计算表明,真正用于熔解金属所消耗的有效热能仅占焦炭持有热能的30%左右,而50% ~ 60%的焦炭燃烧热能由排气带走(以显热和潜热的形式),此外,化铁炉排放的灰尘会对环境造成严重的污染。所以,基于节能和环保两方面的要求,对化铁炉的技术改造日益受到重视。

为了回收化铁炉的余热,有下列几种技术方案:

（1）化铁炉的除湿送风。

（2）化铁炉的分段送风。

（3）化铁炉的炉顶气的余热回收。

（4）新系统的开发。

本节只重点讨论化铁炉的炉顶排气的余热回收和利用。如前所述,在化铁炉中,仅有30%的焦炭燃烧热量用于熔解铁和使铁水过热,而其余60%多的热量由炉顶排气带走。在炉顶排气中含有10% ~ 20%的CO气体以及大量的灰尘。若CO完全燃烧后,排气温度可高达1 200 ℃。

对炉顶排气的余热回收,首选方案是加热助燃空气,直接降低焦炭耗量;第二方案是通过余热锅炉转化成蒸汽,用于本厂或供给外单位用汽。目前,已开发并应用的余热回收方案覆盖了从2 ~ 40 t/h的化铁炉,余热回收系统的主要设备都包含了余热锅炉和空气加热器。其中,有代表性的是某厂的一台 10 t/h 化铁炉的余热回收系统,如图 6.9 所示。

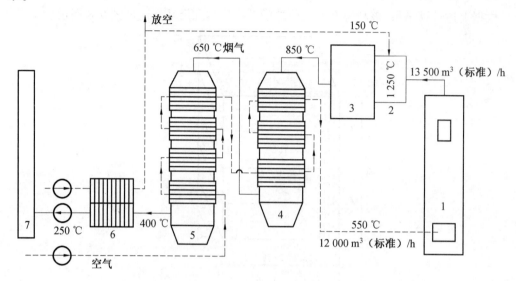

图 6.9　10 t/h 化铁炉的余热回收系统
1— 化铁炉;2—CO 燃烧室;3— 余热锅炉;4,5— 空气加热器;
6— 热管空气预热器;7— 烟囱

该系统的基本参数为

熔解量:10 t/h

空气量:12 000 Nm³/h

排气量:16 000 Nm³/h

排气热负荷(含显热和潜热):28.8 × 10⁶ kJ/h　(8 000 kW)

　　在该系统中,化铁炉的排气首先进入燃烧室,使 CO 成分完全燃烧,从燃烧室出来的排气温度高达 1 250 ℃。由于材料的限制,这样高的排烟温度直接用来加热空气是很困难的,因而系统中采用了逐级回收的方案。第一级是采用一台余热锅炉,每小时产生约 4 t 的饱和蒸汽,使烟气温度从 1 250 ℃ 降至 850 ℃。然后进入第二级和第三级,这是两座铸铁管(内、外带翅片)式空气加热器,将烟气温度从 850 ℃ 降至 400 ℃,用这两台换热器向化铁炉提供 550 ℃ 的助燃空气。然后,烟气再进入一台热管式空气预热器,在这里烟气温度降至 250 ℃。

　　热管式空预器由 144 支 2 m 长的热管组成,高温区以导热姆(一种联苯 – 联苯醚的混合物)作为热管工质,低温区用水作为工质。从热管空气预热器出来的 150 ℃ 的热风通向 CO 燃烧室作为助燃风应用。

　　这台装置在某工厂投入运行后,运转一直不太正常,其主要原因是:① 进料口是敞开的,没有采用闭式系统,因而部分烟气从进料口外喷;② 烟气侧的翅片太密,在铸铁管空气加热器的高温部位经常发生灰堵,因为在高温下有的灰分处于熔融状态,遇到冷的翅片表面就沉积下来,给清理造成很大困难。后来停炉改造,将翅片铸铁管换成光管铸铁管,积灰情况有所改善。

2. 改进型的余热回收系统

在上述应用经验的基础上,为了应对在化铁炉余热回收中高温和积灰这两大难题,推荐一改进型的余热回收系统,其特点是:

(1) 在 CO 燃烧室和余热锅炉之间设置降灰和除灰空间。

(2) 余热锅炉仅提供250.3 ℃,4.0 MPa 饱和蒸汽,所有受热面为双锅筒对流式蒸发器受热面。所有传热管立式放置,并采取一定的除灰措施。

(3) 将2台空气加热器改为一台,立式放置,如图6.10所示。传热管由立式放置的不锈钢直管组成,烟气流经管内,单管程,自上向下高速冲刷。管外流过空气,多管程,与管内高温烟气形成逆向交义流动。空气加热器所产的高温热风,约3/4 供应化铁炉,1/4 供应 CO 燃烧室,通过风量调控阀进行调节。

(4) 在空气加热器后面,增设一台省煤气,使烟气温度从 400 ℃ 左右降至 250 ℃ 左右,加热后的给水注入余热锅炉上锅筒中。

改进后的系统和主要参数如图6.10 所示。

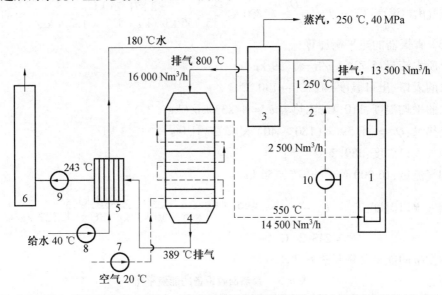

图 6.10　化铁炉余热回收系统

1— 化铁炉;2—CO 燃烧室;3— 余热锅炉;4— 空气加热器;

5— 省煤器;6— 烟囱;7— 鼓风机;8— 给水泵;9— 引风机;10— 风量调控阀

由图可见,该系统由 3 个余热回收设备:余热锅炉、空气加热器和省煤气组成。系统的热平衡计算如下:

(1) 余热锅炉的热平衡计算。

排气入口温度:1 250 ℃,出口温度:800 ℃

排气流量 16 000 Nm³/h = 20 720 kg/h = 5.756 kg/s

热负荷: $Q_1 = [5.756 \times (1\ 250 - 800) \times 1.25] \text{kJ/s} = 3\ 237.75 \text{ kJ/s}$

其中,在平均温度下的排气比热为 1.25 kJ/(kg · ℃)。

饱和水温度:250.3 ℃,饱和压力:4.0 MPa

180 ℃ 进口水焓值:764.65 kJ/kg,饱和汽焓值:2 800.3 kJ/kg

焓差:$\Delta i = 2\ 800.3\ \text{kJ/kg} - 764.65\ \text{kJ/kg} = 2\ 035.65\ \text{kJ/kg}$

产气量:$G_v = \dfrac{Q_1}{\Delta i} = \dfrac{3\ 237.75\ \text{kJ/s}}{2\ 035.65\ \text{kJ/kg}} = 1.59\ \text{kg/s} = 5\ 724\ \text{kg/h}$

（2）空气加热器的热平衡计算。

空气进出口温度:20 ℃ → 550 ℃

空气平均温度:285 ℃,$c_p = 1.042$ kJ/(kg·℃)

空气质量流量:14 500 Nm³/h = 5.2 kg/s

换热量:$Q_2 = [5.2 \times (550 - 20) \times 1.042]\text{kJ/s} = 2\ 871.75\ \text{kJ/s}$

烟气流量:16 000 Nm³/h = 5.756 kg/s

烟气进口温度:800 ℃

设烟气平均温度:600 ℃,$c_p = 1.214$ kJ/(kg·℃)

烟气出口温度:$T_{g2} = T_{g1} - \dfrac{Q_2}{c_p G_g} = 800\ ℃ - \dfrac{2\ 871.75\ \text{kJ/s}}{5.756\ \text{kJ/(kg·℃)} \times 1.214\ \text{kg/s}} = 389.2\ ℃$

（3）省煤器的热平衡计算。

介质水流量:5 724 kg/h = 1.59 kg/s

水的入口、出口温度:40 ℃ → 180 ℃

水的平均温度:110 ℃,比热容 $c_p = 4.233$ kJ/(kg·℃)

换热量:$Q_3 = [1.59 \times (180 - 40) \times 4.233]\text{kJ/s} = 942.3\ \text{kJ/s}$

烟气入口温度:389.2 ℃

烟气流量:16 000 Nm³/h = 5.756 kg/s

烟气出口温度:$T_{g2} = T_{g1} - \dfrac{Q_3}{c_p G_g} = 389.2\ ℃ - \dfrac{942.3\ \text{kJ/s}}{5.756\ \text{kJ/kg·℃} \times 1.122\ \text{kg/s}}$
$= 243.3\ ℃$

各设备的能量平衡见表6.3。

表6.3　余热回收设备的能量平衡

	排气进/出口温度/℃	热负荷/kW	烟气流量/(Nm³·h⁻¹)	介质流量	介质温度
余热锅炉	1 250 → 800	3 237.75	16 000 Nm³/h, 5.756 kg/s	5 724 kg/h, 1.59 kg/s	180 ℃（水）→ 250.3 ℃（饱和汽）
空气加热器	800 → 389.2	2 871.75	16 000 Nm³/h, 5.756 kg/s	空气 14 500 Nm³/h, 5.2 kg/s	空气:20 ℃ → 550 ℃
省煤器	389.2 → 243.3	942.3	16 000 Nm³/h, 5.756 kg/s	5724 kg/h, 1.59 kg/s	40 ℃ → 180 ℃
总计	1 250 → 243	7 051.8			

下面,分别说明余热锅炉和空气加热器的设计过程,对省煤器的设计按常规方法进行,本节不做特殊说明。

3. 余热锅炉设计

结构形式:水管锅炉,双锅筒对流式蒸发器,换热管束立式放置。

换热方式:管内在下降管和上升管中的换热,按管内沸腾计算。管外为烟气的横向冲刷,按对流换热计算,不考虑高温气体的辐射换热,使设计偏于安全。余热锅炉的结构方案如图 6.11 所示。设计步骤见表 6.4。

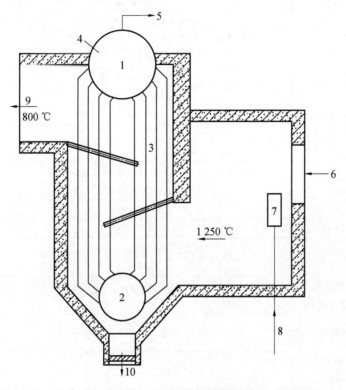

图 6.11 余热锅炉的受热面布置

1— 上汽包;2— 下汽包;3— 对流蒸发器管束;4— 来自省煤器给水;
5— 饱和蒸汽外送管;6— 排气入口;7— 助燃风入口;8— 助燃风管;
9— 排气出口;10— 除灰口

表 6.4 余热锅炉的设计计算

1	烟气进口温度	1250 ℃	
2	烟气出口温度	800 ℃	
3	水入口温度	180 ℃	
4	蒸汽出口温度	250.3 ℃	饱和汽
5	换热量	3 237.75 kJ/s	
6	烟气质量流量	5.756 kg/s	
7	蒸汽/水流量	1.59 kg/s	
8	传热管径	$\phi70 \times 3$	
9	上、下汽包中心距	4 200 mm	
10	上汽包外径	1 000 mm	见图 6.11

续表6.4

11	下汽包外径	800 mm	
12	传热管有效高度	3 300 mm	
13	烟气折流管程数	3	见图6.11
14	单管程平均高度	1 100 mm	见图6.11
15	迎风面宽度	2 600 mm	
16	单程迎风面积	$2.6 \times 1.1 = 2.86 \ m^2$	
17	迎风面质量流速	$5.756 \ kg/s / 2.86 \ m^2 = 2.0 \ kg/(m^2 \cdot s)$	
18	管子横向管间距	160 mm	
19	横向管排数	$2600/160 = 16$ 排 取15排,错列	
20	管子纵向管间距	160 mm	
21	最窄截面质量流速	$\left(2.0 \times \dfrac{160}{160-70}\right) kg/(m^2 \cdot s) = 3.56 \ kg/(m^2 \cdot s)$	
22	烟气平均温度	$(1\ 250\ ℃ + 800\ ℃)/2 = 1\ 025\ ℃$	
23	烟气黏度	$\mu = 48.4 \times 10^{-6} \ kg/(m \cdot s)$	平均温度下
24	烟气导热系数	$\lambda = 0.11 \ W/(m \cdot ℃)$	
25	烟气 Pr 数	$Pr = 0.58$	
26	烟气 Re 数	$Re = \dfrac{D_o G_m}{\mu} = \dfrac{0.07 \times 3.56}{48.4 \times 10^{-6}} = 5\ 149$	
27	管外换热系数（按横向冲刷）	$h = 0.35 \dfrac{\lambda}{D_o}\left(\dfrac{S_t}{S_l}\right)^{0.2} Re^{0.6} Pr^{0.36} = 76.2 \ W/(m^2 \cdot ℃)$	式1.17
28	管内换热系数计算式	$h = 0.067 T_s^{0.941} q^{\frac{2}{3}}$	式1.33
29	管内换热系数初选值	$h = 8\ 000 \ W/(m^2 \cdot ℃)$	先设后校
30	管外换热热阻	$R_o = \left(\dfrac{1}{76.2}\right)(m^2 \cdot ℃)/W = 0.013\ 123\ 3 \ (m^2 \cdot ℃)/W$	
31	管内换热热阻	$R_i = \dfrac{D_o}{D_i}\dfrac{1}{h_i} = \dfrac{0.070}{0.064}\dfrac{1}{8\ 000}(m^2 \cdot ℃)/W$ $= 0.000\ 136\ 7 \ (m^2 \cdot ℃)/W$	
32	管壁热阻	$R_w = \dfrac{D_o}{2\lambda_w}\ln\dfrac{D_o}{D_i} = \dfrac{0.07}{2 \times 40}\ln\dfrac{70}{64}$ $= 0.000\ 078\ 4 \ (m^2 \cdot ℃)/W$	
33	管外污垢热阻	$R_{f0} = 0.001\ 76 \ (m^2 \cdot ℃)/W$	
34	总传热热阻	$R = R_o + R_i + R_w + R_{f0}$ $= 0.015\ 098\ 4 \ (m^2 \cdot ℃)/W$	
35	传热系数	$U_o = \dfrac{1}{R} = 66.2 \ W/(m^2 \cdot ℃)$	
36	最小端部温差	$\Delta T_{min} = 800\ ℃ - 180\ ℃ = 620\ ℃$	
37	最大端部温差	$\Delta T_{max} = 1\ 250\ ℃ - 250.3\ ℃ = 1\ 000\ ℃$	

续表 6.4

38	对数平均温差	$\Delta T_{ln} = 794.9 \ ℃$	
39	温差修正系数	$F = 0.95$	
40	传热温差	$\Delta T = F \times \Delta T_{ln} = 755.2 \ ℃$	
41	传热面积	$A_o = \dfrac{Q_1}{U_o \Delta T} = \dfrac{3\ 237.75 \times 10^3}{66.2 \times 755.2} \text{m}^2 = 64.76 \text{ m}^2$	
42	选取传热面积	$A_0 = 1.2 \times 64.76 \text{ m} = 77.71 \text{ m}^2$	见图
43	单管传热面积	$A_1 = \pi d_o L = \pi \times 0.07 \text{ m} \times 3.3 \text{ m} = 0.725\ 7 \text{ m}^2$	按图
44	管子总数	$N = \dfrac{A_0}{A_1} = \dfrac{77.71}{0.725\ 7} - 107$	与设计值接近
45	纵向管排数	$107 / 15 = 7$ 排,取 8 排	
46	管子总根数	$15 \times 8 = 120$ 支,上升管、下降管各 4 排 60 支。	
47	实取总传热面积	$120 \times 0.725\ 7 \text{ m}^2 = 87 \text{ m}^2$	
48	传热管热流密度	$q = (3\ 237.75 \times 10^3 / 87) \text{W/m}^2 = 37\ 215.5 \text{ W/m}^2$	
49	验算管内换热系数 (T_s 为饱和温度)	$h = 0.067 T_s^{0.941} q^{\frac{2}{3}}$ $= 13\ 386 \text{ W/(m}^2 \cdot ℃)$	大于原设计值,使设计偏于安全

4. 空气加热器设计

结构形式:光管管束,立式放置。烟气走管内,自上向下流动,单管程。空气走管外,横向冲刷,多管程。参考图如图 6.8 和图 6.10 所示,设计步骤见表 6.5。

表 6.5 空气加热器的设计计算

1	空气入口出口温度	$20 \ ℃ \rightarrow 550 \ ℃$	
2	空气流量	$14\ 500 \text{ Nm}^3/\text{h} = 5.2 \text{ kg/s}$	
3	换热量	$2\ 871.75 \text{ kW}$	
4	烟气进出口温度	$800 \ ℃ \rightarrow 389.2 \ ℃$	
5	烟气流量	$16\ 000 \text{ Nm}^3/\text{h} = 5.756 \text{ kg/s}$	
6	管型	光管,$\phi 57 \times 3$	
7	结构形式	烟气走管内,立式单管程,空气走管外,横向冲刷,多管程	
8	烟气平均温度	$594.6 \ ℃$	
9	烟气密度	$\rho = 0.405 \text{ kg/m}^3$	
10	烟气黏度	$\mu = 37.9 \times 10^{-6} \text{ kg/(m} \cdot \text{s})$	
11	烟气导热系数	$\lambda = 0.074 \text{ W/(m} \cdot ℃)$	
12	烟气 Pr 数	$Pr = 0.62$	
13	管内烟气质量流速	$G_g = 5.0 \text{ kg/(m}^2 \cdot \text{s})$	选取
14	管内流通面积	$F = (5.756 \text{ m}^2/5.0) \text{m}^2 = 1.151\ 2 \text{ m}^2$	
15	单管管内流通面积	$F_1 = \dfrac{\pi}{4} D_i^2 = \dfrac{\pi}{4} (0.051 \text{ m})^2 = 0.002\ 04 \text{ m}^2$	
16	管子根数	$N = F/F_1 = 1.151\ 2/0.002\ 04 = 564$ 支	
17	管子排列	26 支(横向) $\times$ 22 支(纵向) $= 572$ 支	见图 6.8

续表 6.5

18	横向／纵向管间距	90 mm/90 mm	
19	横向管束宽度	$26 \times 90 = 2\ 340$ mm	
20	空气迎风面质量流速	$v_m = 2.0$ kg/(m² · s)	选取
21	空气迎风面积	$F_a = 5.2$ m²/2.0 m² $= 2.6$ m²	单程
22	空气迎风面尺寸	2.34 m（宽）× 1.110 m（高）	单程
23	空气最窄面质量流速	$G_m = V_m \dfrac{S_t}{S_t - D_o} = \left(2.0 \times \dfrac{0.09}{0.09 - 0.057} \right)$ kg/(m² · s) $= 5.45$ kg/(m² · s)	
24	空气平均温度	285 ℃	
25	空气导热系数	$\lambda = 0.046$ W/(m · ℃)	
26	空气黏度	$\mu = 29.7 \times 10^{-6}$ kg/(m · s)	
27	空气密度	$\rho = 0.615$ kg/m³	
28	空气 Pr 数	$Pr = 0.674$	
29	空气侧 Re 数	$Re = \dfrac{D_o G_m}{\mu} = \dfrac{0.057 \times 5.45}{29.7 \times 10^{-6}} = 10\ 459.6$	
30	空气侧对流换热系数	$h = 0.35 \dfrac{\lambda}{D_o} \left(\dfrac{S_t}{S_l} \right)^{0.2} Re^{0.6} Pr^{0.36} = 63.2$ W/(m² · ℃)	式(1.17)
31	管内烟气 Re 数	$Re = \dfrac{D_i G_m}{\mu} = \dfrac{0.051 \times 5.0}{37.9 \times 10^{-6}} = 6\ 728$	
32	管内烟气换热系数	$h_i = 0.023 \dfrac{\lambda}{D_i} \left(\dfrac{D_i G_m}{\mu} \right)^{0.8} (Pr)^{0.4}$ $= 33.4$ W/(m² · ℃)	式(1.15)
33	管外换热热阻	$R_0 = \dfrac{1}{h} = \dfrac{1}{63.2}$ (m² · ℃)/W $= 0.015\ 822\ 7$ (m² · ℃)/W	
34	管内换热热阻	$R_i = \dfrac{D_o}{D_i} \dfrac{1}{h_i} = \dfrac{0.057}{0.051} \dfrac{1}{33.4}$ (m² · ℃)/W $= 0.033\ 462\ 4$ (m² · ℃)/W	
35	管壁热阻	$R_w = \dfrac{D_o}{2\lambda_w} \ln \dfrac{D_o}{D_i} = \dfrac{0.057}{2 \times 40} \ln \dfrac{0.057}{0.051}$ $= 0.000\ 079\ 2$ (m² · ℃)/W	
36	管内污垢热阻	$R_{fi} = 0.001\ 76$ (m² · ℃)/W	
37	管外污垢热阻	$R_{f0} = 0.000\ 176$ (m² · ℃/W)	空气
38	传热总热阻	$R = R_o + R_i + R_w + R_{fo} + R_{fi}$ $= 0.051\ 3$ (m² · ℃)/W	
39	传热系数	$U_o = \dfrac{1}{R} = 19.5$ W/(m² · ℃)	
40	对数平均温差	$\Delta T_{ln} = 305.7$ ℃	
41	传热温差	$\Delta T = 290.5$ ℃	

续表6.5

42	传热面积	$A = \dfrac{Q}{U_o \Delta T} = \dfrac{2\ 871.75 \times 10^3}{19.5 \times 290.5} \text{m}^2 = 506.95\ \text{m}^2$	
43	管子长度	$L = \dfrac{A}{\pi D_o N} = \dfrac{506.95}{\pi \times 0.057 \times 572} \text{m} = 4.95\ \text{m}$	
44	实取管子长度	$L = 1.11\ \text{m} \times 5(\text{管程}) = 5.55\ \text{m}$ 考虑隔板和连接,结构长度约为6.0 m	见图6.10
45	实取传热面积	$A = \pi \times D_0 \times N \times L$ $= (\pi \times 0.057 \times 572 \times 6.0)\text{m}^2 = 614.57\ \text{m}^2$	

6.3　水泥工程的余热回收

1. 水泥工程的用能分析

水泥的主要成分是 CaO、SiO_2、Al_2O_3 和 Fe_2O_3,将含有这4种成分的石灰石和黏土按 4∶1 的比例混合,经粉碎机粉碎并在预热器中预热后,进入回转窑中加热至 1 450 ~ 1 500 ℃,便得到呈半熔融状态的暗绿色的熔渣。然后,将熔渣在冷却器中用空气进行急冷,冷却至100 ~ 130 ℃,经过粉碎并加入一定的石膏成分,便制成了水泥。所以,水泥的制造工程由3部分组成:原料工程、烧成工程和精制工程。原料工程包括原料的备制、粉碎和烘干;烧成工程包括在预热器中的预热,在回转窑中的烧成以及在冷却器中的急冷等工序;精制工程包括加入石膏、粉碎、装运等工序。

在烧成工程中,粉末状原料的预热在60 m高的悬浮式预热器中进行。原料在几个旋风室中直接与回转窑的排烟接触,可预热至850 ℃左右。大型回转窑的直径为4 ~ 6 m,长约70 ~ 100 m,且有一定的斜度,窑中烟气流动方向与物料移动方向相反。

为了提高水泥的产量和质量,加设预分解炉,预分解炉位于悬浮预热器和回转窑之间,这就是所谓的 NSP(New Suspension Preheater) 窑,又称为新型干式水泥窑。制造水泥所需燃料一般是煤炭或重油,每生产 1 t 水泥约需 115 ~ 125 kg 煤炭或 80 ~ 85 L 重油。在总的能量消费中,原料工程能耗约占 10%,烧成工程占79%,精制工程占10%,其他占1%。

单从电力消费来说,每生产 1 kg 水泥,原料工程电耗约 43.4 kW·h,烧成工程需 27.7 kW·h,精制工程需47.5 kW·h,其他需3.1 kW·h,总计121.7 kW·h。原料和精制工程占总耗电能的75%。

每生产 1 kg 水泥熔渣所需供给的热量为:

(1) 将原料粉末从常温加热至分解温度(820 ℃)所需热量为1 290 kJ;

(2) 碳酸盐、高岭土等的分解所需热量为 2 100 kJ;

(3) 将分解原料加热至熔渣生成温度(1 400 ℃),所需热量为750 kJ;

(4) 熔渣生成热(放出热量)为 – 420 kJ。

总计每生产 1 kg 水泥熔渣需要 3 720 kJ 的热量。

由上述可知,水泥生产既消耗大量热能,又消耗大量电能,是一个耗能大户。另一方

面,其排放的余热数量十分巨大,分别说明如下:

从悬浮式预热器排放的余热参数:

烟气温度:350 ~ 430 ℃

烟气流量:1 400 ~ 1 500 m^3(标准)/t(水泥)

余热:约 62.8×10^4 kJ/t(水泥)

从熔渣冷却器排出的余热参数:

空气温度:200 ~ 240 ℃

空气流量:1 600 ~ 1 700 m^3(标准)/t(水泥)

余热量:约 50.2×10^4 kJ/t(水泥)

水泥工业的节能措施主要有下述几方面:

(1)改进物料的预热系统。将一般的悬浮式预热器(SP)改进为新型的悬浮式预热器(NSP),即在原有的预热器与回转窑出口之间增设重油喷燃器,即增设一辅助热源。这样原料的分解过程大部分可在预热器中进行,从而提高了回转窑的生产量。

(2)降低熔渣的烧成温度。为此应选用容易烧成的原料,如高炉炉渣等。

(3)降低高温部分的热损失。窑炉内部采用优质高强度耐火砖,加大耐火砖的厚度。

(4)悬浮式预热器排烟的显热回收和熔渣空气冷却器排放热风的余热回收。其中,预热器排烟的显热回收将是水泥工程余热回收的重点。

(5)在某些水泥制成工艺中,不设置悬浮式预热器,烧成工艺全部在回转窑中完成,这时,回转窑的高温排气将成为水泥工程余热回收的重点。

此外,一项新的节能而环保的技术方案是:水泥工艺和燃煤锅炉的联合运行。燃煤的发电锅炉,为了环保的要求,需要将煤灰进行处理,还需要设置排烟脱硫及脱 NO_x 装置。但是在水泥生产的烧成工段中,为了石灰石的分解需要供给 SO_x。因此,烧成工程可作为锅炉的高效脱硫装置使用。另一方面,煤灰也可作为水泥的原料黏土而加以利用。此外,让燃煤锅炉在低氧下燃烧,产生的 CO 等未燃气体可作为水泥原料预热器辅助燃烧器的燃料而加以利用。而在锅炉中的低氧燃烧和在辅助燃烧器中的低温燃烧(800 ~ 900 ℃)可抑制 NO_x 的发生,带来良好的环保效果。

2. 悬浮式预热器排烟的显热回收

从预热装置出来的排烟温度在 350 ~ 430 ℃ 之间,常用的余热回收方案是将排烟导入余热锅炉产生蒸汽,然后再将余热锅炉的排气导入原料干燥系统,用于原料的干燥。

在选择和设计余热锅炉时,应注意下列问题:

(1)烟气的含尘(浓度为 100 ~ 120 g/m^3(标准))对锅炉管子的磨损;

(2)灰尘在管面的附着使锅炉的传热性能下降,以及相应的除灰方法;

(3)灰尘附着物除去时,瞬间会有大量灰尘进入烟道,对系统尤其是对主排风机的影响;

(4)锅炉的压力损失和出口烟气温度的确定。

关于磨损问题。因为烟气中的灰尘实际上都是制造水泥的原料,灰尘中 44 μm 以上的硅石(SiO_2)颗粒对管子的磨损程度与其质量分数成正比,当原料的一部分为高炉炉渣时,磨损更为严重。为了减轻磨损,应限制通过锅炉管束的烟气流速。

关于灰尘的附着性。一般来说,凡附着性强,则磨损弱,反之亦然。为了防止灰尘附着引起传热性能的下降,可设置除灰器,并在合适的部位设置集灰斗。同时,可留有足够的传热面积余量。

总之,余热锅炉的压力损失、积灰、磨损应统一考虑。此外,余热锅炉的排烟出口温度应满足原料干燥系统的要求。余热锅炉最好安装在旁通烟道上,这样不但方便锅炉的安装和维修,而且对进入干燥系统的烟气量和烟气温度可方便地进行调节。

一座大型水泥厂利用预热器排烟余热的发电系统示于图 6.12。为了便于除灰、安装和维修,余热锅炉由 2 个并列的垂直烟道组成。

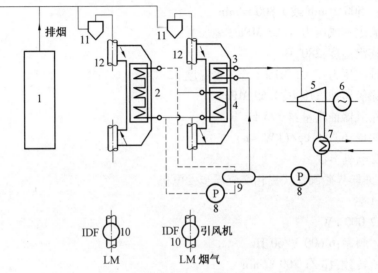

图 6.12　利用预热器排烟余热的发电系统

1— 悬浮式预热器;2—1# 烟道蒸发器;3—2# 烟道过热器;4—2# 烟道蒸发器;
5— 透平;6— 发电机;7— 冷凝器;8— 循环泵;9— 汽包;10— 引风机;
11— 除尘器;12— 烟气调节阀

由图可见,余热锅炉两个并列的烟道分别是:1# 烟道和 2# 烟道,1# 烟道仅装一台蒸发器,2# 烟道除了在下部安装一台蒸发器之外,在上部高温区安装一台过热器。这是一个强制循环系统,由汽包中出来的饱和蒸汽进入过热器。此发电系统的最大出力为 7 000 kW。余热锅炉以及透平、发电机的主要性能参数如下。

(1)余热锅炉主要参数。

型号:WF – 7600S 型

数量:1 台

最高使用压力:1.96 MPa

汽包内常用压力:1.57 MPa

过热器内常用压力:1.37 MPa

过热器出口蒸汽温度:290 ℃

蒸汽发生量:43 000 kg/h

给水温度(锅炉入口):110 ℃

锅炉入口烟气量:442 240 m³(标准)/h

锅炉入口烟气温度:420 ℃

锅炉出口烟气温度:250 ℃

锅炉通风压力损失:700 Pa

(2)透平参数。

型号:单缸反动式凝汽汽轮机

数量:1 台

功率:7 000 kW

转数:5 500 r/min 或 1 800 r/min

入口额定蒸汽压力:1.27 MPa(表压)

入口蒸汽温度:280 ℃

额定排汽压力:0.01 MPa(冷却水温度 32 ℃)

用于除氧器抽汽压力:0.69 MPa

用于除氧器抽汽量:4 375 kg/h

蒸汽耗量:6.386 kg/(kW·h)

(3)发电机参数。

型号:回转界磁圆筒式三相交流同步发电机

数量:1 台

出力:7 000 kW

电压/频率:6 600 V/60 Hz

极数/转数:4p/1 800 r/min

励磁方式:无电刷励磁

该系统投产后,余热锅炉的回收余热占预热器排气显热的 39.8%。本装置所发出的电力满足了该水泥厂所需电力的 23%。

上述发电系统中,余热锅炉的设计步骤如下:

(1)余热锅炉的热平衡计算。

根据上述余热锅炉的主要参数和图 6.12 所示的结构特点,假设烟气在 1#、2# 两个立式烟道中平均分配烟气流量和放热量。

烟气流量(单烟道):$G = (442\ 240\ \text{m}^3(标准)/\text{h})/2$

$$= 221\ 120\ \text{m}^3(标准)/\text{h} = 286\ 350.4\ \text{kg/h} = 79.54\ \text{kg/s}$$

烟气入口温度:420 ℃

烟气出口温度:250 ℃

烟气放出热量:$Q = [79.54 \times (420 - 250) \times 1.13]\text{kJ/s} = 15\ 279.6\ \text{kJ/s}$

式中,烟气在平均温度下的比热容为 1.13 kJ/(kg·℃)。

双烟道的总放热量:$Q_0 = 2 \times Q = 30\ 559.2\ \text{kW}$

给水入口温度:110 ℃,压力:1.5 MPa

给水焓值:462.3 kJ/kg

饱和温度:198.3 ℃

饱和水蒸气的焓值:2 789.9 kJ/kg

过热器出口蒸汽温度:290 ℃

过热器出口蒸汽焓值:3 016.5 kJ/kg

余热锅炉的蒸汽产量:

$$V = \frac{Q_0}{\Delta i} = \frac{30\ 559.2}{(3\ 016.5 - 462.3)}\text{kg/s} = 11.964\ \text{kg/s} = 43\ 071\ \text{kg/h}$$

(相当一台 43 t/h 余热锅炉的产汽量)。

蒸发器总换热量:

$$Q_1 = V\Delta i_1 = [11.964 \times (2\ 789.8 - 462.3)]\text{kJ/s} = 27\ 847.4\ \text{kJ/s}$$

过热器换热量:

$$Q_2 = Q_0 - Q_1 = 30\ 559.2\ \text{kW} - 27\ 847.4\ \text{kW} = 2\ 711.8\ \text{kW}$$

单烟道换热量:$Q = (Q_1 + Q_2)/2 = 15\ 279.2\ \text{kW}$

1# 烟道蒸发器热负荷:$Q_{1\#} = 15\ 279.2\ \text{kW}$

1# 烟道蒸发器的供汽量:$V_1 = \dfrac{Q_{1\#}}{\Delta i} = \dfrac{15\ 279.2}{2\ 789.9 - 462.3}\text{kg/s} = 6.563\ \text{kg/s}$

2# 烟道蒸发器热负荷:15 279.2 kW - 2 711.8 kW = 12 567.4 kW

2# 烟道蒸发器的供汽量:$V_2 = V - V_1 = 11.964\ \text{kg/s} - 6.563\ \text{kg/s} = 5.4\ \text{kg/s}$

(2) 1# 烟道中蒸发器的设计计算。

结构特点如图 6.12、6.13 所示。

① 烟气从上向下冲刷多排蒸发器对流管束;

② 对流管束为两管程,与进水联箱和蒸汽/水联箱相连接;

③ 对流管束与水平方向呈 2°～3°角倾斜放置(进水侧在下);

④ 因纵向管排数较多,共60排,可分为3组,每组20排,其中,10排为进水管组,10排为出汽/水管组,图6.13 只表示了其中1组的情况;

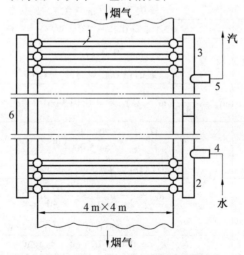

图 6.13　蒸发器管束和联箱

1—蒸发器管束;2—进水联箱;3—蒸汽联箱;4—进水管;

5—排汽/水管;6—管程变化联箱

⑤ 各管束在纵向为顺排排列,在纵向每隔 10 排管,要留有除灰器的安装空间。

1# 烟道蒸发器的设计见表 6.6。

表 6.6 1# 烟道蒸发器的设计

1	单烟道烟气流量	$G = 79.54$ kg/s	
2	烟气进/出口温度	420 ℃ / 250 ℃	
3	换热量	$Q_1 = 15\ 279.6$ kJ/s	
4	烟气平均温度	335 ℃	
5	烟气导热系数	$\lambda = 0.051\ 9$ W/(m·℃)	平均温度下
6	烟气黏度	$\mu = 29.4 \times 10^{-6}$ kg/(m·s)	
7	烟气 Pr 数	$Pr = 0.65$	
8	烟气密度	$\rho = 0.585$ kg/m³	
9	迎风面质量流速	$V_m = 5.0$ kg/(m²·s)	选取
10	迎风面积	$F = \dfrac{G}{V_m} = \dfrac{79.54}{5.0}$ m² $= 15.9$ m²	
11	迎风面尺寸	4.0 m × 4.0 m	
12	传热管尺寸、材质	ϕ70 × 3,20 g	
13	横向管间距	140 mm	
14	横向管排数	4 000/140 = 28.57,取 28 支	
15	纵向管间距	160 mm	
16	烟气最窄面质量流速	$G_m = V_m \times \dfrac{140}{140 - 70}$ kg/(m²·s) $= 10.0$ kg/(m²·s)	
17	烟气 Re 数	$Re = \dfrac{D_o G_m}{\mu} = \dfrac{0.07 \times 10}{29.4 \times 10^{-6}} = 23\ 810$	
18	烟气侧管外换热系数	$h = 0.35 \dfrac{\lambda}{D_o} \left(\dfrac{S_t}{S_l}\right)^{0.2} Re^{0.6} Pr^{0.36}$ $= 91.5$ W/(m²·℃)	式(1.17), 按错排计算
19	管外换热系数	$h = 91.5 \times 0.8 = 73.2$ W/(m²·℃)	按顺排排列,修正
20	管内沸腾换热系数	$h = 0.067 T_s^{0.941} q^{\frac{2}{3}}$ 取值:5 000 W/(m²·℃)	因 q 未知,先取值, 后验算
21	管外换热热阻	$R_o = \dfrac{1}{73.2}$ (m²·℃)/W $= 0.013\ 661\ 2$ (m²·℃)/W	
22	管内换热热阻	$R_i = \dfrac{D_o}{D_i} \dfrac{1}{h_i} = \dfrac{70}{64} \dfrac{1}{5\ 000}$ (m²·℃)/W $= 0.000\ 218\ 7$ (m²·℃)/W	
23	管壁热阻	$R_w = \dfrac{D_o}{2\lambda_w} \ln \dfrac{D_o}{D_i} = \dfrac{0.07}{2 \times 40} \ln \dfrac{70}{64}$ $= 0.000\ 078\ 4$ (m²·℃)/W	
24	管外污垢热阻	$R_{f0} = 0.001\ 76$ (m²·℃)/W	选取,重污染
25	传热热阻	$R = R_o + R_i + R_w + R_{fo}$ $= 0.015\ 718\ 3$ (m²·℃)/W	

续表 6.6

26	传热系数	$U_o = \dfrac{1}{R} = 64 \ W/(m^2 \cdot ℃)$	
27	对数平均温差	$\Delta T_{ln} = 177.7 \ ℃$	
28	温差修正系数	$F = 0.95$	
29	传热温差	$\Delta T = F \times \Delta T_{ln} = 168.8 \ ℃$	
30	传热面积	$A_o = \dfrac{Q_1}{U_o \Delta T} = \dfrac{15\,279.2 \times 10^3}{64 \times 168.8} m^2 = 1\,414 \ m^2$	
31	单管传热面积	$A_1 = \pi d_o L = \pi \times 0.07 \ m \times 4.0 \ m = 0.879\,6 \ m^2$	
32	传热管数目	$N = \dfrac{A_o}{A_1} = \dfrac{1\,414}{0.879\,6} = 1\,608$	
33	纵向管排数	$N_2 = \dfrac{N}{N_1} = \dfrac{1\,608}{28} = 57.4,取\,60\,排$	
34	实取传热管数	$N = 28 \times 60 = 1\,680 \ 支$	
35	实取传热面积	$A_o = 1\,477.7 \ m^2$	
36	传热管热流密度	$q = Q_1/A_0 = 10\,340 \ W/m^2$	
37	验算管内换热系数	$h = 0.067 T_s^{0.941} q^{\frac{2}{3}}$ $= 4\,612 \ W/(m^2 \cdot ℃)$	$T_s = 198.3 \ ℃,$ 与初设值接近

（3）2# 烟道过热器设计。

结构特点：迎风面积与 1# 蒸发器相同，管束由蛇形弯管组成。弯管由下而上水平放置。设计步骤见表 6.7。

表 6.7　2# 烟道过热器设计

1	蒸汽入口温度	198.3 ℃	
2	蒸汽出口温度	290 ℃	
3	蒸汽流量	11.964 kg/s	
4	热负荷	2 711.8 kW	
5	烟气入口温度	420 ℃	
6	烟气流量	$G = 79.54 \ kg/s$	
7	烟气出口温度	390.4 ℃	
8	管型选择、材质	$\phi 42 \times 3,20 \ g$	
9	烟气迎风面积	4.0 m × 4.0 m	与 1# 烟道相同
10	横向管间距	80 mm	
11	横向管排数	4 000/80 = 50,取 48	
12	烟气平均温度	405.2 ℃	
13	烟气导热系数	$\lambda = 0.057 \ W/(m \cdot ℃)$	
14	烟气黏度	$\mu = 31.7 \times 10^{-6} \ kg/(m \cdot s)$	
15	烟气密度	$\rho = 0.525 \ kg/m^3$	
16	烟气 Pr 数	$Pr = 0.64$	
17	烟气迎面风速	$V_m = 5.0 \ kg/(m^2 \cdot s)$	与 1# 烟道相同
18	最窄面烟气质量流速	$G_m = V_m \times \dfrac{80}{80-42} kg/(m^2 \cdot s) = 10.5 \ kg/(m^2 \cdot s)$	

续表 6.7

19	烟气 Re 数	$Re = \dfrac{D_o G_m}{\mu} = \dfrac{0.042 \times 10.5}{31.7 \times 10^{-6}} = 13\,912$	
20	烟气管外换热系数	$h = 0.35 \dfrac{\lambda}{D_o} \left(\dfrac{S_t}{S_l} \right)^{0.2} Re^{0.6} Pr^{0.36}$ $= 123.8 \text{ W/(m}^2 \cdot \text{℃)}$	按错列布置， 式 1.17
21	单管程蒸汽流通管子数	取纵向 2 排为 1 管程， 单管程管子数目为 48 × 2 = 96 支	
22	管内流通面积	$F = \dfrac{\pi}{4} D_i^2 \times 96 = 0.097\,7 \text{ m}^2$	
23	管内质量流速	$G_m = 11.984/0.097\,7 = 122.66 \text{ kg/(m}^2 \cdot \text{s)}$	
24	管内蒸汽平均温度	244.15 ℃	
25	蒸汽导热系数	$\lambda = 0.048 \text{ W/(m} \cdot \text{℃)}$	按饱和温度查取
26	蒸汽黏度	$\mu = 17.45 \times 10^{-6} \text{ kg/(m} \cdot \text{s)}$	
27	蒸汽 Pr 数	$Pr = 1.36$	
28	管内 Re 数	$Re = \dfrac{D_i G_m}{\mu} = \dfrac{0.036 \times 122.66}{17.45 \times 10^{-6}} = 253\,052$	
29	管内换热系数	$h_i = 0.023 \dfrac{\lambda}{D_i} \left(\dfrac{D_i G_m}{\mu} \right)^{0.8} (Pr)^{0.4}$ $= 728.1 \text{ W/(m}^2 \cdot \text{℃)}$	式 1.16
30	管外换热热阻	$R_o = \dfrac{1}{123.8} (\text{m}^2 \cdot \text{℃})/\text{W} = 0.008\,077\,5 \ (\text{m}^2 \cdot \text{℃})/\text{W}$	
31	管内换热热阻	$R_i = \dfrac{D_o}{D_i} \dfrac{1}{h_i} = \dfrac{42}{36} \dfrac{1}{728.1} (\text{m}^2 \cdot \text{℃})/\text{W}$ $= 0.001\,602\,3 \ (\text{m}^2 \cdot \text{℃})/\text{W}$	
32	管壁热阻	$R_w = \dfrac{D_o}{2\lambda_w} \ln \dfrac{D_o}{D_i} = \dfrac{0.042}{2 \times 40} \ln \dfrac{0.042}{0.036}$ $= 0.000\,080\,9 \ (\text{m}^2 \cdot \text{℃})/\text{W}$	
33	管外污垢热阻	$R_{fo} = 0.001\,76 \ (\text{m}^2 \cdot \text{℃})/\text{W}$	选取，烟气侧
34	传热热阻	$R = R_o + R_i + R_w + R_{fo}$ $= 0.011\,52 \ (\text{m}^2 \cdot \text{℃})/\text{W}$	
35	传热系数	$U_o = \dfrac{1}{R} = 86.8 \text{ W/(m}^2 \cdot \text{℃)}$	
36	对数平均温差	$\Delta T_{ln} = 159 \text{ ℃}$	
37	温差修正系数	$F = 0.95$	
38	传热温差	$\Delta T = F \times \Delta T_{ln} = 151 \text{ ℃}$	
39	传热面积	$A_o = \dfrac{Q_2}{U_o \Delta T} = \dfrac{2\,711.8 \times 10^3}{86.8 \times 151} \text{m}^2 = 206.9 \text{ m}^2$	
40	单管传热面积	$A_1 = \pi d_o L = \pi \times 0.042 \times 4.0 = 0.527\,8 \text{ m}^2$	
41	设计管子数目	$N = \dfrac{A_0}{A_1} = \dfrac{206.9}{0.527\,8} = 392$	
42	纵向管排数	392/48 = 8.16 排，取 8 排	
43	纵向管程数	8/2 = 4	纵向 2 排管为 1 管程
44	实取管子数目	48 × 8 = 384 支	
45	实取传热面积	384 × 0.527 8 m² = 202.7 m²	

过热器蛇形管束的排列方案如图 6.14 所示。每支蛇形管都要留有适当的膨胀和伸缩空间。

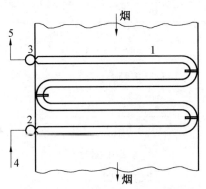

图 6.14　过热器蛇形管的排列

1— 蛇形管(纵向 2 × 4 排,横向 48 排);2— 入口管箱;3— 出口管箱;

4— 饱和蒸汽入口管;5— 过热蒸汽出口管

(4)2# 烟道中蒸发器的设计计算。

结构特点:与过热器有相同的迎风面积,与 1# 烟道蒸发器有相同的结构。设计步骤见表 6.8。

表 6.8　2# 烟道蒸发器设计

1	烟道烟气流量	$G = 79.54\ \text{kg/s}$	
2	烟气进口温度	390.4 ℃	
3	烟气出口温度	250 ℃	
4	换热量	12 567.8 kW	
5	水进口温度	110 ℃	
6	蒸汽出口温度	198.3 ℃	
7	蒸汽流量	5.4 kg/s	
8	烟气平均温度	320.2 ℃	
9	烟气导热系数	$\lambda = 0.051\,9\ \text{W/(m · ℃)}$	平均温度下
10	烟气黏度	$\mu = 29.4 \times 10^{-6}\ \text{kg/(m · s)}$	
11	烟气 Pr 数	$Pr = 0.65$	
12	烟气密度	$\rho = 0.585\ \text{kg/m}^3$	
13	迎风面质量流速	$V_\text{m} = 5.0\ \text{kg/(m}^2 · \text{s)}$	以下至第 30 项与 1# 蒸发器相同
14	迎风面积	$F = \dfrac{G}{V_\text{m}} = \dfrac{79.54}{5.0} = 15.9\ \text{m}^2$	
15	迎风面尺寸	4.0 m × 4.0 m	
16	传热管尺寸、材质	$\phi 70 \times 3,20\ \text{g}$	
17	横向管间距	140 mm	
18	横向管排数	4 000/140 = 28.57,取 28 支	
19	纵向管间距	160 mm	

续表6.8

20	烟气最窄面质量流速	$G_m = V_m \times \dfrac{140}{140-70} \text{kg}/(\text{m}^2 \cdot \text{s}) = 10.0 \text{ kg}/(\text{m}^2 \cdot \text{s})$	
21	烟气 Re 数	$Re = \dfrac{D_o G_m}{\mu} = \dfrac{0.07 \times 10}{29.4 \times 10^{-6}} = 23\,810$	
22	烟气侧管外换热系数	$h = 0.35\dfrac{\lambda}{D_o}\left(\dfrac{S_t}{S_1}\right)^{0.2} Re^{0.6} Pr^{0.36}$ $= 91.5 \text{ W}/(\text{m}^2 \cdot ℃)$	按错排排列 式1.17
23	管外换热系数	$h = 91.5 \times 0.8 \text{ W}/(\text{m}^2 \cdot ℃) = 73.2 \text{ W}/(\text{m}^2 \cdot ℃)$	按顺排修正
24	管内沸腾换热系数	$h = 0.067 T_s^{0.941} q^{\frac{2}{3}}$ 取值:5 000 W/(m²·℃)	因 q 未知,先取值, 后验算
25	管外换热热阻	$R_o = \dfrac{1}{73.2} = 0.013\,661\,2 \text{ (m}^2 \cdot ℃)/\text{W}$	
26	管内换热热阻	$R_i = \dfrac{D_o}{D_i}\dfrac{1}{h_i} = \dfrac{70}{64}\dfrac{1}{5000}(\text{m}^2 \cdot ℃)/\text{W}$ $= 0.000\,218\,7 \text{ (m}^2 \cdot ℃)/\text{W}$	
27	管壁热阻	$R_w = \dfrac{D_o}{2\lambda_w}\ln\dfrac{D_o}{D_i} = \dfrac{0.07}{2 \times 40}\ln\dfrac{70}{64}$ $= 0.000\,078\,4 \text{ (m}^2 \cdot ℃)/\text{W}$	
28	管外污垢热阻	$R_{f0} = 0.001\,76 \text{ (m}^2 \cdot ℃)/\text{W}$	
29	传热热阻	$R = R_o + R_i + R_w + R_{fo}$ $= 0.015\,718\,3 \text{ (m}^2 \cdot ℃)/\text{W}$	
30	传热系数	$U_o = \dfrac{1}{R} = 64 \text{ W}/(\text{m}^2 \cdot ℃)$	
31	对数平均温差	$\Delta T_{ln} = 164.7 ℃$	
32	温差修正系数	$F = 0.95$	
33	传热温差	$\Delta T = F \times \Delta T_{ln} = 156.5 ℃$	
34	传热面积	$A_o = \dfrac{Q_1}{U_o \Delta T} = \dfrac{12\,567.8 \times 10^3}{64 \times 156.5}\text{m}^2 = 1\,254.8 \text{ m}^2$	
35	单管传热面积	$A_1 = \pi d_o L = (\pi \times 0.07 \times 4.0)\text{m}^2 = 0.879\,6 \text{ m}^2$	
36	传热管数目	$N = \dfrac{A_o}{A_1} = \dfrac{1\,254.8}{0.879\,6} = 1\,426$	
37	纵向管排数	$N_2 = \dfrac{N}{N_1} = \dfrac{1\,426}{28} = 50.9,\text{取}52\text{排}$	
38	实取传热管数	$N = 28 \times 52 = 1\,456 \text{ 支}$	
39	实取传热面积	$A = 1\,456 \text{ m}^2 \times 0.879\,6 = 1\,280 \text{ m}^2$	
40	传热管热流密度	$q = Q_1/A_o = 981\,3 \text{ W/m}^2$	
41	验算管内换热系数	$h = 0.067 T_s^{0.941} q^{\frac{2}{3}}$ $= 4\,459 \text{ W}/(\text{m}^2 \cdot ℃)$	$T_s = 198.3 ℃$, 与初设值接近

因纵向管排数为 52 排,可分为 2 组,每组 26 排,纵向分为两管程,其中,13 排进水管束,13 排蒸汽管束,如图 6.13 所示。

(5)设计数据综述见表 6.9。

表 6.9　设计数据综合

		1# 烟道蒸发器	2# 烟道蒸发器	2# 烟道过热器
烟气进／出口温度	℃	420 → 250	390.4 → 250	420 → 390.4
烟气流量	kg/s	79.54	79.54	79.54
水／汽进出口温度	℃	110 → 198.3	110 → 198.3	198.3 → 290
水／汽流量	kg/s	6.563	5.4	11.964
换热量	kW	15 279.6	12 567.8	2 711.8
传热面积	m²	1 477.7	1 280	202.7
换热管规格、材质		$\phi 70 \times 3,20\text{ g}$	$\phi 70 \times 3,20\text{ g}$	$\phi 42 \times 3,20\text{ g}$
传热管数目	支	1 680	1456	384
烟道迎风面	m × m	4 × 4	4 × 4	4 × 4
烟道有效高度	m	10 ~ 12	~ 10	~ 2

3. 回转窑高温排气的余热回收

在若干水泥厂中,回转窑的高温排气并不经过原料预热器,而是直接进入余热锅炉产生蒸汽发电。某水泥厂的余热发电工艺流程如图 6.15 所示。由图可见,该系统没有设置独立的原料预热器,水泥生料粉从窑尾进入旋窑(该系统旋窑的规格为 $\phi 2.4/ 2.2 \times 40$ m,窑斜度为 5%,平均转速为 1 r/min),并从窑尾向窑头前进。窑头用煤粉喷燃器将煤粉喷入窑内燃烧,温度为 1 450 ℃。窑尾烟气温度为 900 ℃ 左右。生料粉在窑内经过预热、分解、烧成、冷却 4 个过程,即完成了水泥熟料的全部生产过程。如生产钾肥,则生料中需投入钾长石。

由图可见,余热锅炉由过热器、蒸发器、省煤器 3 组受热面组成,其中,过热器和蒸发器采用立式管束布置,省煤器采用横向管束,在过热器下面留有足够大的降尘空间,在每组受热面下部都设置集灰室和除灰口。在烟气出口烟道上,顺序设置了 3 台 $\phi 1\,200$ 旋风除尘器和 432 支长 6 m 的布袋除尘器。在生产钾肥的情况下,此粉尘即为窑灰钾肥,每年可年产 3 000 ~ 4 000 t。总之,需将除尘设备和除尘措施置于余热回收系统的重要位置。

图 6.15 所示的是一座小型水泥厂的余热发电系统,其运行参数及热平衡计算如下:

(1)窑尾排烟温度:900 ℃,锅炉出口烟气温度:220 ℃

烟气流量:19 000 Nm³/h = 6.83 kg/s,

烟气换热量:$Q_g = [6.83 \times 1.2 \times (900 - 220)]\text{kW} = 5\,573\text{ kW}$

式中,烟气在平均温度下的比热容为 1.2 kJ/(kg · ℃)。

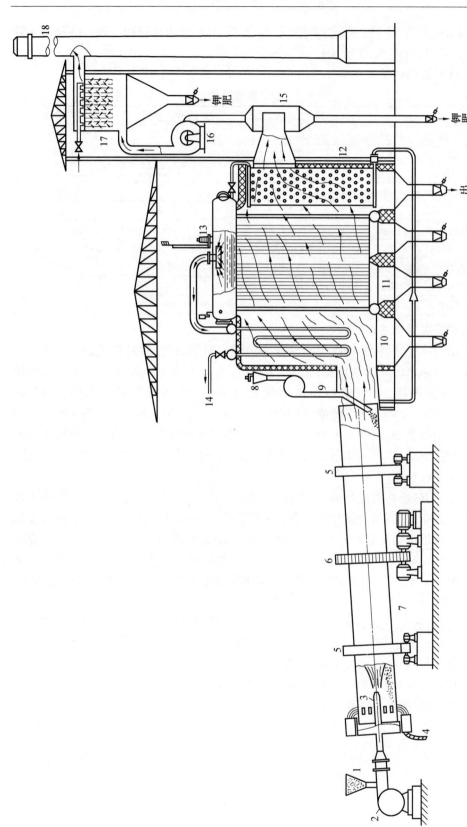

图 6.15　水泥窑余热回收系统

1—煤粉贮斗；2—排粉风机；3—煤粉喷燃口；4—冷却水泥熟料；5—旋窑支撑环；6—旋窑转轮；7—旋窑；8—水泥生料斗；9—加料机；10—过热器管束；11—蒸发器管束；12—省煤器；13—汽包；14—发电用过热蒸汽；15—旋风式除尘器；16—引风机；17—布袋式除尘器；18—烟囱

（2）过热蒸汽压力:1.5 MPa,过热蒸汽温度:300 ℃

过热蒸汽焓值:i_4 = 3 038 kJ/kg,

饱和蒸汽温度:198.3 ℃, 饱和蒸汽焓值: i_3 = 2 789.8 kJ/kg

饱和水温度:198.3 ℃,饱和水焓值:i_2 = 844.67 kJ/kg

给水温度:50 ℃,给水焓值:i_1 = 210.54 kJ/kg

锅炉产汽量:$G = \dfrac{Q}{i_4 - i_1} \times 0.95 = 1.872$ kg/s = 6 741 kg/h

式中,取漏气和散热损失系数为 0.95。

（3）过热器热负荷:$Q_1 = G(i_4 - i_3) - 464.6$ kW

蒸发器热负荷:$Q_2 = G(i_3 - i_2) = 3\ 641.3$ kW

省煤器热负荷:$Q_3 = G(i_2 - i_1) = 1\ 187.1$ kW

总热负荷:$Q = Q_1 + Q_2 + Q_3 = 5\ 293$ kW

注:此值为烟气换热量 Q_g 的 95%。

该余热锅炉所产生的蒸汽供给一台 21 – 1.5 – 13 型凝汽式汽轮发电机组,正常发电功率为 800 kW,由于该厂的负荷变化,最高发电功率可达 1 050 kW,在投钾长石及锅炉清灰时,最低发电功率为 400 ～ 500 kW。按最高发电功率计算,该余热发电系统的能源利用效率为 20%。

另一个回转窑排气余热发电的实例如下:

回转窑排烟温度:850 ℃

回转窑排烟流量: 50 000 Nm³/h

余热锅炉结构形式:立排管,自然循环

余热锅炉蒸发量:18 t/h

过热蒸汽压力:1.57 MPa

过热蒸汽温度:360 ℃

锅炉给水温度:40 ℃

锅炉排烟温度:150 ℃

锅炉供热负荷:12 590 kW

汽轮机形式:凝汽式,两台

汽轮机额定功率:2 × 1 500 kW

蒸汽入口压力:1.27 MPa

蒸汽入口温度:340 ℃

排汽压力:0.008 MPa(41.5 ℃)

该余热锅炉设计时考虑的重要问题仍然是积灰、磨损和漏气。为了防止磨损,烟气流经受热面时的流速控制在 8 ～ 10 m/s。为了防止漏气,在锅炉下部受热面的灰斗处设置锁气器,同时在过热器、蒸发器、省煤器的管束中间都用压缩空气定期吹灰。该系统已实现长期安全运行。

6.4 热处理炉的余热回收

热处理是机械加工和制造过程中的一项重要工艺。热处理炉有很多形式和用途,如退火炉、淬火炉等。在考虑热处理炉的余热回收时,应注意下列诸因素:余热温度、余热量,尤其是余热随时间的变化。因为热处理炉一般都是不连续工作的,一次装料后,炉子要经过升温、保温、冷却等阶段,因而烟气量和烟气温度都是时间的函数。

热处理炉的余热回收,根据已有的成功经验,可归纳如下几项技术措施:

(1)将几个热处理炉合理组合,安排好各台炉子的运行时间,使其总的排烟量基本恒定,以提供参数基本稳定的余热,然后安装某一共用的余热回收设备;

(2)增设蓄热器,以保证供热的稳定性;

(3)回收利用保护性气体和渗碳气体;

(4)将分段式炉改造成一体式炉,消除中间散热损失;

(5)将一台炉子的余热作为另一台炉子的热源。

下面,列举 2 个热处理炉余热回收的实例。

(1)3 台热处理炉的联合余热回收。

某铸造工厂有 2 台 30 t/h 的退火炉和 1 台 5 t/h 的淬火炉。3 台炉子的工作特性和排烟温度随时间变化很大。炉子的排烟热量在 12 h 内的变化范围为 $(0 \sim 5.44) \times 10^6$ kJ/h。3 台炉子的结构特点及排烟参数见表 6.10。

表 6.10 热处理炉相关参数

	退火炉	淬火炉
炉子台数	2	1
炉子容量/(t·h⁻¹)	30	5
炉子形式	台式炉	台式炉
处理物	铸铁件	铸铁件
燃料	LPG(液化石油气)	LPG
喷燃器供热量/(10^6 kJ·h)	1.51 × 8/ 台	0.53 × 4/ 台
轮廓尺寸/(m × m × m)	W4.5 × H2.7 × L5.5	W1.5 × H1.5 × L2.9
排气量/(Nm³/ 每次加料)	29 200/(12 h·台)	6 300/(12 时·台)
每日装料次数	1	1
烟气出口温度/℃	950 ~ 630	950
热回收设备入口温度/℃	850 ~ 520	800
热回收设备出口温度/℃	250 ~ 180	250
热回收设备	余热锅炉	
回收热量(最大)	4.61 × 10^6 kJ/h = 1 280.6 kW	

因为退火炉有时隔天运行一次,淬火炉每天装料一次,排烟热负荷极不稳定。为了增加供热的稳定性,采取了两项措施:① 采用统一的余热锅炉,即 3 台炉子共用 1 台余热锅炉;② 增加蓄热装置,将所产生的蒸汽经过 4 个蓄汽罐,这样可大大减少供热的波动。

余热锅炉的型号及参数如下:

型号:锅筒烟管式(带助燃喷嘴)

额定蒸发量:2.04 t/h

蒸汽压力:常用 0.29 MPa,最大 0.49 MPa

烟气流量:额定 6 900 Nm³/h,最大 8 800 Nm³/h

烟气温度:入口 800 ℃,出口 260 ℃

给水温度:20 ~ 80 ℃

处理炉燃料:LPG(液化石油气)

燃料压力:0.15 MPa

燃料用量:52.8 Nm³/h

该余热锅炉产生的蒸汽冬季用于采暖,夏季用于吸收式制冷及供应生活用热水。经济效益是每年可节约约 230 t 液化石油气以及 8 万度电能。投资回收期约为 5 年。该余热锅炉的热平衡计算及设计见表 6.11。

表 6.11　热平衡计算及设计

1	烟气入口温度	800 ℃	
2	烟气出口温度	260 ℃	
3	烟气流量	$G = 6\ 900\ Nm^3/h = 2.482\ kg/s$	额定值
4	热负荷	$Q = [2.482 \times 1.19 \times (800 - 260)]kJ/s = 1\ 595\ kJ/s$	
5	给水入口温度	50 ℃	平均值
6	给水焓值	209.5 kJ/kg	
7	蒸汽出口温度	132.4 ℃	饱和
8	蒸汽出口压力	0.29 MPa	饱和
9	蒸汽出口焓值	2 723.1 kJ/kg	查表
10	蒸汽产量	$V = \dfrac{Q}{\Delta i} = \dfrac{1\ 595}{2\ 723.1 - 209.5}kg/s$ $= 0.634\ 5\ kg/s = 2\ 284\ kg/h$	
11	烟管选型	$\phi 42 \times 3$,材质 20 g	选取
12	管内烟气质量流速	$G_m = 5.0\ kg/(m^2 \cdot s)$	选取
13	单程烟气流通面积	$F = G/G_m = 2.482\ m^2/5 = 0.496\ 4\ m^2$	
14	单烟管流通面积	$F_1 = \dfrac{\pi}{4}(0.036)^2 = 0.001\ 017\ 8\ m^2$	
15	单管程管子数目	$N = \dfrac{F}{F_1} = \dfrac{0.496\ 4}{0.001\ 017\ 8} = 488\ 支$	
16	烟气平均温度	(800 ℃ + 260 ℃)/2 = 530 ℃	
17	烟气导热系数	$\lambda = 0.069\ W/(m \cdot ℃)$	平均温度下
18	烟气黏度	$\mu = 36 \times 10^{-6}\ kg/(m \cdot s)$	
19	烟气 Pr 数	$Pr = 0.625$	
20	管内烟气 Re 数	$Re = \dfrac{D_i G_m}{\mu} = \dfrac{0.036 \times 5.0}{36 \times 10^{-6}} = 5\ 000$	

续表 6.11

21	管内换热系数	$h_i = 0.023 \dfrac{\lambda}{D_i} Re^{0.8} Pr^{0.3} = 34.85 \ \text{W/(m}^2 \cdot ℃)$	
22	管外沸腾换热系数	$h_o = 10\,000 \ \text{W/(m}^2 \cdot ℃)$	选取
23	管外换热热阻	$R_o = \dfrac{1}{h_o} = \dfrac{1}{10\,000} = 0.000\,1 \ \text{(m}^2 \cdot ℃)/\text{W}$	
24	管内换热热阻	$R_i = \dfrac{1}{h_i}\dfrac{D_o}{D_i} = \left(\dfrac{1}{34.85} \times \dfrac{0.042}{0.036}\right) \text{(m}^2 \cdot ℃)/\text{W}$ $= 0.033\,476\,8 \ \text{(m}^2 \cdot ℃)/\text{W}$	
25	管壁热阻	$R_w = \dfrac{D_o}{2\lambda_w}\ln\dfrac{D_o}{D_i} = 0.000\,080\,9 \ \text{(m}^2 \cdot ℃)/\text{W}$	
26	管内污垢热阻	$R_f = 0.001\,76 \ \text{(m}^2 \cdot ℃)/\text{W}$	选取
27	传热热阻	$R = R_o + R_i + R_w + R_f = 0.035\,4 \ \text{(m}^2 \cdot ℃)/\text{W}$	
28	传热系数	$U_o = \dfrac{1}{R} = 28.2 \ \text{W/(m}^2 \cdot ℃)$	
29	传热温差	$\Delta T = 369.5 \ ℃$	
30	传热面积	$A = \dfrac{Q}{U_o \Delta T} = \dfrac{1\,595 \times 10^3}{28.2 \times 369.5}\text{m}^2 = 153 \ \text{m}^2$	
31	管子长度	$L = \dfrac{A}{\pi D_o N} = \dfrac{153}{\pi \times 0.042 \times 488}\text{m}^2 = 2.38 \ \text{m}$	
32	实取管子长度	$L = 3.2 \ \text{m}$	
33	实取传热面积	$A = 206 \ \text{m}^2$	
34	汽包尺寸(约)	$\phi 1\,800 \times 12$,长度 5.0 m	

该锅筒烟管式余热锅炉的整体结构如图 6.16 所示。

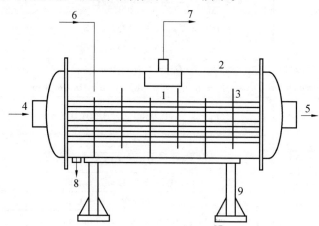

图 6.16　用于热处理炉的联合余热锅炉

1—烟管(488 支);2—汽包;3—支撑板;4—烟气入口;5—烟气出口;

6—给水入口;7—饱和蒸汽出口;8—排污出口;9—锅炉支架

（2）淬火油空气冷却器排气的余热回收。

某电缆厂有一台淬火炉,需要将淬火槽中的油温从 130 ℃ 降至 80 ℃,使淬火油循环使用。为此,在车间外安装了一台空气冷却器,用于降低淬火油温。如图 6.17 所示。安装运行后,发现空冷器的排出热风温度高达 40 多摄氏度,为了回收空冷器的排气余热,决定将热排气在冬季用于车间供暖,夏季通过热泵系统供车间制冷。

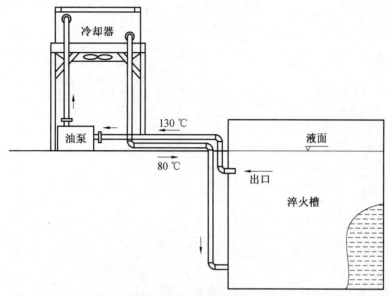

图 6.17　淬火油的空气冷却器

空冷器的设计按照翅片管换热器的设计步骤进行,表 6.12 列出了程序设计结果。由表可见,由于淬火油的出口温度较高,而且采用了较低的空气流量,因而使空气出口温度高达 48 ℃。此外,淬火油的黏度很大,使管内换热系数低于管外空气侧换热系数。

表 6.12　空冷器设计结果

1	淬火油流量	$30\ \mathrm{m^3/h} = 25\ \mathrm{t/h} = 6.94\ \mathrm{kg/s}$	
2	平均入口油温	105 ℃	
3	平均出口油温	80 ℃	
4	空气入口温度	20 ℃	设定
5	空气流量	$40\,000\ \mathrm{m^3/h} = 13.3\ \mathrm{kg/s}$	
6	淬火油密度	$\rho = 896.2\ \mathrm{kg/m^3}$	平均温度下
7	淬火油比热	$c_p = 2.236\ \mathrm{kJ/(kg \cdot ℃)}$	
8	淬火油导热系数	$\lambda = 0.136\ \mathrm{W/(m \cdot ℃)}$	
9	淬火油黏度	$\mu = 96.31 \times 10^{-4}\ \mathrm{kg/(m \cdot s)}$	
10	淬火油 Pr 数	$Pr = 160$	
11	热负荷	$Q = 6.94\ \mathrm{kg/s} \times 2.236\ \mathrm{kJ/(kg \cdot ℃)} \times (105 - 80)℃$ $= 388\ \mathrm{kW}$	
12	空气出口温度	$T_{a2} = T_{a1} + \dfrac{Q}{c_{pa}G_a}$ $= 20\ ℃ + \dfrac{388\ \mathrm{kW}}{1.05\ \mathrm{kJ/(kg \cdot ℃)} \times 13.3\ ℃} = 48\ ℃$	
13	翅片管选型	碳钢管,整体轧制铝翅片	

续表 6.12

14	翅片管尺寸	基管外径为 25 mm,内径为 20 mm,翅片外径为 50 mm, 翅片厚度为 0.4 mm,翅片节距为 3 mm	
15	迎风面质量流速	$G = 5.0\ \text{kg/(m}^2 \cdot \text{s)}$	选定
16	迎风面积	$F = 13.3\ \text{kg/s/5 kg/(m}^2 \cdot \text{s)} = 2.66\ \text{m}^2$	
17	迎风面尺寸	2.0 m(长) × 1.33(宽)	
18	横向管间距	60 mm	选取
19	横向管排数	1 330/60 = 22 排	
20	翅化比	13.63	
21	翅片管外换热系数	$h = 72.4\ \text{W/(m}^2 \cdot \text{℃)}$	程序计算
22	翅片效率	$\eta_f = 0.88$	
23	基管外换热系数	$h_o = 881.3\ \text{W/(m}^2 \cdot \text{℃)}$	
24	单管程管子数目	1 × 22 支	
25	管内介质流速	1.19 m/s	
26	管内换热系数	$h_i = 534.1\ \text{W/(m}^2 \cdot \text{℃)}$	
27	传热系数	$U_o = 251.2\ \text{W/(m}^2 \cdot \text{℃)}$	
28	传热平均温差	$\Delta T = 52.7\ \text{℃}$	
29	传热面积	$A = 29.3\ \text{m}^2$	
30	单管传热面积	$A_1 = 0.157\ \text{m}^2$	
31	翅片管数目	$N = \dfrac{A}{A_1} = \dfrac{29.3}{0.157} = 186$	
32	纵向管排数	$N_2 = \dfrac{N}{N_1} = \dfrac{186}{22} = 8.45$,取 9 排	
33	实取管子数目	22 × 9 = 198 支	
34	实取传热面积	$A = 31.1\ \text{m}^2$	
34	空气流动阻力	$\Delta p = 266\ \text{Pa}$	
36	鼓风机台数	2 台	
37	单台额定风量	20 000 m³/h	

为了回收空冷器的高温排气,需要在管束上方设置排气收集罩,并将热排气引入室内。此外,在空冷器的下部设置入口风的专用通道,吸收车间的排气进入。进出风系统如图 6.18 所示。

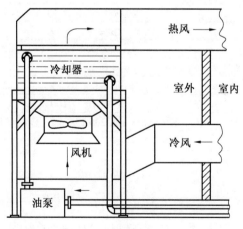

图 6.18　淬火油空冷器排气的余热回收

第7章 造纸和食品工业的余热回收

7.1 造纸工程的余热回收

1. 概述

造纸工程大致分为纸浆工程和抄纸工程两大部分。在纸浆工程中,为了使木材等原料纤维化,又将其分为机械制浆和化学制浆两种。前者是靠磨碎机将木材磨成碎片,形成纸浆;后者是将木材在化学药品作用下进行高温蒸煮,将其分解为纤维成分和非纤维成分(主要是木质素),所得纸浆称为化学纸浆。

机械制浆的特点是从木材到纸浆的过程中材料利用率高,为90%,但品质不太高,白色素较低,强度差,不透明度较高,多用于新闻纸或低级印刷纸。

化学制浆与此相反,由于从木材中取走了非纤维成分,纸浆回收率仅50%,但品质好、强度高,经漂白后可制成高白色度的纸,且不透明度低。

在抄纸工程中,浓度为0.4% ~ 1.3%的纸浆被送入抄纸机的连续丝网上,靠重力或真空滤去水分。均匀分布在丝网上的纤维素靠氢气作用而互相结合形成湿纸,湿纸再经过加压脱水,继而在内部加热的若干个滚筒上烘干,最后经过表面延压等工序,纸张就制成了。

从能源消费来看,机械制浆在磨碎过程中消耗大量的电力,制成1 t纸浆需耗电1 000 ~ 2 400 kW·h。化学制浆虽然木材利用率较低,但50%的木质素经浓缩后可以燃烧,产生蒸汽。各制纸工艺及其耗能的重点如图7.1所示。图中,字母E代表电力消费,EE代表耗电特别大;S代表蒸汽消费,SS代表耗汽特别多。

每制成1 t纸所消耗的能量见表7.1。

表7.1 吨纸标准能耗

	新闻纸		上等纸		未漂白的牛皮纸	
	蒸汽 /(吨·吨纸$^{-1}$)	电力 /(kW·h·吨纸$^{-1}$)	蒸汽 /(吨·吨纸$^{-1}$)	电力 /(kW·h·t^{-1})	蒸汽 /(吨·吨纸$^{-1}$)	电力 /(kW·h·t^{-1})
蒸解、洗净	—	—	1.6	200	1.4	180
黑液、浓缩	—	—	1.6	100	1.4	80
磨碎	—	1 200 – 1 400	—	—	—	—
漂白	—	—	0.7	100	—	—
调和	—	100	—	250	—	220
抄纸	2.5	450	3.5	550	2.8	450
其他	1.0	50	0.4	100	0.2	20
合计	3.5	1 800 ~ 2 000	7.8	1 300	5.8	950

应当指出,对于回收的旧新闻纸,只要经过离解、除色、精选就可得到纸浆,其电力消

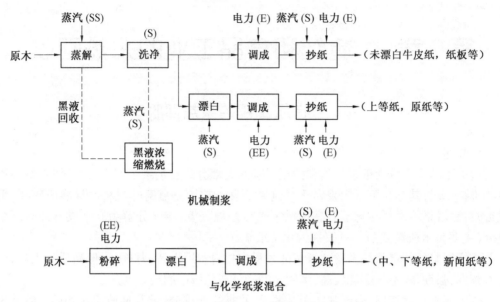

图 7.1　造纸工业流程及用能状况

费每吨在 400 kW·h 以下,仅为原机械纸浆的 1/3 ~ 1/6。所以,旧纸回收不仅节约了大量的木材,而且也节约了能源。

造纸工业的大型工厂同时生产纸和纸浆,在生产成本中能源的费用约占 22% ~ 25%,而在中小型工厂中,只生产纸,不生产纸浆,能源费用约占总成本的 10%。造纸工业的余热主要发生在如下场合:

(1) 锅炉的排烟损失,约占总余热的 20%;

(2) 从抄纸机通风柜中排出的湿空气,所带出的热量约占工厂总能耗的 40%;

(3) 抄纸机干燥设备及其他用汽设备排出的凝结水(温度在 40 ~ 60 ℃),以及低温(40 ℃ 以下)排水热损失。该项凝结水和低温排水带走的热量占总能耗的 30% 以上。

因而,造纸工业的余热回收应从上述几方面着手。首先,应加强设备的操作和管理,例如,根据需要随时调节通风柜挡板,以减少抄纸机通风柜中的湿空气排放;合理地选择并调节各设备的用汽参数,不要选用不必要的过高的蒸汽参数,使蒸汽热能得到合理的利用;对耗能大的设备进行节能技术改造,进行余热回收。

对于锅炉排气的余热回收,有关章节已做了详尽的说明,主要是采用合适的省煤器和空气预热器,尤其是对小型锅炉,排烟温度往往很高,很有必要采取相应措施回收排出烟气的余热。

应当着重指出,对于大型造纸厂,用电量多,用汽量也很多,但用汽压力较低,这时应优先选用先发电、后供汽即热电联产的技术方案。从锅炉出来的高温高压蒸汽先通入背压式汽轮机或抽汽式汽轮机发电,然后再供工艺用汽。目前,这种热电联产装置已在很多家造纸厂中成功应用,有关内容已在第 3 章中做了介绍。

在化学制浆工程中的黑液浓缩燃烧及药品的回收利用备受关注。如上所述,化学制浆工程中的木材利用率只有 50%,其余的非纤维成分蒸解于药液中变成黑液。从蒸解工程排出的黑液是稀溶液,浓度仅为 17% ~ 18%。因为黑液中含有贵重的燃料和蒸解用药品,因而黑液的回收和利用是化学制浆中的一个关键工程。如果将黑液白白排放掉,不但会造成能源的巨大浪费,而且还会造成对环境,尤其是对水源的严重污染。

为了回收利用黑液,首先应对其浓缩,一般采用 5 ~ 6 级多效蒸发器,使黑液的浓度提高到 52% ~ 53%。为了浓缩黑液,除了应用高效薄膜蒸发器之外,还可应用锅炉排气直接与黑液接触换热,使其水分蒸发。

黑液中含有大量的可燃物,因而具有很大的热能,若将生产 1 t 纸浆(含水分 10%)所产生的黑液燃烧,则可产生 19.26×10^6 kJ 的热能,折算成重油,相当于 460 L。所以,浓缩后的黑液应首先进入余热锅炉中燃烧,并产生一定压力的蒸汽。但要注意,由于燃料特殊,为了防止管子的高温腐蚀,余热锅炉的蒸汽压力以不超过 8.82 MPa,温度不超过 480 ℃ 为宜。余热锅炉的结构形式可以采用如图 6.16 所示的锅筒烟管式余热锅炉。具体设计步骤可参阅相关章节。

此外,为了回收黑液中的药液,需要在一专用的石灰窑(转炉)中进行,还需消耗一定的重油燃料。总之,化学制浆中的黑液处理和余热回收系统比较复杂,可根据具体的应用条件和成功的应用经验进行选型和设计。下面将重点讨论抄纸机的余热回收和设计。

2. 抄纸机的余热回收和设计

在造纸厂的生产工艺中需要大量的蒸汽作为热源,用于抄纸过程中的加热和烘干。抄纸机就是用蒸汽加热并烘干湿纸的设备,进入抄纸机的含水量约 60% 的湿纸,在高速转动的滚筒外表面上被加热。一方面,被滚筒内部的高温蒸气加热,同时,被注入滚筒外部的热风烘烤,在内外热源同时加热的情况下,湿纸中的水分迅速蒸发,当含水量降至 6% 左右,即可从纸机中排出。

某造纸厂对一台 1575 型纸机进行节能技术改造,该纸机的技术特点是:滚筒的宽度为 1 575 mm,滚筒的线速度从原有的 150 m/min,提高为 250 m/min,改造后该纸机的纸面产量为

$$1.575 \text{ m} \times 250 \text{ m/min} = 393.75 \text{ m}^2/\text{min}$$

改造后的能源系统如图 7.2 所示。

因为从锅炉来的蒸汽有很高的过热度,经过蒸汽调温器后,变为 0.4 MPa,150 ℃ 的饱和蒸汽。该蒸汽一部分直接进入抄纸机的滚筒内部,并在滚筒内表面凝结,放出的热量通过滚筒的导热加热外面的湿纸。另一部分蒸汽进入蒸汽/空气加热器中加热空气,加热后的空气注入滚筒的外部,向旋转中的湿纸提供 100 ℃ 左右的热风,用于湿纸的烘干。此外,在蒸汽/空气加热器的空气入口前面,有 2 个余热回收换热器:一个是件 2 所示的热水/空气加热器,用于回收约 110 ℃ 的冷凝水余热,另一个是件 3 所示的热管空气加热器,回收约 80 ℃ 的排气余热,用于加热入口的低温空气,因为是气 – 气换热,故采用热管式换热器。如图 7.2 所示,在该抄纸机系统中,共有 3 台翅片管换热器顺序安装在一起,其主要设计参数见表 7.2。

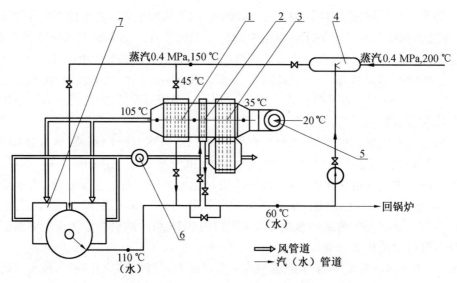

图 7.2　抄纸机余热回收系统图

1— 蒸汽／空气加热器;2— 热水／空气加热器;3— 热管空气加热器;

4— 蒸汽调温器;5— 鼓风机;6— 排气风机;7— 抄纸机

表 7.2　三台翅片管加热器的设计参数

序号	项目	蒸汽／空气加热器	.热水／空气加热器	热管空气加热器
1	设备用途	蒸汽加热空气	热水余热回收	排气余热回收
2	换热特点	管内蒸汽冷凝	管内热水冷却	热管相变加热
3	空气流量 /(kg·s⁻¹)	4.0	4.0	4.0
4	空气入口温度/℃	42	32	20
5	空气出口温度/℃	105	42	32
6	传热量/kW	253.2	40.2	48.2
7	热流体种类	饱和蒸汽	热水	热排气
8	热流体入口温度/℃	150	100	80
9	热流体出口温度/℃	110	60	60
10	热流体流量/(kg·h⁻¹)	395.3	864	8 633
11	空 气 质 量 流 速 /(kg⁻¹·m⁻²·s⁻¹)	3.5	3.5	3.5
12	空气侧迎面面积/m²	1.14	1.14	1.14
13	迎风面尺寸/(m×m)	1.14×1.0	1.14×1.0	1.14×1.0
14	基管直径/mm	¢ 25×2.5	¢ 25×2.5	¢ 25×2.5
15	翅片 高／厚／节距 /mm	12.5/0.5/4.0	12.5/0.5/4.0	12.5/0.5/4.0
16	横向管排数	16	16	16
17	纵向管排数	12	4	6
18	翅片管总数	192	64	96

序号	项目	蒸汽/空气加热器	热水/空气加热器	热管空气加热器
19	翅片管基管总面积/m²	17.2	5.7	8.6（蒸发段）
20	翅片管外表面积/m²	180	60	90（蒸发段）
21	管束纵向厚度/mm	720	240	360
22	外形尺寸 高/宽/厚/mm	1 140/1 000/720	1 140/1 000/240	1 140/1 000/360（蒸发段）

设计说明：

（1）3台加热器总传热量为：253.2 kW + 40.2 kW + 48.2 kW = 341.6 kW，其中，热水/空气加热器40.2 kW，占总换热量的11.7%，热管空气加热器48.2 kW，占总换热量的14.1%。

（2）蒸汽/空气加热器热负荷253.2 kW，蒸汽耗量约450 kg/h。考虑到直接用于滚筒内部加热的蒸汽量，该抄纸机的总蒸汽耗量约为800～900 kg/h。

此外，某造纸厂安装了一台大型抄纸机，下面，对其参数进行分析和比较，将对抄纸机的能源利用状况有进一步的了解：

（1）抄纸机型号：2660，线速度：800 m/min

鼓风机功率：55 kW，压头：3 kPa

风量：45 000 m³/h（750 m³/min）

（2）进汽参数。

蒸汽压力：0.9 MPa（表）

饱和温度：180 ℃

蒸汽流量：3 500 kg/h

（3）换热设备和系统特点与图7.2类似，也是由3台换热器组成：蒸汽/空气加热器、凝结水余热回收换热器和排气余热回收换热器各1台。不过，排气余热回收换热器没有采用热管式换热器，而是采用一般的列管式换热器。

（4）该系统的产量分析。

因抄纸机的产量与纸机宽度（2 660 mm）及烘筒线速度（800 m/min）成正比，因而可用二者乘积代表产量系数，该纸机的产量系数为

$$\phi = (2.660 \text{ m}) \times (800 \text{ m/min}) = 2\,128 \text{ m}^2/\text{min}$$

即每分钟可以烘干2 128 m²的湿纸。

烘干每1 m²湿纸所需送风量：

$$(45\,000 \text{ m}^3/60 \text{ min})/(2\,128 \text{ m}^2/\text{min}) = 0.352\,4 \text{ m}^3(\text{风})/\text{m}^2(\text{纸})$$

烘干每1 m²纸所耗蒸汽量（包括烘箱和滚筒）：

$$(3\,500 \text{ kg}/60 \text{ min})/(2\,128 \text{ m}^2/\text{min}) = 0.027\,4 \text{ kg}(\text{汽})/\text{m}^2(\text{纸})$$

每1 m²纸所需蒸汽供热量：

$$(0.027\,4 \text{ kg/m}^2) \times (2\,776.3 \text{ kJ/kg}) = 76 \text{ kJ/m}^2(\text{纸})$$

其中，2 776.3 kJ/kg为饱和蒸汽的焓值。

上述分析可作为设计和应用的参考。例如，某抄纸机的产量为1 000 m²/min，在具有

完善的余热回收系统情况下,需要的供热量为

$$(1\ 000\ m^2/min) \times (76\ kJ/m^2) = 76\ 000\ kJ/min = 1\ 267\ kJ/s$$

需要的供汽量为

$$(1\ 267\ kJ/s)/(2\ 013\ kJ/kg) = 0.629\ kg/s = 2\ 264\ kg/h$$

其中,2 013 kJ/kg 为饱和蒸汽的汽化潜热。

除了上述用蒸汽作为热源对湿纸进行烘干之外,也有的工厂用天然气作为烘干的热源。例如,在某大型造纸企业中,用一台燃烧天然气的热风炉产生 450 ℃ 的热风,该热风用于造纸工艺的烘干。烘干后从热风机房排出的湿空气温度为 220 ℃,排气量为 4.0 ~4.6 m³/s。为了回收这部分烘干排气的余热,该公司安装了一套余热回收装置,如图 7.3 所示。

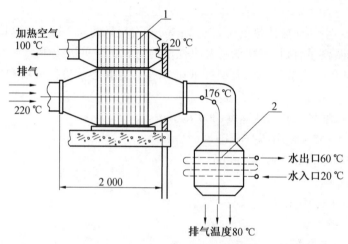

图 7.3　烘干排气的余热回收系统
1— 热管空气加热器;2— 翅片管水加热器

该余热回收系统由 2 部分组成:

(1)热管空气加热器。安装在车间内部,吸收高温段(220 ℃ 至 176 ℃)的排气余热用来加热空气。该设备立式放置,由 120 支重力热管组成,热管长度为 2 m,基管直径为 $\phi32 \times 3$。排气侧和空气侧都采用高频焊翅片管。预热后的空气进入热风炉。

(2)翅片管热水器。安装在车间外部,吸收排气低温段(176 ℃ 至 80 ℃)的余热用来加热水。加热后的水冬季用于供暖,夏天作为生活用热水。热水器由翅片管组成,水在管内流动,而排气在管外由上向下冲刷。排出的气体最后进入具有较大空间的粉尘沉淀室,使气体中含有的粉尘沉降,并减少对周围环境的噪声污染。此外,为了防止粉尘在翅片管表面上的沉积,在管束中部安装有吹灰器。

该余热回收系统投入应用后,经过一个冬天的运行,测试表明,取得了明显的节能效果。两台设备的设计值和实测值见表 7.3、7.4。

表 7.3　热管空气加热器的设计值和实测值

	设计值	实测值
热风流量 /(kg · s^{-1})	3.99	3.1
热风入口温度 /℃	220	260 ~ 290,平均275
热风出口温度 /℃	176	176 ~ 190,平均185
空气入口温度 /℃	20	− 10
空气出口温度 /℃	100	90 ~ 110, 平均100
空气流量 /(kg · s^{-1})	2.22	2.59
热风温降 /℃	44	50 ~ 90 平均70
回收热量 /kW	179	288

表 7.4　翅片管热水器的设计值和实测值

	设计值	实测值
热风流量 /(kg · s^{-1})	3.99	3.1
热风入口温度 /℃	176	176 ~ 190,平均185
热风出口温度 /℃	80	56
水入口温度 /℃	20	36 ~ 42,平均39
水出口温度 /℃	60	68 ~ 72, 平均70
水流量 /(kg · h^{-1})	8 485	12 000
回收热量 /kW	396	433

节能效果分析：

（1）两台设备总回收热量为:288 kW + 433 kW = 721 kW。该热量需燃烧设备来提供,假定燃烧设备的热效率为 0.9,则需加入的燃料总发热量为(721 kW/ 0.9) = 801 kW。

（2）该造纸厂所需能源是天然气。在没有安装这2台设备之前,根据3年冬季(11月至第二年3月) 的统计,日天然气用量为 7 200 ~ 8 000 m^3,平均为 7 600 米^3/ 天。在安装这两台设备之后,第一年冬季的天然气日用量为 5 100 ~ 6 300 m^3,平均为 5 700 m^3。每日平均节约天然气 1 900 m^3,每小时节约 79 m^3。

（3）天然气的热值为 36 540 kJ/m^3,每小时节约 79 m^3,其对应的热值为 802 kW,与实际回收热量十分接近。

（4）经测算,该余热系统的投资回收期为 6 个月。

7.2　食品工业的余热回收

1. 食品工业的用能特征

食品工业是一个重要的国民经济部门,食品工业范围很广,包括乳制品、肉制品、调味品、清凉饮料、面包、糕点等几十种行业。一般而言,食品工业的工厂、企业规模都比较小,能源费用占总产值的 5% 左右。

食品工业的主要生产工艺流程如图 7.4 所示。

食品工业的用能特征如下：

（1）原材料及制品都是有机物,有的是生的食品,为了保质和保鲜,在冷却、干燥等工艺中要消耗较多的能源。

（2）因食品是直接入口的,卫生条件要求特别严格,因而机器的冲洗、杀菌以及卫生环境的保护都要消耗很多能量。余热回收设备、节能措施同样要满足卫生的要求。

（3）在食品加工过程中,灭菌、冷却、发酵、浓缩、干燥、熏制等工艺,都伴随着加热和冷却,节能措施的实施是比较困难的。

（4）很多食品是直接用手做成的,虽然机械化、自动化程度不断提高,但很多环节仍要求保持手工的风味,这对实现节能是困难的。

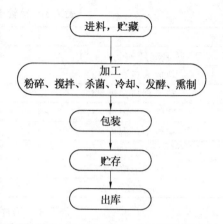

图7.4　食品工业的主要生产工艺

（5）在一年之中,原材料的收获季节与产品的消费时期往往不能同步,给实现计划生产、集中生产造成了困难,因而也增加了节能的难度。

（6）由于大多数食品工厂的规模都比较小,一些节能措施的经济性差,投资回收期限较长。

鉴于上述特点,食品工业的最佳余热回收方案就是余热的直接利用,而且就在加工现场直接利用。将有限的余热转换成其他形式的能源都是不经济的,输送到工厂以外也是不可取的。

食品工业的余热回收有下列几个方面:

（1）锅炉排气的余热回收。因为往往都是小型锅炉,余热回收系统不完善,因而效率较低。最方便的回收方案就是根据排烟温度增设空气预热器或省煤器,将回收的热量直接返回炉子本身。

（2）凝结水的回收。在加工过程中,很多工序都离不开蒸汽,因而产生很多凝结水（低压或高压）。

（3）干燥过程或浓缩过程的余热回收。

（4）原材料的热焓回收。

（5）空调制冷设备的余热回收。

（6）通过系统的合理化和自动化来实现节能。

下面,重点讨论凝结水的余热回收和干燥、浓缩工程的余热回收。

2. 凝结水的余热回收

食品工业的凝结水的回收方法与其他工业凝结水的回收方法相同。对于低压的凝结水,可采用开式回收系统,将凝结水收集起来,或注入开口的回水箱。而对于高压凝结水,应采用密闭循环系统,直接将凝结水通过一个高温高压水泵打入锅炉或者经过扩容闪蒸后送入锅炉。下面分别介绍2个凝结水的回收系统。

（1）低压凝结水开式回收系统。

如图7.5所示,系统特点是在蒸汽疏水阀后有一个开式的缓冲水箱,在此汇集各处来的回水,然后由泵送入给水箱。回水的用途:锅炉给水、洗涤用水或生活用水等。

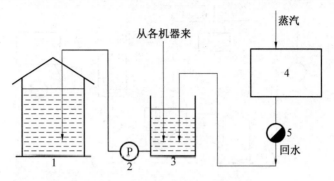

图 7.5　低压凝结水开式回收系统
1— 给水箱;2— 泵;3— 缓冲水箱;4— 热交换器;5— 疏水阀

(2) 高压凝结水的闭式回收系统。

如图 7.6 所示,该系统的特点是有一台高温高压水泵将回水直接打入锅炉,这样可避免高压回水通入大气后的闪蒸损失(如图 7.6 中改造前所示)。这一系统的优点是散热损失小,效率高;缺点是需要一台高温高压水泵及与锅炉有关的控制系统,一次投资较大。

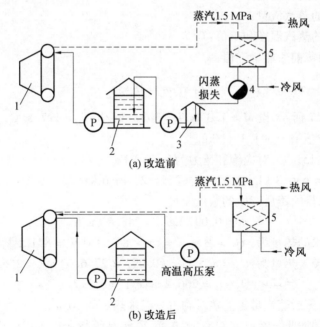

(a) 改造前

(b) 改造后

图 7.6　高压凝结水的闭式回收系统
1— 锅炉;2— 给水箱;3— 回水箱;4— 疏水阀;5 — 热交换器;P— 泵

(3) 高压回水闪蒸后的再次利用(图 7.7)。

如图 7.7 所示,压力为 1.47 MPa 的蒸汽首先通入干燥室,将从干燥室出来的回水输入一个闪蒸室,在此产生压力为 0.49 MPa 的蒸汽,补充热压工艺的用汽,以减少总的用汽量。

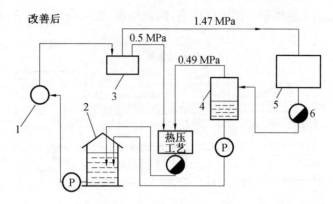

图 7.7 高压回水闪蒸后的再次利用

1— 锅炉;2— 给水箱;3— 分汽箱;4— 闪蒸箱;5— 干燥机;6— 泵

闪蒸的热平衡计算:

假定闪蒸前后的水和汽都处于饱和状态。

进入闪蒸室前的水流量:M kg/s

进入闪蒸室前水的温度和焓值:T_1,i_1

闪蒸后水的温度和焓值:T_2,i_2

闪蒸后产生的蒸汽流量:m kg/s

闪蒸后产生的蒸汽温度和焓值:T_2,i_3

由热平衡,闪蒸前后能量守恒:

$$M \times i_1 = (M - m)i_2 + mi_3,由此得出:m = M \times \frac{i_1 - i_2}{i_3 - i_2}$$

例 如图 7.7 所示,设 $M = 1.0$ kg/s $= 3\ 600$ kg/h,$T_1 = 197.5$ ℃,对应饱和压力为 1.47 MPa,水的焓值 $i_1 = 841.1$ kJ/kg。

闪蒸后,$T_2 = 151$ ℃,对应饱和压力为 0.49 MPa

水的焓值 $i_2 = 636.8$ kJ/kg,蒸汽焓值 $i_3 = 2\ 746.6$ kJ/kg

代入上式,求得闪蒸后产生的蒸汽流量:

$$m = 0.097 \text{ kg/s} = 348.6 \text{ kg/h}$$

闪蒸前压力水的热量为:$Q_1 = M \times i_1 = (1 \times 841.1)\text{kW} = 841.1$ kW

闪蒸后蒸汽带走热量为:$Q_2 = m \times i_3 = (0.097 \times 2746.6)\text{kW} = 266.4$ kW

$$Q_2/Q_1 = 266.4/841.1 = 0.317$$

由此可见,闪蒸后蒸汽带走的热量约占高温水热量的 30%。

上述凝结水的回收方案已在制糖、调味品、乳制品等行业得到广泛应用,可节约燃料 10% ~ 20%。在具体实施中,应根据实际情况选用合适的回收方案。此外,还要注意凝结水对管道的腐蚀等问题。

3. 干燥装置的排热回收

食品物料的干燥过程就是依靠蒸发除去物料中所含水分的工艺过程。因为每蒸发 1 kg 水分,要付出多于汽化潜热的热量,所以,干燥在食品工业中是耗能最多的一个工艺过程。

　　对于液体物料,如果此种液体是水溶液,则干燥的第一步工艺就是浓缩,即蒸发掉多余的水分,提高溶液的浓度,又叫蒸浓,需在专门的蒸浓设备中进行。当达到一定的浓度后,再继续干燥,便可得到固体物料;若液体是不溶性的,则首先应该用机械脱水装置使其脱水,将得到的脱水渣饼再进行干燥处理。脱水装置的设备费用虽然比较昂贵,但运行费用比用蒸汽脱水的办法要经济。所以,很多物料往往采用蒸浓 → 干燥,或脱水 → 蒸浓 → 干燥的组合工艺流程完成烘干过程。

　　蒸浓的设备称为浓缩器,又称浓缩釜,一般以蒸汽作为热源,蒸汽耗量是非常大的。为了节约蒸汽都采用多效蒸发器,采用 2 效、3 效或更多效的蒸发器。

　　多效蒸发器之所以节能,是因为在上一个蒸发器中从原料中蒸发出来的蒸汽可作为下一个蒸发器的热源。在这样一个串联的组合多效蒸发器中,蒸发器(浓缩釜)中的工作压力和温度是逐渐降低的。从原料中所发生蒸汽的参数越高,则可利用性就越大。为了提高蒸发蒸汽的焓值,提高其可利用性,可采用蒸汽喷射泵的原理将其进行压缩。利用从锅炉来的少量的压力较高的蒸汽将蒸发蒸汽加压,加压后再作为下一级蒸发器的热源。

　　某柑橘饮料厂的一个处理工艺中,采用了脱水 → 浓缩 → 烘干三位一体的组合工艺流程。此系统由脱水机、2 效蒸发器、高温高湿干燥机等设备组成。从干燥机排出的湿空气又作为 1 效蒸发器的热源加以利用。该系统的原料处理量为 10.8 t/h,含水分为 85%,干燥后的物料成品为 1.8 t/h,含水分为 10%,即每小时必须蒸掉 9 t 的水分。由于采用了多效蒸发器并回收利用了干燥机的余热,使整个系统的干燥效率大大提高。

　　蒸浓以后的物料需要在烘干机中用热风进行烘干。为此需要一台产生热风的设备——热风机或热风炉。一般热风机是用蒸汽加热空气产生热风的设备,实际上是一台蒸汽/空气换热器,蒸汽在管内凝结放热,管外为翅片管,空气横向冲刷管束而被加热。根据给定的蒸汽和空气参数,可以按翅片管换热器的设计方法进行设计。热风炉是燃烧燃料,用高温烟气加热空气而产生热风的设备,一般用在没有锅炉供汽或用风量很大的场合。

　　在干燥装置中消耗的能量由 3 部分组成:

　　(1) 水分蒸发所需热量,Q_1;

　　(2) 干燥制品携带出的热量,Q_2;

　　(3) 热损失(由导热、辐射、对流引起的),Q_3。

　　若实际向干燥装置供给的热量为 Q,则干燥设备的热效率 η 为

$$\eta = \frac{Q_1 + Q_2}{Q}$$

一般干燥设备的热效率与干燥方式及物料种类有关,见表 7.5。

表 7.5　干燥装置的热效率

干燥方式	热效率/%
热风干燥	30 ~ 60
排气循环高温干燥	50 ~ 75
过热蒸汽干燥	70 ~ 80
导热加热干燥	70 ~ 80
辐射加热干燥	30

为了提高干燥装置的热效率,首先应尽量减少散热损失。从壁面上的散热损失通常为 1 674 kJ/(m²·h),对于高温干燥,可达 3 349 kJ/(m²·h)。对于小型干燥装置,由于散热的相对面积较大,散热损失可超过总供给热量的 10%,因而应特别注意设备的保温。

在干燥设备的热损失中,排气或排水带走的显热是一项主要损失,因而是余热回收的主要方向。下面,以乳品干燥和粮食干燥为例,说明余热回收系统的主要技术措施。

4. 乳品干燥的余热回收

牛奶在多效蒸发器中浓缩后,进入喷雾干燥塔用热空气进行干燥,热空气由蒸汽加热器(热风机)或热风炉提供。从喷雾干燥塔出来的奶粉与空气的混合流,经过旋风分离器或布袋除尘器将奶粉分离出来以后,排气仍有 80 ~ 90 ℃,为了回收这部分排气余热,让排气经过一个空气预热器,预热进入蒸汽加热器的冷空气,以减少蒸汽耗量。某工厂采用的余热回收系统如图 7.8 所示。

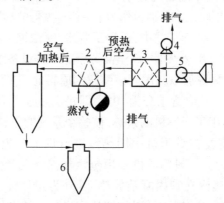

图 7.8　喷雾干燥塔余热回收系统

1— 喷雾干燥塔;2— 蒸汽加热器;3— 余热回收装置(空气预热器);
4— 排风机;5— 送风机;6— 旋风分离器

应用于喷射干燥塔的空气预热器有很多种,因为属于气 – 气换热,尤以热管式空气预热器最具优越性。热管式空预器的安装系统如图 7.9 所示。

应用于喷射干燥塔的热管空气预热器,在设计和应用时应注意以下几点。

(1)因排气温度较低,一般为 80 ~ 90 ℃,空气预热后的温度约为 50 ~ 60 ℃,因而换热器的对数平均温差较低,所需传热面积较大,为了提高其经济性,应采取下列措施:首先,不要追求过高的余热回收率;其次,热管外表面采用翅片表面,并尽量采用大的翅化比;此外,应选用较高的迎面风速,以提高传热系数。

(2)从喷雾干燥塔排出的气体含有较多的粉尘(即奶粉),虽然经过除尘器,还可能有粉尘(奶粉)在传热表面上积聚,这不但大大降低了预热器的传热性能,而且还影响产品的含水率。为此,应在换热器的排气侧安装冲洗管路,如图 7.9 所示。在换热器的管束中安装了几排清洗冲管,用泵使冲洗液循环。

某乳粉厂鲜奶的日处理量为 20 t,安装了一台热管式空气预热器,其结构参数和测试结果如下:

热管材质:铜管外绕铝翅片

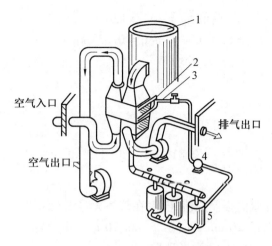

图 7.9　热管空气预热器安装图

1— 喷雾干燥塔;2— 热管空气预热器;3— 洗净水管;4— 循环泵;5— 循环水箱

热管工质:丙酮

热管直径:光管 $\phi 25 \times 2.5$,翅片外径 50 mm

翅片厚度 0.4 mm,翅片节距 2.3 mm

热管长度:加热段 750 mm,冷却段 750 mm

热管根数:186 支

排气温度:85.7 ℃ 降至 57.3 ℃

空气温度:26.6 ℃ 升至 53.1 ℃

排气流量:15 200 kg/h

空气流量:15 200 kg/h

回收热量:41.87×10^4 kJ/h(116.3 kW)

每年可节煤:276 t,投资回收期为 2 年

5. 啤酒厂发酵工艺排汽余热回收

某啤酒厂有两台物料发酵设备,每台发酵设备向外排放大量的 100 ℃ 的湿蒸汽(常压下),每台的蒸汽排量为 600 kg/h。为了回收排放蒸汽的余热,希望开发一台余热回收换热器,用排放的蒸汽加热给水。给水的压力为 0.25 MPa,给水的入口温度为 10 ℃,希望加热至 80 ℃。

由上述技术要求可知,该余热回收设备由 2 个传热过程组成:

(1)蒸汽的凝结换热过程,100 ℃ 的饱和蒸汽凝结成 100 ℃ 的饱和水,放出汽化潜热加热给水;

(2)凝结水的单相放热过程,由 100 ℃ 饱和水降至大约 50 ~ 60 ℃,用于加热较低温度的给水。

考虑到蒸汽凝结换热量占了总热负荷的 95% 以上,可以统一设计和布局,将 2 个换热过程集中在同一个换热器中。设计步骤如下:

(1)设计参数和热平衡计算。

蒸汽入口温度:100 ℃,焓值:$i_1 = 2\ 675.7$ kJ/kg

凝结水出口温度:50 ℃,焓值:$i_2 = 209.3$ kJ/kg

蒸汽流量(2 台):$G_1 = (2 \times 600)$ kg/h $= 0.333$ kg/s

换热量:$Q = G_1(i_1 - i_2) = 821.3$ kW

给水入口温度:$t_1 = 10$ ℃

给水出口温度:$t_2 = 80$ ℃

水的比热容:$c_p = 4.174$ kJ/(kg·℃)

给水流量:$G_2 = \dfrac{Q}{c_p(t_2 - t_1)} = 2.81$ kg/s $= 10\ 119$ kg/h

(2)传热计算。

换热器形式:水在管内强制对流,蒸汽在管外大容积凝结

传热管选型:管内径:20 mm,外径:25 mm,20 g,水平放置

传热系数:1 000 W/(m²·℃)(选取)

传热温差:40 ℃

传热面积:20.5 m²

单管长度:4.0 m(选取)

单管传热面积:0.314 16 m²

传热管总数:65 支

实取管子数目:80 支

实取传热面积:25.1 m²

管内水流速:0.45 m/s

(3)换热器结构。

卧式汽包:外径 1 000 mm,有效长度 4.0 m

汽包内沿高度布置 8 排管,每 2 排管为一个管程,共 4 个管程。上面 6 排管,3 个管程为凝结区,下面 2 排管为水/水换热区,中间有隔板,使凝结水流向单相换热区。整体结构如图 7.10 所示。由于蒸汽中会含有一定量的杂质或微量的不凝气体,因而在汽包上部要设置排气阀,下部要设置排污管和排污阀。

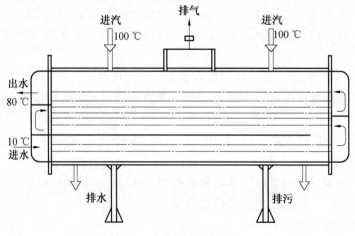

图 7.10　排汽余热回收换热器

6. 粮食干燥系统的余热回收

粮食,尤其是玉米,在收获季节含水量在 25% 以上,为了储藏和加工,必须即时进行干燥。一般需要用热风进行粮食干燥,为此需要设计和制造专用的热风炉,产生的热风通入专用的粮食烘干机对粮食进行烘干。

图 7.11 示出了一座大型粮食烘干系统,该系统每日可烘干 400 t 玉米,从当年 11 月份到第二年 5 月份连续生产。由于粮食水分较多,安装了 2 座烘干塔和 1 座冷却塔,由 2 台热风炉提供的 120 ℃ 的热风分别送往 2 座烘干塔,热风穿过移动的玉米层而将其烘干。冷却塔的作用是将烘干后的温度为 55 ℃ 的玉米用冷空气冷却下来。

该系统设置 2 台热风炉,总热负荷为 2 × 1 744 kW,被烘干的玉米顺序自上而下流过第一烘干塔、第二烘干塔和冷却塔。为了提高系统的热能利用率,将湿度较小的冷却塔(件 1)的排气输入 2 号热风炉(件 6),作为热风炉的部分进气。然后,将第二烘干塔(件 2)的部分排气通入 1 号热风炉(件 4),作为 1 号热风炉的部分进气。这样,就使冷却塔和第二烘干塔的排气余热得到了回收利用。至于第一烘干塔的排气,因为湿度太大,含粉尘太多,一般不再回收,而直接排向大气。

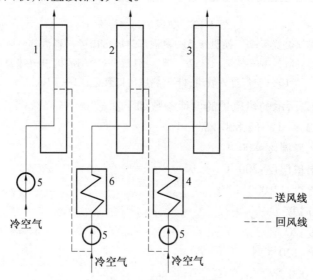

图 7.11　粮食烘干系统图

1— 冷却塔;2— 第二烘干塔;3— 第一烘干塔;4—1 号热风炉;
5— 鼓风机;6—2 号热风炉

在各种干燥系统中,热风炉是加热空气向系统提供热风的关键设备,也是消耗能源的主要设备。不同的生产工艺要求不同参数、不同结构的热风炉。对于粮食烘干工程,往往采用大型的燃煤或燃气的热风炉。图 7.12 示出了一台广泛应用的大型热风炉的整体结构。其特点为:

(1)链条炉排的燃烧室与换热器是分开的,便于安装和维修;

(2)烟气在进入换热器之前,要通过配风口输入适当的冷风,使换热器的入口温度维持在 800 ℃ 左右,以保证换热管件的安全性;

(3)换热器分高温部和低温部,二者并列立式放置。都采用螺纹光管,以增强换热效

果,同时使传热元件具有一定的可伸缩性;

(4) 烟气在管内垂直向上和向下流动。在转弯处设有维修窗口,便于管内清灰;

(5) 在烟气出口,设置热管式空气预热器。该空气预热器的作用不仅是为了提高炉子热效率,更重要的是应对冬季的运行条件:在寒冷的冬季,空气入口温度低至 − 20 ~ − 30 ℃,极易造成烟管的结露和堵塞,为此,适当提高空气入口温度是必要的。

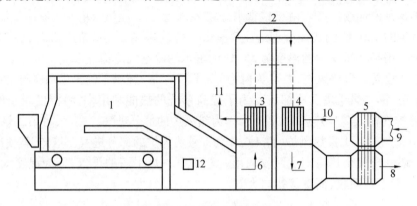

图 7.12　热风炉的结构设计

1— 燃煤燃烧室;2— 换热器;3— 高温部热风出口;4— 低温部冷风入口;

5— 热管空预器;6— 烟气入口;7— 烟气出口;8— 至引风机;9— 来自鼓风机;

10— 空气进入管道;11— 热风出口管道;12— 配风口

一台如图 7.12 所示的热风炉的设计参数如下:

型号热负荷:2.8 MW (2 800 kW)

换热器烟气入口温度:800 ℃

换热器烟气出口温度:200 ℃

换热器烟气流量:11 000 m³/h (0 ℃ 下)

换热量:2 800 kW

空气入口温度:20 ℃

空气出口温度:120 ℃

空气流量:77 000 Nm³/h(0 ℃ 下)

高温部螺纹管:ϕ57 × 3.5,管长 3.6 m,350 支,空气 2 管程

低温部螺纹管:ϕ48 × 3.5,管长 3.6 m,315 支,空气 2 管程

总计管外空气管程数为 4 管程,管内烟气为 2 管程

总传热面积:397 m²

应当指出,从能源利用的有效性来分析,采用热风炉提供热风并不是能源利用的理想方式。因为在热风炉中,消耗的是高品质能源(燃料),而产出的是低品质的能源产品 —— 低温的热风。此外,从热风炉本身来讲,由于燃烧室出来的烟气需要经过适当的降温,因而热效率较低,一般在 75% 左右。因而,热风炉应主要应用于不具备热电联产锅炉供汽的场合,或需要热风量特别大的场合。

第8章 环境温度附近的
余热回收和热能利用

8.1 概　述

人类生活在地球环境中,人类的一切活动都离不开环境:生产和生活离不开环境,对能源的需求和利用也离不开环境。统计资料表明,全世界在 100 ℃ 左右的低温范围内的耗能量占总耗能量的 50% 左右。这说明,虽然环境温度较低,但在这一温度附近消耗的能量却占了总能耗的相当大的比例。将宝贵的石油、煤炭、天热气等高品位的一次能源和电能等二次能源降级至 100 ℃ 左右的低位能源进行消费,已经造成了很大的有效能损失,另一方面,接近环境温度的大量低温热能往往并没有得到充分利用,就被轻易地排向大气,造成了低温能源的巨大损失。例如,人们为了创造舒适的生活条件,天冷了要用能源来供热,天热了要用能源来制冷,人们的食物要靠能源来生产、加工和保存。总之,人们的衣食住行都是在环境温度附近进行,要靠能源在低温下的消耗来完成。所以,在环境温度附近的节能和余热回收应成为必须关注的问题。

根据热力学第一定律,能量是守恒的。人类生产或获取的能量,无论如何应用,不管消耗在什么地方,其数值是不变的。

热力学第二定律指出,能源利用的终点是环境。我们消费的能源都到哪儿去了？都到环境中去了,能源消费的归宿就是环境。在热力学第二定律的基础上,提出了“熵”的概念和“熵增”原理。认为人类的一切活动,包括对能源的生产和消费,都是不可逆的“熵增”过程,越接近环境温度,可用能的损失就越大,熵增就越大。由此可见,在环境温度附近的余热回收就是为了减缓这一最后的“熵增”过程,在其奔向环境温度的路途中,尽量吸取其可以利用的余能,从总体上来说,就是为了减少对能源的消耗。

为了回收和利用接近环境温度的余热,根据不同的用能条件已开发并实施了多种节能方案和措施,并已形成了非常宽阔的技术领域。本章仅对几个有代表性的接近环境温度的领域,说明余热回收和利用的技术方案和设计方法。

(1) 空调系统的节能和余热回收。

统计表明,建筑采暖、空调的耗能约占全国总能耗的 10% 左右,是在环境温度附近的主要用能方式。对空调系统的节能已有很多技术措施,对大型建筑物空调系统的余热回收主要有 2 种方式:一是将空调机排气中的热量(在冬季)或冷量(在夏季)通过换热器传递给进入建筑物的新风,以节省空调机的耗电量;二是通过热泵系统将空调机的排气升温,以作为提供热水或其他用途的热源。本章将在下面两节中分别讨论这 2 个节能方案的应用和设计。

（2）利用热泵回收低温余热。

对于在环境温度范围内的余热回收，遇到的最大难题是余热资源的温度偏低，在环境温度附近，冷热流体的传热温差较小，使投资成本提高。在环境温度范围内的余热回收，除了各种"就地利用，低温低用"的技术方案之外，常用的方法是：采用热泵的原理，加入一部分电力，使本来温度很低，甚至低于环境温度的余热，将其温度提高到较高的水平，再加以回收和利用。热泵系统虽然消耗了一部分外加的电能，却能成倍地提高余热回收的效果。

考虑到热泵技术已在低温排气或排液的余热回收中得到广泛应用，本章在相关章节中只简要地讲述热泵的热力学循环、工作原理，并通过几个例题说明热泵的选型方法和节能效果。

（3）空冷器排气的余热回收。

在众多的工业部门，都将大气和环境作为它们的"出气口"。

诚然，根据生产规律和热力学定律，各种各样的排气是必须的，但需要关注的问题是：各种"废气"在排向环境之前，还有没有可用能可以回收和利用？其中，空冷器排气的余热回收受到关注。空冷器直接用环境空气作为冷却介质，将不用的热量轻松地直接交给环境空气。一般认为，用空冷代替水冷，可以节约宝贵的水源，因而受到重视和推广。但在应用中发现，不少被冷却的介质，温度还很高，还有相当多的可用能可以回收和利用。在涉及环境温度附近的余热回收时，本章将"空冷"作为一个"案例"，研究了从空冷器的排气中回收余热的可能性，并提出了技术方案和设计例题。

（4）在我们生存的环境中，不同的区域或部位往往存在显著的温差，有温差就意味着能量水平的差异，就可以利用存在的温差造成局部能量的流动和转移，从而实现环境能量的有效利用。

例如，地下热水的温度高于地面上空气的温度，就可以应用专门的技术和设备将地下的热量吸引上来，用于供暖或提供生活用热水；同样，若地面上空气的温度明显的低于地下土壤的温度，就可以将地面上冷空气中的冷量传输并储存到地下，用于加固地基或作为冷藏室使用。

本章的最后一节讲述了环境中的冷量通过特殊的热管元件传输到地下，用于加固冻土层的建筑物基础，并详细地分析了其传热过程，同时给出了数值模拟计算结果。

鉴于上述，虽然本章中的某些课题属于探讨的性质，但表达了对环境温度附近的余热回收和能源利用的思考，并希望引起重视。

8.2　空调排气的余热回收

统计表明，大型公共建筑的耗能约占全国总能耗的25%，其中建筑采暖、空调的耗能约占全国总能耗的10%～15%。减少建筑能耗不仅是节能环保的重大课题，同时也是提高商业企业运行效益的重要途径。

大型公共建筑又称商业建筑，主要包括宾馆、办公楼、医院、公寓、商场等。根据设计和研究部门的考察，发现同类型的建筑，单位面积的能耗差异很大。其中，空调每平方米每年的耗电量在 160 ~ 220 kW·h 之间。所以,对中央空调设备的节能和余热回收是一个值得关注的问题。

本节重点讨论中央空调排气的余热回收。一般,中央空调有统一的排风管和进风管,都设置在建筑物的顶部,如图 8.1 所示。该空调机组采用的是双风机系统,即有一台送风机和一台排风机。排风机连接排风管,是一个向外排放的通道;送风机连接送风管和新风管,是一个从外界吸入新鲜空气的管道。

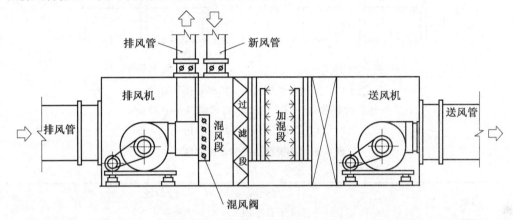

图 8.1　中央空调的排风和进风系统

在夏季,从排风管排出的是室内的凉风(假定温度为 25 ℃),而从新风管吸入的是外界的热风(假定温度为 35 ℃),所以,在夏季,一排一进损失了宝贵的"冷量";而在寒冷季节,排出的是室内的热风(假定温度为 20 ℃),而吸入的是室外的冷风(假定温度为 −10 ℃),这时,空气的一进一出,又损失了宝贵的"热量"。为了在夏季空调开放时回收向外排放的"冷量",在寒冷季节回收向外排放的"热量",最佳的技术方案就是在排风管和新风管上安装一台气 − 气型热管换热器。该热管换热器应具有下列特点:

(1)热管元件的加热段和冷却段都要用翅片管,一般采用铜管 − 铝翅片,翅化比较大,一般在 10 ~ 20 之间;

(2)因热管的管内工作温度较低,一般在 20 ~ 30 ℃ 之间,因而要采用饱和温度和饱和压力较低的工质,如丙酮;

(3)热管的加热段和冷却段之间要留有一定长度的绝热段,并与进出口风道相配合;

(4)整个换热器要能自动地改变在水平方向的倾斜角,改变角度在 5° ~ 10° 之间。随着季节的变化,要使温度较高的一端(即加热段)布置在较低的方位。

(5)为了适应换热器倾角的变化,换热器本体与风道的连接应采用有弹性的软性连接;

(6)在换热器的上部设有百叶窗,防止冷热气流的掺混和天气变化的影响。

热管换热器的整体结构和安装方式如图 8.2 所示。

回收空调排气余热的热管换热器设计例题见表 8.1,具体的设计方法见 1.6 节。

应当指出,在冬季采暖季节,室内外温差较大,即排气和进气的温差较大,因而换热量远远大于夏季应用空调时的换热量,所以,热管换热器可以按冬季采暖季节的应用条件和气象参数进行设计。而夏季应用空调时的换热情况可以作为变工况进行计算。

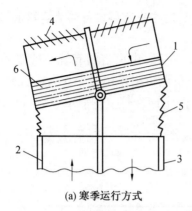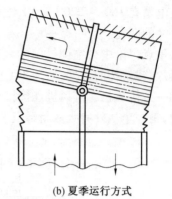

(a) 寒季运行方式　　　　　　　　(b) 夏季运行方式

图 8.2　回收空调排气余热的热管换热器

1— 热管换热器；2— 排风道；3— 进风道；4— 百叶窗；
5— 软性连接挡板；6— 热管元件

表 8.1　热管换热器的设计例题

（按冬季应用条件）

参数	单位	加热段 （来自室内）	冷却段 （来自室外）	注
空气入口温度	℃	22	– 10	冷热逆向
空气出口温度	℃	12	2.9	冷热逆向
空气流量	Nm³/h	33 392	25 826	20 ℃ 下
空气质量流量 G	kg/s	11.13	8.6	
换热量	kW	111.8	111.8	
迎风面质量流速 V	kg/(m²·s)	8.0	8.0	选取
迎风面积 F	m²	1.39	1.075	
管束宽度 W	m	1.0	1.0	选取
各段长度	m	1.39	1.075	
热管总长	m	2.5		
基管直径	mm	$\phi32 \times 2$	$\phi32 \times 2$	铜管
翅片外径	mm	56	56	
翅片厚／节距	mm	0.4/2.5	0.4/2.5	铝
翅化比		14.3	14.3	
横向管间距	mm	62	62	选取
横向管排数		16	16	
翅片管外换热系数	W/(m²·℃)	110	111.4	
基管外换热系数	W/(m²·℃)	1 375	1 370	
传热系数	W/(m²·℃)	538		
传热温差	℃	20.5		
计算传热面积	m²	10.14		加热段为基准
实取传热面积	m²	13.4		加热段为基准

续表 8.1

参数	单位	加热段（来自室内）	冷却段（来自室外）	注
单管传热面积	m²	0.1397	0.108	
热管总数		16 × 6 = 96 支		
纵向管排数		6 排		
单管质量	kg	3.3		
热管总质量	kg	316.8		
设备总质量	kg	460(约)		
流动阻力	Pa	约 200		

投资和收益分析：

冬季设计条件下的回收余热：111.8 kW

夏季设计条件下的回收余热：40 kW（约）

运行季节平均温度下的回收余热：$\{[(111.8 + 40)/2] \times 0.6\}$ kW = 45.54 kW

假定该热量由建筑物的热泵机组供给,热泵的性能系数 $COP = 2.5$

用户节电量：45.54 kW/2.5 = 18.216 kW

假定每天运行 16 h,每天节电：18.216 × 16 = 291.5 度

假定每度电的电费为 1 元,则每天节约电费：291.5 元

设备总质量 460 kg,采购及安装费：2.0 万元(约)

投资回收期：(20 000/291.5) d = 69 d

考虑运行成本和其他因素,投资回收期约为 90 d。

8.3　热泵及其应用

1. 热泵的工作原理

众所周知,水泵消耗了机械功,可以将水从低水位提高到高水位。与水泵相类似,热泵消耗机械功,可以将热能从低温位提高到高温位。热泵的这一功能为低温余热的回收和利用提供了新的途径。热泵的工作原理与一般的制冷机工作原理没有本质区别,如图 8.3 所示。在一个封闭的循环系统中,热泵与制冷机一样,由蒸发器、冷凝器、压缩机和膨胀阀组成。在蒸发器中,低温低压的液态工质从低温热源吸取热量而沸腾,产生低温低压的蒸汽,然后进入压缩机。在压缩机中,由于消耗了机械功,变为高温高压的蒸汽而进入冷凝器。在冷凝器中工质凝结,由蒸汽变为凝液,放出热量给高温热源。最后,高温高压的凝结液经过膨胀阀变为低温低压的液态,进入蒸发器继续其循环。热泵工质在循环中,其温度、压力、汽态、液态不断地发生着变化。由此可见,和制冷机一样,热泵中压缩机消耗了机械功之后,可将低温热源的热量转移至高温热源。如果说制冷机的主要着眼点是蒸发器中的制冷效果的话,则热泵的主要着眼点则是提高介质的温度水平并在冷凝器中将热量传给高温热源。

理想的热泵循环是逆向卡诺循环,如图 8.4 所示。图中,1→2 是等熵压缩过程,2→3 是恒压下的等温冷凝过程,3→4 是绝热膨胀过程。4→1 是恒压下等温蒸发过程。

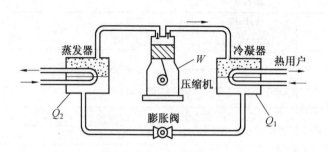

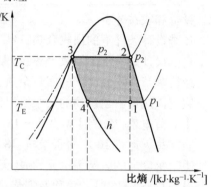

图8.3 热泵的工作原理

实际的热泵循环更接近朗肯循环,但与朗肯循环还有所不同,如图8.5所示。第一,压缩过程1→2在过热区进行;其次,冷凝器中的过程不是单一的蒸汽凝结过程,而是由3部分组成:过热蒸汽的降温(2→3′),由管内阻力降所造成的非等温的凝结(3′→3″),凝结液的冷却(3″→3)。最后,在蒸发器中的吸热过程也由2部分组成:4→1′是一个压力和温度逐渐降低的蒸发过程,1′→1是一个蒸汽的过热过程;3→4是膨胀阀中的膨胀过程。

图8.4 热泵的逆向卡诺循环

p— 压力;h— 焓;T_C— 凝结温度;T_E— 蒸发温度

2. 热泵的应用

热泵虽然可以将热量从低温位"泵"送到高温位,并由此而得名,但其实际用途是多方面的:

(1)用于加热。利用工质在冷凝器中所放出的热量对高温流体进行加热。也就是说,用热泵来加热是其主要目的。

(2)用于冷却。工质在蒸发器中蒸发,吸收低温流体的热量,从而达到使低温流体冷却的目的。在这种场合,用热泵来冷却低温流体是其主要目的。

(3)用于除湿。如果流经蒸发器的低温流体是湿度很大的湿空气,当蒸发器表面温度低于空气的露点时,则空气中的水分会在

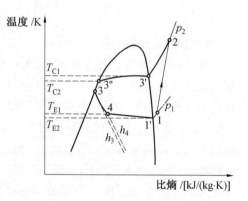

图8.5 热泵实际的朗肯循环

p— 压力;h— 焓

蒸发器表面凝结下来,同时放出汽化潜热,从而起到除湿的目的。

(4)用于加热和冷却。这时应用热泵有2个目的:既利用蒸发器所产生的冷却效果,又利用冷凝器所产生的加热效果。

(5)用于除湿和加热。用于湿空气除湿后又需要继续加热的场合。

3. 热泵的热力计算

由图 8.3,假定蒸发器从低温热源获得的热量为 Q_2,冷凝器向高热热源排出的热量为 Q_1,压缩机消耗的机械功为 W,根据热平衡原则:

$$Q_1 = Q_2 + W \tag{8.1}$$

从热泵的概念出发,将向高温热源排出的热量 Q_1 与所消耗的机械功 W 之比,称为热泵的性能系数 COP (Coefficient of Performance):

$$COP = \frac{Q_1}{W} = \frac{Q_2 + W}{W} = 1 + \frac{Q_2}{W} \tag{8.2}$$

在理论上,当热泵按逆向卡诺循环工作时,热泵的 COP 最高,为

$$COP_{\max} = \frac{T_1}{T_1 - T_2} \tag{8.3}$$

式中　　T_1 —— 卡诺循环介质在冷凝过程中的热力学温度;

　　　　T_2 —— 卡诺循环介质在蒸发器中的热力学温度。

实际的热泵循环由于有各种损失,并不是逆向卡诺循环,其性能系数 COP 要小于式(8.3) 所示的数值。实际的 COP 可用有效系数 η_e 来加以校正,即

$$COP = \eta_e COP_{\max} = \eta_e \frac{T_1}{T_1 - T_2} \tag{8.4}$$

η_e 数值大约在 $0.4 \sim 0.75$ 之间,一般概算时可取 $\eta_e = 0.6$。

式(8.4) 可用于性能系数 COP 的估算。在估算时,T_1 为冷凝器中的介质温度,它应该大于被加热流体的出口温度;T_2 为蒸发器中的介质温度,它应当低于被冷却流体的出口温度。按上述原则对 T_1、T_2 进行选择后,就可以按式(8.4) 计算 COP 了。

当 COP 估算出来之后,压缩机所做的功可由式(8.2) 推出:

$$W = \frac{Q_2}{COP - 1} \tag{8.5}$$

应当指出的是,式(8.2) 中的 W 消耗的是电能,设发电厂的总效率 $\eta_d = 0.35$,若 Q_1 代替的是由锅炉供给的热量,假定燃煤锅炉的总热效率为 $\eta_g = 0.8$,从节煤的角度来分析,热泵的性能系数为

$$[COP] = \frac{Q_1/\eta_g}{W/\eta_d} = \frac{\eta_d}{\eta_g} \frac{Q_1}{W} = \frac{\eta_d}{\eta_g} \times COP = \frac{0.35}{0.8} \times COP = 0.437\ 5 \times COP$$

为了使 $[COP] \geqslant 1$,实现真正的节能,应该使 $COP \geqslant 2.28$。

热泵循环内部所用的工质称为制冷剂。在多数情况下,这些工质与常规制冷机所用的工质是相同的。选取热泵工质所考虑的因素是:

(1) 在蒸发器和冷凝器内要有合适的压力。这和热泵的用途有关,用途不同,要求蒸发器和冷凝器的工作温度就不同,因而对应的工作压力就不同。在从低温冷冻到高温供热之间的条件下,各种制冷剂的饱和压力见表 8.2。制冷剂的工作压力不能太高,太高了会产生强度、泄漏等问题。当然,临界压力是其必须满足的限制条件,超过这个条件,工质就不能正常工作。

(2) 良好的热物理特性。这些特性要保证热泵具有较高的性能系数,较小的体积和

质量。近年来,一些共沸混合物(混合介质),如 R31/114,R12/21 已被研制出来,实验证明,使用这种新工质可大幅度提高热泵的性能。

(3)热稳定性好,不宜分解。工质的热稳定性是限制热泵最高工作温度的主要因素之一。一般热泵的最高工作温度限制在 110~120 ℃,通常不超过 100 ℃。

(4)不易燃、安全、无毒、容易获得及价格便宜。

表 8.2   在从低温冷冻到高温供暖的温度范围内各种制冷剂的饱和压力

典型应用	温度		制冷剂	压力(表压)	
	蒸发 /℃	冷凝 /℃		蒸发 /bar	冷凝 /bar
食品冷冻	− 40	+ 35	R12	0.65	8.6
			R22	1.07	13.8
			NH$_3$	0.73	13.8
食品储藏	− 20	+ 35	R11	0.16	1.5
			R21	0.28	2.6
			R114	0.38	3.0
			R12	1.54	8.6
			R22	2.50	13.8
			NH$_3$	1.94	13.8
	− 10	+ 35	R11	0.26	1.5
			R21	0.45	2.6
			R114	0.60	3.0
			R12	2.24	8.6
			R22	3.60	13.8
			NH$_3$	2.96	13.8
水冷却	+ 1	+ 35	R11	0.42	1.5
			R21	0.75	2.6
			R114	0.94	3.0
			R12	3.26	8.6
			R22	5.25	13.8
			NH$_3$	4.56	13.8
	+ 1	+ 50	R11	0.43	2.4
			R21	0.75	4.0
			R114	0.94	4.6
			R12	3.26	12.4
			R22	5.25	20.0
			NH$_3$	4.56	20.7
供热	+ 25	+ 70	R11	1.05	4.2
			R21	1.83	6.7
			R114	2.18	7.4
			R12	6.6	19.0
			R22	10.5	30.5

4. 热泵的应用实例

下面,根据热泵的几个应用实例,计算热泵的相关性能。

计算过程如下:

(1) 根据给出参数,计算热泵从低温热源的吸热量 Q_2;

(2) 由式(8.4)估算性能系数 COP;

(3) 由式(8.5)计算压缩机功率 W,并确定介质参数;

(4) 计算热泵向高温流体的放热量 Q_1,并确定相关参数。

例 1　利用空调排气供应热水。

某宾馆利用热泵吸收中央空调的排气余热用于提供生活用热水。该热泵系统的相关参数及热平衡计算如下:

(1) 蒸发器。

空调排气的入口温度:26 ℃,出口温度:20 ℃

蒸发器中介质的蒸发温度:$T_2 = 10$ ℃ $= 283$ K(选取)

空调排气流量:$G_2 = 30\ 000$ Nm^3/h (20 ℃ 下)

空调排气的质量流速:$G_{m2} = 10.0$ kg/s

蒸发器换热量:$Q_2 = G_{m2} \times c_p \times (T_{a1} - T_{a2}) = 10$ kg/s $\times 1.005$ kg/(kg · ℃) $\times (26 - 20)$℃ $= 60.3$ kW

(2) 压缩机选型。

设冷凝器内的介质温度为 70 ℃,$T_1 = 273$ ℃ $+ 70$ ℃ $= 343$ K

由式(8.4)

$$COP = \eta_e COP_{max} = \eta_e \frac{T_1}{T_1 - T_2} = 0.6 \times \frac{343 \text{ K}}{343 \text{ K} - 283 \text{ K}} = 3.43$$

由式(8.2),压缩机功率为

$$W = \frac{Q_2}{COP - 1} = \frac{60.3 \text{ kW}}{3.43 - 1} = 24.8 \text{ kW},可选几台并联。$$

(3) 介质选择。

参考表 8.2,选 R114:

蒸发器温度:10 ℃,对应压力:1.29 bar

冷凝器温度:70 ℃,对应压力:7.4 bar

(4) 冷凝器。

热负荷:$Q_1 = Q_2 + W = 60.3$ kW $+ 24.8$ kW $= 85.1$ kW

热水入口温度 $T_{w1} = 35$ ℃,出口温度 $T_{w2} = 50$ ℃

水流量:$G_w = \dfrac{Q_1}{c_{pw}(T_{w2} - T_{w1})} = \dfrac{85.1 \text{ kW}}{4.174 \text{ kJ/(kg · ℃)}(50 - 35)\text{℃}} = 1.36$ kg/s

$= 4\ 893$ kg/h

例 2　从井水中吸取热量,用于向用户提供热水。

(1) 蒸发器。

井水从 15 ℃ 降至 13 ℃,

井水流量:$G_2 = 10\ 000\ \text{kg/h} = 2.778\ \text{kg/s}$

介质从蒸发器吸取热量(井水放热量):

$Q_2 = G_2 \times c_{p2} \times (T_{w1} - T_{w2}) = 2.778\ \text{kg/s} \times 4.18\ \text{kJ/(kg} \cdot \text{℃)} \times (15 - 13)\text{℃} = 23.22\ \text{kW}$

(2)压缩机选型。

设蒸发器介质沸腾温度为 1 ℃,$T_2 = 273\ \text{K} + 1\ \text{K} = 274\ \text{K}$

冷凝器内的介质温度为 70 ℃,$T_1 = 273\ \text{K} + 70\ \text{K} = 343\ \text{K}$

由式(8.4)

$$COP = \eta_e COP_{max} = \eta_e \frac{T_1}{T_1 - T_2} = 0.6 \times \frac{343\ \text{K}}{343\ \text{K} - 274\ \text{K}} = 3.0$$

由式(8.2),压缩机功率为

$$W = \frac{Q_2}{COP - 1} = \frac{23.22\ \text{kW}}{3 - 1} = 11.6\ \text{kW},可选用 2 台功率为 7.5 kW 的压缩机。$$

(3)介质选择。

参考表 8.2,选 R114:

蒸发器温度:1 ℃,对应压力和蒸汽焓值:0.94 bar,173.3 kJ/kg

冷凝器温度:70 ℃,对应压力和蒸汽焓值:7.4 bar,213 kJ/kg

(4)冷凝器。

热负荷:$Q_1 = Q_2 + W = 23.22\ \text{kW} + 11.6\ \text{kW} = 34.82\ \text{kW}$

热水入口温度 28 ℃,出口温度 55 ℃

水流量:$G_1 = \dfrac{Q_1}{c_{pw}(T_{w2} - T_{w1})} = \dfrac{34.82\ \text{kW}}{4.174\ \text{kJ/(kg} \cdot \text{℃)} \times (55 - 28)\text{℃}} = 0.309\ \text{kg/s}$
$= 1\ 112\ \text{kg/h}$

例 3 浴池的热泵系统。该系统的特点是,利用浴池从上部溢流排出的废水和淋浴废水的余热加热浴池的供水。各部件的性能和参数如下:

(1)蒸发器。

浴池废水从 30 ℃ 降至 20 ℃

废水流量 $G_2 = 4\ 000\ \text{kg/h} = 1.11\ \text{kg/s}$

蒸发器热负荷:$Q_2 = G_2 \times c_{p2} \times (T_{w1} - T_{w2})$
$= 1.11\ \text{kg/s} \times 4.18\ \text{kJ/(kg} \cdot \text{℃)} \times (30 - 20)\text{℃} = 46.4\ \text{kW}$

(2)压缩机选型。

设蒸发器介质沸腾温度为 10 ℃,即 $T_2 = 273\ \text{℃} + 10\ \text{℃} = 283\ \text{K}$

冷凝器内的介质温度为 60 ℃,即 $T_1 = 273\ \text{℃} + 60\ \text{℃} = 333\ \text{K}$

由式(8.4)

$$COP = \eta_e COP_{max} = \eta_e \frac{T_1}{T_1 - T_2} = 0.6 \times \frac{333\ \text{K}}{333\ \text{K} - 283\ \text{K}} = 3.33$$

由式(8.2),压缩机功率为

$$W = \frac{Q_2}{COP - 1} = \frac{46.4\ \text{kW}}{3.33 - 1} = 19.9\ \text{kW}$$

（3）介质选择。

选取介质 R114,查取物性:

蒸发器温度:10 ℃,对应压力:1.29 bar

冷凝器温度:60 ℃,对应压力:5.82 bar

（4）冷凝器。

热负荷:$Q_1 = Q_2 + W = 46.4 \text{ kW} + 19.9 \text{ kW} = 66.3 \text{ kW}$

热水入口温度 32 ℃,出口温度 45 ℃

水流量:$G_1 = \dfrac{Q_1}{c_{pw}(T_{w2} - T_{w1})} = \dfrac{66.3 \text{ kW}}{4.174 \text{ kJ/kg} \cdot \text{℃}(45 - 32)\text{℃}} = 1.22 \text{ kg/s} = 4\,398 \text{ kg/h}$

例 4　木材干燥用热泵。

在木材干燥过程中需排放大量的湿空气,湿空气中含有的蒸汽具有很高的焓值,利用热泵的冷却除湿作用可以回收这部分热能。如图 8.6 所示。

来自生产过程的湿空气首先进入蒸发器中,当蒸发器的表面温度低于湿空气的露点温度时,湿空气中的水分会在壁面上凝结下来。凝结水在重力作用下由风道的下部排出,温度下降、湿度降低的空气进入冷凝器中,被加热至一定温度后再送入生产过程中。所以,用于干燥工艺的热泵是具有去湿和加热两种作用的热泵。

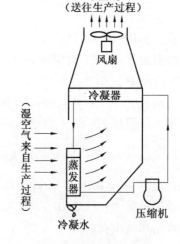

图 8.6　热泵除湿系统

在下面的应用例题中,利用热泵将 30 ℃的由干燥工艺排出的湿空气,经过去湿后,升温至 70 ~ 80 ℃ 的干空气,返回干燥设备中继续使用。其实际的运行参数和热平衡数据如下。

（1）蒸发器。

湿空气入口温度:$t_1 = 30$ ℃,入口湿度:$d_1 = 20$ g/kg 干空气

入口露点温度:$t_b = 25$ ℃

由附表 7,湿空气的焓值计算式为:$i = 1.01t + d(2\,500 + 1.84t)$

入口湿空气焓值:$i_1 = 1.01t_1 + d_1(2\,500 + 1.84t_1) = 81.4$ kJ/kg

去湿后,空气出口温度:$t_2 = 20$ ℃,出口湿度:$d_2 = 11$ g/kg 干空气

出口露点温度:$t_b = 14.7$ ℃

出口湿空气焓值:$i_2 = 1.01t_2 + d_2(2500 + 1.84t_2) = 48.1$ kJ/kg

入口湿空气流量:$m = 20\,000$ kg/h $= 5.55$ kg/s

湿空气放热量:$Q_2 = m(i_1 - i_2) = 5.55$ kg/s$(81.4 - 48.1)$ kJ/kg $= 184.8$ kW

凝结水量:$D = m(d_1 - d_2) = 5.55$ kg/s$(20 - 11)$g/kg/1 000 g/kg $= 0.05$ kg/s 180 kg/h

出口湿空气流量:$m_1 = m - D = 5.55$ kg/s $- 0.05$ kg/s $= 5.5$ kg/s

（2）压缩机参数。

设蒸发器介质沸腾温度为 10 ℃，即 $T_2 = 273\ K + 10\ K = 283\ K$

冷凝器内的介质温度为 90 ℃，即 $T_1 = 273\ K + 90\ K = 363\ K$

由式（8.4）

$$COP = \eta_e COP_{max} = \eta_e \frac{T_1}{T_1 - T_2} = 0.6 \times \frac{363\ K}{363\ K - 283\ K} = 2.722\ 5$$

由式（8.2），压缩机功率为

$$W = \frac{Q_2}{COP - 1} = \frac{184.8\ kW}{2.722\ 5 - 1} = 107.3\ kW$$

（3）介质选择。

参考表 8.2，选 R114：

蒸发器温度：10 ℃，对应压力：1.29 bar

冷凝器温度：90 ℃，对应压力：11.12 bar

（4）冷凝器。

热负荷：$Q_1 = Q_2 + M = 184.8\ kW + 107.3\ kW = 292.1\ kW$

热风入口温度 20 ℃，入口焓值 $i_2 = 48.1\ kJ/kg$

出口焓值：$i_3 = i_2 + \frac{Q_1}{m_1} = 48.1\ kJ/kg + \frac{292.1\ kW}{5.5\ kg/s} = 101.2\ kJ/kg$

出口湿度：$d_3 = d_2 = 11\ g/kg = 0.011\ kg/kg$

由焓值计算式：$i_3 = 1.01 t_3 + d_3 (2\ 500 + 1.84 t_3) = 101.2\ kJ/kg$

推算出热风出口温度：$t_3 = 72$ ℃

该温度可以满足木材干燥的工艺要求。在此余热回收项目中，由于应用了热泵，消耗电功率 107.3 kW，获得了 292.1 kW 的热负荷。每小时收集 180 kg 从湿空气中凝结下来的水分。

应当指出，上述几个应用实例，仅仅列出了热泵系统中的蒸发器、冷凝器和压缩机的主要参数和热平衡计算结果，为了实现某一特定的热泵系统，还需要分别对蒸发器和冷凝器进行具体的传热计算和结构设计，同时还要对压缩机等关键设备选择合适的型号。

8.4　空冷器排气的余热回收

1. 空冷器的优点和结构形式

空气冷却器是用环境空气冷却工艺流体的大型换热设备。在炼油厂、发电厂和其他工业领域中已得到广泛应用。为了强化空气的冷却效果，绝大多数空冷器都采用翅片管作为传热元件。为了节约水源，用空冷代替水冷已成为普遍的选择，空冷与传统的水冷相比，其主要优点在于：

（1）水日益成为紧缺的资源，在某些工业地区，水资源极为缺乏和珍贵，而空气到处都有，且可免费利用，为解决缺水瓶颈采用空气冷却是唯一可能的选择。

（2）采用空冷几乎不会对环境造成污染，若采用水冷，当换热器出现腐蚀和泄漏时，会对水资源造成污染。

（3）水需要加工和处理,在换热器中水的流动阻力较大,使得水冷的成本较高;而空气无须经过专门处理,因而运行成本较低。

此外,用空气作为冷却介质,与水比较,也有若干不足和特点:

（1）空气温度受大气温度及气候的影响很大,经常处于变动状态,不像水温容易控制。

（2）空气的入口温度为大气的干球温度,被冷却介质的出口温度不能低于大气干球温度,其冷却效果受大气温度的影响和制约。

（3）所需要的空气流量很大:空气在 20 ℃ 时,比热容为 1.0 kJ/(kg·℃),密度为 1.2 kg/m³,而水的比热容为 4.183 kJ/(kg·℃),密度为 998 kg/m³。在吸收同等热量和同样温升的情况下,空气的重量为水的 4.18 倍,空气的体积流量为水的 830 倍,所以空冷器需要大的风量、大的迎风面积和大的占地面积。

（4）空气的对流换热系数要远远低于水的对流换热系数,即使在采用翅片管的情况下,空冷器的传热系数也较低,比水冷器的传热系数低 5 倍左右。

空冷器的结构特点是:

（1）翅片管。为了提高空冷器的传热效果,绝大多数空冷器都要采用翅片管作为传热元件。由于空气流过翅片时几乎没有污染和腐蚀,在大多数运行条件下,表面积灰和结垢不严重,所以空冷器所采用的翅片管的翅片密度很大,翅化比可达 20 以上。翅片材质多为铝,而基管材质多采用碳钢或不锈钢。其中钢管／铝翅片轧制复合翅片管应用最为普遍,其结构特点如图 8.7 所示。

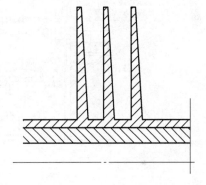

这种翅片管的接触热阻很小,此外,整体的铝翅片将基管与空气完全隔离,再加上加工容易,制

图 8.7　轧制复合翅片管

造成本较低等优点,因而成为目前空冷器制造行业的首选。常用的翅片管规格为:

基管外径:D_o = 20 ~ 25 mm;翅片高度:10 ~ 15 mm

翅片间距:2 ~ 4 mm;翅片厚度:0.3 ~ 0.6 mm,翅化比:15 ~ 25

（2）翅片管束。

由多支翅片管和管箱组成的传热单元称为翅片管束,如图 8.8 所示。

如图所示,翅片管束主要由翅片管和连接翅片管的管箱组成,管内介质的进口和出口置于同一个管箱上,另一管箱作为回转管箱。如图所示,这是属于两管程的空冷器结构。有的空冷器只有一个管程,管内被冷却的流体从一侧流进,从另一侧流出。为了换热的需要,有的空冷器通过管箱的分割或弯管的连接可形成多个管程。

在空气流动方向,一般布置 2 ~ 6 排翅片管,图中所示为 2 个管程,每 2 排翅片管为一个管程。各排翅片管之间是错排排列。管束的外形尺寸为 L(长)×W(宽)。为了便于运输和加工,长度 L 一般不超过 12 m,而宽度 W 不超过 3 m 为宜。

（3）翅片管束和风机的布置形式。

一台空冷器由若干个翅片管束并排在一起,构成一个完整的换热器传热结构。空冷器的翅片管束和风机有2种布置形式:图8.9中,管束水平布置,风机安装在下部,向上鼓风,称为鼓风式或强制通风式空冷器;图8.10中,管束水平放置,风机安装在上部,向上引风,称为引风式或诱导通风式空冷器。

2种形式的空冷器各有优缺点:对于强制通风式空冷器,进入风机的空气是没有加热的冷风,空气密度较大,风机的功率消耗较小;对于诱导通风式空冷器,进入风机的空气是经过加热后的热风,温度较高,因此风机耗能较大。此外,由于风机安装在高处,会给结构设计和安装工艺增加一定的难度。

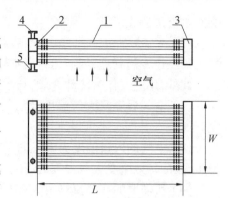

图 8.8 空冷器的翅片管束

1— 翅片管;2— 进／出口管箱;3— 回转管箱;
4— 管内介质进口管;5— 管内介质出口管

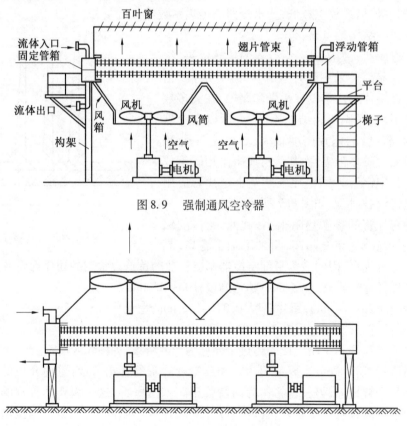

图 8.9 强制通风空冷器

图 8.10 诱导通风空冷器

在风机型号的选择上有3个重要的参数互相关联,即风量（m^3/h）、压头（Pa）及功率（kW）,这些参数要由设计确定。在结构上,往往采用多台风机,要与管束的迎风面合理地结合在一起。

为了防止日照、雨雪、低温等自然因素对管束及换热的影响,对于强制通风式空冷器,在翅片管束上部都要装设可调整开度的百叶窗。

除了图 8.9、8.10 所示的管束水平放置的形式之外,翅片管束还可以倾斜或垂直放置,如图 8.11、8.12 所示。

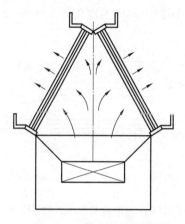

图 8.11　管束倾斜放置

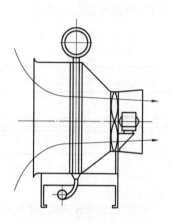

图 8.12　管束垂直放置

管束水平放置的空冷器特别适用于多管程的情况,而倾斜放置或垂直放置的空冷器,特别适用于单管程或管内蒸汽的凝结,蒸汽从上部管箱进入,凝液从下部管箱排出。此外,倾斜放置或垂直放置的空冷器,与水平放置相比,占地面积要减少一些,但对空气绕流翅片管束的流动均匀性会有一定影响。

在空冷器的设计中,管外是空气绕流翅片管束的换热,换热系数已有成熟的计算方法,然而,管内被冷却的介质会有各种不同的换热情况。按管内的换热特点空冷器可分为:

（1）管内是单相流体的冷却;

（2）管内是相变流体的凝结;

（3）管内是热流体的冷凝和冷却。

图 8.13 表明单相流体在单管程的情况下冷热流体的温度变化。随着热流体温度 T_L 的逐渐下降,空气出口温度 T_{a2} 也是逐渐下降的,但在管内流体的入口段,空气具有较高的出口温度。

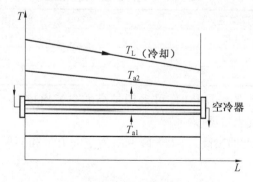

图 8.13　单相流体单管程冷热流体的温度分布

图8.14是纯相变流体在单管程情况下冷热流体的温度分布。由图可见,由于管内凝结过程对应的饱和温度为一常数,而且换热系数也基本为一常数,所以空气出口温度 T_{a2} 也保持不变。图8.15是管内流体冷凝和冷却同时存在时的情况,冷热流体的温度变化分为2个过程:在凝结段,T_{a2} 保持不变,在冷却段,T_{a2} 随管内流体温度而逐渐下降。

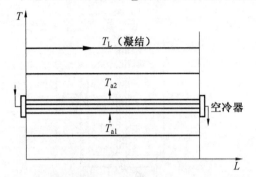

图8.14　纯相变流体单管程冷热流体的温度分布　　图8.15　冷凝冷却空冷器的温度分布

2. 空冷器排气的余热回收

如果管内介质的温度较高,空冷器将工艺流体冷凝或冷却下来,同时将工艺流体所包含的仍有一定应用价值的余热排向大气中。虽然空冷器节约了宝贵的水源,但却造成了可用能的浪费和对大气的热污染,从热力学的观点来说,造成了大气的无为的"熵增"。

此外,在传统的空冷器设计中,因为不考虑空冷排气的余热回收,所以选取的空气出口温度很低,使得空气流量和迎风面积大大增加,从而扩大了空冷器的占地面积。在大型的空冷器安装场地,多台空冷器的占地面积相当大,甚至堪比运动场的面积。土地是不可再生的资源,因而,为了节约能源,同时为了节约土地,对空冷器进行节能、节地的技术改造是完全必要的。

空冷器余热回收的技术措施是:

(1) 为了提高余热的应用价值,应尽量选择较高的空气出口温度,使该温度与热流体的入口温度保持适当的温差即可。例如,可选择的空气出口温度见表8.3。

表8.3　选择的空气出口温度

热流体入口温度/℃	空气出口温度/℃
120 ~ 140	80 ~ 100
100 ~ 120	60 ~ 80
60 ~ 80	40 ~ 50

其中,当热流体是凝结换热时,可采用较高的空气出口温度;当热流体是冷却换热时,可采用较低的空气出口温度。

(2) 空气出口温度的抬高,可大大降低所需空气流量和迎风面积。空气流量的计算式为

$$G = \frac{Q}{c_p(T_{a2} - T_{a1})}$$

式中　　Q——换热量,即空冷器的热负荷,由热流体热平衡计算;

　　　　T_{a2},T_{a1}——分别是空气的出口温度和入口温度。

由上式可见,空气流量 G 与空气的温升($T_{a2} - T_{a1}$)成反比。当换热量 Q 不变时,温升增加,则所需空气流量减少。例如,当温升($T_{a2} - T_{a1}$)从 20 ℃ 增至 40 ℃ 时,所需空气流量则减少至原来的一半。空气流量的减少则意味着空冷器迎风面积的缩小和空冷器结构形式的紧缩。

(3) 要采用较多的管程,并适当减小每一管程的管子长度,以使空气出口温度比较均匀。图 8.16 是单相流体在两管程情况下冷热流体的温度分布。管内流体在两个管程中温度沿 T_{L1}、T_{L2} 折线下降,而空气出口温度 T_{a2} 则呈折线状上升。随着管程的增加和管子长度的缩小,会使空气最后的出口温度趋于均匀。

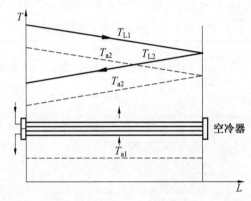

图 8.16　单相流体在两管程中冷热流体的温度分布

由于空气出口温度 T_{a2} 的提高,将导致空冷器对数平均温差的减小,使传热面积有所增加。在迎风面积减小的情况下,将使空冷器的纵向管排数增加。对于常规的空冷器,纵向管排数一般为 2 ~ 6 排,对于余热回收用空冷器,纵向管排数一般为 8 ~ 12 排。余热回收空冷器的风量一般为常规空冷器风量的 50% 左右,在迎面风速相同的情况下,余热回收空冷器的迎风面积要减小 50%,因而可节省一半左右的占地面积。

排出的热风(回收的热量)一般有 2 种利用方式:一种方式是热风的直接利用,在冬季用于车间的供暖、用于锅炉或热处理炉的送风,或用于某种烘干机的送风等;第二种是间接利用方式,可利用热风作为制冷系统或热泵的热源,或引入某一换热器中,将热量传递给另一介质。

下面通过 2 道例题说明余热回收用空冷器的设计要点,其设计方法和设计步骤与常规的空冷器相同或相近,可参阅相关文献。

例 5　设计一台具有余热回收功能的空冷器,该空冷器用于某设备排出的废水冷却,废水流量为 130 t/h, 压力为 0.5 MPa,要求管内废水温度从 130 ℃ 冷却至 40 ℃。希望空冷器能提供 80 ~ 85 ℃ 的热风,作为烘干设备的热源。建议空冷器的空气入口温度取 25 ℃。

该空冷器的热平衡计算如下:

(1) 管内热平衡计算。

热水流量:G_1 = 130 t/h = 36.1 kg/s

热水进入空冷器温度：$T_1 = 130\ ℃$

热水流出空冷器温度：$T_2 = 40\ ℃$

热水放热量：$Q = G_1 c_{p1}(T_1 - T_2) = 36.1\ \text{kg/s} \times 4.2\ \text{kJ/(kg·℃)} \times (130 - 40)℃$
$$= 13\ 646\ \text{kW}$$

（2）空气侧热平衡计算。

空气入口温度：$t_1 = 25\ ℃$

空气出口温度：$t_2 = 85\ ℃$（设定）

空气流量：$G_2 = \dfrac{Q}{c_{p2}(t_2 - t_1)} = \dfrac{13\ 646\ \text{kW}}{1.006\ \text{kJ/(kg·℃)} \times (85 - 25)℃} = 226\ \text{kg/s}$

（3）结构选择：纵向多排管束，风机强制对流，热排气全部回收。

设计步骤和结果见表8.4。

表8.4　余热回收空冷器设计

序	参数	数据	说明
设计条件	热水流量	$G_1 = 130\ \text{t/h} = 36.1\ \text{kg/s}$	给定
	热水压力	0.5 MPa	给定
	热水进入温度	$T_1 = 130\ ℃$	给定
	热水流出温度	$T_2 = 40\ ℃$	给定
	热负荷	$Q = 13\ 646\ \text{kW}$	水侧热平衡计算
	空气入口温度	25 ℃	选定
	空气出口温度	85 ℃	选定
	空气质量流量	226 kg/s	空气热平衡计算
迎风面参数	管束长度	$L = 6.0\ \text{m}$	选定
	管束宽度	$W = 2.8\ \text{m}$	选定，单管束
	单管束迎风面积	$L \times W = 16.8\ \text{m}^2$	
	管束数目	3.0	选定
	总迎风面积	$16.8\ \text{m}^2 \times 3 = 50.4\ \text{m}^2$	
	迎风面质量流速	4.48 kg/m²·S	质量流量/迎风面积
翅片管参数	基管外径	25 mm	选定
	基管内径	20 mm	选定
	翅片外径	50 mm	选定
	翅片高度	12.5 mm	选定
	翅片厚度	$t = 0.5\ \text{mm}$	选定
	翅片节距	$\delta = 2.3\ \text{mm}$	选定
	基管材质	碳钢 3078	选定
	翅片材质	AL	复合轧制铝翅片
	翅化比	17.52	计算
	横向管间距	$P_t = 56\ \text{mm}$	设定
	横向管排数	$N_1 = 46\ \text{排（单管束）}$	选定

续表 8.4

序	参数	数据	说明
管外换热系数	最窄截面空气质量流速	9.75 kg/(m²·s)	计算,参照 1.5 节
	翅片管外换热系数	66.3 W/(m²·℃)	由 1.5 节
	翅片效率	0.86	计算,由 1.5 节
	管外换热系数	1 006.5 W/(m²·℃)	见 1.5 节
管内换热系数	管程数	10,每管程为纵向 1 排管	初步设定,后校核
	纵向管排数	10	初步设定,后校核
	每管程翅片管数	46×3(管束) = 138 支	
	管内水流速	0.85 m/s	计算
	管内雷诺数	46 451	计算
	管内换热系数	5 338 W/(m²·℃)	计算,由式(1.15)
传热系数和传热面积	传热系数	804 W/(m²·℃)	
	传热温差	27.3 ℃	
	计算传热面积	621.7 m²	
	单管传热面积	0.471 24 m²	
	实取翅片管数	1 380	
	实取传热面积	650.3 m²	大于计算传热面积
阻力	空气流动阻力	$\Delta p = 400$ Pa	
质量	单只翅片管质量	14.9 千克/支	
	翅片管总质量	20 562 kg	
	设备总质量	33 000 kg	大约

面对 3 台并列水平管束,总迎风面积为 50.4 m²,可选择 1 台大型调频鼓风机,风机设计流量为 226 kg/s (678 000 m³/h),型号风量为 800 000 m³/h,型号压头 800 Pa。

该空冷器的整体结构如图 8.17 所示。如图所示,热水从 130 ℃ 降至 40 ℃ 共流过了自上而下排列的 10 排管。高温排气经过全封闭的管道流向热风用户干燥室。

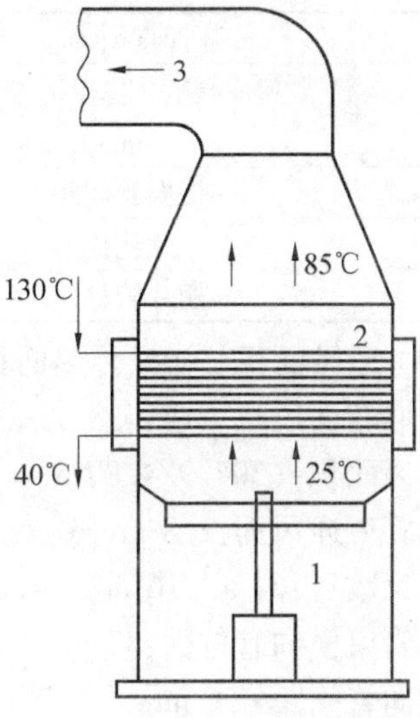

该空冷器的节能效果总汇:

空气入口温度:25 ℃,出口温度:85 ℃,温升: 60 ℃

空气流量:226 kg/s,回收热负荷:13 646 kW

假定锅炉热效率为 0.9,二类烟煤的热值为 20 934 kJ/kg

相当节煤量 0.724 kg/s (2 606 kg/h),即每天相当节煤 62.5 t

节省占地面积:本设计占地约 50 m²,常规设计约 100 m²

图 8.17 余热回收空冷器整体结构
1— 鼓风机;2— 冷却器;3— 回收热风

例 6 设计一台用于水蒸气冷凝的空冷器,已知饱和蒸汽的入口温度为 $T_1 = 80$ ℃,

冷凝水的出口温度为 $T_2 = 40\ ℃$，入口蒸汽流量为 $18\ t/h(G_1 = 5.0\ kg/s)$。根据当地气象资料，取空气的设计入口温度为 $T_{a1} = 20\ ℃$。

为了回收空冷排气的余热，希望空气出口温度达到 $60\ ℃$，以作为某一热泵系统的蒸发器热源使用。

设计步骤如下：

（1）热负荷计算。

蒸汽入口焓值：在 $T_1 = 80\ ℃$ 下，$i_1 = 2\ 643.1\ kJ/kg$

水出口焓值：在 $T_2 = 40\ ℃$ 下，$i_2 = 167.5\ kJ/kg$

蒸汽流量：$G_1 = 5.0\ kg/s$

换热量：$Q = G_1(i_1 - i_2) = 12\ 378\ kW$

其中，水凝结放出的热量为 $11\ 540.5\ kW$，占总热负荷的 93.2%；水冷却放出的热量为 $837.5\ kW$，占总热负荷的 6.8%。

（2）空气流量的确定。

空气入口温度 $T_{a1} = 20\ ℃$，空气出口温度 $T_{a2} = 60\ ℃$

需要的空气流量为

$$G_a = \frac{Q}{c_{p2}(T_{a2} - T_{a1})} = \frac{12\ 378\ kW}{1.005\ kJ/(kg \cdot ℃) \times (60 - 20)℃} = 307.9\ kg/s$$

（3）翅片管束选择。

总体结构：强制对流风机，多管程，多管束空冷器。

翅片管的参数见表 8.5。

表 8.5　翅片管参数

基管直径 /mm	$\phi 25 \times 2.5$
翅片高度／厚度／节距 /mm	12.5/0.5/2.3
横向管间距	56 mm
翅化比	17.52
翅片管材质	钢铝复合轧制环形翅片管

（4）迎风面积及初设传热面积。

选取迎面质量风速：$4.8\ kg/(m^2 \cdot s)$

迎风面积：$(307.9/4.8)m^2 = 64\ m^2$

单管束迎风面：$2.8\ m(宽) \times 5.72\ m(长) = 16\ m^2$

管束数目：$64\ m^2/16\ m^2 = 4.0$

单管束横向管排数：47

横向管间距：56 mm

纵向排列方式：错排

初步设定：纵向管排数：12 排，管程数：3，每管程为 4 排管。

管子根数：$(47 \times 12) \times 4 = 2\ 256$ 支

（5）管内换热系数。

因凝结换热负荷占总热负荷的 93.2%，按凝结换热计算：

依据水平管内凝结换热公式(1.26),有

$$h_i = 0.456 \left[\frac{\rho_l g \lambda_l^3 r}{\mu D_i q} \right]^{1/3}$$

式中　q——为热流密度,W/m^2,需先假定,后校正。

计算结果约为

$$h_i = 13\ 000\ \text{W/(m}^2 \cdot \text{℃)}$$

考虑到单相水的冷却换热的影响,选取

$$h_i = 10\ 000\ \text{W/(m}^2 \cdot \text{℃)}$$

(6) 翅片管外换热系数。

一个翅片节距内迎风面积:2.3 mm × 56 mm = 128.8 mm^2

一个翅片节距内最窄流通面积:

2.3 mm × 56 mm − 12.5 mm × 0.5 mm × 2 − 25 mm × 2.3 mm = 58.8 mm^2

最窄截面空气的质量流速:$G_m = \left(4.8 \times \dfrac{128.8}{58.8} \right)$ kg/(m^2 · s) = 10.5 kg/(m^2 · s)

其中,空气的迎风面质量流速为:4.8 kg/(m^2 · s)

在平均温度下空气的物性:

$$\lambda = 0.027\ 6\ \text{W/(m} \cdot \text{℃)}, \quad \rho = 1.128\ \text{kg/m}^3$$

$$\mu = 19.1 \times 10^{-6}\ \text{kg/(m} \cdot \text{s)}, \quad c_p = 1.005\ \text{kJ/(kg} \cdot \text{℃)}$$

$$Pr = 0.699$$

环形翅片管的换热系数按式(1.53)计算:

$$h = 0.137\ 8 \frac{\lambda}{D_o} \left(\frac{D_o G_m}{\mu} \right)^{0.718} (Pr)^{1/3} \left(\frac{Y}{H} \right)^{0.296}$$

式中　h——翅片管外表面的换热系数,W/(m^2 · ℃);

D_o——翅片基管外径,为 0.025 m。

Y, H——分别为翅片间隙和翅片高度,其值分别为 0.001 8 m,0.012 5 m。

代入上式计算,得

$$h = 71.2\ \text{W/(m}^2 \cdot \text{℃)}$$

(7) 翅片效率的计算。

环形翅片的翅片高度:

$$L = 0.012\ 5\ \text{m}$$

$$L_c = L + \frac{t}{2} = 0.012\ 5\ \text{m} + 0.000\ 25\ \text{m} = 0.012\ 75\ \text{m}$$

$$mL = L_c \sqrt{\frac{2h}{\lambda t}} \sqrt{1 + \frac{L}{2r_1}} = 0.703$$

其中　λ——翅片材料的导热系数,对于铝,$\lambda = 180$ W/(m · ℃),翅片厚度 $t = 0.000\ 5$ m $\times 2r_1 = D_o = 0.025$ m,

翅片效率:$\eta_f = \dfrac{\tanh mL}{mL} = 0.862$

（8）基管外表面换热系数 h_o。

$$h_o = h \times \frac{\eta_f \cdot A_f + A_b}{A_o}$$

其中，A_f—— 翅片外表面积，

$A_f = [\pi(r_2^2 - r_1^2) \times 2] + 2\pi r_2 \times t = \pi(25^2 - 12.5^2)\,\text{mm}^2 \times 2 + 2\pi \times 25\,\text{mm} \times 0.5\,\text{mm}$

$= 3\,023.7\,\text{mm}^2$

A_b 为裸管面积，$A_b = 2\pi r_1 \times Y = 2\pi \times 12.5\,\text{mm} \times (2.3 - 0.5)\,\text{mm} = 141.3\,\text{mm}^2$

A_o 为基管面积，$A_o = 2\pi r_1 \times y = 2\pi \times 12.5\,\text{mm} \times 2.3 = 180.6\,\text{mm}^2$

代入上式，$h_o = 1\,083\,\text{W}/(\text{m}^2 \cdot \text{℃})$

翅化比：$\beta = \dfrac{A_f + A_b}{A_o} = 17.52$

（9）传热系数。

基管外部热阻：$\dfrac{1}{h_o} = \dfrac{1}{1\,083}(\text{m}^2 \cdot \text{℃})/\text{W} = 0.000\,923\,1\,(\text{m}^2 \cdot \text{℃})/\text{W}$

管内热阻：$\dfrac{D_o}{D_i}\dfrac{1}{h_i} = \dfrac{0.025}{0.02}\dfrac{1}{10\,000} = 0.000\,125\,(\text{m}^2 \cdot \text{℃})/\text{W}$

管壁热阻：$\dfrac{D_o}{2\lambda}\ln\dfrac{D_o}{D_i} = \dfrac{0.025}{2 \times 40}\ln\dfrac{0.025}{0.02} = 0.000\,069\,7\,(\text{m}^2 \cdot \text{℃})/\text{W}$

基管和翅片为钢／铝结构，接触热阻：$R_c = 0.000\,125\,(\text{m}^2 \cdot \text{℃})/\text{W}$

管外污垢热阻：$R_{f0} = \dfrac{r_f}{\eta_f \beta} = \dfrac{0.000\,172}{0.862 \times 17.52} = 0.000\,011\,(\text{m}^2 \cdot \text{℃})/\text{W}$

管内污垢热阻：$R_{fi} = r_f \times \dfrac{D_o}{D_i} = 0.000\,088 \times \dfrac{0.025}{0.02} = 0.000\,11\,(\text{m}^2 \cdot \text{℃})/\text{W}$

热阻之和：$\sum R = 0.001\,363\,8\,(\text{m}^2 \cdot \text{℃})/\text{W}$

传热系数：$U_o = \dfrac{1}{\sum R} = 733.2\,\text{W}/(\text{m}^2 \cdot \text{℃})$

（10）传热温差。

热流体温度：$80\,\text{℃} \rightarrow 40\,\text{℃}$，冷流体温度：$20\,\text{℃} \rightarrow 60\,\text{℃}$

传热温差：$\Delta T = 20\,\text{℃}$

（11）传热面积。

传热面积：$A = \dfrac{Q}{U_o \Delta T} = \dfrac{12\,378\,000\,\text{W}}{733.2\,\text{w}/(\text{m}^2 \cdot \text{℃}) \times 20\,\text{℃}} = 844.1\,\text{m}^2$

单管传热面积：$A_1 = \pi D_o L = 0.449\,25\,\text{m}^2$

翅片管总数：$N = \dfrac{A}{A_1} = 1\,879\,$支

初步设计中，选取管子总数为 $2\,256$ 支，满足设计要求，安全系数为 $2\,256/1\,879 =$ 1.2。

（12）空气侧流动阻力。

对环形叉排翅片管束,由式(1.54),(1.55):

$$\Delta p = f \cdot \frac{N_2 \times G_m^2}{2\rho}$$

$$f = 37.86(G_m D_b/\mu)^{-0.316}(s_1/D_b)^{-0.927}$$

式中 G_m —— 为最窄截面质量流速, $G_m = 10.5$ kg/(m$^2 \cdot$ s);

N_2 —— 为纵向管排数, $N_2 = 12$;

D_b —— 基管外径, $D_b = 0.025$ m;

s_1 —— 横向管间距, $s_1 = 0.056$ m;

μ —— 空气黏度, $\mu = 19.1 \times 10^{-6}$ kg/(m $\cdot$ s);

ρ —— 空气密度, $\rho = 1.128$ kg/m^3。

计算结果为: $f = 0.8828$, $\Delta p = 518$ Pa。

每排管的流动阻力为:518/12 = 43.2 Pa。

（13）设计结果,见表8.6

表8.6 设计结果

序	参数	数值	注
1	风机台数	2	变频调速鼓风机
2	风机单台迎风面积/m^2	32	
3	总迎风面积/m^2	64	
4	迎面质量风速/(kg $\cdot$ m^{-2} $\cdot$ s^{-1})	4.8	选定
5	单台风机所需风量/(m^3 $\cdot$ h^{-1})	461 850	风机型号风量: 540 000
6	管束数目	4	选定
7	单管束迎风面/(m × m)	2.8 × 5.72	选定
8	纵向管排数	12	选定
9	单管束横向管排数	47	纵向错排
10	横向管间距/mm	56	
11	单管束翅片管数	47 × 12 = 564	
12	翅片管总数	564 × 4 = 2 256	
13	管程数	3	
14	基管直径/mm	$\phi25 \times 2.5$	
15	翅片管有效长度/mm	5 720	
16	翅片高度/厚度/节距/mm	12.5/0.5/2.3	
17	翅化比	17.52	
18	单管传热面积/m^2	0.447 25	以基管外表面为基准
19	总传热面积/m^2	1 009	安全系数1.2
20	空气流动阻力/Pa	518	空冷器管束阻力

（14）余热回收空冷器总体布置,如图8.18所示。

每个管束的迎风面尺寸为2.8 m(宽)×5.72 m(长),图8.18所示的是宽度尺寸,总宽度为 2.8 m × 4 = 11.2 m。80 ℃ 的蒸汽从后面管箱进入,每 4 排管为 1 个管程,流过 3 个管程后,40 ℃ 的凝结水从前面的管箱流出。每台风机面对 2 个管束,每台风机的迎风面积约 32 m²。管束和风机的平面布置如图 8.19 所示。

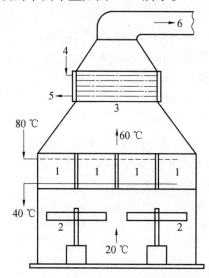

图 8.18　总体布置图

1— 空冷器管束(4 管束);2— 鼓风机(2 台);

3— 余热回收设备;4— 介质入口;

5— 介质出口;6— 空气出口

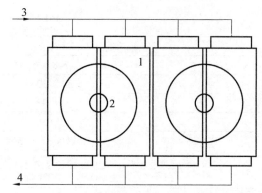

图 8.19　管束和风机的平面布置

1— 管束(4 台);2— 风机(2 台);3— 蒸汽入口管;4— 水出口管

该空冷器的节能效果总汇:

空气入口温度 20 ℃,出口温度 60 ℃,温升 40 ℃

空气流量 307.9 kg/s,回收热负荷:12 378 kW

假定该热负荷在某热泵系统的蒸发器中仅应用了其中的 50%,即 12 378 kW/2 = 6 189 kW,若用燃煤锅炉提供该数量的热能,假定锅炉热效率为 0.9,二类烟煤的热值为 20 000 kJ/kg,则耗煤量为 0.344 kg/s(1 238 kg/h),相当每天节煤约 30 t。

节省占地面积:本设计占地约 70 m²,常规设计约 140 m²。

8.5 环境冷能在冻土区的应用

1. 应用背景

我国有着广阔的永久冻土区域和季节冻土区域。永久冻土区,又称多年冻土区,占我国国土面积的21.5%,而季节冻土区分布更为广泛,占国土面积的53.5%。例如,青藏铁路经过的青藏高原,绝大部分为永久冻土区。冻土温度一般在 - 2 ~ 0 ℃ 之间,有的地段土层中含有冰。在永久冻土区或季节冻土区的表层随着大气温度的变化,处于暖季融化,寒季冻结的状态,故又称融冻层或季节活动层。

在冻土区或季节冻土区修建铁路、公路、桥梁或大型建筑物,遇到的最大障碍之一是基础下部的融冻层或季节活动层,建筑物的基础会在寒冷的季节发生冻结而膨胀,而在温暖的季节会发生融化而塌陷。为了解决这一难题,人们希望建筑物下面的基础和含有冰水的土层永远处于冰冻状态,不受上部气候的影响。为此,需要采取某种特殊的地下冷冻技术,将地下的热量传输上来,或者说,寻找一个合适的冷源,将冷量传输下去。

幸运的是,在冻土区或季节冻土区,有着漫长的冬天,而且冬天的气候是寒冷的,在寒冷的大气中,储藏着大量的"冷能",那么能否将大气中的冷能传输到建筑物下部的土层中,使其降温并永远处于冻结状态?

为了解决这一难题,应用热管是一种有效的和有竞争力的技术方案,因而受到极大的重视。其工作原理是:将热管的蒸发段深深地插入靠近地基的土层中,而将热管凝结段暴露于空气中,在寒季,当空气温度低于土壤温度时,热管蒸发段吸收周围土壤中的热量,通过管内介质的相变传热将热量传至热管上部的凝结段,最后由凝结段的外表面传给周围的空气。由于长时间的传热,热管蒸发段周围的土壤温度逐渐下降,并达到某一低温水平,使周围的土层冻结或冻结得更硬实,从而强化了土壤基础;此外,在一年的暖季中,当空气温度高于冻土中的土壤温度时,热管将自动地停止运行,这时,热管上部空气中的热量将不会自动地通过相变传热传给热管下部的土壤,从而使土壤在寒季储藏的冷量及达到的低温效果得以保存。

由此可见,在冻土地带应用的热管作为土壤和大气之间的传热元件,它巧妙地利用土壤和大气之间的温差将土壤中的热量传给大气,或者也可以说,将大气在寒季中的冷量储存在土壤中。因为这种传热过程或储冷过程并不需要外加的能源,因而这一热管的应用方案是节能而环保的,所以受到广泛的欢迎和重视。该项技术最早的成功应用实例是在20世纪70 ~ 80年代美国阿拉斯加输油管线基础上的应用,如图8.20所示。在我国已应用于青藏铁路的某些地段中,如图8.21所示。此外,在冻土地带的公路、桥梁、电塔等工程中,都有广泛的应用前景。

图 8.20　阿拉斯加输油管线上的冻土热管　　　　图 8.21　青藏铁路上的冻土热管

在冻土地带应用的热管都是碳钢／氨热管,即管内介质为氨(NH_3),管壳材料是碳钢,因为在这一温度范围内氨是最理想的低温介质,而碳钢与氨是化学相容的,可以保证热管的工作寿命。氨在冻土地带的低温条件下有较高而适宜的工作压力,氨的饱和温度和饱和压力特别适宜在 $-40\sim+40\ ℃$ 范围内工作,如下所示:

$-40\ ℃／0.76\ bar, -20\ ℃／1.93\ bar$

$+20\ ℃／8.46\ bar, +40\ ℃／15.34\ bar$

而其他相近的介质,如甲醇、丙酮等在 $0\ ℃$ 以下处于高真空状态,这对热管的运行是极不利的。此外,氨的汽化潜热等物性值都很优越,所以,氨是冻土热管的首选介质。

氨／钢热管的制造和应用需要解决的技术难题是:

(1)氨介质纯度的保证,要求纯度大于99.9%;

(2)钢管内部防腐处理(可利用现有的碳钢／水热管的处理工艺);

(3)热管的真空备制:抽空或排气法的优选及实施;

(4)工质的灌注和工质量的控制;

(5)热管制造质量和传热性能的判定;

(6)热管的外部防腐工艺及方法;

(7)热管的现场安装及现场性能标定;

(8)热管的结构设计。

青藏铁路应用的热管,在现场试验中所选用的热管尺寸为:管径为 $\phi76\times5$ 或 $\phi89\times6$,热管长为 12 m,其中埋深 8 m;在工程应用中实际采用的热管元件尺寸为:$\phi89\times6$,总长 7 m,埋深 5 m,在 2 m 的凝结段中,采用翅片管,翅片部分长度为 1.4 m。在阿拉斯加输油管线上应用的是直径为 50 mm 的热管,两支热管并列在一起插入装满了土壤的外部套管中,再将该套管深深地埋入输油管附近的冻土层,将套管成对地布置在输油管线的两侧,在强化冻土层的同时,还起到对输油管的支撑作用。

为了掌握热管埋设之后的传热效果或储冷效果,即为了了解热管周围的土壤温度随时间和地点的变化规律,一般有 2 种研究方法:一是实验法,尤其是现场试验法,即在热管周围土壤的不同地点,预先埋设若干个测温井,用以测量在不同时刻、不同地点处的土壤温度;第二个方法是数值模拟法,即通过数值计算来确定任何时刻、任意地点的连续的土壤温度场。本节将重点介绍数值模拟法,提出了物理模型和控制方程,在分析各项传热热阻的基础上,推导出与大气气温相关联的边界条件,计算出了土壤温度场的典型变化规律,并对冻土热管的传热特点进行了分析和计算。

2.数值模拟和分析

(1)物理模型和控制方程。

数值模拟的目的是确定热管周围土壤的温度场。模拟的范围及相关条件如图 8.22所示。

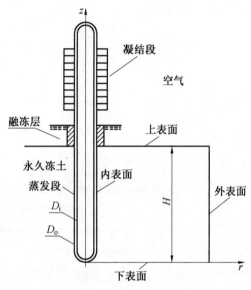

图 8.22　在永久冻土中的热管

在图 8.22 中,考虑一个在热管周围充满了冻土的圆柱体。轴对称的圆柱体坐标为 r,热管轴线为 z 坐标。并采取下列假定条件:① 在冻土内只有热传导过程存在,不考虑土壤中的相变和传质过程;② 被模拟的土壤圆柱体的顶部和底部为绝热面;③ 只考虑单支热管的存在;④ 圆柱体的外径足够大,其外边界可考虑为等温表面,为原冻土温度为 T_∞;⑤ 圆柱体的内边界为热管蒸发段外径为 D_o 的外表面,并假想在此界面上存在某种第三类边界条件,而这一条件应由热管传热的一系列热阻推导出来。

考虑到上述条件,热管周围土壤圆柱体内的导热过程可归结为圆柱坐标下的非稳态一维导热过程,其控制方程为

$$C \frac{\partial T}{\partial \tau} = \frac{1}{r} \frac{\partial}{\partial r}\left(\lambda r \frac{\partial T}{\partial r}\right) + \frac{\partial}{\partial z}\left(\lambda \frac{\partial T}{\partial z}\right) \tag{8.6}$$

如图 8.22 所示,从土壤至空气的传热过程由 7 项过程组成:① 由土壤至蒸发段外表面之间的导热;② 由蒸发段外表面至内表面之间的导热;③ 管内介质的蒸发传热;④ 从蒸发段向凝结段蒸汽的流动过程和热量的携带(该项热阻很小,可以忽略);⑤ 在凝结段内的介质凝结传热;⑥ 从凝结段管壁内表面向外表面的导热;⑦ 凝结段外表面和周围空气之间的对流换热。每一项传热过程对应一项热阻,也就是说,热量从土壤传给大气要经过串联的 7 项热阻。考虑到在 7 项热阻中,唯有第一项热阻,即土壤至蒸发段外壁的热

阻为最大,而且考虑到热管本身的热容量相对很小,因而可以假定:在任何瞬间,在蒸发段外表面从土壤中吸收的热量 Q_i 将等于在凝结段外表面散失给空气中的热量。

上述各传热过程中的 ② ~ ⑦,可依次表示如下:

$$\frac{Q_i \ln \dfrac{D_o}{D_i}}{2\pi\lambda_w L_e} = T_{o,e} - T_{i,e} \tag{8.7}$$

$$\frac{Q_i}{h_e \pi D_i L_e} = T_{i,e} - T_{v,e} \tag{8.8}$$

$$T_{v,c} = T_{v,e} \tag{8.9}$$

$$T_{v,c} - T_{i,c} = \frac{Q_i}{h_c \pi D_i L_c} \tag{8.10}$$

$$T_{i,c} - T_{o,c} = \frac{Q_i \ln \dfrac{D_o}{D_i}}{2\pi\lambda_w L_c} \tag{8.11}$$

$$T_{o,c} - T_a = \frac{Q_i}{h_{o,c} \pi D_o L_c} \tag{8.12}$$

式中　$T_{o,e}, T_{i,e}, T_{v,e}, T_{v,c}, T_{i,c}, T_{o,c}$ 及 T_a——分别表示为蒸发段外壁温度,蒸发段内壁温度,蒸发段蒸汽温度,凝结段蒸汽温度,凝结段内壁温度,凝结段外壁温度及管外大气温度;

h_e, h_c, λ_w——分别为管内蒸发换热系数、凝结换热系数和管壁导热系数;

L_e, L_c——分别为蒸发段长度和凝结段长度;

Q_i——热流(传热量),W。

将式(8.7) ~ (8.12)各式相加,即可解出热流 Q_i,如下式:

$$Q_i = \pi D_o L_e \cdot h_{o,e} \cdot (T_{o,e} - T_a) \tag{8.13}$$

$$h_{o,e} = \cfrac{1}{\dfrac{D_o \ln \dfrac{D_o}{D_i}}{2\lambda_w} + \dfrac{D_o}{h_e D_i} + \dfrac{D_o L_e}{h_c D_i L_c} + \dfrac{D_o L_e \ln \dfrac{D_o}{D_i}}{2\lambda_w L_c} + \dfrac{L_e}{h_{o,c} L_c}} \tag{8.14}$$

式中　h_{oe}——以蒸发段外表面为基准的相当换热系数,由式(8.14)确定,它可以看作所模拟的圆柱体土壤的一个边界条件,它代表在土壤和热管蒸发器界面之间的换热强度。

根据上述解释,与式(8.14)和控制方程(8.6)相结合的初始条件和边界条件如下:

$$\tau = 0 : T = T_\infty$$

$$\tau > 0 : Z = 0, \quad Z = H, \quad \lambda \frac{\partial T}{\partial z} = 0$$

$$r = D_o/2, \quad \lambda \frac{\partial T}{\partial r} = h_{o,e}(T_{o,e} - T_a) \tag{8.15}$$

$$r \to \infty, \quad T(r,z) = T_\infty$$

式中　　H——所模拟的圆柱体的高度；

　　　　T_∞——永久冻土的初始温度(此处取 $T_\infty = -2\ ℃$)。

(2) 气温关联式。

大气温度的变化,直接影响热管的工作状况,从而也直接影响着土壤温度场。为了得到在式(8.13)及式(8.15)中的空气(大气)温度 T_a,需要根据应用现场的气象资料,绘制1年中365天的按天平均的气温变化曲线。根据青藏铁路经过的风火山地区在1995年的气象数据,绘制了一年中的气温变化曲线,如图8.23所示。

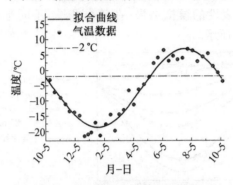

图8.23　一年中气温随时间的变化

图8.23中的数据点代替每10天的平均气温,回归的曲线是一种三角函数,即一年中的气温按三角函数的规律变化。其关联表达式为

$$T_a = -12.75\sin\{[3.14(D - 88)/180 + 1.23] \times \frac{180}{\pi} - 5.84 \tag{8.16}$$

式中　　D——从10月5日算起的天数。

按照式(8.16),最低的大气温度为 $-18.5\ ℃$,发生在1月15日左右;最高气温为 $+7\ ℃$,发生在7月20日至25日,当大气温度低于冻土温度($-2\ ℃$)时,热管开始将土壤中的热量传给大气的传热过程。对于热管埋设后的第一个年度,热管传热期间的长短可由温度为 $-2\ ℃$ 的一条水平线与气温曲线相交所形成的下部区间来确定。一般将这一区间称为"寒季",而将气温曲线高于冻土温度的区间,称为"暖季",由式可以算出,对于给定的这一气象条件,热管工作的寒季,从10月5日开始至第二年5月10日结束,共215 d,而暖季从5月10日至10月5日,共计145 d(每年按360天计算)。应当指出,由该气温变化曲线所确定的寒季和暖季的时间段划分是理想情况,事实上,随着热管周围土壤温度的不断降低,在寒季的末期,热管周围的土壤温度已低于原冻土温度 $-2\ ℃$ 的水平,因此,在气温达到 $-2\ ℃$ 以前,即当气温低于 $-2\ ℃$ 时,热管已停止了工作。所以实际的热管工作期(即寒季的长短)将少于由图确定的215 d,可能在200 d左右,即在4月下旬(而非5月10日)热管工作的寒季就结束了。所以,在下面的数值计算中,时间范围只计算到200 d为止(即4月25日)。

由此可以推断,由于第一年土壤储冷降温的结果,在第二年寒季开始时的大气温度将不再是 $-2\ ℃$,而是当时热管周围的实际土壤温度(小于 $-2\ ℃$),因而第二年的寒季比上一年的寒季要缩短,此依类推。本数值模拟将只考虑热管埋设后第一个寒季来临以后的情况。

（3）模拟方法和模拟结果。

用控制容积法将控制方程离散化，并假定在控制容积中物性是均匀的。在式(8.15)中，相当换热系数 h_{oe} 的计算是至关重要的，由式(8.14)可以看出，h_{oe} 是多个变量的函数，其中，空气侧的对流换热系数 h_{oc} 是一控制因素。h_{oe} 本身受多种因素的影响，应按翅片管管外换热的有关公式计算，并选取由气象资料提供的当地风速 $v = 4$ m/s 作为计算依据。在数值计算中，选取的时间跨度是整个寒季，即气温低于 -2 ℃ 的所有天数（200 d）。

下面给出几个有代表性的模拟结果：在整个寒季，不同半径处的土壤温度变化曲线。计算结果如图 8.24 所示。

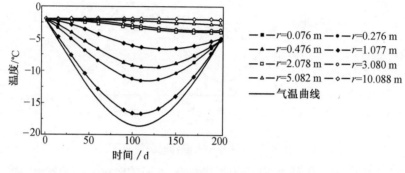

图 8.24　在整个寒季土壤温度的变化

图 8.24 中，选取土壤不同的半径坐标，从 $r = 0.076$ m 至 10.088 m。横坐标为热管运行的天数，概括了整个寒季 200 d，由图中的曲线可以看出：在距离热管中心线 1 m 的范围内，随着寒季的到来，土壤各点温度随时间明显地下降，在离热管很近的土层（$r = 0.076$ m），土壤温度接近气温的变化，在 100 d 左右，温度可降至 -15 ℃ 以下。

对于离热管较远的土层，例如 $r = 2 \sim 3$ m 处，在寒季开始大约 30 d 后，才开始降温的变化，在整个寒季，降温幅度很小，约 $1 \sim 2$ ℃ 左右，最大降温发生在寒季即将结束的时段。对于 $r > 5$ m 的区域，热管的影响就很小了，开始发生变化的时间大约在 2 个月以后，发生在寒季的末期，最大的温降在 1 ℃ 左右。

计算表明，在整个 200 d 的寒季中，土壤温度的变化规律是不一样的，可明显地分为 2 个时间段，分别为"储冷段"和"冷量扩散段"，如图 8.25 所示。

图 8.25(a) 对应的时间段是当气温从 -2 ℃ 逐渐降低到寒季的最低气温的时候所对应的时间段，大约为 100 d（从 10 月 5 日至 1 月 15 日），在此时间段，各处土壤温度是逐渐下降的，且壁面处土壤温度曲线的斜率随时间延长越来越大，说明土壤传热量即储冷量逐渐增加，故这一时间段可称为"储冷段"。而对于图 8.25(b) 所示的第二时间段，对应气温逐渐增加的情况，从寒季的最低气温升至寒季接近终了时的温度，时间段为从第 100 d 至第 200 d（对应从 1 月 15 日至 4 月 25 日）。在这一时间段，温度变化有不同的特点：随着气温的回升，靠近热管的土壤温度逐渐升高，而远处的温度仍逐渐降低，温度曲线呈现逐渐展平的趋势，故可将这一时间段称为"冷量扩散段"。

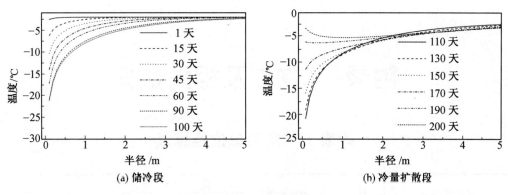

图 8.25　土壤温度的变化

（4）储冷量的计算。

热管周围土壤在寒季终了时的温度分布代表了该时的总体储冷效果，热管周围 5 m 半径内土体在一个寒季（200 d）最终储冷量可用下式计算：

$$Q = \int_{r=0.076}^{5} c_p \times [(-2) - t_i] \times m_i dr = 1.427 \times 10^6 [\text{kJ}] = 3.4 \times 10^5 [\text{Kcal}]$$

其中，c_p，t_i，m_i 分别为土壤的比热，不同半径处的温度和不同半径处的体积质量，取值如下：$c_p = 1.3173$ kJ/(kg·K)（假定土质为亚黏土，含水量为 17%）；t_i 选取各控制容积上的温度值；$m_i = \rho \times \Delta v_i$，此处计算的土层高度为 5 m，土壤密度 $\rho = 1400$ kg/m³。由上述计算结果可知，热管在 200 d 内的平均功率为 82.6 W。单支热管在一个寒季中的总传热量（总储冷量）为 1 427 328 kJ，相当于 68 kg 标准煤的发热量，这是一个很可观的效果。这就是单只热管为"储冷"所做的贡献。

将热管制造并安装在冻土层之上，不用消耗能源，不用消耗电力，热管会年复一年地将环境中的冷能传输并储藏在地下，保证了周围土层一直处于冰冻状态，从而保证了建在其上部的铁路、桥梁和建筑物的运行安全。

应当指出，在第 200 天时的最后一条温度曲线是相当水平的一条曲线，这将是第一个寒季结束时土壤温度的最终结果和分布形态。在即将来临的暖季，由于热管的"二极管"效应，热管会自动进入"休眠期"，空气中的热量是不会通过热管工质的相变传至地下的，从而保证了地下储存的冷量不会造成大的损失。但土壤温度是不会停止不变的，它还会继续展平，直到第二个寒季到来时，在原来储冷效果的基础上再开始新的储冷过程。

附录 物性及相关数据

附表 1 常用单位换算表

物理量名称	符号	换算系数	
		国际单位制	米制工程单位
压力	P	bar, $10^5 \mathrm{N/m^2}$, (Pa)	atm, $\mathrm{kgf/cm^2}$
		1	1.019 72
		0.980 665	1
运动黏度	V	$\mathrm{m^2/s}$	$\mathrm{m^2/s}$
		1	1
动力黏度	μ	kg/m·s	(kgf·s)/$\mathrm{m^2}$
		1	0.101 972
		9.806 65	1
热量	Q	kJ	Kcal
		1	0.238 8
		4.186 8	1
比热容	C	kJ/(kg·℃)	kcal/(kgf·℃)
		1	0.238 8
		4.186 8	1
热流密度	q	$\mathrm{W/m^2}$	kcal/($\mathrm{m^2}$·h)
		1	0.859 8
		1.163	1
导热系数	λ	W/(m·℃)	kcal/(m·h·℃)
		1	0.859 8
		1.163	1
换热系数,传热系数	h, $U(k)$	W/($\mathrm{m^2}$·℃)	kcal/($\mathrm{m^2}$·h·℃)
		1	0.859 8
		1.163	1
功率	N	W	kcal/h
		1	0.859 8
		1.163	1

附表 2 干空气的热物理性质 ($p = 1.01 \times 10^5$ Pa)

$\dfrac{t}{℃}$	$\dfrac{\rho}{kg/m^3}$	$\dfrac{c_p}{kJ/(kg \cdot ℃)}$	$\dfrac{\lambda \times 10^2}{W/(m \cdot ℃)}$	$\dfrac{a \times 10^8}{m^2/s}$	$\dfrac{\mu \times 10^6}{kg/(m \cdot s)}$	$\dfrac{v \times 10^6}{m^2/s}$	Pr
− 50	1.584	1.013	2.04	12.7	14.6	9.24	0.728
− 40	1.515	1.013	2.12	13.8	15.2	10.04	0.728
− 30	1.455	1.013	2.20	14.9	15.7	10.80	0.723
− 20	1.394	1.009	2.28	16.2	16.2	11.61	0.716
− 10	1.342	1.009	2.36	17.4	16.7	12.43	0.712
0	1.293	1.005	2.44	18.8	17.2	13.28	0.707
10	1.247	1.005	2.51	20.0	17.6	14.16	0.705
20	1.205	1.005	2.59	21.4	18.1	15.06	0.703
30	1.165	1.005	2.67	22.9	18.6	16.00	0.701
40	1.128	1.005	2.76	24.3	19.1	16.96	0.699
50	1.093	1.005	2.83	25.7	19.6	17.95	0.698
60	1.060	1.005	2.90	27.2	20.1	18.97	0.696
70	1.029	1.009	2.96	28.6	20.6	20.02	0.694
80	1.000	1.009	3.05	30.2	21.1	21.09	0.692
90	0.972	1.009	3.13	31.9	21.5	22.10	0.690
100	0.946	1.009	3.21	33.6	21.9	23.13	0.688
120	0.898	1.009	3.34	36.8	22.8	25.45	0.686
140	0.854	1.013	3.49	40.3	23.7	27.80	0.684
160	0.815	1.017	3.64	43.9	24.5	30.09	0.682
180	0.779	1.022	3.79	47.5	25.3	32.49	0.681
200	0.746	1.026	3.93	51.4	26.0	34.85	0.680
250	0.674	1.038	4.27	61.0	27.4	40.61	0.677
300	0.615	1.047	4.60	71.6	29.7	48.33	0.674
350	0.566	1.059	4.91	81.9	31.4	55.46	0.676
400	0.524	1.068	5.21	93.1	33.0	63.09	0.678
500	0.456	1.093	5.74	115.3	36.2	79.38	0.687
600	0.404	1.114	6.22	138.3	39.1	96.89	0.699
700	0.362	1.135	6.71	163.4	41.8	115.4	0.706
800	0.328	1.156	7.18	188.8	44.3	134.8	0.713
900	0.301	1.172	7.63	216.2	46.7	155.1	0.717
1 000	0.277	1.183	8.07	245.9	49.0	177.1	0.719

附表3　大气压力($p = 1.01 \times 10^5\,Pa$) 下烟气的热物理性质

（烟气中组成成分的质量分数：$w(CO_2) = 0.13$；$w(H_2O) = 0.11$；$w(N_2) = 0.76$）

$\dfrac{t}{℃}$	$\dfrac{\rho}{kg/m^3}$	$\dfrac{c_P}{kJ/(kg \cdot ℃)}$	$\dfrac{\lambda \times 10^2}{W/(m \cdot ℃)}$	$\dfrac{a \times 10^8}{m^2/s}$	$\dfrac{\mu \times 10^6}{kg/(m \cdot s)}$	$\dfrac{v \times 10^6}{m^2/s}$	Pr
0	1.295	1.024	2.28	16.9	15.8	12.20	0.72
100	0.950	1.068	3.13	30.8	20.4	21.54	0.69
200	0.748	1.097	4.01	48.9	24.5	32.80	0.67
300	0.617	1.122	4.84	69.9	28.2	45.81	0.65
400	0.525	1.151	5.70	94.3	31.7	60.38	0.64
500	0.457	1.185	6.56	121.1	34.8	76.3	0.63
600	0.405	1.214	7.42	150.9	37.9	93.61	0.62
700	0.363	1.239	8.27	183.8	40.7	112.1	0.61
800	0.330	1.264	9.15	219.7	43.4	131.8	0.60
900	0.301	1.290	10.00	258.0	45.9	152.5	0.59
1 000	0.275	1.306	10.90	303.4	48.4	174.3	0.58
1 100	0.257	1.323	11.75	345.5	50.7	197.1	0.57
1 200	0.240	1.340	12.62	392.4	53.0	221.0	0.56

附表 4 饱和水的热物理性质

$\dfrac{t}{°C}$	$\dfrac{p \times 10^{-5}}{Pa}$	$\dfrac{\rho}{kg/m^3}$	$\dfrac{h}{kJ/kg}$	$\dfrac{c_p}{kJ/(kg \cdot °C)}$	$\dfrac{\lambda \times 10^2}{W/(m \cdot °C)}$	$\dfrac{\mu \times 10^6}{kg/(m \cdot s)}$	Pr
0	0.006 11	999.8	− 0.05	4.212	55.1	1 788	13.67
10	0.012 28	999.7	42.0	4.191	57.4	1 306	9.52
20	0.023 38	998.2	83.9	4.183	59.9	1 004	7.02
30	0.042 45	995.6	125.7	4.174	61.8	801.5	5.42
40	0.073 81	992.2	167.5	4.174	63.5	653.3	4.31
50	0.123 45	988.0	209.3	4.174	64.8	549.4	3.54
60	0.199 33	983.2	251.1	4.179	65.9	469.9	2.99
70	0.311 8	977.7	293.0	4.187	66.8	406.1	2.55
80	0.473 8	971.8	354.9	4.193	67.4	355.1	2.21
90	0.701 2	965.3	376.9	4.208	68.0	314.9	1.95
100	1.013	958.4	419.1	4.220	68.3	282.5	1.75
110	1.41	950.9	461.3	4.233	68.5	259.0	1.60
120	1.98	943.1	503.8	4.250	68.6	237.4	1.47
130	2.70	934.9	546.4	4.266	68.6	217.8	1.36
140	3.61	926.2	589.2	4.287	68.5	201.1	1.26
150	4.76	917.0	632.3	4.313	68.4	186.4	1.17
160	6.18	907.5	675.6	4.346	68.3	173.6	1.10
170	7.91	897.5	719.3	4.380	67.9	162.8	1.05
180	10.02	887.1	763.2	4.417	67.4	153.0	1.00
190	12.54	876.6	807.6	4.459	67.0	144.2	0.96
200	15.54	864.8	852.3	4.505	66.3	136.4	0.93
210	19.06	852.8	897.6	4.555	65.5	130.5	0.91
220	23.18	840.3	943.5	4.614	64.5	124.6	0.89
230	27.95	827.3	990.0	4.681	63.7	119.7	0.88
240	33.45	813.6	1 037.2	4.736	62.8	114.8	0.87
250	39.74	799.0	1 085.3	4.844	61.8	109.9	0.86
260	46.89	783.8	1 134.3	4.949	60.5	105.9	0.87
270	55.00	767.7	1 184.5	5.070	59.0	102.0	0.88
280	64.13	750.5	1 236.0	5.230	57.4	98.1	0.90
290	74.37	732.2	1 289.1	5.485	55.8	94.2	0.93
300	85.83	712.4	1 344.0	5.736	54.0	91.2	0.97
310	98.60	691.0	1 401.2	6.071	52.3	88.3	1.03
320	112.78	667.4	1 461.2	6.574	50.6	85.3	1.11
330	128.51	641.0	1 524.9	7.244	48.4	81.4	1.22
340	145.93	610.8	1 593.1	8.165	45.7	77.5	1.39
350	165.21	574.7	1 670.3	9.504	43.0	72.6	1.60
360	186.57	527.9	1 761.1	13.984	39.5	66.7	2.35
370	210.33	451.5	1 891.7	40.321	33.7	56.9	6.79

附表 5　干饱和水蒸气的热物理性质

$\dfrac{t}{℃}$	$\dfrac{p \times 10^{-5}}{Pa}$	$\dfrac{\rho}{kg/m^3}$	$\dfrac{h}{kJ/kg}$	$\dfrac{r}{kJ/kg}$	$\dfrac{c_p}{kJ/(kg \cdot ℃)}$	$\dfrac{\lambda \times 10^2}{\dfrac{W}{m \cdot ℃}}$	$\dfrac{\mu \times 10^6}{\dfrac{kg}{m \cdot s}}$	Pr
0	0.006 11	0.004 85	2 500.5	2 500.6	1.854 3	1.83	8.022	0.815
10	0.012 28	0.009 40	2 518.9	2 476.9	1.859 4	1.88	8.424	0.831
20	0.023 38	0.017 31	2 537.2	2 453.3	1.866 1	1.94	8.84	0.847
30	0.042 45	0.030 40	2 555.4	2 429.7	1.874 4	2.00	9.218	0.863
40	0.073 81	0.051 21	2 574.3	2 405.9	1.885 3	2.06	9.620	0.883
50	0.123 45	0.083 08	2 591.2	2 381.9	1.898 7	2.12	10.022	0.896
60	0.199 33	0.130 3	2 608.8	2 357.6	1.915 5	2.19	10.424	0.913
70	0.311 8	0.198 2	2 626.1	2 333.1	1.936 4	2.25	10.817	0.930
80	0.473 8	0.293 4	2 643.1	2 308.1	1.961 5	2.33	11.219	0.947
90	0.701 2	0.423 4	2 659.6	2 282.7	1.992 1	2.40	11.621	0.966
100	1.013 3	0.597 5	2 675.7	2 256.6	2.028 1	2.48	12.023	0.984
110	1.432 4	0.826 0	2 691.3	2 229.9	2.070 4	2.56	12.425	1.00
120	1.984 8	1.121	2 703.2	2 202.4	2.119 8	2.65	12.798	1.02
130	2.700 2	1.495	2 720.6	2 174.0	2.176 3	2.76	13.170	1.04
140	3.612	1.965	2 733.8	2 144.6	2.240 8	2.85	13.543	1.06
150	4.757	2.545	2 746.4	2 114.1	2.314 5	2.97	13.896	1.08
160	6.177	3.256	2 757.9	2 085.3	2.397 4	3.08	14.249	1.11
170	7.915	4.118	2 768.4	2 049.2	2.491 1	3.21	14.612	1.13
180	10.019	5.154	2 777.7	2 014.5	2.595 8	3.36	14.965	1.15
190	12.504	6.390	2 785.8	1 978.2	2.712 6	3.51	15.298	1.18
200	15.537	7.854	2 792.5	1 940.1	2.842 8	3.68	15.651	1.21
210	19.062	9.580	2 797.7	1 900.0	2.987 7	3.87	15.995	1.24
220	23.178	11.65	2 801.2	1 857.7	3.149 7	4.07	16.338	1.26
230	27.951	13.98	2 803.0	1 813.0	3.331 0	4.30	16.701	1.29
240	33.446	16.74	2 802.9	1 765.7	3.536 6	4.54	17.073	1.33
250	39.735	19.96	2 800.7	1 715.4	3.772 2	4.84	17.446	1.36
260	46.892	23.70	2 796.1	1 661.8	4.047 0	5.18	17.848	1.40
270	54.496	28.06	2 789.1	1 604.5	4.373 5	5.55	18.280	1.44
280	64.127	33.15	2 779.1	1 543.1	4.767 5	6.00	18.750	1.49
290	74.375	39.12	2 765.8	1 476.7	5.252 8	6.55	19.270	1.54
300	85.831	46.15	2 748.7	1 404.7	5.863 2	7.22	19.839	1.61
310	98.557	54.52	2 727.0	1 325.9	6.650 3	8.06	20.691	1.71
320	112.78	64.60	2 699.7	1 238.5	7.721 7	8.65	21.691	1.94
330	128.81	77.00	2 665.3	1 140.4	9.361 3	9.61	23.093	2.24
340	145.93	92.68	2 621.3	1 027.6	12.211	10.70	24.692	2.82

续附表5

$\dfrac{t}{\text{℃}}$	$\dfrac{p \times 10^{-5}}{\text{Pa}}$	$\dfrac{\rho}{\text{kg/m}^3}$	$\dfrac{h}{\text{kJ/kg}}$	$\dfrac{r}{\text{kJ/kg}}$	$\dfrac{c_p}{\dfrac{\text{kJ}}{\text{kg}\cdot\text{℃}}}$	$\dfrac{\lambda \times 10^2}{\dfrac{\text{W}}{\text{m}\cdot\text{℃}}}$	$\dfrac{\mu \times 10^6}{\dfrac{\text{kg}}{\text{m}\cdot\text{s}}}$	Pr
350	165.21	113.5	2 563.4	893.0	17.150	11.90	26.594	3.83
360	186.57	143.7	2 481.7	720.6	25.116	13.70	29.193	5.34
370	210.33	200.7	2 338.8	447.1	76.916	16.60	33.989	15.7
373.99	220.64	321.9	2 085.9	0.0	∞	23.79	44.992	∞

附表6 过冷水 – 饱和水／汽 – 过热蒸汽的焓值

饱和态	压力/MPa	0.1	0.2	0.3	0.4	0.5
	温度/℃	99.63	120.231	133.54	143.623	151.844
	水焓/(kJ·kg⁻¹)	417.51	504.70	561.43	604.67	640.12
	汽焓/(kJ·kg⁻¹)	2 675.4	2 706.3	2 724.7	2 737.6	2 747.5
	℃	kJ/kg	kJ/kg	kJ/kg	kJ/kg	kJ/kg
过冷水(阴影上)	20	83.95	84.05	84.14	84.24	84.33
	40	167.53	167.62	167.71	167.80	167.89
	60	251.16	251.24	251.33	251.41	251.49
	80	334.96	335.04	335.12	335.20	335.28
	90	376.98	377.04	377.12	377.1	377.27
	100	2 676.2	419.14	419.21	419.29	419.36
	120	2 716.5	503.72	503.79	503.86	503.93
	140	2 756.4	2 747.8	2 738.8	589.13	589.20
	150	2 776.3	2 768.5	2 760.4	2 752.0	632.16
	160	2 796.2	2 789.1	2 781.8	2 774.4	2 766.4
	170	2 816.0	2 809.6	2 803.0	2 796.1	2 789.1
	180	2 835.8	2 830.0	2 824.0	2 817.8	2 811.4
	190	2 855.6	2 850.3	2 844.8	2 839.2	2 833.4
	200	2 875.4	2 870.5	2 865.5	2 860.4	2 855.1
过热蒸汽	210	2 895.2	2 890.7	2 886.1	2 881.4	2 876.6
	220	2 915.0	2 910.8	2 906.6	2 902.3	2 898.0
	240	2 954.6	2 951.1	2 947.5	2 943.9	2 940.1
	260	2 994.4	2 991.4	2 988.2	2 985.1	2 981.9
	280	3 034.4	3 031.7	3 028.9	3 026.2	3 023.4
	300	3 074.5	3 072.1	3 069.7	3 067.2	3 064.5
	320	3 114.8	3 112.0	3 110.5	3 108.3	3 106.1
	340	3 155.3	3 153.3	3 151.4	3 149.6	3 147.4
	360	3 196.0	3 194.2	3 292.4	3 190.6	3 188.8
	380	3 237.0	3 235.4	3 233.7	3 232.1	3 230.4
	400	3 278.2	3 276.7	3 275.2	3 273.6	3 272.1

续附表 6

		0.6 ~ 0.9 MPa			
饱和态	压力 MPa	0.6	0.7	0.8	0.9
	温度 ℃	158.838	164.956	170.415	175.358
	水焓 kJ/kg	670.42	697.06	720.94	742.64
	汽焓 kJ/kg	2 755.5	2762.0	2 767.5	2 772.1
	℃	kJ/kg	kJ/kg	kJ/kg	kJ/kg
过冷水（阴影上）	20	84.42	84.52	84.61	84.71
	40	167.98	168.07	168.15	168.24
	60	251.58	251.66	251.74	251.83
	80	335.36	335.43	335.51	335.59
	90	377.35	377.43	377.50	377.58
	100	419.44	419.51	419.59	419.66
	120	504.00	504.07	504.14	504.21
	140	589.26	589.33	589.39	589.46
	160	2 758.2	675.52	675.58	675.64
	170	2 781.8	2 774.2	719.12	719.18
	180	2 804.8	2 798.0	2 791.1	2 783.9
	190	2 827.5	2 821.4	2 815.1	2 808.6
	200	2 849.7	2 844.2	2 838.6	2 832.7
	210	2 871.7	2 866.7	2 861.6	2 856.3
	220	2 893.5	2 888.9	2 884.2	2 879.5
过热蒸汽	240	2 936.4	2 932.5	2 928.6	2 924.6
	260	2 978.7	2 975.4	2 972.1	2 968.7
	280	3 020.6	3 017.7	3 014.9	3 012.0
	300	3 062.3	3 059.8	3 059.3	3 054.7
	320	3 103.9	3 101.6	3 099.4	3 097.1
	340	3 145.4	3 143.4	3 141.4	3 139.4
	360	3 187.0	3 185.2	3 183.4	3 181.5
	380	3 228.7	3 227.1	3 225.4	3 223.7
	400	3 270.6	3 269.0	3 267.5	3 266.0

续附表 6

	压力 MPa	1.0	1.2	1.4	1.6	1.8
饱和态	温度 ℃	179.9	187.9	195.0	201.4	207.1
	水焓 kJ/kg	762.61	798.4	830.1	858.6	884.5
	汽焓 kJ/kg	2 776.2	2 782.7	2 787.8	2 791.7	2 797.8
	℃	kJ/kg	kJ/kg	kJ/kg	kJ/kg	kJ/kg
过冷水（阴影上）	20	84.80	84.99	85.18	85.36	85.55
	40	168.33	168.51	168.68	168.86	169.04
	60	251.91	252.08	252.25	252.42	252.58
	80	335.67	335.83	335.99	336.15	336.31
	100	419.74	419.89	420.04	420.19	420.34
	120	504.28	504.42	504.56	504.70	504.85
	140	589.52	589.65	589.78	589.91	590.04
	160	675.70	675.82	675.93	676.05	676.17
	170	719.23	719.34	719.45	719.56	719.67
	180	2 776.5	763.22	763.32	763.42	763.52
	190	2 802.0	2 788.2	807.58	807.68	807.77
	200	2 826.8	2 814.4	2 801.4	852.39	852.47
过热蒸汽	210	2 651.0	2 839.8	2 828.2	2 816.0	2 803.3
	220	2 874.6	2 864.5	2 854.0	2 843.1	2 831.7
	240	2 920.6	2 919.2	2 903.6	2 894.7	2 885.4
	260	2 965.2	2 958.2	2 951.0	2 943.6	2 935.9
	280	3 009.0	3 003.0	2 996.9	2 990.6	2 984.1
	300	3 052.1	3 046.9	3 041.6	3 036.2	3 030.7
	320	3 094.9	3 090.3	3 085.6	3 080.9	3 076.1
	340	3 137.4	3 133.2	3 129.1	3 124.9	3 120.6
	360	3 179.7	3 176.0	3 172.3	3 168.5	3 164.7
	380	3 222.0	3 218.7	3 215.3	3 211.8	3 208.4
	400	3 264.4	3 261.3	3 258.2	3 255.0	3 251.9
	420	3 306.9	3 304.0	3 301.1	3 298.2	3 285.3
	440	3 349.5	3 346.8	3 344.1	3 341.4	3 338.7

续附表6

		2.0 ~ 2.8 MPa				
饱和态	压力 MPa	2.0	2.2	2.4	2.6	2.8
	温度 ℃	212.375	217.244	221.783	226.037	230.047
	水焓 kJ/kg	908.59	930.95	951.93	971.72	990.49
	汽焓 kJ/kg	2 797.2	2 799.1	2 800.4	2801.4	2 802.0
	℃	kj/kg	kj/kg	kj/kg	kj/kg	kj/kg
过冷水（阴影上）	20	85.74	85.93	86.12	86.36	86.49
	40	169.21	169.39	169.57	169.75	169.92
	60	252.75	252.92	253.09	253.25	253.42
	80	336.47	336.63	336.78	336.94	337.10
	100	420.49	420.64	420.79	420.94	421.09
	120	504.99	505.13	505.27	505.41	505.55
	140	599.17	590.30	590.43	590.56	590.69
	160	676.28	676.40	676.52	676.64	676.75
	170	719.78	719.89	720.00	720.11	720.22
	180	763.62	763.73	763.83	763.93	764.03
	190	807.86	807.93	808.05	808.14	808.23
	200	852.55	852.63	852.72	808.14	852.88
	210	897.77	897.84	897.91	852.80	898.04
过热蒸汽	220	2 819.9	2 807.5	943.70	897.97	943.81
	230	2 848.4	2 837.4	2 826.0	943.75	990.27
	240	2 875.9	2 866.0	2 855.7	2 814.1	2 834.2
	260	2 928.1	2 920.0	2 911.6	2 845.2	2 894.2
	280	2 977.5	2 970.8	2 963.8	2 903.0	2 949.5
	300	3 025.0	3 019.3	3 013.4	2 958.7	3 001.3
	320	3 071.2	3 066.2	3 061.1	3 007.4	3 050.8
	340	3 116.3	3 111.9	3 107.5	3 058.0	3 098.5
	360	3 160.8	3 156.9	3 153.0	3 103.0	3 145.0
	380	3 204.9	3 201.4	3 197.8	3 149.0	3 190.7
	400	3 248.7	3 245.5	3 242.3	3 194.3	3 235.8
	420	3 292.4	3 289.4	3 286.5	3 239.0	3 280.5
	440	3 336.0	3 333.3	3 330.6	3 283.5	3 325.1
					3 327.9	

续附表 6

饱和态	压力 MPa	3.0	3.2	3.4	3.6	3.8
	温度 ℃	233.841	237.445	240.881	244.164	247.311
	水焓 kJ/kg	1 008.36	1 025.43	1 041.81	1 057.56	1 072.74
	汽焓 kJ/kg	2 802.3	2 802.3	2 802.1	2 801.7	2 801.1
	℃	kj/kg	kj/kg	kj/kg	kj/kg	kj/kg
过冷水（阴影上）	20	86.68	86.87	87.05	87.24	87.42
	40	170.10	170.28	170.45	107.63	170.81
	60	253.59	253.76	253.92	254.09	254.26
	80	337.26	337.42	337.58	337.74	337.90
	100	421.24	421.39	421.54	421.69	421.84
	120	505.69	505.83	505.97	506.11	506.25
	140	590.82	590.95	591.08	591.21	591.34
	160	676.87	676.99	677.11	677.23	677.34
	180	764.13	764.24	764.34	764.44	764.54
	200	852.96	853.04	853.13	853.21	853.29
	220	943.86	943.92	943.97	944.03	944.09
	240	2 822.9	2 811.2	1 037.61	1 037.62	1 037.64
	250	2 854.8	2 844.4	2 833.6	2 822.5	2 811.0
过热蒸汽	260	2 885.1	2 875.8	2 866.2	2 856.3	2 846.1
	280	2 942.0	2 934.4	2 926.6	2 918.6	2 910.4
	300	2 995.1	2 988.7	2 982.2	2 975.6	2 968.9
	320	3 045.4	3 040.0	3 034.5	3 028.9	3 023.3
	340	3 093.9	3 089.2	3 084.4	3 099.6	3 074.8
	360	3 140.9	3 136.8	3 132.7	3 127.4	3 124.2
	380	3 187.0	3 183.4	3 179.7	3 175.9	3 172.2
	400	3 232.5	3 229.2	3 225.9	3 222.5	3 219.1
	420	3 277.5	3 274.5	3 271.5	3 268.4	3 265.4
	440	3 322.3	3 319.5	3 316.8	3 314.0	3 311.2
	460	3 367.0	3 364.4	3 361.8	3 359.2	3 356.6
	480	3 411.6	3 409.2	3 406.8	3 404.4	3 402.0
	500	3 456.2	3 454.0	3 451.7	3 449.5	3 447.2

3.0 ~ 3.8 MPa

续附表 6

		4.0 ~ 4.8 MPa				
饱和态	压力 MPa	4.0	4.2	4.4	4.6	4.8
	温度 ℃	250.33	253.24	256.05	258.75	261.37
	水焓 kJ/kg	1 087.41	1 101.61	1 115.38	1 128.76	1 141.78
	汽焓 kJ/kg	2 800.3	2 799.4	2 798.3	2 797.0	2 795.7
	℃	kj/kg	kj/kg	kj/kg	kj/kg	kj/kg
过冷水（阴影上）	40	170.98	171.16	171.34	171.51	171.69
	60	254.43	254.59	254.76	254.93	255.10
	80	338.06	338.21	338.37	338.53	338.69
	100	421.99	422.14	422.29	422.44	422.59
	120	506.39	506.54	506.68	506.82	506.98
	140	591.47	591.60	591.73	591.86	592.00
	160	677.46	677.58	677.70	677.82	677.93
	180	764.65	764.75	764.85	764.95	765.06
	200	852.33	853.46	853.54	853.62	853.71
	220	944.14	944.20	944.26	944.31	944.37
	240	1 037.66	1 037.68	1 037.70	1 037.72	1 037.74
	250	1 085.79	1 085.78	1 085.78	1 085.77	1 085.77
过热蒸汽	260	2 835.6	2 824.8	2 813.6	2 802.0	1 134.93
	280	2 902.0	2 893.5	2 884.7	2 875.6	2 866.4
	300	2 962.0	2 955.0	2 947.8	2 940.5	2 933.1
	320	3 017.5	3 011.6	3 005.7	2 999.6	2 993.4
	340	3 069.8	3 064.8	3 059.7	3 054.6	3 049.4
	360	3 119.9	3 115.5	3 111.1	3 106.7	3 102.2
	380	3 168.4	3 164.5	3 160.6	3 156.7	3 152.8
	400	3 215.7	3 212.3	3 208.8	3 205.3	3 201.8
	420	3 262.3	3 259.2	3 256.0	3 252.9	3 249.7
	440	3 308.3	3 305.5	3 302.6	3 299.8	3 296.9
	460	3 354.0	3 351.4	3 348.8	3 346.2	3 343.5
	480	3 399.6	3 397.1	3 394.7	3 392.3	3 389.8
	500	3 445.0	3 442.7	3 440.5	3 438.2	3 435.9

附表 7   湿空气热物理性质

空气温度 $\dfrac{t}{℃}$	干空气密度 $\dfrac{\rho}{kg \cdot m^{-3}}$	饱和空气密度 $\dfrac{\rho_b}{kg \cdot m^{-3}}$	饱和空气的水蒸气分压力 $p_{q,b}/(×10^2\ Pa)$	饱和空气含湿量 $\dfrac{d_b}{g \cdot (kg^{-1}\ 干空气^{-1})}$	饱和空气焓 i_b $/kJ \cdot (kg^{-1}\ 干空气^{-1})$
– 10	1.342	1.341	2.59	1.60	– 6.07
– 8	1.332	1.331	3.09	1.91	– 3.31
– 6	1.322	1.320	3.67	2.27	– 0.42
– 4	1.312	1.310	4.36	2.69	2.68
– 2	1.303	1.301	5.16	3.19	5.90
0	1.293	1.290	6.09	3.78	9.42
2	1.284	1.281	7.04	4.37	12.89
4	1.275	1.271	8.11	5.05	16.58
6	1.265	1.261	9.32	5.79	20.51
8	1.256	1.251	10.70	6.65	24.70
10	1.248	1.242	12.25	7.63	29.18
12	1.239	1.232	13.99	8.75	34.08
14	1.230	1.223	15.95	9.97	39.19
16	1.222	1.214	18.13	11.4	44.80
18	1.213	1.204	20.59	12.9	50.66
20	1.205	1.195	23.31	14.7	57.78
22	1.197	1.185	26.37	16.6	64.06
24	1.189	1.176	29.77	18.8	72.01
26	1.181	1.166	33.53	21.4	80.39
28	1.173	1.156	37.71	24.0	89.18
30	1.165	1.146	42.32	27.2	99.65
32	1.157	1.136	47.43	30.6	110.11
34	1.150	1.126	53.07	34.4	122.25
36	1.142	1.116	59.26	38.8	135.65
38	1.135	1.107	66.09	43.5	149.47
40	1.128	1.097	73.58	48.8	165.80
42	1.121	1.086	81.80	54.8	182.96
44	1.114	1.076	90.79	61.3	202.22
46	1.107	1.065	100.61	68.9	223.57
48	1.100	1.054	111.33	77.0	247.02
50	1.093	1.043	123.04	86.2	273.40
60	1.060	0.981	198.70	152	456.36

注:湿空气焓值计算式:$i = 1.01t + d(2\,500 + 1.84t)$,式中,$t(℃)$,$d(kg/kg\ 干空气)$ 分别为湿空气的温度和含湿量

附表 8　饱和氨(NH$_3$) 物性值

$\dfrac{t}{K}$	$\dfrac{p \times 10^{-5}}{Pa}$	$\dfrac{r}{kJ \cdot kg^{-1}}$	$\dfrac{\rho}{kg \cdot m^{-3}}$ （液／汽）	$\dfrac{C_p}{kJ \cdot (kg \cdot K)^{-1}}$ （液／汽）	$\dfrac{\lambda}{W \cdot (m \cdot K)^{-1}}$ （液／汽）	$\dfrac{\mu \times 10^6}{kg \cdot (m \cdot s)^{-1}}$ （液／汽）
240	1.022 6	1 369	681.4 /0.897 2	4.431/2.237	0.615/0.018 4	273/9.16
250	1.649 6	1 339	668.9/1.404	4.483/2.343	0.592/0.019 9	245/9.54
260	2.552 9	1 307	656.1/2.115	4.539/2.467	0.569/0.021 1	220/9.93
270	3.810 0	1 273	642.9/3.086	4.579/2.611	0.546/0.022 4	197/10.31
280	5.507 7	1 237	629.2/4.380	4.662/2.776	0.523/0.023 9	176/10.70
290	7.741 3	1 198	615.0/6.071	4.734/2.963	0.500/0.025 6	157.7/11.07
300	10.614	1 159	600.2/8.247	4.815/3.180	0.477/0.027 7	141.0/11.45
310	14.235	1 113	584.6/11.01	4.909/3.428	0.454/0.030 2	126.0/11.86
320	18.721	1 066	568.2/14.51	5.024/3.725	0.431/0.033 2	113.4/12.29
330	24.196	1 014	550.9/18.89	5.170/4.088	0.408/0.036 8	101.9/12.74
340	30.789	958	532.4/24.40	5.366/4.545	0.385/0.041 5	92.1/13.22
350	38.641	895	512.3/31.34	5.639/5.144	0.361/0.046 7	83.2/13.74
360	47.702	825	490.3/40.18	6.042/5.978	0.337/0.053 6	75.4/14.35

附表 9　金属材料的密度、比热和导热系数

材料名称	20 ℃ 下			导热系数 $\lambda/[W \cdot (m \cdot ℃)^{-1}]$			
	密度 ρ	比热容 c_p	导热系数 λ	温度 ℃			
	$kg \cdot m^{-3}$	$kJ \cdot (kg \cdot K)^{-1}$	$W \cdot (m \cdot ℃)^{-1}$	100	200	300	400
纯铝	2710	0.902	236	240	238	234	228
杜拉铝 96Al – 4Cu 微量 Mg	2 790	0.881	169	188	188	193	
合金铝 (92Al – 8Mg)	2 610	0.904	107	123	148		
合金铝 (87Al – 13Si)	2 660	0.871	162	173	176	180	
纯铜	8 930	0.386	398	393	389	384	379
铝青铜 (90Cu – 10Al)	8 360	0.420	56	57	66		
青铜 (89Cu – 11Sn)	8 800	0.343	24.8	28.4	33.2		
黄铜 (70Cu – 30Zn)	8 440	0.377	109	131	143	145	148
纯铁	7 870	0.455	81.1	72.1	63.5	56.5	50.3
碳钢 ($w(C) \approx 0.5 \%$)	7 840	0.465	49.8	47.5	44.8	42.0	39.4
碳钢 ($w(C) \approx 1.0 \%$)	7 790	0.470	43.2	42.8	42.2	41.4	40.6
碳钢 ($w(C) \approx 1.5 \%$)	7750	0.470	36.7	36.6	36.2	35.7	34.7
不锈钢 18 – 20Cr /8 – 12Ni	7 820	0.460	15.2	16.6	18.0	19.4	20.8
铬钢 $w(Cr) \approx 13 \%$	7 740	0.460	26.8	27.0	27.0	27.0	27.6
锰钢 $w(Mn) = 12\% \sim 13\%$ $w(Ni) \approx 3 \%$	7 800	0.487	13.6	14.8	16.0	17.1	18.3

续附表 9

材料名称	20 ℃ 下			导热系数 $\lambda/[\text{W} \cdot (\text{m} \cdot \text{℃})^{-1}]$			
	密度 ρ	比热容 c_p	导热系数 λ	温度 /℃			
	$\text{kg} \cdot \text{m}^{-3}$	$\text{kJ} \cdot (\text{kg} \cdot \text{K})^{-1}$	$\text{W} \cdot (\text{m} \cdot \text{℃})^{-1}$	100	200	300	400
锰钢 $w(\text{Mn}) \approx 0.4\%$	7 860	0.440	51.2	51.0	50.0	47.0	43.5
镍钢 $w(\text{Ni}) \approx 1\%$	7 900	0.460	45.4	46.8	46.1	44.1	41.2
铅	11 340	0.128	35.3	34.3	32.8	31.5	

附表 10   虚变量的贝赛尔函数值

x	$K_1(x)J_0(x)$	$K_0(x)$	$J_1(x)$	$K_1(x)$
0.0	1.000	∞	0	∞
0.1	1.003	2.447	0.050	9.854
0.2	1.010	1.753	0.101	4.776
0.3	1.028	1.373	0.152	3.056
0.4	1.040	1.115	0.204	2.184
0.5	1.064	0.924	0.258	1.656
0.6	1.092	0.775	0.314	1.303
0.7	1.126	0.661	0.372	1.050
0.8	1.166	0.565	0.433	0.862
0.9	1.213	0.487	0.497	0.717
1.0	1.266	0.421	0.565	0.602
1.2	1.394	0.318	0.715	0.435
1.4	1.553	0.244	0.886	0.320
1.6	1.750	0.188	1.085	0.241
1.8	1.989	0.459	1.317	0.183
2.0	2.279	0.114	1.591	0.140
2.5	3.289	0.062	2.517	0.073 9
3.0	4.881	0.034 7	3.395	0.040 2
3.5	7.378	0.019 6	6.205	0.022 2
4.0	11.302	0.011 2	9.759	0.012 5
4.5	17.481	0.006 4	15.389	0.007 08
5.0	27.240	0.003 7	24.336	0.004 04

参考文献

［1］刘纪福.翅片管换热器的原理和设计［M］.哈尔滨:哈尔滨工业大学出版社,2013.

［2］刘纪福,白荣春,山本格.实用余热回收和利用技术［M］.北京:机械工业出版社,1993.

［3］马义伟,刘纪福,钱辉广.空气冷却器［M］.北京:化学工业出版社,1982.

［4］KERN D Q,KRAUS A D. Extended Surface Heat Transfer［M］. New York: McGraw-Hill, 1972.

［5］钱颂文.换热器设计手册［M］.北京:化学工业出版社,2002.

［6］HOLMAN J P. 传热学(Heat Transfer)(英文版)［M］.9 版.北京:机械工业出版社,2005.

［7］YUNUS A CENGEL. 传热学(Heat Transfer)(英文版)［M］.北京:高等教育出版社,2007.

［8］尾花英郎.热交换器设计手册［M］.徐中权,译.北京:烃加工出版社,1987.

［9］SPEIGHT J G.化学工程师实用数据手册［M］.陈晓春,孙巍,译.北京:化学工业出版社,2005.

［10］杨世铭,陶文诠.传热学［M］.北京:高等教育出版社,1998.

［11］马同泽,侯增祺,吴文铣.热管［M］.北京:科学出版社,1983.

［12］张红,杨峻,庄骏.热管节能技术［M］.北京:化学工业出版社,2009.

［13］刘纪福,于洪伟.环形翅片效率的简化计算方法［J］.节能技术,2011,29(3).

［14］马义伟.空冷器设计与应用［M］.哈尔滨:哈尔滨工业大学出版社,1998.

［15］大岛耕一,松下正,村上正秀.ヒートペイプ工学［M］.东京:朝仓书店,1979.

［16］伊藤谨司,伊藤博友,等著.电子机器の热对策设计［M］.日刊工业新闻社,1981.

［17］牛天况,王振滨.H型鳍片管传热过程的研究［J］.锅炉技术,2007,38(4):6-11.

［18］芩可法.锅炉和热交换器的积灰、结垢、磨损和腐蚀的防止原理和计算［M］.北京:科学出版社,1995.

［19］史美中,王中铮.热交换器原理与设计［M］.南京:东南大学出版社,2003.

［20］GARDNER K A. Efficiency of Extend Surfaces［J］.Trans. ASME,1945(67):621-631.

［21］顾安忠.液化天然气技术［M］.北京:机械工业出版社,2009.

［22］韩宝琦,李树林.制冷空调原理及应用［M］.北京:机械工业出版社,1996.

［23］贺平,孙刚.供热工程［M］.北京:中国建筑工业出版社,1993.

［24］薛殿华.空气调节［M］.北京:清华大学出版社,1998.

［25］钟史明.水和水蒸气性质参数手册［M］.北京:水利电力出版社,1984.

［26］王补宣.工程传热传质学［M］.北京:科学出版社,1982.

［27］曲伟,袁达忠.第十一届全国热管会议论文集［C］.北京:北京科学技术出版社,2008.

[28] 车得福,刘艳华.烟气热能梯级利用[M].北京:化学工业出版社,2006.

[29] 赵凯华,罗蔚茵.热学[M].北京:高等教育出版社,1998.

[30] 沈维道,郑佩芝,蒋淡安.工程热力学[M].北京:人民教育出版社,1979.

[31] 杰里米 里夫金,特德 霍华德.熵:一种新的世界观[M].吕明,袁舟,译.上海:上海译文出版社,1987.

[32]《工业锅炉设计手册 标准方法》编委会.工业锅炉设计手册 标准方法[M].北京:中国标准出版社,2003.

[33] 金定安,曹子栋,俞建洪.工业锅炉原理[M].西安:西安交通大学出版社,1986.

[34] 朱文学.热风炉原理与设计[M].北京:化学工业出版社,2005.

[35] 史密斯 C B.节能技术[M].北京:机械工业出版社,1987.

[36] 庞丽君,孙恩召.锅炉燃烧技术及设备[M].哈尔滨:哈尔滨工业大学出版社,1991.

[37] 贾振航,姚伟,高红.企业节能技术[M].北京:化学工业出版社,2006.

[38] V 加纳佩西.应用传热学[M].罗棣庵,焦芝林,顾传保,译.北京:机械工业出版社,1987.

[39] 秦裕琨.炉内传热[M].北京:机械工业出版社,1992.

[40] 赵钦新,惠世恩.燃油燃气锅炉[M].西安:西安交通大学出版社,2000.

[41] 许萃群.余热发电[M].上海:上海科学技术出版社,1981.

[42] 孙克勤,钟秦.火电站烟气脱硫系统设计、建设及运行[M].北京:化学工业出版社,2005.

[43] 中国标准出版社,中国锅炉压力容器标准化技术委员会.中国电站锅炉技术标准规范汇编[G].北京:中国标准出版社,2005.

[44] 蒋文举.烟气脱硫脱硝技术手册[M].北京:化学工业出版社,2014,9.

[45] 张忠,武文江.火电厂脱硫与脱硝实用技术手册[M].北京:中国水利水电出版社,2014.

[46] 杨飏.烟气脱硫脱硝净化工程技术与设备[M].北京:化学工业出版社,2013.

[47] 段传和,夏怀祥.选择性非催化还原法(SNCR)烟气脱硝[M].北京:中国电力出版社,2012.

[48] 常捷,蔡顺华.水泥窑烟气脱硝技术[M].北京:化学工业出版社,2013.